| 光明社科文库 |

科学原理泛论

我的科学原理认识历程与积稿载录

谷兴荣◎著

光明日报出版社

图书在版编目（CIP）数据

科学原理泛论：我的科学原理认识历程与积稿载录 / 谷兴荣著. --北京：光明日报出版社，2018.12
ISBN 978-7-5194-4806-6

Ⅰ.①科… Ⅱ.①谷… Ⅲ.①科学研究 Ⅳ.①G3

中国版本图书馆 CIP 数据核字（2018）第 276608 号

科学原理泛论——我的科学原理认识历程与积稿载录

KEXUE YUANLI FANLUN——WODE KEXUE YUANLI RENSHI LICHENG YU JIGAO ZAILU

著　　者：谷兴荣

责任编辑：史　宁　　　　责任校对：赵鸣鸣
封面设计：中联学林　　　责任印制：曹　诤

出版发行：光明日报出版社
地　　址：北京市西城区永安路 106 号，100050
电　　话：010-63131930（邮购）
传　　真：010-67078227，67078255
网　　址：http://book.gmw.cn
E - mail：shining@gmw.cn
法律顾问：北京德恒律师事务所龚柳方律师

印　　刷：三河市华东印刷有限公司
装　　订：三河市华东印刷有限公司
本书如有破损、缺页、装订错误，请与本社联系调换，电话：010-67019571

开　　本：170mm×240mm
字　　数：505 千字　　　　印　　张：29
版　　次：2019 年 1 月第 1 版　　印　　次：2019 年 1 月第 1 次印刷
书　　号：ISBN 978-7-5194-4806-6

定　　价：138.00 元

学术历程与本书内容

（代前言）

本书是笔者从一个学科领域到另一个学科领域的基础性、原理性的未发表的学习研究成果汇编，由笔者对历年来未曾发表的论文稿进行清理，将一小部分作废纸处理掉，另一些整理而成。本书每一编的内容都是笔者对自然科学或社会科学某一领域的研究对象的结构功能运行发展机制和规律的认识亦是对不同领域科学原理的认识。

笔者一生涉及的学科领域较多，且跨度大，科学在这里既指自然科学，如第一章人体思维与疾病原理，是生物学与医学的内容；第四章科学技术发展的数学原理，是科技管理学基础理论。这些都属于自然科学的范畴。第二章是自然观内容，第三章是科学观的内容，这些都是哲学中的科技哲学的内容。第五章是经济学与管理学的内容，第六章是政治学内容，这些属于文科的范畴。哲学、自然科学、社会科学都是科学。本书“科学”一词涉及这三大领域。

本书各章的顺序是按笔者对这些学科领域学习研究的起始时间的先后次序排列的。结束的时间有的早，有的晚，还有的尚在研究之中。

笔者对人体思维与疾病原理的探讨，在 1969 ~ 1976 年。这是起始点最早，结束点也最早的领域。从 1969 年冬当赤脚医生，开始进入了这一领域。1972 年 3 月进入衡阳医学院学习，1975 年 10 月毕业之后，在水库工地上从事其他工作的同时，还坚持了一年的生物学与医学的学习研究。到 1976 年在调动无望的情况下，便放弃了这一学科的学习研究。本章选辑了当时一些个人观点探讨的文稿。

自然界运动与发展原理的研究，其实是辩证唯物主义自然观的学习研究，是 1976 至 1983 年期间的主要研究内容。在基层水库工地没有学习医学的条件，本人申请调到医学院校又无望，且不甘心完全不做研究的情况下，所以就在医学生物学的基础上，再抽象一步进而研究马克思主义哲学与自然科学的关系，即研究马克思主义如何指导自然科学。1978年冬参加湖南省自然辩证法研究会首届学术年会,经前辈老师的建议,转向实用具体的内容研究,相关联的是科学观。由此以科学学的研究作为主要内容,但自然观还持续了一段时间,出了一些成果。到1983年以后就没有产生自然观领域的研究成果了。现把当时对自然观的探讨文稿辑录于此。

科学技术发展原理研究,其实是辩证唯物主义科学观的研究,也是科学学研究。研究的时间段在1977~1990年。起始点是学习研究马克思主义与自然科学的关系。当时是以自然观的内容为主,而自然观离不开科学观,因此第二年就写有科学观方面的文章。在1977年开始时,主要是定性研究。到了1980年,对科学学的研究以定量为主,也有定性的,再到1990年以后的科学学研究就只有定量的,很少有定性的成果了。

科学技术发展的数学原理研究是科学学的计量研究,即科学计量学研究,研究的时间段在1980~2011年。起始点是1979年12月,是因接受前辈的建议,结合自己的兴趣而定的研究方向。1980年元月以后付诸实施,并发表了第一篇文章《科学技术的社会经济功能的定量分析》。在2011年12月,把历时22年的科学计量学文稿进行全面总结,写出了个人这方面成果的集成之作《科学学与科技管理的数学原理》,达70多万字,成为国家社科基金项目,公开出版。其后,这方面的成果就很少了。

科技经济与管理原理研究,是技术经济学和科技管理学的内容,是把科学学、科学计量学的原理用到科技经济学原理和技术管理学原理的研究。虽然笔者从20世纪70年代以来研究科学学,但真正以把科学学用于科技管理实践的研究为主的时间是1990~2013年。以1990年《科学计量学是科技管理的理论基础》为开篇,一直延续到2013年,历时23年,文章和论著在30篇左右。尽管在这方面没有全面总结性成果,但有很大部分总结到《科学技术发展的数学原理》之中了,还有一部分在管理机理学的书本中。由于现在的研究没有包括科技管理学了,所以,有了结束时间。

社会交际与组织化运行发展原理,其实是政治学研究内容,内容包括社会群体的阶级、政治、思想、文化等方面的现实结构和发展规律,属于政治学的范围。研究时期为1989年至今,即现在尚处于研究之中,还没有结束。1989年的"6·4"风波给我以特别大的震撼,深深地触动了我的灵魂。此后,花了不少的时间关注社会,阅读相关报纸书籍,也读了一些西方的政治学书籍和中国的政治书籍,并在此基础上,写了一些卡片记下自己的社会政治观点见解和一些简短式的小文章,编了一些包含个人见解的资料性书籍。这是正在研究的内容,还在不断地出论文书籍,因此尚未到成果归纳总结的时候。现选了部分文稿辑于此。

本书各编,写了相关领域学习研究起步时的生活处境和学习工作处境,说明了是什么原因导致自己进入该领域的学习研究的,发生研究专业的转移和导致研究领域转移的原因是什么,并对各研究领域的背景和研究动机都有所介绍。书中包含了一系列的个人提出并得到初步论述的新论点。但是,每个观点是在什么情况下,受什么启示,是哪两种以上的实际现象或哪两种以上理论观点相联系思考得出的新观点,这是新论点提出的逻辑背景和逻辑过程;这些论点提出后,参阅了哪些相关资料,观察了哪些社会现实,得到了哪些佐证,哪些观点被证实,哪些论点被淘汰了。以及理论观点提出后,是怎样建立论证的逻辑结构(目录提纲),经过了哪些修改过程,这些内容是很值得一写的,可是,这些内容并没有在本书中体现,只有各论点的文章。原因有两点,一是自己知名度不高、学问做得不深,论证不够扎实的,没必要如此介绍自己的研究逻辑。我作为小角色的研究逻辑不一定受读者青睐,总结的价值不大。二是这些论点的提出,近的是目前几年的事,但大多数内容都是15~20年以前的事了,自己也记不清了。如果对有些论点介绍了研究的逻辑过程,而另一些论点不写这内容,则会参差不齐,还不如统一不写。

虽然各论点提出和研究的具体过程大多数记不清了,但是研究的基本方法和大致的逻辑环节,即本人对所有问题的研究,研究宗旨一辈子都没有太大变化。主要方法和过程如下。

提出论点的逻辑起点有两个:

一是自己进入角色。自己确定要对某个问题进行研究以后,要每天不懈地想着这个问题,大多数时间都在想着这个问题,自己每看到一篇文章、一个观点、一个概念、一件事情,都与自己思考的事情相联系,想一下,往往能得到意料不到的启发,从而得到新观点。

二是注意观察理论与实际的差别,理论与理论的差别。在了解这些差别以后,自然有赞成什么,反对什么,或者都反对,提出自己的看法。这些新看法往往来源于理论与现实的差别和矛盾,来源于现实状态的规律性总结和理论性提升。

自己提出的观点正确与否,要进行二次检验。这是我十分注意的。

一是接受实践的检验。看自己概括出来或推导出来的论点有没有普遍性,如果发现了相反的事例,对该论点就要怀疑。如果发现很多相反的事例,就必须放弃这个观点。

二是接受逻辑推理的检验。一个观点提出以后,作为既定规律出发,推导某事情应该有的结构、功能、规律，应有的发展结局，社会经济现实世界的影响是什么都能够描绘出来。从功能揭示规律的可能性、发展结局是否符合永续发展和公平正义的原则等三个方面，来确定某论点的研究价值。

至于从论点题目发挥到提纲，从提纲发挥到正文的过程，同一般的写作演绎过程没有大的区别。

从20来岁至今的学术探讨，在不同的时间段有不同的特别感兴趣的学科领域。

1. 笔者在每个时期里，都会特别注意积累资料。公开出版的书籍、刊物文章、报纸发表的相关文章和相关典型案例报道，社会自行印发的资料。这些资料有理论正面论文、批判文章、相关的社会实际的宏观状况资料和实际案例资料。

2. 笔者有个习惯，一边看资料，一边联系观察到的实际情况进行思考，写一些自己的见解。集中起来有：

医学生物学的学习摘录与见解有20来本；

疾病原理的学习摘录与见解有4本；

自然观的学习摘录与见解叫《学习自然哲学》有6本；

科学观科学学科学计量学的摘录与见解有10本；

国内外政治学名著、论文、报道的资料阅读的学习见解与观点笔记5本。

3. 笔者写了不少对自己一些理论观点的详细表述，研究思路、研究方法表述的文章，这些文章没有查找大量资料，没有经过严格论证，只能算半成品的产物，数量不少。

4. 已经写成的论文和书籍，因环境背景问题和文章的成熟度问题，至今未出版发表的，主要是政治学文章。管理学文章的大部分发表了。科学学与科技管理的定量研究文章也基本上都发表了。

5. 已经出版的书籍和发表的文章有大量的个人新观点。虽然，在这些书籍文章中有些影响不大，但也有少数观点发表后引起了大量转载，或被其他人引用。这里有一个不理解的现象，即自己在科学计量学中影响大点的成果都是自己跨入该学科的初期。那些成果自己觉得论证并不扎实，显得幼稚，可反响还大一些，因为有转载，有被引用，有较高评价，有成果奖，同行中被注目。后期成果要成熟很多，反而没有受到同行的特别关注，是由于后期注重政治理论的研究而冲淡了科学学研究，还是后起之秀超越了自己的研究，还是在同行的交往中，别人对自己的认可程度没有不断提升，而是逐步下降。

本书的选材，对于哪些内容的构成，以什么形式上，是全文还是摘要，提纲的形式上，哪些内容不列于本书，对每章都有自己的考虑。

第一篇的内容是关于本人在衡阳医学院的学习，那时年轻干劲大，每天除上课时间以外，上午下午的时间都在图书馆看医学杂志，晚上看专业书，写论文，写有15万字长论文一篇，小论文20多篇，读书笔记20多本。在参加工作后的1995年住房搬动时，有位清洁工不经我同意拿那些手写笔记当废品卖了。我气愤，但无法去找，也没有索赔。现在只剩大小论文3篇。文革中医学生物学期刊少，加上自己是刚入门、基础差的学生，论证也不扎实，只发表2篇文章，其他似乎都未公开发表。这次从中选一些自己觉得有见解有价值的论文，包括已发表的和未发表的，修改后收入本书。

第二篇的文稿是在1975年10月毕业分配上班后，在湖南省郴州地区青山垅水库工地上多次申请调往大专院校做医学基础课教员无望的情况下，转向自然观研究的成果。阅读论文书籍后写些个人学习见解的笔记叫《学习自然哲学》，有20来本，个人新见解集录1本，20多万字的书稿《辩证唯物主义自然观概论》1本，小论文20来篇。这些文章只发表三两篇，其他都未公开发表。这次从中选一些带观点的主要部分、有价值的小论文和一部分见解录三方面的内容构成。足以反映笔者在自然观方面的基本观点和主要思路。

第三篇的内容是笔者从水库工地来到长沙，参加湖南省自然辩证法研究会首届学术年会期间，经前辈建议，把研究内容转向科学学与科技管理之后的成果，有手写两稿的35万字书稿《科学学概论》，一直未联系出版。在读了一些书籍论文之后，结合实际，写了一些篇幅较大的论文《论科学发展的偶然性和必然性》，还有30来篇中小论文，只发表了一小部分，有一半以上未发表。这次以未发表的论文为主，从中挑选有价值的论文和书稿的第一章内容，选入本作。

第四篇的内容，在以科学学为学习研究，不到半年又在科学学领域中确定更细的研究方向，定为科学技术发展原理的计量研究。在这方面写有25部以上的书稿，都已公开出版，有100多篇论文，除3篇以外，其他都已公开发表。科学计量学的书籍都是在自己的论文基础上改写而成的。这次把为数很少的几篇未发表论文，以公开发表的论文的内容摘要和题录组成。

第五篇的内容，是在从事科学计量学研究10年之后，即20世纪90年代初，开始意识到科学技术发展原理的研究成果，如何应用到科学技术管理实践中，如何成为科学技术管理的理论基础。这领域写有6本书籍，都已出版，20来篇论文，大都发表。这次以收入有见解、但论述不够扎实，而且未发表的文章为主。为了理论的完整，也有少量已发表的论文列入其中。

第六篇的内容是笔者1989年风波之后，对政治学原理、中西政治模式、中西国家学说、中外政治史和政治学说的相关论文的阅读之后，结合中国国情的实际思考。写作了中西政治学说的基础理论性读物3本，已出版。也有一些中国的政治现实分析文稿，尚未出版。还有一些针对某些具体现象的分析文章约10来篇，一些见解性的卡片500条左右。本书前面五编都可以说是这一生在相应领域研究已基本结束，相关内容是已有成果的归纳式总结。而中国政治问题正在研究之中，还无法作总结式归纳，本章收入几本专著的绪论（相当于该书的概论）和一些论文，基本反映了作者的立场和研究思路。

以上六篇构成了笔者的学术历程和主要学术观点，是一个小的学术总结。

本书是笔者不全面（主要是已出版发表的著作论文和尚未发表但很不成熟不成型的文稿都未列入其中）多领域的研究成果汇集，如全部列入，篇幅太大，是不可能出版的。为了体现科研成果的相对完整性，把已公开出版发表的有代表性的专著论文的题目，作为附录列于书末。

本书是涉及面很广的探索性文稿，也是一生总结性文稿，有少量问题还较敏感，缺点错误一定不少，欢迎各位批评指教。

作者

2018年3月

目　录
CONTENTS

第一篇 01

人体思维与人体疾病原理

学习环境、学习过程与学习成效

我对医学生物学基础理论与临床科学的学习，从 1969 年开始，到 1976 年结束。医学生物学领域的思辨性研究成果集中在 1973 年和 1974 年，在以课堂学习为辅，从课堂上主要接受老师教给的科学入门的钥匙，以图书馆相关的刊物论文和课外书籍的学习为主的方式下，进行了大量的学习研究。1974 年开始进入临床课程学习，1975 年毕业分配到了距当地县城约有 100 多里的山区水库工地。头 3 个月做保健医生，后从事生产管理工作，自己带着对医学生物基础理论的强烈兴趣，在工地上一边从事本职工作，一边申请调到医学院校，希望继续学习医学生物学。在反复联系调动无望的情况下，放弃了医学生物学学习，改为自然科学哲学研究，主要是对自然观的学习研究。因为医学生物学的学习研究对设备和新资料的依赖性太大，而科学哲学对环境的依赖性稍小。

本节主要介绍自己当时在学校的学习环境、学习态度和学习效果。

1971 年秋天，在全国首批工农兵上大学的热潮中，我被家乡大队公社送到衡阳医学院学习，原因是我的祖父是中草药医生。大队党支部也是基于这一点，1969 年要我来当赤脚医生，进而送我去衡医学习。

当时衡医 72 级有 400 位学员，虽然高小文化的也有，但还是以高中生占多数。我进校时成绩并不好，自己 1965 年才进初中学习，1966 年 6 月就停课了。一直到 1968 年底学校发了一张毕业证让我们回家务农了。初中语文、数学、外语只学完第二册、化学未占过边。这样的文化基础进了衡医，学习一个月后进行考试都是 60 多分。任课老师说，教这样的学生我非把金属表带撤下两节不可。工农兵学员的无知和低水平，能怨谁呢？怨声责道有用吗？不如拼一场。恰在这时学校接上级指示，用大半年时间专门让学生学习数理化课程。在这半年里我表现出了非常刻苦的学习态度与能力，从图书馆借来初高中的全套数学、物理教材，读了一遍，还作了 6 本学习笔记，把高中化学和“文革”前医学院的无机化学、有机化学、生物化学三大本教材不但通读作了笔记，还做完了每章节的所有练习题。直到今天，这些笔记还完美无缺地保存着。第二学期期末考试各门功课都没有低于90分的。其实我所学的知识远远超出了当时的课堂教材。因此1973年到了新生入学时，校领导要我写了一篇介绍学习经验的文章，题目是《我是怎样学习文化课和专业基础课的》发表在校刊《教育革命通讯》上，这是我第一次发表文章，也是一篇与科学学多少有些瓜葛的文章。

从第三学期起，还只是在课堂听课和做实验就能完成学校规定的学习内容，其余的所有时间都是在图书馆度过的。对生物学和医学中一些悬而未决的问题，我有着特别浓厚的兴趣。我当时认为，从事简单的重复劳动只要会操作就行，如果要有所发现、有所发明、有所创造，则非懂运行原理不可。因此，我非常重视对各项重要知识的发现过程的了解，非常重视科学史的学习，非常重视有关研发活动的运行机制，同时也十分重视科学疑难问题探索，认为对科学疑难问题在理论上阐述清楚，或者总结出研究方法，这本身就是一个很大的科学成就和科学贡献。非常重视科学思维方法和解决问题的方法，我所发表的文章和论著都有这个特点，关于方法性的研究的文字似乎占了整个文稿中的一半左右。在学习中特别重视运用自己所学的知识去分析解决实际疑难问题。例如1973年春在生理学的学习中得知，眼睛的视觉细胞分圆柱细胞和圆椎细胞两种，它们各自感觉不同的颜色。1973年秋在光学学习中看到三棱镜可以把一束太阳光(复合光)分解为一个七色光谱带，而且不同颜色的光是由不同的波长和频率造成的。我把这两者的知识联系起来考虑，经分析后得出结论认为：物质的颜色是由物质本质对光波的选择性吸收和反射的结果，红色物质就是对红光被反射、其他光波都吸收，黄橙青蓝紫等都如此，白色是全部反射，黑色是全部吸收，各种视觉细胞之间对不同光的感应度没有质的差别，都是相同功能。不同颜色(不同波长和频率)的光通过视觉细胞产生不同频率的神经冲动，这种冲动在大脑中产生了不同感觉……我把这一看法写成文章请老师看，有些老师看了发笑，认为这学识浅薄的医学生探讨如此问题是瞎猜。然而不久之后就在《国外医学参考资料》上看到了类似观点的文章。还有一次是在1972年秋学习了遗传学基本原理，1973年下期学病理解剖学时，了解了肿瘤的表现特点，把两者联系起来就猜到了基因的某些突变，导致癌症的原理，它们是“刺激——基因——酶系统——新陈代谢”体系的失控，由此导致肿瘤的产生。如此等等举不胜举。

在衡医学习阶段的研究，最突出要算对思维生理的研究了。当我的学习成绩被老师和同学公认为优秀后，我对智慧在于先天素质的论点特别反感，是一个批天才论的积极分子。今天我还是认为天才在于勤奋、方法、环境和机遇，如果不是智力病患者，先天的差别是微乎其微的。我当时欲从生理科学的角度批倒天才论。在这同时更多的是研究思维的生理机制问题。1973 年从研究神经生理学入手，提出了：(1) 人体思维与动物条件反射的根本区别在于人有自主思维（在没有外界刺激的状态下也可以有思维活动），而自主思维的原动力是大脑神经活动的自动节律性；(2) 发展了知识贮藏的分子学说，即认为一个类似酶的化学分子贮藏一个概念，在大脑中早已合成了许多未被激活的类似酶元的东西存在，外界的信号经感受器转为神经冲动，该冲动传到大脑作为催化剂，激活一个类似酶元分子，形成一个知识单元贮藏起来。一系列关于思维研究的成果写成一篇两万字的文章交校革委丁副主任，丁主任看后给予了很高的评价，曾几次把我邀到他家里谈心，鼓励我好好学习，但学校不少老师对工农兵学员有些偏见，以为像这样一些起点低的学生不可能有什么重大发现，对我的稿子总是一笑置之。特别是一些同学更是把它当笑话看待，善意的玩笑和嫉妒之心的语言兼而有之，一年下来不知多少，不堪入耳。

后来就改为在图书馆边读书边写见解，每本笔记都以“学习见解”为名，几年工夫下来，共写了 40 多本笔记，基本上掌握了当时的医学动态，并对许多医学重大问题都有了自己的新见解。如果后来组织上能提供最起码和最基本的医学生物学工作和生活条件，我应该有希望在医学基础科学上做出重大成绩的，当时有部分老师和同学也都是这种看法。

当时的口号是：“工农兵上大学，管大学，用毛泽东思想改造大学”，领导天天要学员刻苦学习，说什么“要为毛主席的革命教育路线争气，为工农兵争气等等……。”在这点上，我是最听话的了，我的努力真是竭尽心力，达到了顶点，无法再加油。我每天清早六点钟起来，一直到晚上十一上床睡觉，其间除了吃三餐饭，几乎所有时间都用在学习上了，每天学习十四小时以上。中午休息，别人都进入了甜蜜的梦乡，而我却还躺在树底下，用树枝当笔，地皮当纸在默写着英语单词；晚饭后，许多同学都是三五成群地散步游玩，我还在努力学习。或许这正是该笑该吃的青年时代，是交朋结友的大好机遇，难道是不喜欢玩吗，不是的！是怕结识同学吗？也不是的。我当时觉得为了祖国的医学事业，就要废寝忘食地干，在这个金色时光，躲进树林中学习着。我在自己的笔记中写道：宁可掉下几斤肉，也要钻通几门课。

人，不管是大人物还是小兵卒，不是七老八十，还是黄毛娃娃，都免不了衣食住行。一个大学生的生活琐事可谓不多，但还是要参加各项集体活动。我是各项集活动参加较多的，剩下的只有个人洗澡、洗衣、睡觉这点事，这本来花不了多少时间，自己还是觉得花时间太多，为节约时间，曾闹出了两件趣事。

一是衣服总是穿脏得不能再脏以后才洗一下，洗衣的次数比别的同学至少少了三分之二，即使洗了也是用水泡一泡，扭几下就出来了。每次洗澡换下来的衣服不洗，堆在那里，等积了几次，不管好与差的衣服都没有换的了才洗一下，洗一次前后不到半小时。一次小组政治学习，谈了自己的洗衣情况，全组的同学都笑起来了，他们戏称为“谷氏快速洗衣法”。

另一件是对生理学与生物化学有着浓厚的兴趣，借了一本外国翻译过来的书籍在学，就寝熄灯的铃声响了，但还不愿放下书本。当时那栋寝室每层楼的正中一间是班部会议室，我独自跑到会议室，开亮灯，然后关上门读起来。晚上 11 点多班领导回来见会议室亮灯，跑来熄灯，发现有人学习。第二天在班上强调纪律时班领导说了这件事，引起了全班同学的兴趣，大家都说我想当教授，成名成家，因此大家都称我为教授。这名字代替了真名，不管这外号是赞扬，是佩服，还是讽刺，反正在同学中传开了，我也不在乎别人的动机，还是一如既往地学习着。

从 1972 年到 1973 年上学期，日子也算平坦，虽然在同学中有些说三道四，但领导对我还是没有什么不好的看法。1973 年下学期情况变了，人民日报发表社论，提出教学改革中要不要考试的问题，我本人也被卷进了这一风波，原因是这样的：

在学习中最有兴趣的是生理学与生物化学，在生理学考试时老师采取两份卷子的形式，先做一份 60 分的考卷，休息半小时后才做 40 分的。休息时同学们都在议论考题，这该怎么做，那该怎么做，说我的题错了 35 分。这该怎么办？当时，不及格的给予补考，补考 90 多分的，100 分的，同样是按实际考分登记而不是只算 60 分。因此，在后半场考试中我有意只做 10 分的题目，剩下的 30 分题目不开笔，想搞个不及格，以便补考打个高分。结果前半场只错两分，得 58 分，后半场做了 10 分全对了，共 68 分，失去了补考机会，成了在衡阳学习阶段的分子最低的一门课。我为此连续一个多星期坐立不安，找老师、找领导，要求补考，但这又有什么办法呢？在我心里还未平静的情况下，学校轰轰烈烈的教育革命运动开始了，在这场运动中，学员在要不要考试的问题上形成了两种对立的观点，而且相互争论得非常激烈，相互写大字报。学校组织双方开辩论会。一般说主张考试的大多是些对学习比较重视，成绩较好的同学；而反对考试的多是些不爱学习，成绩较差的学员。我在与同学的交谈中表述过一种观点，认为历史上的专家名家都不是考出来的，而是干出来的，有不少名家在学习册上是中等偏上的分数，而后来成了大器，许多考高分者后来却平平庸庸。反考试的同学问我是否同意在他们的大字报上签名，我顺口答应了，结果这些同学把我的名字写在最前面，而且字写得特别大，因为我是学校有名的爱学习者。在学校组织的辩论会上又请我去参加，我作为反考试方也去了。当时校领导与坚持考试的同学认为我只会读书不会说话，平常老老实实，根本不放在眼里，没想到我用大量的马列毛主席语录，古今中外的大量学者成才之路为依据，说得对方难以招架，散会后校革委丁副主任说：没想到你的口头表达能力并不差。1974 年，全国高校都停止了课程考试。

在这个运动中，我与其他反考试同学不同的是坚持了学习，别的同学们都在写大字报，开批孔孟会，我还照常天天待在图书馆，认真地研究再研究。这一举动得到了不少图书馆老师的同情，每次学校来了新书，老师们都向我推荐。当时我印象最深的有两位老师，一位是周老师，个子不高，人很胖，约有 40 岁，另一位是校革委丁副主任的爱人范翠芬老师，她们俩真正做到了百问不烦，对来图书馆来得越多的学生越热情，有时甚至让这些认真钻研的学生进入只有老师才有资格进去的书库中去查找资料。在这样一个"史无前例"的大运动中，人也是各有不同的，当时图书馆的老大姐曾老师对我并无好感，当她在图书馆看到别的同学都在找政治报刊、写文章，而我还在聚精会神地钻业务，便走过来恶狠狠地说："别人搞运动你学业务，现在还是业务业务，你这是什么意思。"简单的几句既看出一个人的思想和立场，也使我对此留下了终生难忘的印象。

我当时在同学中有一批好友，老班长李荣祥、活泼的唐冬元、大姐陆爱凤、吴建君等，我心目中最佩服的有两个：一个是曹诗运，因为当他们只学了有机化学时，在一次交谈时曹诗运却提出了这么一个问题：一个人一天排出的水分子要多于吃进去的水分子。我问为什么，诗运说，我们每天吃进的糖、脂肪、蛋白质在体内通过生化反应后大多是以二氧化碳和水的形式排出来。我一想，对呀，怎么我没想到呢？从此我逢人便讲：曹诗运头脑灵活。另一个叫李红，李红入学时的文化基础与我差不多，进校后也不像我那样博览群书，认真研究，但很善于考试，几乎每次考试都是 100 分，偶尔打个 99 分。以后，凡人谈到李红时，我总是说，我真佩服李红。讨论业务问题，对掌握学术动态，发现问题并提出新见解时，我比她的话多一些，但在考场上我远远赶不上她。但当中接触最多的还是曹诗运，当时他对社会的了解较多，对社会的阴暗面看得较重，常说，搞业务没什么意思，不想好好学。我则是坚信不疑，总是说，您不要看到现在不重视业务，就以为长期如此，国家在十年后会这样吗？廿年后还会这样吗？1978 年全国科学大会，中国对科学技术的重视达到了顶点。我对自己当时的见解十分得意，洋洋自得。遗憾的是在

80年代以后,也就是当时争论后的廿年后,自己则常发几句曹诗运那样的牢骚了。

在衡医学习时期,可算是竭尽了自己整个心力的,从经济上也足以说明这一点。我到衡阳后,学校不要学费、吃饭不要钱,教材不要钱,笔记本自己买。学校第一年每月发给我六元钱,后来每月发给五元钱。家里时而给做点衣服,这生活当时在同学中尚属中等,但实际上我过得比谁都困难,因为把这几元钱用3-4元买书,1-2元买纸笔,这样就所剩无几了。几年下来,我身上穿的还是家里做的几件衣服,给人一种家境贫寒的印象。当时不少同学用学校发的钱每2-3月能添置一件衣服,几年下来,家里带来的土衣服就基本上不穿了。在这期中,家境好父母大量给钱的当然有,但多数还是靠当时的这点钱积蓄起来添置的衣服。

1974年9月,我跟随班上的一些同学,在老师的带领下来到耒阳县人民医院上临床课。我的科技文化课和医学生物学的学习成绩相当可以,但临床课的成绩并不怎么突出。在当时大家都看不起当老师,而我却愿意当个医学基础课老师,因此,对临床课的学习没有足够的重视。我拿出了不少的时间继续学习医学生物学理论,同时力图运用医学基础理论去指导临床实践。记得有一次,我对不自觉磨牙的原理提出了新看法,认为当时的医学书上只说,寄生虫病人可以磨牙,但没有阐述清楚,寄生虫进入人体后是通过什么机理,如何引起磨牙的。我认为牙的功能是嚼,嚼是磨食物,为人体提供营养,因此睡觉后磨牙是人体营养的供求不平衡、营养不足导致。我的这一观点得到李红等一些同学的赞同,因为她看到甲亢病人、糖尿病人也大多会磨牙。

这个时候的我对人际关系的复杂和处事方法仍然是不成熟的,因这时的组长吴建君自称是大姐,曾多次在散步时开玩笑说她是佩服我这小弟的,她当时再过三五月完全可以介绍我入党,如果当时入了党,对我的毕业分配,乃至后来的业务发展都是截然不同的,可是在临床课结束,分组实习时,我却顶替一位同学,离开耒阳,离开一些关系较好的同学,于1975年元月到当时较艰苦的梅田矿务局医院去了。

在梅田矿务局医院,日子过得较平坦,但医院的业务学习条件不够好,老师也不像耒阳的那样和蔼可亲,同学们大多不太安心。学校考虑到这种情况,于1975年4月把我们转到资兴矿务局医院实习。

进入资局以后,我如鱼得水,全身而紧张地投入学习与工作。每天清早6点钟起床,洗漱之后弄一碗稀饭两个馒头就进了病房,把饭碗放在病房里,一直要到晚上10点多钟才回寝室,这其中的十多个小时除了吃饭都是在工作岗位上度过的。

我在病房里既做医生的事,也做护士的事。有时护士给病人发了药,我提壶水跟后面,给病人倒上一杯水,扶着病人吃下去。一有空我就到病房聊天,做些服务工作,因此得到病人的高度赞扬。有位瘫痪褥疮病人就曾写信给医院,介绍我的优秀事迹。

1975 年是全国大力发展生产的一年,七、八、九月是战高温夺高产的年份,每次生产运动都要从机关抽人下井挖煤,医院也不能例外,但我总是有机会就争取下井挖煤,我去过周源山、唐洞、宝源等几个煤矿挖煤,但去得最多的还是周源。每挖一个班的煤,矿里发给一元二角钱补贴,但我总是不接受,在实在推辞不掉的情况下,就把这钱买点东西送给经济特别困难的病人。朴实纯正的我想用自己勤奋无私的劳动得到组织上的重视。

实习时的儿科指导老师沈光乾是 1958 年从上海医学院毕业后被分来的,在当地医院上是业务上很有名的医生。第一次查房时老师指着一位半岁的右位心患者,不准我用听诊器,只用手叩诊出心脏的位置。我在班上的理论学习可以,但实验操作技巧并不好,叩来叩去,左边叩不出位置,对心在右边又不敢相信,因为这要多少万中才有一位啊。鉴于此,支支吾吾,好一会儿都没有个明确的答复。沈当众把我大训一顿。我气得要死,恨之入骨,但为了能顺利地完成实习,也还是照常积极上班。不久之后,来了个病情十分危急的三岁女孩,这是一个十分贫苦的农民孩子,患的是重度中毒性痢疾。当时她体况很差显得十分瘦弱,人已昏迷,不能吃任何东西,40 度的高温持续不退。沈医生给她打退烧针完全无济于事,用粒子腹膜透杆法也没有解决问题,当时只要稍一疏忽,女孩随时都有死亡的危险。沈医生带着学生日夜值班守护,用冰块物理降温、腹膜透析办法等,经过三天三夜的抢救,患儿终于会说话,会吃东西了。对一个无权势可攀,无金钱可捞的农民孩子能如此关心,我心里很是感动,直到现在还常提起这件事。由于在这个科的实习比较认真,我感到受益匪浅。

在内科实习时,实习指导老师汪遵玉医生带了两个学生,即我与吴苏湘。吴是领导干部的女儿,人很灵活漂亮,与老师更亲近些,实习期间的表现也不错。实习结束请老师写较详细的评语时,我心里想,小吴的评语一定会比我的好,可是结果不是这么回事,两人的评语基本一样,只有一两个词汇略有差异,对我的用词还好些。我又一次受到了感动。后来,我成为老师,给学生写评语,也是向家境不好,对我淡漠一点的同学倾斜。我经常说:“在资局医院确有一些值得我们学习的道德高尚的老师。”

我在资兴矿务局医院实习时很热心共青团的活动,那时候经常办刊,开学习讨论会，我积极投稿，抄毛笔字张贴，在批判会上发言。当时医院的团支部书记武芝凤是位工人家庭出身的孤儿，住在食堂边。我们在那里不到一月就互相认识了，她向我学外语，我就把饭碗放在她上班的工作室里，每餐从食堂里买好饭坐在她工作室里吃，一直到实习结束（共六个月）。武芝凤的好心眼，对社会较客观的分析，都对我后来的为人自觉不自觉地产生了一些影响。

1975 年秋天，教育系统中的“学江西共大，学朝阳农学院，批判修正主义教育路线回潮”的运动推向了一个新的高潮。从 1967 年学校进驻军宣队和工宣队，军宣队不久就撤了，但工宣队一直没有撤，他们在学校有着至高无上的权力。当时学校正处在扩建初期，同届 400 个同学毕业，就要留 40 人。当时从几个方面看，我都应该留校，一是学习成绩在当时全校同届学员中是优秀的，二是外语水平可以，三是知识结构方面，我明显是基础理论水平高于临床技术水平，理论研究能力好于实际操作能力，四是当时社会上并不看重老师，同学大多只愿当医师，不愿做老师，而我却很想做基础课老师，五是当时工宣队对留校名单征求过各教研室及相关老教师，提我名字的不少。因此我一直打算留校。

俗话说：“一好遮百丑”，可有时却是一缺遮百好，即当时我不是党员，工宣队在那个形势下不能不看重这一点。当时成绩突出的十来位同学大多数是团员，而不是党员，这批人后来被赶到基层去了。

当我得知这个消息，犹如菩萨失去了灵魂，整天闷闷不乐，与好友的说话没了，拍毕业照也不参加了，领导的“道路曲折”之类的用语，我感到纯粹是漂亮的托辞，骗人的鬼话，我感到这辈子再也没有前途了，一直是低着头，默默地收拾着东西，在天还未亮的时候就上了去火车站的汽车，看到街上一盏盏路灯，留恋得泪水涟涟，低头不语。

衡阳医学院学习结束到青山垅水库管理局工作头一年（1972 ~ 1973 年）继续的医学生物学的学习研究，我写出比较成熟的 3 万字论文《思维生理与社会》一篇，小篇论文 10 来篇。本章收录了当时的大部分（约 40%）稿子，有一小部分稿子中有化学分子结构式，打字员不愿打也就放弃了。文章中提出一些值得一试的医学生物学观点，现举几例。

1. 人体思维的关键是自主思维，即在没有外界环境刺激的情况下，也能坐下来思考。同时认为大脑神经的自动节律性是人能持续思考问题的原动力。

2. 人对物质颜色的感知，认为眼睛与大脑不是对不同颜色的质的区别性感觉，而是因为不同颜色的光波（没有光，物质就不能表现出颜色，就没有颜色），有不同的波长和频率，不同波长和频率的光波对人的刺激程度不一样，传导波与大脑的接受和分辨也不一样，由量的不同、量的差别转化为不同颜色的质的差别。

3. 生物进化原理上，提出生物结构进化与功能进化的关系，是结构上的加法（增加 2 个结构要素的复杂程度）可以带来功能上的乘方（机体活动增 2 次方的复杂程度）关系。

4. 生命的本质，生命的产生是太阳能的作用，地球上相关物质进行化学反应、化学反应使物质结构上升到一定复杂程度的物质结构与功能关系的表现。生命的本质是物质进化到一定程度的特殊表现。

5. 中医寒热辩证关系，用西医的酸碱平衡原理进行解释。

6. 头部针灸原理进行了西方医学的解释。

今天将这些思考的内容发表，对医学生物学或许没有参考价值，但作为自己进入科学殿堂的入门之作，有一份特殊感情，因而保留在此。

（1980 年 2 月）

思维生理与社会

一、导论

(一)思维源于实践

什么叫思维？思维的本质是什么？这是一直人们所关心的问题,在不同世界观指导下的人们对该问题有着不同的回答。唯心主义者历来总是坚持着这么一种观点:思维是大脑的固有能力,它的机理是不可能探讨清楚的,他们宣扬先知先觉的认识史观。但是一切唯物主义者,本者科学的态度,实事求是的精神,通过对事物的仔细观察和研究而使自己感到唯心主义者的观点是完全错误的。无数客观事实证明,没有自己的实践是不可能有什么卓越的才能,作出什么卓越的成就的。辩证唯物主义的科学工作者认为:从生理的角度具体地讲,思维的本质应该是大脑皮质内一种能量的转换过程。机体的每个动作都是在神经系统的控制之下,神经和肌肉内的能量转换。能量是存在于物质之中,它是伴随着物质的运动(在大脑内就是指物质代谢)而释放,没有物质的运动就没有能量的释放。思维是在人脑条件反射的兴奋灶在大脑自动节律性的作用下,有关兴奋灶的连续活动过程。一切思维都必须建立在一定的条件反射的基础上,而条件反射的建立(特别是第二信号系统)过程,就是人的实践过程。因此,我们对思维的定义应该是:思维是人们通过概念、判断、推理等形式来能动地反映客观事物的认识过程,是客观事物在头脑中的反映,它不能离开物质而独立存在,人们的思维是在社会实践中产生和发展起来的,思维来自实践,离开了实践就不能有思维。由实践到思维的转换过程是:无数客观外界的现象,通过人的眼、耳、鼻、舌、身这五个器官反映到人的头脑中来,开始是感性认识,这种感性认识的材料积累多了,就会产生一个飞跃,变成理性的认识,这就是思想。

人的社会实践是获得知识的源泉,也是条件反射的建立过程。思维是经验发展的结果,是高级经验。经验是现实的条件反射,是在实践过程的收获。人类机体的一切活动都是对一定刺激的反应,包括眼前的刺激和过去刺激的痕迹。大脑皮层所获得的人类大脑皮层活动特征的来源是通过劳动而产生的,并以语言表现为人体与外界环境相互作用的新形式。语言是现实的抽象,它能够概括、描述现实,而这一概括就组成了人类所特有的高级思维,所以精神活动也是条件反射,也是由一定的原因引起的。

我们也不能忽视,中枢神经系统有各种分析器,它们的机能都是分析和综合,对于来自外界和体内的各种刺激进行整理加工。大脑皮质是各种分析器的总体。反射就是中枢神经系统对刺激进行分析和综合后而发生的反应,一切反射活动又都是以一定的神经结构为基础。无论简单的非条件反射或复杂的条件反射都有一定的反射结构,每个人的反射结构都是相同的,随着机体活动的增加,可促进该反射结构的反射活动的灵活性。

由于参与反射的主要神经结构部位是大脑皮层,所以在讨论有关人类思维机理的一些问题时,主要是讨论大脑皮质的活动规律,机体与环境的统一关系问题。

(二)大脑的生物学简述

大脑的结构与动能:人类进化到今天,大脑已是机体一切活动的最高调节者,生物进化到越高级的阶段,大脑皮层对全身的控制调节作用越强。这种调节是对刺激的分析、综合,以给予新的反应。按传统的看法,每个条件反射的建立,都是两个兴奋灶在大脑皮质中的机能接通。每个条件反射在大脑皮质中有自己的代表点,也就是说存在着自己的细胞或细胞群。也有许多实验提示 DNA 的代谢可能与记忆有关。我总怀疑兴奋灶的形成可能是某些物质在外界刺激下的激活,这观点在后面细述。这样的单位有的是和机体某种活动联系着,而有的是和另一种活动相联系着,有的引起器官的兴奋,有的引起器官的抑制。

实验证明,在大脑半球中不存在任何特殊的最高机能部位传入大脑皮层的刺激。在大脑皮质中所形成的联系的记忆机能,不仅限于某一特定的区域,每个分析器都有中心区(核心部位在神经生理学上)根据不同部分的大脑皮层对机体的每一活动的控制而绘出了一张大脑的区域功能图。如皮层颈叶管听觉、枕叶管视觉的分析综合,若直接刺激一定的皮质区,可以引起人眼前出现光亮感,就说明该部位是感觉功能。这一分析器的其他细胞广泛地分布于大脑皮层,这些细胞能进行初步的分析与综合,分析器广泛地相互交错。就像切除了颞叶皮层的狗,其头部仍能向有铃声的方向转动。

神经系统的由来:从动物界各种动物的神经系统的结构与功能看,在形态上最低等的动物,如媳姑,只有某些神经细胞和神经纤维所构成的神经网;到扁畜类动物,由于有中胚层和肌肉的发生,神经细胞集合在头部,形成神经节,这种神经纤维已有传出与传入之分;到环节动物,神经节数目大增,出现了链状的神经系,这时中枢神经系统的雏形已经形成;到脊髓动物,就已有脊髓和大脑之分。

在机能上,越高级的动物,其神经系统也越进步,随着脑组织高级部位的发展,皮层下中枢(纹状体、苍白球、丘脑)就转为从属性的地位。皮层越发达,对其他神经结构的影响就越大,如切除鱼类和蛙(二栖类尚无大脑皮层)的大脑半球,对于他们的行动几乎不发生什么变化;切除鸟的大脑半球,就丧失一些复杂的动作,如不会吸入周围的食物,但还可以飞和躲避障碍物;切除狗的大脑半球,就不能运动,不能维持恒定的体温,对远隔食物不会呈现食物反射;切除猴(类人猿)和人的大脑皮层,翻正反射就会完全消失,条件反射不能再建立。并且,随着动物结构功能越高级,其适应性越强,大脑皮层也越发达,一些低级中枢的机能逐步归大脑所管理,本身逐步地降为从属的地位,这是机体进化的必然结果,也是大脑发展的必然结果,这种发展有利于机体活动的统一协调。

大脑的进化机制:对于人类大脑皮质的进化,异质皮层应是人类最早的祖先所遗传下来的。其机能主要是管理嗅觉。在人类的进化过程中,异质皮层本身的变动不大,基本上保持了原来的形态和机能。当然人类对今天的思维活动和其他活动的管理作用,就不及同质皮层。同质皮层是在伴随人类其他各种进化的过程中产生和发展起来的,同质皮层是支配人类的精神活动和其他活动的最高级神经中枢。这种皮质的形成原理,在人类进化的阶段上,首先是由于外界环境的变化(部分地区由茂密的森林逐步衰落到渺茫的草原)机体必须采取各种方式以适应新的环境。这种方式包括自己所采取的各种具体行动和机体代谢型的改变两个方面。这种变更达到一定的程度和时期,就能改变基因的基本性状,以新的代谢型进行遗传。如在形态上,手的进化先于脑的进化,就很好地说明了人类是由劳动和环境的改变而促使机体进化的。

决定生物遗传的物质是基因,要改变机体的基本性状,还是要通过改变基因的性状才能达到目的,基因的性状是通过控制核酸的性状实现的。

环境的改变和机体的劳动促进了人类进化,生物进化要通过 RNA 分子变化,同时,基因的性状又是通过控制酸的性状而实行的。在神经系统中同样如此,如遗传性精神病患者在机体中往往有几种核酸的缺乏。从进化的方面看,就是基因性状的改变,导致核酸的性状与活力的改变,接着使机体代谢型发生改变,引起机体的进化和发展,环境总是越来越复杂,认识也总是越来越深入和明了,永远不会停止在一个水平上。自然环境与社会环境日益驱向复杂，事物的现象引起人们的思考，而通过思维又可反过来促使劳动力的发展，以加强人们对外界环境的改造。

在生物学有关人之由来的论述中，曾谈到随着人类的进化，脑量不断增加，如猿人阶段的脑量是1034毫升，到尼人阶段的脑量增加到1200毫升，到新人阶段的脑量和现代人差不多了，现代人的脑量是1450毫升。从脑的形态上看，低等动物只有异质皮层，没有同质皮层，哺乳动物大脑中有了同质皮层，但不及异质皮层多，人类的同质皮层大大超过了异质皮层，这说明随着人类思维活动的加强，促进了脑量不断增加，脑量增加又伴有思维活动的加强，即使从整个动物界来看也是如此，越高级的动物脑量越大（但需与体重作比较），而量的发展必然会引起质的飞跃，脑量达一定程度后，容积不再是显著增加，可能引起质的发展，也可能引起脑内的细微结构的改变和机能的增强。

现在脑量已经相对稳定，因此，脑的发展主要转为机能活动的发展，而机能活动增强的唯一途径靠实践。再说，在同一种生物的各个机体刚生下时，机能活动的差别不会很大，因此，人与人之间的思维活动的差别主要是由于各自实践（包括理论学习的实践）的深度、广度及范围不同所致。在大脑皮层中有异质皮层与同质皮层之分，异质皮层大部分位于嗅脑，因此它的主要功能也应该是管理嗅觉，而嗅觉又是高等动物和低落等动物所基本共有的功能，人并不是嗅觉最敏感的高等生物，但思维活动是人类所独有的功能，由此证明同质皮层是人类发展到一定阶段的产物，它与思维是密切相关的。

神经成份的个体发育同样是一个重复种族发育的过程，个体的神经系统的发育和前面所述神经系统的进化过程基本相似。从胚胎发育上也可以证明同质皮层的产生原理。

二、知识的获得与贮存原理

（一）知识源于实践

人是怎样获得知识，人类知识的获得原理是什么？

毛主席说：“一个人的知识不外直接经验和间接经验两种……无论何种知识都不能离开直接经验的，任何知识的来源在于人的肉体器官对客观外界的感觉……”（《实践论》），这种人体能够感受外界刺激，并把它贮藏于人脑的现象，在生理学上叫条件反射。

人生下来就具有一些简单的非条件反射，但随着个体的成长，仅仅依赖这些非条件反射，就很难在日益复杂的环境中生活。因此，在先天性反射的基础上又以大脑皮层为基础，在强化的作用下，建立许多新的反射，即条件反射。能建立条件反射是大脑皮层独有的功能，所以又叫高级思维活动。

条件反射是人与高等动物所共有的基本反射，如食物反射，这种反射在过去叫第一信号系统。也有人所独具的条件反射，这种反射叫第二信号系统，即把语言文字作为刺激物的信号系统。第二信号系统的条件反射是在第一信号系统的基础上发展起来的。

在我的学习、生活和工作中，天天都要遇到这样那样的物质现象，这些现象就是刺激，作用于我们的感觉器官，通过传入神经，传到我们的大脑皮层，使我们对它有了感性认识。这些观象就向我们提出了一个问题，“该物质为什么会有这些现象呢?”恰好，当我们对它作了进一步的探索和研究之后，我们就能通过现象去认识该物质的发展规律。这就是我们对事物认识的深化，是对事物的第二步认识，即理性认识。理性认识是与积累多次的感性认识的基础上经过大脑的分析与综合发展起来的。我们经常讲介绍经验，其实“经验”就是在感性认识阶段的知识，它是从第一信号系统的条件反射所获得的，是在实践过程中的收获，这是直接所获得的，正确的理论是经验的发展。

另一种方式是间接获得，在生理学上叫第二信号系统条件反射的获得。第二信号系统是第一信号系统的信号，这是由劳动所产生。用言词来表达人体与外界相互作用的新形式。言词是对现实的抽象，它能够概括现实，表达现实，这种概括就组成了人类所特有的高级思维，用言词所表达的知识是别人的经验总结，言词本身又是人类在社会实践中进化到一定阶段上的产物，因此，第二信号系统产生于第一信号系统，人类的思维完全来源于实践。

第一信号系统是指大脑皮层能使各种刺激转变为机体各种活动的信号的全部活动而言，第二信号系统是指大脑皮层保证人与人之间的言语信号的作用，保证确立各种物体(现象)与表明各个物体的语言符号之间的联系，以及保证刺激的作用而完成各种动作的人类所特有的全部活动而。由于人类赖以用言词来表达事物，这就使人能够少一些不必要的实验过程，而达到认识该事物的目的，促使了专门学习经历的缩短，学习进度的加快。但是理性的认识总是不如亲身经历体会得深，因此要对事物认识得深透，不参加一些必要的实践是不行的。

这种间接获得知识的方式，其基本功的训练——言词的学习应具有第一信号系统条件反射的获得特征，如小儿开始学说话时语言要同具体相结合，大人在房子面前告诉他“这是房子”，小儿的脑海中便开始有了“房子”这个概念，再到他上学时黑板上“房子”这两字的字形，伴随着教师的读音，这又是进一步的强化。在学习英语时，我们又可以拿“房子”这两个字同“room”结合在一起，所以言词是表达物体的符号。

词语借着人经历过的全部生活，而到大脑皮层将一切外来和内部刺激联系起来，并成为这一切刺激的信号代替这一切刺激，因而，词语才能够引起这一切刺激所引起的机体的一切动作。机体的反应，词主要是表达语言的，而语言是由声带、舌、眉、颊、喉的运动出现的不同声波与不同事物相结合，并进行多次强化的结果。所以，人类所具备的第二信号系统完全是一种条件反射，它是不能离开实践（强化）的。

（二）参与条件反射的基本结构

前面谈的只说明建立条件反射主要靠实践，但除此外，还要具备一定的反射结构，如感受器、传入神经、大脑皮层。没有这套机构不行。如瞎子看不到东西，聋子听不到语言，也不能用其他器官完全取代。它们是机体不断接受外界刺激，形成条件反射的物质基础，也是具体执行者。

感受器是机体接受外界刺激转为神经冲动，再经传入神经送至大脑的一个器官。每个感受器的机能具有高度的特异性，对感受器的机能装置、特异性原理、转能机制，即使从很新的资料上看，也没有一个满意的学说。十九世纪唯心主义的生理学家苗勒鼓吹感觉器官的“特殊能量”学说。认为我们并不能用感官去认识形形色色的外部世界，而只能认识我们的感觉器官，认为感觉器官并不能把外部刺激能量转为神经冲动，而是显露了蕴藏在感觉器官本身的特殊机能，这种唯心主义观点是完全错误的，也是列宁早就批判过的。但后来，巴甫洛夫又只强调外界事物对机体的刺激作用，忽视了（有些甚至否认了）各种感受器内的特殊矛盾性。这当然不是很好，但机体究竟是怎样感受事物的呢?

思维来自实践，思维是许多高级经验的综合体，但我们的感觉器官的特异性问题，必须取决于事物内部的物质性，如耳朵只能听声音，而不能感光。20 世纪 70 年代科学发现在同一感受器内，对同一类型的不同强度的刺激都有不同的感觉细胞去感受它。我们知道，自然界的刺激反映到我们的每一个组织器官，如光照射到我们的全身，但光波只有眼能感受；声波只有耳朵感受，但都只能感受其中的一部分，如红外线、超声波等人就感觉不到。这样，感官的特异性在于感官对外界不同性质和强度的刺激的选择性接收。为什么眼视觉细胞只选择感受一定长度的光波？这可能是感官内某些物质与不同刺激能起反应的亲和力问题，刺激与感受器在生化反应上的特异性问题。具体机制是神经生理学的一个重要研究项目。许多人认为不管它的选择管理如何神秘，我们把它看成刺激是一种能量，它可以引起感受器内电解质的排列顺序发生变动,这变化本身就产生能量,把感受器看成一个转能装置是正确的。

传入神经是把感受器转来的神经冲动送到中枢神经纤维,冲动的传播是通过神经纤维内短暂的生物变化实现的,这种冲动的传递过程或许也可以看成一种能量传递过程。

大脑皮层的组织细胞的结构问题,已在前面详述,对它在建立条件反射时的活动情况,准备在下面讨论。

(三)大脑皮层的知识贮藏

大脑皮层是人类进行思维的高级组织器官,它的运行机制来源于感受器对外界事物感受所传来的神经冲动。大脑又是怎样把神经冲动贮藏起来的呢?

我们认为客观事物被机体感受的过程,也就是人们的实践过程,这在生理学上归根到底还是一个能量的转换过程,外界的任何刺激对相应的感受器来说都是一个作用力,感受器能将其转为神经冲动,经传入神经传到大脑皮层,这种冲动传到大脑皮层的某些神经细胞内,激发出可以具有活性的生物物质。在这种力的作用下,引起分子结构的改变,由原来的相对静止状态转为较活动状态,即兴奋灶。兴奋灶活动(思维)时又有着生物电的变化,这种变化作用于传出神经到效应器,引起机体的一定活动。

兴奋灶的本质是什么?现在已经有许多实验研究提示 RNA 代谢可能与记忆有关,有报告显示当大白鼠学习平衡作业时,Oeiters 神经细胞核 RNA 的碱基组成发生了重大变化(核 RNA 之腺嘌呤——尿嘧啶比值大大增加)。这种变化在学习实验成后至少持续 48 小时,在这些研究中还报告了在联会的神经胶质细胞中 RNA 碱基也发生了变化。

已经证明,一种致癫痫反映灶(epiteptogemc mirror focus,一种记忆的神经生理模型)的形成与细胞所含的神经元 RNA 总量的增加相一致。此外,对涡虫类(ptanarim)的研究曾经证明:在涡虫尾部再生时,核糖核酸能破坏条件反射的记忆力,并且可以通过同类蚕食的办法由一种涡虫传递给另一种涡虫,α—偶氮鸟嘌呤(嘌呤的一种类似物能形成一种无功能的 RNA)可以抑制大鼠一种新的迷路本领。但对于过去已经学会迷路的穿过和记忆能力未受到损害,这些都说明 RNA 的代谢可能与记忆有关,兴奋灶的形成在分子水平上可能由 RNA 的变化所致。

虽然有上述实验依据来解释兴奋灶的实质问题,但是在有些方面还是很不理想的。不过,兴奋灶的形成是神经冲动对某种物质的激活是完全可能的,如脑震荡的病人出现近事遗忘,也就是对得病后的事记不住,对患病前的事记得特别清楚,这可以解释为原有兴奋灶的巩固(分子的化学键在力的作用下有所加强)和未激活的与形成兴奋灶有关的物质的分子结构已经固定(道理同前)不易激活。另外,在没有受到外界刺激时,机体的随意运动,在运动之先必须有 ∂ 一节律的电位变化也可以说是兴奋灶活跃所致。

再者,物质是运动的,大脑同样具有一般的每时每刻都在进行代谢的特征。所以,一个新的兴奋灶如果很久不浮现,而神经细胞内代谢的仍不断进行,兴奋灶亦可能逐步消失。但一个兴奋灶建立之后,反复多次地受到同样的刺激,能使其结构巩固,主要是化学键结合力的加强。因此,形成的兴奋灶不易消失。另外,刺激量越大印象越深的事实也可以说明这一点。

神经细胞间的机能接通:巴甫洛夫根据实验的研究认为,条件反射的建立是这时大脑皮质不同部位的神经细胞之间发生了暂时的机能接通,也就是皮质机能上形成了暂时的联系。从皮质的组织结构上已知皮层的各个部位之间是错综复杂的,在一种条件反射形成之前,有关的皮质部位之间虽然有结构的联系,但在机能上并未接通。如每次在喂狗时都摇铃声,以后单独的铃声也可以引起狗的唾液分泌,这一条件反射在未建立之前,皮层听觉区与皮层食物之间并无经常的神经冲动的联系。但通过铃声和食物的多次结合后,每当皮质听觉区兴奋时也引起食物代表区的兴奋,从而导致唾液的分泌。

后来有些学者又进一步证实了巴甫洛夫的这一学说,而且加进了网状结物在建立条件反射中的作用。现在看来这些说法还是有道理的。不过,这种联系应该是在皮质中在同一时期内建立两个以上兴奋灶,这两个兴奋灶由于电位的同时变化而互相扩散,当两个兴奋灶各自扩散达一定程度时,两者就会接通。在同一时刻所建立的所有兴奋灶,以后回忆时,这些兴奋灶也应该全部兴奋,否则就是记忆力不够健全。如我坐在桌旁,桌上有一缀书,旁边还有几个人,这里每一个特征都可以在头脑中建立一个兴奋灶,在以后回忆时,这些也应该全部联想起来,如果只知道当时自己在桌旁,而忘了其他特征,这就是另外的特征没有给大脑留下印象。人体能建立的条件反射是无穷无尽的,每个条件反射都有一个神经细胞的机能接通。

神经接通法不能解释条件反射建立的无穷无尽的思维生理的复杂性。它只是从细胞水平和生物电的角度去解释,而揭示思维的某些具体物质运动的特殊矛盾,则不能从生物化学的角度去解释。另外,神经接通时生物电又是如何产生的,其机理也不清楚。就从一般的电学知识来看,电是在物质运动中产生,是物质运动的一种能量转换方式,而不是先于物质的运动。就算神经在刺激下产生了电,但电是怎样引起某些物质在那些具体结构和机能上变化的呢？从神经接通说也查不出一个所以然。

兴奋灶的形成主要靠外界的刺激，神经细胞的机能接通也同样依靠外界的刺激，由此我们可以进一步断言：条件反射的建立最主要的是靠实践，知识来源于社会实践。

三、大脑的自主思维

（一）大脑的思维特征

人们在实践过程中获得知识，在大脑皮层内形成了兴奋灶，这种人脑中的兴奋灶可以在没有明显外界刺激的情况下，进行一连串的活动，即自主思维。这个过程就叫作自主思维过程。自主思维在这里指没有环境刺激条件下的思考，如晚上睡在床上可以思考问题。

神经活动的第一信号系统是低级的条件反射，是人与动物所共有，它是鲜明的、活泼的，形象的联想起源，是直接的，往往富有情绪的感觉，是联想和行动的源泉。

思维出现于言词的产生之后，言语属第二信号系统，它是由古猿发展到人类后产生的，是对人类的神经活动的特殊补充，这个补充给大脑半球的皮层活动增加了新的原则，由于用言词来补充了感觉，就可以离开现实，进而将事物进行概括、在概括时用言词代替大量的感觉，最后形成概念，如物质、时间等等。

言词是包罗万象的条件刺激。实践中对体外和体内环境，以及对直接感受内外环境的情况发生在言词的反映，也就是用言语进行描述而反映到自己的脑海中形成兴奋灶，在言词的感受与直接反应之间、直接感受与词的感受之间、词的感受和词的回答之间，发生和巩固着暂时联系和联想。这样的一个过程是通过分析和综合而进行的。

言词可以根据条件反射的原则在机体活动中引起某种变化，这些变化我们是以描写肌肉的收缩、呼吸节律的增减、心脏的搏动、分泌的变化等形式来记录的，所有这些反应都和第二信号系统联系着，且在相当大的程度上又涉及第二信号系统的机能。

分析就是大脑皮层对外周事物按其特征进行彻底划分的结果，如我们可以把一个人划分为眼、耳、鼻、嘴巴、穿着、姿势、声调等特征。由第一级分析器把它分析后送到相应的皮层区加以贮藏。

综合是对某一事物的各种特征联系其所处的环境加以汇合，抽出它的一般性东西,得出事物本质上的结论。思维是分析与综合的总和,人的思维特征就是一连串的词在头脑中延续活动的过程,并且应用言词来表达自己的思想,表达对事物的认识。

(二)自主思维的原动力

自主思维是有关兴奋灶的连续活动,这个活动是以概念来表达事物的,兴奋灶活动的原动力是大脑的自动节律性的生物电变化。大脑的自动节律主要是 8 节律,思维是在现有的条件反射的基础上,在大脑自动节律性的作用下所产生的一种特殊的运动形式。创造和发明是人们对某一事物发展规律的高度认识和利用。这是通过思维而实现的。这是根据大脑的结构功能特点、物质运动特点、生物电活动的特点来进行分析,探索出大脑的自主思维是什么原理,在选择有关兴奋灶进行一连串的活动,即思维,各兴奋灶是什么因素相互联系,这些都是十分复杂的问题。这个思路的依据如下。

1. 大脑的思维过程是自主的,在没有明显的外界刺激的情况下,也可以进行思维活动,因而思维不是对当时的外界刺激所给予的应答性反应。根据能量守恒定律和物质运动必须要有一个外力作用的概念,对此进行分析,认为自主思维活动也应该有一个原动力。兴奋灶本身可能不会自主的活跃,但是在大脑内所有的物质活动中,只有生物电的变化具有一定的自动节律性,特别是自动性。在正常情况下,神经组织可不是由外界的直接刺激而发生兴奋,在没有明显的刺激的干扰下,大脑也有电位的变化。所以,大脑内自动节律的电位变化就完全可能是思维的原动力。

2. 实验证明,机体的任何活动都伴有生物电的变化,神经系统对机体各种活动的控制方法都是通过生物电起作用的。人体的每一个活动之前,必须首先就有自动节律的电位变化,而人体的自主运动是随意的,是在自己的主观意志的控制下进行的,这样,自动就可能是促进有关兴奋灶活动的原动力。

3. 即使在大脑处于抑制状态时,脑内也有极微弱的电位变化,做梦往往是由于抑制不深,脑海中原有兴奋灶在不受主观控制的情况下活跃起来的结果。如我们做梦往往只是梦到自己所见所闻的事,即使没有见过该具体的事物也应该是已懂得该概念的内容。抑制不深,生物电的活动量就不是很小,所以就做梦。主观意志就是对某一事物的情况同自己所知道的所有其他有关的情况联系起来,进行分析与综合,然后进行判断,根据自己对某一事物的判断以确定自己对该事物的态度和自己的行为,如见多识广的人考虑的问题就成熟一些,不同世界观的人对某一事物的态度和行为就不一样。再如,精神病患者往往是大脑各中枢脱离了相互联系,在确定自己的行为上不能同外界环境相联系时,就会发生一些与客观外界不相适宜的活动。在做梦时,生物电活动较清醒,所以各中枢的联系不好,梦到的东西不受主观意志所控制,因此,证明大脑的生物电确实是促使兴奋灶活动的作用力。

4. 在大脑的优势电位上,婴儿是呈节律到13岁以后至成人、老年都是a节律,这也说明该电位变化可能与思维有关。

既然大脑的自动节律性是兴奋灶活跃的原动力,那么自动节律性本身又是怎么产生的呢?具有什么样的活动特征呢?

(三)大脑自动节律的产生原理与活动特征

大脑自动节律的产生:神经细胞具有节律性的放电作用,因素可有(1)神经纤维膜阻力的改变;(2)细胞内外化学成份的改变;(3)简单的突触传递;(4)随意性撞击的增益作用;(5)节律性冲动撞击的增益作用;(6)循环于闭合线路中冲动的增益作用;(7)节拍扫描的增益作用;(8)从邻近活动神经元而来的在电流中的扩散;(9)电张性的扩散。神经生物电节律波动的本质是由于参入神经元单元一部分的同时作用的结果,以及单位时间内放电次数时而增加、时而减少所引起的,细胞单位放电频率更替改变的结果,按此细胞放电相互移动于时期的内外之间。

对于α—节律的产生机制和本质,可能是化学的、神经原的、直线生物电的作用,或三者共同作用的结果。我觉得有化学机制的解释比较好些,所以这里只介绍一下化学机制论者的看法。他们认为,自动节律性的产生是由于神经细胞中因新陈代谢而继续建立起来的电位所致,电位逐渐达到临界水平时,它就时刻地发生放电,而这水平则由某些因素所决定,如细胞膜的特性。但到这水平之速率则以细胞的新陈代谢的速率而定。新陈代谢的速率则又由化学链锁中最缓慢的一环来决定,而这最缓慢的一环应是速率的调节者。已有Lloagtand用提高温度以及用新陈代谢的其他刺激物,从而增加了又一节律之速率的工作支持,在特殊条件下相对频率的改变则应归之于决定放电临界水平的其他因素。

大脑自动节律的活动特征,测量脑电图的生物电现象由来已久,eaton在1874年就有这个尝试,以后很多研究者用狗、猿等做了实验,都是剖颅,直接把电极放置在脑髓中导出的。1925年B. Bjpabjna—Hemhcknr应用高度灵敏的弦线电流计代替了过去研究者所用的惰性大的反光镜,由电流计来表述脑电现象。这是一个重大的转折点。1929年德国精神病学家Berger在人的颅骨皮肤上放置电极,把脑的生物电流通过增幅器,导向惰性极小的电流板上,进行人脑皮层活动研究。这种描记方法叫作脑电流描记法,由此而得的生物电流曲线,叫作脑电流图。将大脑的自发性电位变化系自暴露的皮质记下来的电位变化图叫大脑皮层电图。

在正常及异常对象中脑电波节律的频率大约在每秒是0.5－30交之间。在正常人的记录中占优势的节律是α—节律，这一节律是最易在头颅的枕一颞一顶区记下来。但也有例外，虽然α—节律是脑电图的主要特征，但此外，还有广泛的其他频率的节律。即使α—节律内也不止一种，在婴儿节律占主要地位，到13岁才具有成年人那样的分布。这种随年龄的增长而伴有脑电位改变的现象，是否与人体思维有联系呢，有什么样的联系呢？对于节律的起因虽有前面所述，但至今还未完全弄清楚。

总的来说，唯物主义认为物质决定精神，但同时又认为精神对物质有反作用。主观能动性就是指人的主观意志对客观物质世界的反作用。人们的主观思想以及在思想指导下的行动都是人类特殊的能动性，无数客观外界的事物被人体感知，通过大脑神经细胞的加工处理，对外界是环境给予新的反作用力。毛主席说："人们的社会存在决定人们的思想，而代表先进阶级的正确思想一旦被群众掌握，就会变成改造社会改造世界的物质力量"。我国广大工农兵在三大改造的实践中，努力学习马列主义、毛泽东思想，不断实践，不断总结经验，掌握一个又一个事物的发展规律，创造一个又一个人间奇迹，使我国的社会主义革命和社会主义建设事业日新月异，蒸蒸日上。

四、思维力差异的成因

(一)学习与实践是思维力差异的根本原因

人类思维是在大脑皮质内有关兴奋灶的一连串活跃过程。由于我们目前还不能很清楚地认识大脑皮质的活动规律。而且，在不同世界观指导下的人们对它有不同的看法。所以到今天，对人类思维能力差异的成因说法有很多，辩证唯物主义者是怎样从生理学的角度去解释这一现象呢？

毛主席曾经说过，他不是不承认天才，天才就是比较聪明一点，天才不是靠一个人，靠几个人，天才是靠一个党。党是无产阶级先锋队，靠群众的智慧、集体的力量。天才是在群众中产生，善于总结前人的和现代群众的先进经验，对某些事物有比较深刻的认识，有一定的发明创造。由此，我们便认为，构成人类知识才能的差异的成因不外乎是下述两个方面。

第一个因素是实践和学习。毛主席说："马克思、恩格斯、列宁、斯大林之所以能够做出他们的理论，除了他们的天才条件之外，主要还是他们亲自参加了当时的阶级斗争和科学实验的实践，没有这后一个条件，任何天才也是不能成功的。"

要想有知识,就得在实践中善于总结经验,摸索规律,探究本质,努力学习前人的经验。知识的多少广狭,主要决定于长期的劳动程度。实践对思维的决定作用,在生理学上可以看到(1)人脑的进化完全源于实践,它是由于环境的改变与机体的劳动的促进,如部分森林变为草原,手的进化比脑的进化早都很好地说明了这个问题;(2)第二信号系统的条件反射是在第一信号系统的条件反射的基础上发展起来的,它是人体进化达到一定程度上的产物,这种进化过程是一个由量变到质变的演化过程,这种演化是由外界环境的促动的机体的适应性相互斗争的结果,第二信号系统的建立是由于大脑在形态上有96%的同质皮层,在机能上实现了皮层机能化。所以,我们认为思维在于实践;(3)思维必须建立在现有的条件反射基础上,没有建立这方面的条件反射,在思维时就不可能考虑到这个方面的内容上去;在语言上,如我不懂得俄文,在自然科学知识上,如我不懂得胶体化学,因此,在分析那些同化学因素有关的问题时,我只能分析一些同无机化学、有机化学和生物化学有关的问题,而不能分析同胶体化学有关的问题。条件反射的建立靠实践,没有自己的学习与实践,就不懂得这方面的知识。由此,我们可以看出实践对思维的重要性。

人的头脑只能是一个加工厂,其原料来自社会实践,不从实践中取得原料、加工厂是空的,多参加社会实践,多建立条件反射,这就为思维提供了物质基础。另外,实践得多,思维锻炼的机会也多,这就更能增强神经细胞的灵活性。毛泽东同志不管他在什么时候都是考虑着中国革命的事业,并从事具体的实际工作,所以为我国的社会主义革命做出了一套完善的正确理论,指明了我们前进的方向。但是,经过人脑制成的成品究竟合不合用,正确不正确,还得再到实践中去检验。毛主席的革命理论的正确,就是因为它能指导革命实践,是对客观事物发展规律的正确论述。这样,我们可以认为各人实践的广度和深度不同是构成人与人之间思维力差异的决定因素。

有人认为,聪明的脑袋会有一定的形态学基础。我们看到,物质的运动能力与该物体的结构是有密切的关系,从简单的机械运动到复杂的生物活动都是如此。但是,在同一种正常机体中在形态上是不会有明显的先进与落后的区别,即使在同一个父母所生的两个小儿,他们可能有基本相似的形态,但以后依各人的实践程度和范围不同,可有明显的思维力的差别。另外,机能活动的加强也可以引起形态上的变化,生物的进化就是如此,从人脑的形态与机能的进化机理上就完全说明了这一点。所以,只鼓吹天才的形态学基础是形而上学的,也是唯心主义的。

巴甫洛夫通过实践认为,神经有强神经型和弱神经型之分。弱神经型在诱发因素的作用下易患精神病。他把人类的精神活动分为三个类型:以哲学家、文学家、数学家为代表的思想型;以音乐家、美术家为代表的艺术型;比较全面发展的归为中间型。有些人认为这可能与遗传有关。可是,在巴甫洛夫的实验看来,强神经型和弱神经型之间可因外界作用因素而互相转换。

精神病可以遗传这是事实,但是遗传性精神病的发病需要一定的外界诱因。而且,精神病患者的后代不一定会得精神病,患该病只占少数。反之,没有精神病家族史的人同样可以得精神病。

在胚胎学领域里,也证明了神经细胞是机体中可塑性最大的一种细胞。在病理方面我们看到,当机体某一功能受到损伤时,可加强有关的功能,用以补偿。对于这种机制我是这么理解的:当一个效应器或感受器损伤,但大脑皮质中管理这方面的功能的神经细胞没有受损时,这些细胞可转为管理其他有关这方面功能的神经细胞,使有关的反射中枢活力加强,因此与已损伤的功能有关的活动能够更好地组合与协调,使其有关的功能加强,如眼睛受损,可使触觉的敏感性增强就是这个道理。

而且有遗传就一定会有变异,例如从先天性智障的患者中发现他们细胞内多了半根染色体。我们认为,先天性智障是一个病理现象,已具备了一定的病理体征,如骨头硬力减弱,手指可以反转过来与手前臂相重叠,20 多岁了还学不会穿衣服。我们不能把它同生理现象相混淆。但是有好些先天性智障患者都是相对聪明的,这样看来,聪明的脑袋不是靠遗传,主要是靠后天的教养,靠实践。

从以上情况足以说明,神经细胞的可塑性是很大的。神经细胞的活动能力和发展偏向是以个体的实践程度和类型而定。因遗传只遗传大脑的基本特性。这些特性也可以有变异,神经型的先天决定论是不符合客观事实的。

(二)生理因素有一定程度的作用

毛泽东同志谈了马恩列斯的天才条件,我觉得当中主要是指生理条件,并且这种生理条件包括大脑的健全情况和全身健康状态两个方面的内容。机体的任何一个内脏活动和自主的随意运动都是一个复杂的生化反应。酶是各种反应的催化剂,神经系统是机体各种生化反应的高级调节者,这是由生物电的活动最后通过释放介质而起作用的。所以,神经系统的功能,能影响机体各种疾病的转归,并且同许多疾病的发病因素有关。但反过来,机体的代谢情况又能影响神经系统的功能。这种影响一是因大脑活动的许多能量靠新陈代谢的过程供应,二是对大脑有兴奋作用的物质和有抑制作用的物质必须处于一个相对的均衡状态,如脑蛋白质代谢与精神活动有密切关系。近年来的研究发现,色氨酸代谢的中间产物五羧色胺、酪氨酸代谢的中间产物去甲肾上腺素和肾上腺素、谷氨酸代谢的中间产物r—氨基丁酸都有高度的生物学活性的神经激素。它们对正常的精神活动有十分重要的作用,有些神经激素(如前面几种)的一步代谢,能够产生有毒的吲哚化合物,这类化合物可影响大脑的正常代谢,而成为诱发精神障碍的重要原因之一。

大脑的活动需要能量,其供能物质的来源靠血液,所以脑血管的功能对人体的精神活动有着重要的影响作用,如脑血管痉挛可出现某些精神症状。

激素对人体的思维活动具有重要的影响作用,特别是类固醇激素,如甲状腺机能亢进的病人,开始中枢处于兴奋状态,但后来会转为抑制。甲状腺机能衰退时,中枢兴奋性降低,使病人表情淡漠,对周围事物不感兴趣。在人的性腺高度发育时,可引起青春期精神分裂症。服用皮质激素也可以引起精神障碍,出现兴奋性增高的表现。

类固醇激素进入细胞内后,同细胞质受体内一种特异的受体蛋白结合,形成一种激素受体复合物,后者需在一定的条件(如适宜的温度)下进入核内,形成核中激素受体复合物才发挥作用。激素受体复合物进入核内后,主要通过影响核糖核酸和蛋白质合成的过程来影响酶的活性,从而起作用。

这是类固醇在作用机制上的共性,但不同的类固醇激素又可以用于不同的细胞(该激素的细胞)。从性激素讲,它可能是对大脑皮质的性育代表区,通过影响酶的活性而发挥兴奋该区的作用。但是大脑各部分是一个互相联系的统一体,所以我们可以调动人的主观能动性,让其他的兴奋灶占优势,占主导地位,这也是可以控制的。

全身的健康情况对人体的精神活动也有一定的影响,如得了慢性消耗疾病的人,整天处于忧郁状态,不能从事艰苦的工作,也不能坚持一定时间的学习,这当然对思维有影响。

人体具备了这些生理条件,就能使大脑保持清醒状态,使中枢的兴奋与抑制过程很好地调节,也就能努力地学习和艰苦地工作。

(三)需要说明的几个问题

综上所述,我们觉得一个人的脑子好用不好用,在于两个方面的因。第一个因素是决定性因素,因为知识来源于直接经验和间接经验,这样就看一个人实践的广度与深度如何了。第二个因素是生理因素,也就是一个人的大脑和身体的健康情况如何,这是正常人体都具备的条件。

人脑的活动原理一直是引人注目的重要问题、在国外,由于仿生学的诞生和发展，使得学者们更注意大脑的活动原理，现在已有专门研究人脑的国际组织。在国内我国科技工作者对他国的东西本着“古为今用，洋为中用，取其精华，去其糟粕”的原则，大胆创新，使脑生理学有了很大的发展。一个又一个的科学发现证明了辩证唯物主义的正确性，一个又一个人们创造的人间奇迹有力地批判了“天才论”的唯心主义世界观。就本章所述，我们可以得出以下几个结论。

1. 人脑的进化在于环境的变化和机体的劳动。条件反射的建立在于外界的刺激，思维又是在大脑内的条件反射的兴奋灶在自动节律性的作用下有关兴奋灶的连续活跃过程。所以，思维完全来源于实践。

2. 思维不是简单的机械运动，它是将某一物体结合该物体有关的其他事物联系起来，进行分析、综合，然后进行判断的复杂过程。这个过程是在大脑内进行的。分析、综合与判断的机能是大脑的独特机能。

3. 建立条件反射，进行人类思维，同样需要一定的物质基础，即组织结构。这个体结构主要是感受器、传入神经、大脑皮层等神经结构，首先是感受器把刺激转为神经冲动，经过传入神经到大脑，然后是大脑某些物质在神经冲动的作用下发生了变化，形成兴奋灶。这是一个物质运动——能量转换——能量传递——物质运动的过程。

4. 思维力差异的成因在于实践和学习的广度和深度的不同，在于长期劳动的结果，同时需要一个健康的身体和健全清醒的大脑皮层。

今后，广大哲学、生物学、心理学工作者和医务人员应用辩证唯物主义的观点来指导自己的工作实践，善于总结经验，摸索事物的发展规律，一定能把大脑皮层内某些现在还不能认识的活动原理探究清楚，甚至完全可能从分子的角度去解释大脑的所有功能，为辩证唯物主义在哲学界的论战提供更确切的理论依据，为精神病的防治研究提供一定的理论基础。

思维本身的发展将是什么呢？伟大的革命导师恩格斯早已清楚地告诉我们：“……我们还是确信，物质在它的变化永远是同一的，它的任何一个属性都永远不会丧失，因此，它虽然在某一个时候一定以铁的必然性毁灭自己在球上最美好的花朵——思维着的精神，而在另外一个地方和某个时候一定又以同样的铁的必然性把它重新产生出来。”

（1973 年 10 月）

物质颜色的成因

我们时时刻刻都接触物质,而物质绝大部分又都附以一定的颜色,究竟物质为什么会有颜色。随着人们对物质认识的不同阶段有不同的看法,有的认为有三种不同的圆锥细胞和三种不同的神经纤维去感受。对它发生反应和传导,物质颜色的产生就看物质能兴奋哪种细胞罢了。这一看法至今毫无确切的实验证据去否定。但是根据辩证唯物主义的基本法则和本人日常生活体验,认为这学说是形而上学的,理由是不够充分的。

一、复合光的色散

一束平行光通过三棱镜后,可形成一条鲜明的光带,其顺序是红、橙、黄、绿、青、蓝、棕、紫。实验让各种光波的频率按上述次序而减少,波长按上述次序而增加,对物质的穿透力按上述顺序而减少。这就说明两个问题,一是各种单色光在真空中速度相同,在空气中应几近相同,在其他同一介质中其速度就大不相同。因而同一介质对不同光波折射主径不同。二是各种不同波长和频率的光颜色是不相同的。因此应该是光波决定光色,颜色的出现就是上述光波的独自表现或多种不同光波的综合表现。

二、物质内部矛盾的特殊性决定物质颜色

世界上的物质除了水、酒精等无色物质之外,大部分物质都是有颜色的。各物质不但有颜色的不同,而且有颜色深浅、光暗的不同。有色的物质一投到无色物质之中,那么原来的无色也就变为有色了。色弱和色强的物质混合在一起,就表现出该色强颜色的特征。另外我们知道,三氧化二铅是黄色,而四氧化三铅就成为红色物质,这里只不过有分子量的增加,而分子量增大应该减弱对光的吸收力,物质颜色的表现按光带的顺序向前移,这也合乎我的想法。褐色的泥土不需

掺入任何其他成份也可以在高温下烧成红砖。这一切,充分表明物质颜色的产生决定于物质内部的矛盾性(对光波的吸收和反射的特殊性)。我们对颜色的感知,是对复合光通过物质所剩光波的感知。另外不但有红色的表现,而且还有带氧的功能,叶绿素不但使植物表现为绿色而且还有光合作用。Pb_2O_3 和 Pb_3O_4 在化学性质上也有很大差别等例子,又使我们相信颜色是部分物质的一种属性,并不存在着什么纯洁的色素。

三、介质与光波的关系

介质与光波的关系,也就是物质颜色的产生原因。前面我们讲了各种单色光对物质的穿透力是不同,以红色光波对物质穿透力最强,以后按光带顺序逐渐减弱。不同的物质对光波的吸收力也不同,就是由于这个原因促使我前面所述物质颜色的成因,其依据是:

1. 无光不见物,也就是说物质的颜色只有在光的作用下才能反映出来。因此色应该是光波的运动与物质吸收的结合的产物。在一个黑暗的房间,用一盏绿灯去照一个黄色的物质,黄色的物质必定会染成绿色。这也说明这个道理。

2. 有透明的无色物质存在。不透明的黑色,说明黑色是物质对所有光波都吸收的结果。

色盲病人的存在不能说明眼睛的三种感色细胞的孤立存在,因为(1)色盲可以有一种颜色的色盲病人,如果按这学说讲,三种基本元素缺少了一种,而它所组成的染色就应该是少了很多种。(2)据研究,色盲的缺陷绝不是绝对的,很多是由于对颜色的辨别力差,而且大多数不是先天某种视觉细胞的缺乏,而是由后天所造成的,并可由营养来改善,如增加蛋白质和 vit A 而变为正常。如果是某种细胞的丧失,就不能仅增加一点一般的营养物质而是要在身体内产生出一种细胞来。

3. 临床证实,在人体有其他病变如发烧等情况下,人对色的辨别力减弱。特别大脑是人的高级分析器,患有脑部疾病的人,对颜色的辨别力同样是减弱的,因此对物质颜色的感觉,是大脑对经过物质后所剩光波的频率和波长的分析与综合的结果。以前的学说强调眼睛内三种感色细胞,抹杀大脑对光色分析的作用应该是错误。

我觉得物质成因是各种光没有穿透力大小的差异,各物质也有对不同光波吸收力不同的差异。物质把复合光的所有光波都吸收就表现为黑色,全部不吸收,光波穿透过去则表现为无色(也就是透明)。全部不吸收把光波都反射回去则表现为白色。物质的颜色就是按光带的顺序,物质到不吸收的光波后一种单色波就是该物质的颜色，如该物质能吸收橙色波则物质本身表现为黄色，刚好能吸收红外线则物质表现为红色。综合色的物质恰恰是既合的复杂物质，是该物体内部存在多种对光波的吸收力各自存在一定差异的结果。眼睛对颜色的感受就是对经过物质所剩光波的感受和传导，我们对颜色的感知就是大脑对光波的分析与综合的结果。这就好像耳对声波的分析一样，而眼睛内部是否存在单独感受某种颜色的视觉细胞，现在还不完全清楚。

四、眼对颜色的识别原理

在十九世纪中叶思尔姆霍落氏认为基本颜色有三种，即红、绿、蓝或紫，并认为一定有三种不同的圆锥细胞和三种不同的 N. f. 对它发生反应和传导，这种学说至今无确切的实验证据去否认，但这种学说是形而上学的，可以说逻辑性是很不强的。而根据对事物一般到特殊和从特殊到特殊的推测原理，这学说也是说不过去的，如温度感受并不存在冷感受或热感受，耳朵并无恶意感受细胞与善意感受细胞（因损伤从未见过上述单一的感觉丧失）。他这种原说的理由是色盲症的存在，但据较近的研究，色盲的缺陷并不是绝对的，很多是对于颜色的辨别力差。而且很多是后天造成的，并可由营养的改良，如增加蛋白质和维生素而变为正常。这样看来，颜色的分辨主要是大脑皮质视觉细胞对颜色的感受与分析，而不是某颜色对特异的锥圆细胞的兴奋作用的分辨。

眼睛对颜色的分辨，也就是对不同光波的频率和波长的分辨（频光的频率和波长就决定光的颜色），这也好像耳对声波的分辨一样，而眼睛内部是不存在某种单独感受某一颜色的视觉细胞的。

（1974 年 1 月）

生物进化及核酸与蛋白质的关系

一、生物进化的加号与乘方

环境作用引起机体一定结构与功能发生变化，在进化过程中由于各自所处的内外因素不同，有的进化快，有的进化慢，有的停滞有的绝灭，因此当今世上已有许多种生物类群、类群与类群之间、个体与个体之间，都存在着矛盾的共性与个性的关系，这种关系主要变化于核酸与蛋白质中，存在着DNA分子结构的改变和机体的结构与功能复杂程度的关系。事物的发展规律是从低级到高级，从简单到复杂的发展路线，生物每进化一步的DNA分子的改变扩大的发展方向就决定了DNA结构的这种变化主要是加号，反之，是减号。这种基本物质的加号性的变化，首先是在蛋白质的组成结构上体现出来，这里越是高分子化合物所组成的种类越多，其功能越复杂。例如20种氨基酸组成20250个为序列的蛋白质可以组成250种。如果增加一序列就成了20251种，又增加了20倍的复杂性。有机物的种类比无机物多得多，一般有机物比无机物的分子要大，因而可能解组成更多的异物体。植物界，菌藻、苔藓、蕨类植物的都是5个组织、3个器官以下，而种子植物的有根、茎、叶、花、果、种子有6个以上的器官，而种子植物门的种类比其他三门植物种类的总和还要多。在动物界也同样如此，如哺乳动物有6种组织和30多个器官，比其他任何类群的动物的组织器官都多，因而哺乳动物的种类也最多，功能也最复杂。

关于核酸主要是对大肠杆菌进行研究，其实大肠杆菌只有1000多种核酸，3000多种蛋白质。而一个人身上500多种蛋白并没有发现一种与大肠杆菌完全相同的蛋白质。这种充分进化是质变，一种物质的进化并不是几种蛋白质的增加，而是在一个核酸蛋白质变化的基础产生出新的结构功能，有新的活动规律。机体的一个核酸和蛋白质性质的变化可以引起机体结构功能变化和复杂性的增加。

这里还有一个问题值得提出，就是物质的运动要受到规律的制约，生物要受到自然的选择，世界曾有很大一部分物质被自然所淘汰了。如蛋白质的结构是由20种氨基酸组成的，今天可以找出基酸序列超过了250个的蛋白质，蛋白质种类形成的可能数字20250种以上。实际上述有关统计资料，从地球上生命起源到今天的蛋白质种类还没有超过1050种。生物的种类远远未达到根据生物体的蛋白质种类、组织器官的情况等工作理论推导的数字。这就是由于自然选择的结果。

总之，核酸和蛋白质之所以成为生物体的重要物质，在于两者的内部矛盾性，同时它们的作用是相互的。环境通过蛋白质对核酸的一个加号性的变化，可以在生物体中增到成乘方数字的复杂性，这增至一定程度后，主要是引起生物体内部的质的变化为主了，这是本人在匆忙中得出的结论，以后还想继续探索。

二、对核酸和蛋白质的活动规律认识

革命导师恩格斯教导我们："生命是蛋白体的存在方法。"现代科学研究证明，生物的遗传、代谢、存活等高度的特异性、协调性和适应性，就在于核酸和蛋白质在机体中的重要作用，科学实践证明了恩格斯这一论断的英明伟大。

核酸和蛋白质是怎样发挥作用的呢？它们本身有些什么活动规律呢？这里限于水平和学习条件，只能谈谈自己学习几篇有关文章后产生的几点极不成熟的想法。

核酸和蛋白质的重要作用在于本身的矛盾特殊性。机体的每一个动作都依赖着体内一定的物质代谢和能量代谢的进行。生物体的千差万别在于代谢型的不同。在代谢过程中起重要作用的物质就是酸，酸的化学本质是一种特殊蛋白质。机体的其他重要物质也绝大多数属蛋白质类。特别是体内的高分子化合物基本上是蛋白质类。"事物发展的根本原因不在事物的外部，而在事物的内部，在于事物内部的矛盾性。"（毛主席《矛盾论》）蛋白质具有高级的功能，同样是本身的结构，是由物理化学性质所决定的。

蛋白质是由氨基酸所组成的，而氨基酸分子中既含有氨基（$-NH3$）又含有羧基（$-COOH$）。氨基有碱性，能与酸作用生成盐。羧基有酸性，能与碱作用生成盐。因此氨基酸呈两性性质。这样一来就在氨基酸分子内部，自身的氨基与羧基也可以生成盐，这种在同一分子内形成的盐叫内盐。这样分子内部就既有正离子部分，也有负离子部分，所以又叫两性离子。正由于氨基酸内部的这种矛盾特殊性，才有可能在一定条件下，一分子α－氨基酸的氨基与另一个α－氨基酸的羧基相互作用失去一分子水而生成缩氨酸,这个反应叫缩合反应。由这种缩合反应生成肽。两个氨基酸缩合之间形成的键叫肽键,很多个肽就构成蛋白质。机体的蛋白质是氨基酸缩合而成的。这里已经证明了。机体的只有氨基酸和核酸(下面分析)存在两性性质也是知道的。由体内氨基酸的化学特性提供了蛋白质分子形成庞大性和多样性的可能性。

蛋白质对机体有重要作用,但是有机化学的研究告诉我们,蛋白质的合成需要一定的条件才能进行,而且蛋白质本身不稳定,容易破坏。要使酸的性质和活力稳定在一定的范围内、机体的性质能通过生殖而遗传、新陈代谢能有条不紊地进行,还需要一定的其他原因,单独靠蛋白质难以保持机体的相对稳定性。许多生物学家研究证明,能控制蛋白质合成的物质是核酸,1928 年格里菲思对肺炎双球菌的试验,把少量毒性很小的 R 型肺炎双球菌和加热杀死的有强烈毒性的 SⅢ型死肺炎双球菌一道注入小白鼠皮下,小白鼠也可发病致死,并从血中查出少量 SⅢ型活菌。这现象只能认为 R 型菌在 SⅢ型作用下转为 SⅢ型。1944 年艾弗里证明使型转化的活性因子是高丝合 DNA,特别是在五十年代初华生与克里克对 DNA 双螺旋结构模型的确定后,更坚定了这个观点。1958 年克里克提出了 DNA→RNA→蛋白质的控制路线,认为性状遗传的物质基础是 DNA。机体的性状、形态、活动特点,由 DNA 控制决定。通过酸、蛋白质及新陈代谢的特点展现出来。在一般情况下从 DNA→RNA 通过密码翻译出氨基酸进而合成蛋白质。因此蛋白质的合成依赖于核酸。核酸能决定蛋白质的数量和性质。机体有不同的蛋白质、不同的酸就有不同的代谢型,就有不同的生物体。这种控制路线在一般情况下是一条通道。

核酸有这种遗传作用,同样在于核酸的内在矛盾。首先是核苷酸分子中既有嘌啶、嘧啶等硫基的碱性,又有磷酸的酸性。这样在同一核酸分子中既含有碱性基团,又有酸性基团。它本身具有酸碱两性化学性质可以互相结合。这就为核苷酸形成高分子的核酸化合物提供了可能的条件。同时 DNA 酸基的相互排列方式可以有许多变化,因而核酸的种类可以很多。现在业已查明了每组硫基(三个硫基为一组)所能携带的一个特异的氨基酸;DNA 有一定的复制能力;DNA 的代谢率较低,具有相对特定性。这种特性对机体保持不断地新陈代谢和保持本身的相对特定的性状是有益的。

体内的主要物质就是核酸和蛋白质。它们是在一个分子内部酸碱两性同具。核酸和蛋白质都是生命体的重要物质。两者之间表现了十分密切的内在联系性。这样看来,核酸能与氨基酸结合,能合成蛋白质的合成是否在于核苷酸的硫基与氨基酸的羧基,核苷酸上的磷酸和氨基酸上的氨基的结合,进行携带的关系。蛋白质和核酸在体内起重要作用在于它的本身具备两性的化学性质呢?这是一种推导,或叫一种假说,正确或是谬误,还有待在实验室仔细观察。

三、核酸和蛋白质的作用是相互的

前面提过,在一般情况下 DNA→RNA→蛋白质是一条通道,可是"一切对立的成分都是这样,因一定的条件,一面相对立,一面又互相联结,互相贯通,互相渗透,互相依赖,这种性质叫做同一性。"(毛主席《矛盾论》)。任何事物的斗争都是相辅相成的。DNA 能决定蛋白质的合成。可是反过来说,人们也观察到了另一方面的事实。证明 DNA 本身的复制需要蛋白质参与。A・科恩伯格等人 1956 年在大肠杆菌提液中发现了催化 aTTP→DNA 反应的碱,精制后称为 DNA 合成碱。1960 年韦斟又找到了 RNA 的合成碱。1970 年厦天梯明在 RNA 型癌病毒中探明,在特殊情况下,存在着 RNA→DNA 这样新的合成方向。在过去遗传作用一直认为是细胞核里的染色体,细胞的活动由细胞核所控制和细胞核控制细胞质的说法,这是当时在生物学界流行的说法。可是 1973 年牛满江等在中国学会动物研究室经动物实验证实了单独在细胞质(不包括核在内)中的 mRNA 对于细胞的分化、生长和特异性的遗传具备重要的生理作用。再说人类的遗传性疾病也不是几千年以前就牵连不断地遗传下来的。而是在个体的变异产生中遗传给下一代的。如一种因毛发缺乏色素的白化性状。在营养疾病,衰老的生理影响下可能出现白化,大多数慢性病人是不发生白化的。可是这些生理因素作用达一定程度时也会造成骆氨酸碱系的数量和活性的变化,出现白化。如有些因长期营养缺乏,慢性疾病而导致的白化。父亲有了白化性状,子女也不一定会白化,在实践中还是看到不遗传的占多数。只有在蛋白质(碱)的改变达一定程度时才会引起核酸结构的相应改变,使之白化而成为遗传性疾病。因此有一部分白化病人的子女是白化的。这里看出改变蛋白质的结构和改变了核酸的结构其作用是不同的。前者是非遗传性的,后者是遗传性的。但可以通过蛋白质进而改变核酸。在人类进化上的例子就更是数不胜数了。根据这些情况看来,机体的遗传代谢是由核酸起指导和决定性作用的。反过来说,外界环境的改变(刺激)首先是作用于机体的蛋白质部分,影响机体的代谢和其他活动,进而可以影响到核酸。蛋白质→RNA→DNA 是一条反馈影响作用的路线。这是一条总量不大,在生物对环境的适应性和生物的进化中有重大意义的路线。

四、进化论上的结构与功能

环境作用于机体，引起机体的一定结构和功能的改变，在进化过程中由于各自所处的内因和外因的不同，有的进化快，有的进化慢，有的停滞或灭绝。因此今天世界上已有许许多多种生物类群、类群与类群之间、个体与个体之间，都存在着矛盾的共性与个性的关系。这种关系势必变化于核酸和蛋白质之中，存在着 DNA 分子结构的改变和机体的结构与功能复杂程度的关系。事物的发展规律是从低级到高级、从简单到复杂的发展。生物每进化一步，有其 DNA 分子改变扩大的倾向。这就决定了 DNA 结构的这种变化主要是加号，而不是减号。这种基本物质的加号性变化，首先是在蛋白质的结构上体现出来，越是高分子化合物所组成的种类越多，功能越复杂。如 20 种氨基酸，按 250 年为序列，可以组成 20250 种蛋白质。如果增加一序列就可构成 20251 种，又增加了 20 倍的复杂性。有机物的种类比无机物多得多，其原因也主要是有机物比无机物的分子要大，因而能组成更多的异构体。在植物界的藺藻、苔藓、蕨类等植物的构成都是五种组织、三个器官以下。而种子植物的也有同样的五种组织，但其构成还有根、茎、叶、花、果、种子等六个器官，其种子植物门的种类也比其他三门植物种类的总和还要多。在动物界也同样如此，如哺乳动物有六种组织，三十多个器官，比其他任何类群的动物的组织器官都多。因而哺乳动物的种类也最多，功能也最复杂。

当前研究核酸，多是研究大肠杆菌的核酸，其实在大肠杆菌中只有 1000 多种核酸，3000 多种蛋白质。一个人身上有 500 多万种蛋白质，但至今没有发现一种与大肠杆菌的蛋白质完全相同的蛋白质。这充分说明进化是质变。一个生物体的进化并不是某一个核酸，蛋白质分子的简单相加或凑合，而是在一个核酸蛋白质的基础上产生出新的结构功能。它出现以后又有自己的新的活动规律。机体的一个核酸和蛋白质性质的变化可以引起机体的其他结构和功能及活动程度相当于这个结构变化数字的乘方的复杂性。

这里还有一个问题值得提出：就是物质的运动要受到规律的制约，生物要受到自然的选择。世界上有很大一部分物质被自然所淘汰了。如蛋白质的结构是由 20 种氨基酸组成的，今天可以找到氨基酸序列超出 250 个的蛋白质。那么蛋白质的可能形成种类是 20250 种以上。实际上据有关统计资料介绍，从地球上出现生命到今天的蛋白质种类还没有超出 1050 种。生物的种类都远远没有达到按生物体的蛋白质种类、核酸序列、组织器官的情况等所组成的异构体的数字。

总之，核酸和蛋白质成为生命的重要物质，在于两者的内在矛盾性，同时它们的作用是相互的。环境通过蛋白质对核酸起一个加号性的变化,可以在生物体中引起与这个物质变化数字成乘方的复杂性,增至一定程度后以导致生物体的质的变化为主了。如人类起源和人类的新的进化(科学技术的发展),对这些问题今后还要做进一步探索。

五、《核蛋白质中的核酸和蛋白质》写作提纲

(一)核蛋白的结构与功能

1. 化学上已经证明,核蛋白是一种结合蛋白质,其中核酸部分小,蛋白质部分大,从某种程度上说,它们两者之间是部分与整体的关系,核酸相当于核蛋白的功能基。

2. 它们的生物学作用在于核酸参加蛋白质合成的反应。

①1961 年布伦纲、雅各布、梅尔桑等人的实验建立了信息核糖核酸(mRNA)的概念。

②1959 年克里克发现了携带氨基酸的密码。

3. 在这里蛋白部分的作用问题,我们还不太清楚,先来看看其他的物质运动特征。

(二)就一般事物,看部分与整体的关系

整体在反应中起调节作用,功能基参与反应。整体决定个体的性质,功能基决定物体大方面的性质。

1. 在一般有机物中:

①羟基是源的功能基,由羟基参与化学反应,决定的一般化学性质。但是,羟基在伯碳上就氧化成,在仲碳上氧化成不同铜,在叔碳上就难以氧化。即使氧化了也使之断裂成两个分子的新物质,直接连于萃环就构成万分。同样以羟基为功能基的化合物,不同的物质就有不同的功能。

②羧基,在一般烃链上构成酸,与氢结合为甲酸,能氧化。其他酸都不能氧化。同时与萃相连的萃酸与其他酸性质很不相同,但因羧基存在都有酸性。

③羰基:在碳链的中间形成不面,在萃环上形成。两者的物理化学性质有很大出入。

2. 在结合碱中,一种碱只有在和一种辅碱结合才起催化作用,但是一种辅碱往往能与多种碱蛋白结合,对不同物质起特异催化作用。

①辅碱Ⅰ、辅碱Ⅱ,能与很多不同的脱氢碱结合,对不同的物质起氧化反应。但一种脱氢碱只作用于一种基质。

②动物组织内有各种功用不同的黄碱，其中有一些黄碱的辅基却完全相同，都是磷酸核黄素。因碱蛋白部分不同，使每种黄碱功用各不相同。

③羧化碱（碳碱）和 α－铜戊二酸脱氢碱的辅碱都是焦磷酸硫胺素，但依碱蛋白不同而功用不同。

④过氧化物碱、过氧化氢碱、细胞色素、细胞色素氧化碱、血红蛋白的非蛋白质部分都含有铁卟啉，但依各结合的蛋白质不同，各自都有很不相同的功能。

由此可以看出，碱蛋白部分决定碱的特异性，辅碱或辅基部分则在催化过程中参与反应，碱蛋白的种类多，因此碱的特异性高，但若没有辅碱或辅基参加反应，则仅有碱蛋白也无催化作用。

这里谈了在一般事物运动中部分与整体的关系问题。在简单的有机物里，因为构造简单而容易弄清。在碱的方面，因为碱具有非常重要而明显的生物学活性，所以也容易察觉这一类。可在一般的蛋白质中，如血红蛋白、磷蛋白、糖蛋白、脂蛋白等的蛋白质部分的结构怎样，功能如何呢？碱蛋白是如何决定碱的特异性呢？这些都还是奥秘。

不过从现有的资料可以知道，核酸与蛋白质的关系是部分与整体的关系，在体内是以结合蛋白质的形式而存在。核酸参与蛋白质的合成过程，这些都是已知的事实。但核蛋白的蛋白质部分在其中有什么作用呢？对这个问题目前是不了解的。我从一般的物质运动特点而得到提示，不同的碱基组能携带不同的氧基酸。不同的核蛋白，不同的核酸有不同的碱基排列次序。我总是怀疑核蛋白的蛋白质部分对本身的碱基排列次序有作用。这样一来，不同的核蛋白在控制不同的蛋白质合成方面是有作用的。当然核蛋白的蛋白质部分的结构比较复杂，对它的研究也远不及核酸的清楚。就它们两者在结构上的关系谈得很少。而在功能上的关系，这种资料目前还没有见到过。到底是怎样呢？如果能做这方面的试验不管成功或失败，不管肯定或否定，都应该是有点价值的。如果有这么回事的话，那么核酸的碱基排列次序是由核蛋白所制约，它们的关系是部分与整体的关系，它们的作用是相辅相成的。

（1974 年 3 月）

生命的本质

一、浅谈生命的本质问题

生命的本质是以核酸—蛋白质为基础的，具有新陈代谢、自我更新功能和某些特殊运动形式的，高度复杂、高度系统化的物质体系。

生命的本质是什么？我觉得要讨论这个问题，必须首先认识发展的观点，讨论物体的结构与功能、性质的关系。物体的结构是逐步复杂化发展的，物体的结构越复杂，它的异构体越多，功能越复杂，运动越主动，活动量越大，对外界适应能力越大，自身稳定性越强，自身的调节能力也越强。这是结构一变，功能多变的影响关系。

生命体在自然界物质结构层次上的位置如何呢？生物是以细胞和生物个体为基本单元的，它是不同分子所构成的综合性的有机体，它比分子运动更大一个层次，同时它又是地学的一层，它比地学又更小一个层次。

我们知道，生命体是客观物质中结构成分最复杂的物质体系。这种复杂的程度之大，是其他任何物体都不可比拟的。从元素组成上看，自然界的一百多种元素，在人体上或多或少都存在一点。在化学分子的构成上，一个生物体中有千百种组织蛋白、脂肪、糖类等物质，又可以食用许多不同种类的物体。它们之中由许多蛋白质组成一系列碱，对食进的不同物质起催化反应。非碱蛋白质也同样各自具有自己的功能，还能对体内各种运动进行调节，使各个物质反应有条不紊地进行。

不管是高等生物还是低等生物，一方面由于进化的结果，形成了一种对物质起一系列催化反应和对体内有关物质进行运动的活动体系——内环境，将物质进行代谢。另一方面，生命体自身又作为一种客观物质生存于自然界，受宇宙的“新陈代谢”这一普遍规律的制约，即受自然界的外环境的影响，而不断地生长、发育、衰亡。生命体的物质代谢和非生命体的物质代谢，最本质的区别就是非生命体只能作为简单的物质，受到宇宙新陈代谢的制约，进行着连续的运动和间断的转化，表现出一个个物体不断产生，一个个物体不断灭亡。而生命体除了本身同样受宇宙新陈代谢的制约，使本身不断地增生、衰亡外，还有机体内环境的存在，有一系列的消化代谢食物的物质体系，因而还能对周围有关物质进行新陈代谢。把进入体内的一种物质转化为机体本身的物质，成为本身的一个组成部分，经一定的时间，又把它变化为别的物质而排出体外。僵死的、被动的过程，变成了一个既在宇宙规律面前被动，又在某些物质、某些方面有自己的能动作用过程。这种代谢功能的产生，这种生命体的出现，是以核酸蛋白质为基础的新陈代谢的过程。恩格斯说："有机体的新陈代谢是生命的最一般的、最显著的现象。"(《反杜林论》)但是，生命体要是没有从生化反应到组织细胞再到系统器官的，各个结构层的高度完善化的物质构造体学是不行的。机体对客观物质进行代谢的内环境的出现，是无生命物质向有生命体进化中最本质的一次飞跃，是物质体系自身的高度完善化的结果。

寻找生命的本质，不应该单方面地、孤立地研究体内某个分子、某个原子。而应该既研究在体内起重大作用的基本物质，如当今着重讨论的核酸和蛋白质。又要努力地研究机体在结构和功能上的高度复杂化、自动化体系的完善化，研究整个体系的各部分的相互关系。这样是不是该认为机体等于一个复杂的机器呢？否！机体与机器有物质体系的完善与不完善的区别，有物质运动的主动和被动的区别，有新陈代谢、自我更生的矛盾特殊性。

从以上讨论不难看出，我们常说的生命体与非生命体有着本质的区别，这种本质区别就是机体的结构高度复杂完善。机体既与外部环境相互联系运动进行物质反应，又形成体内物质运动的内环境；还有自身新陈代、自我更生功能。

二、生命的本质是什么

生命的本质是什么？这是生物学领域里的一个带根本性的问题，也是哲学领域里的一个重要问题。在这些科学领域里对这个问题的讨论是很多的。但是争论较多，意见很不统一。我通过对有关这个问题的某些零碎资料的学习，也对之产生了一个不成熟的看法。这里把它写出来，以便更好地向老师们请教。我的学习体会是，生命的本质就是以核酸—蛋白质为基础的，具有新陈代谢、自我更生功能和某些特殊运动形成的高度复杂和高度完善的物质体系。这个问题的关键在于物质结构向复杂化、系统化的方向进化的结果，是物体进化到一定程度后产生了内环境的结果。下面从四个方面来讨论这个问题。

先从物质结构上的进化来讨论这个问题。我们的生物学工作者已经给人们描绘了一个过程,就是物质从无机物到有机物,从有机物到高分子蛋白质,甚至析核细胞,真核细胞的出现等等。近年来,人们又把热力学第二定律的原理引进了生物学。认为物质的反应有可逆反应和不可逆反应两种,生命的出现就在于物质反应的耗散结构,是由不可逆原理而来的。从低级到高级、从简单到复杂的发展是辩证唯物主义的一条基本原则,无数的客观事实也使人们确信了这条原则。同时,深入的科学研究还使人们看到,每一个反应都有一定的限度和边界条件,在一定反应的分叉点附近,系统有几种状态可选择,决定论的宏观描述就无能为力了。因而什么形式结构的物体都有可能产生出来。

在物质的反应里,向系统化发展的方向是事物运动的一个基本特点。一个物质的结构越复杂,相互之间可以组成越是严密的物质体系。这样物质反应达到一定的程度,出现极为复杂的体系是必然的。它由于本身体系的逐步进化,完全可以由简单物质分子相互结合,有机地组成一个相当完善的机体,出现内环境。

还可以从物质的结构与功能的关系上讨论这个问题,这在本书《客体互变论》一文中有详细讨论,因而在此略去。

（1975 年 1 月）

某些疾病原理的辩证分析

一、温度对经过睫上皮的水份的效应

本文谈谈温度对动物细胞、植物根和人为的上皮组织渗出的水份的效应,包括温度对上皮组织渗出水份的效应,也对水份的活动率进行简单分析。

开始的调查就表明水液单独流过家兔的睫状体,在 Ringer 溶液中的温度从 24℃升高到 38℃的时候压力减低 5mmHg 以上,液率欲减低 1.4 倍。液率在减低 2.1 倍时,压力被降到 0.2mmHg,但是在同样的温度下液率压力减低 5mmHg 和 0mmHg,它们具有明显不同的意义。Further 对于温度对水液的作用作了详细的调查与研究。

(一)实验的材料与方法

首先把溶液与器材配备和安装好,对刺激家兔睫状体所产生的结果作详细的描记。这些实验在两个 lncitic 实验室内,在一个实验分别做了 5℃、24℃、38℃。最低温度是在一个冷室中,温度维持在 4.5℃—5.5℃之间,24℃是房室中的温度变动在 23.5℃和 24.5℃之间。38℃是房室周围用一个 6 英寸以上的铅板盒控制波动,利用一个 40 瓦的灯泡维持温度,温度变化在 38℃ ±0.5℃。这是大约是在 30 - 45 分钟之后应用的热管。

水液的估计是在同一温度对应用流体静力字的压力分别为 0.5 和 10mmHg。有许多情况,液体(在各种压力)是采取了两种温度作用于同一组织(特别是 4℃和 24℃),在这种温度下原先所获的大管热量他们的各个成份的作用是它自己控制在 24℃。第一个估计第一种在 24℃和另一个激发到 38℃,或冷到 5℃。

(二)结果与讨论

睫上皮的水力字处沉,在 38℃时为 0.292μl/cm^2 mmHg,温度减到 5℃时为 0.091μl/cm^2 mmHg。液压同样在 0mmHg 时 38℃ 0.235μl/cm^2 到 5℃时

0.173 μl/cm²。液体分泌率在 $6cm^2$ 的区域 38℃ 时是 0.39 μl/cm² 和 5℃ 时 0.0029 μl/cm²。在其他数据中也居于此类。这台 0.595 cm^2 的组织部位对水液作用的全部价值早已报告。

水力字的处沉（Lp μl/cm²mmHg）在 5mmHg 和 10mmHg 时温度功用的表现。水力字的处沉在 5mmHg 和 10mmHg 的情况和用一个普通操作方法所获得的资料都表明水压在 0mmHg（1 μl/cm²）时，液体是这个组织的溶液传守系统的活动结果。在 5℃ 和 38℃ 时渗出率的对数同绝对温度成反比。这结论是由水液在 0mmHg 和应用压力为 5—10mmHg 之间所获的不同的意义的结果。

明显的活动能量关系的计算，K = Ae －E/Rt，这样，在表示 E 的限度的时候，成为：

$$E = 2.3R(\Delta\log K)/(1/T1 - 1/T2)$$

E 是显著的活动能量，R 是不变的气体，K 是渗出率（Lp）和 T 是绝对温度。明显的活动能量 E（千卡/分子），渗出液的产生来源于身体水份的发现。明显的活动能量 Lp 是 5.88 千卡/分子，这些水液在应用压力 0mmHg 它是 13.61 千卡/分子。

活动能量 Lp 比水液自己弥散的 4.6 千卡/分子的价值更大，但它关闭于 C 膜内。一个明显活动能量价值是 4.6 千卡/分子的价值是经过溶液通道产生水液的。水液运动的明显活动能的报告，这台和水液自己弥散在最小的压力是 5mmHg 并且水液经过细胞间隙之上，由细胞外传出。

13.61 千卡/分子的价值发现水液压力的波动为零时水液的弥散有很大的活动能量，可达 13.61 千卡/分子。在压力为 5、10 和 0mmHg 时包括机械的控制水份运动率为 0mmHg 之间同那些有更高的压力的能量价值相比较就大不相同。发现高活动能量的水份运动在 0mmHg 是以膜为标准控制活动率。这台水份运动的活动能量需要考虑，膜阻力对能量的消耗，在溶液的运动和其他情况的水份运动。在压力浓度为零时液体是睫上皮的溶液转动系统运动的直接结果。分泌水量仍为正常。分泌量很小时只有轻度的张力久进。承担水液量与水压关系的温度需保持在 38℃，水液运动的明显活动能量在波动范围为零时也引起水液分泌的反射。因此那些水液和分泌液联系产生的溶液经过细胞内宁可经过细胞外间隙。

二、对中医寒热的现代见解

在去年寒假期间与本地一些老中医生的闲谈中，我对中医入纲的内容产生了新的想法，回校后我对此作了进一步探究，翻阅了一些有关资料，对寒热的探索已有所收效，现叙述如下，其他六纲虽稍微有点线索，但还处于比较茫然的状态。

寒热是中医辨证施治之八纲中的两大纲，其基本理论在中医范畴内贯穿于一些临床实践中，但近来我认为中医的寒热这一概念包括三个方面的内容，即机体的机能状态、酸碱平衡状态和环境与机体的温度平衡状态。

（一）机能状态

热是病理性机能亢进，如热症的典型症状：发热、手足温、口渴、喜冷饮、面色潮红、神昏谵语，在现代医学上都是机体的代谢亢进与机体活动亢进的结果。

寒是病理性的机能衰退，如寒症的典型症状：怕冷、手足冷、面色苍白、精神不振，在现代医学可解释为代谢障碍，机体功能衰退的表现。

（二）酸碱平衡状态

我认为中医的寒热平衡失调在很大程度上相当于现代医学的酸碱平衡失调，中医之热症相当于西医的碱中毒，中医之寒相当于西医之酸中毒。这观点的依据如下。

1. 从宏观角度上看，现代医学认为，机体细胞的新陈代谢之进行需要一定的PH值，体液的偏酸与偏碱都必然会影响细胞代谢的正常进行，而许多疾病都可直接影响体液的PH值式，通过影响细胞代谢的其他环节，最后导致PH值的改变，而产生更严重的后果。因此酸碱性在发病学、病因学和治疗学上都具有重要的实践意义。中医的寒热也同样是贯穿于整个辨证施治的范围中。

2. 从临床症状上看，西医酸中毒的症状和中医的寒性病极为相似，而西医碱中毒与中医热病的临床症状也有很多相同之处。如严重酸中毒时产生的头晕、恶心、呕吐（中医可解释为寒邪犯胃），呼吸变涂，心跳变慢，由于酶系统的活性下降，氧化过程受限制所发生的代谢障碍，以及中枢神经系统由于酸中毒及二氧化碳分压增高而产生的深度抑制的临床症状，在中医都属虚寒的表现。严重碱中毒所产生的N－肌肉联合处反激性增高，反射动作亢进，出现手足抽搐中医都可解释为热邪入侵的表现。

3. 从药物的性能上看，也有许多事实是合乎我的这一想法的。中药的寒性类大多偏酸，热性药大多偏碱，如最常用的辛温发表药麻药，它的有效成份是麻黄碱，为碱性。大黄中医认为其性大寒，虽然大薏的有效成份是大黄碱，但中药的大黄是没有提取的，没有提纯的大黄是含有很多偏酸性的鞣酸在里面。

4. 从功能上看，中医有“热散寒收”之俗语，而这里碱性物质也大多数有收敛的作用，如麻黄碱、滑石。但中医的酸收是不大合乎事实的，真正的酸性物质很少有收敛的作用。

5. 中医有“寒者热治，热者寒治”之治疗方案，认为寒热可以互相中和互相转化的，这与西医的酸碱平衡也是相似的。

三、温度所致病症

寒热病症在某些程度上还包括了现代医学的由于温度过高或过低所引起的疾病，如中暑是中医的热性病，而冻疮和由于低温引起的循环不良等均属中医的寒性病。

以上几点是我这种思路的来源，也是我这种看法的依据，如有错误请老师指出批评。

（1976 年 1 月）

神经精神疾病原理

一、精神疾病的病理生物化学

脑蛋白质代谢和神经激素、脑蛋白质代谢与精神活动有密切关系。近年来的研究发现,色氨酸代谢的中间产物血清素(五羟色胺)\硫氨酸代谢的中间产物去甲肾上腺素和肾上腺素、谷氨酸代谢的中间产物γ氨基于酸都具有高度生物学活性的神经激素。它们对正常精神活动有十分重要的作用,有些神经激素的进一步代谢,能够产生有毒的吲染化合物。这类化合物可影响大脑的正常代谢,而成为诱发精神障碍的重要原因之一。

血清素有少量镇静作用,但如果是抑制单胺氧化酶的活动,使大脑血清素大量增加,则出现兴奋现象。而且血清素的异常代谢产物,如胆毒色胺、毒蕈素、肉叶芸碱等,都可引起精神症状。

脑部和胃上腺素当精神紧张或忧虑时,易被氧化成肾上腺素红式而进一步氧化为肾上腺素黄,后两种物质属吲哚化合物,能引起精神症状。

谷氨酸还能促活胆碱酯酶。

γ-氨基丁酸肾是谷氨酸的中间代谢产物,它以游离的形式存在于脑灰质中。有人认为它有抗乙胆碱和抗血清素的作用,与抑制性神经冲动的传导有关。当vit B缺乏时,谷氨脱羧酶受抑制,脑中γ-氨基丁酸显著减少,可引起神经机能障碍。

经观察,家族血疾患者脑组织中有类脂质沉积,而老年痴呆的发生与类脂质代谢障碍也有一定关系。精神病患者脑代谢存在着一定程度的障碍,这可能与大脑氧化酶系统及其他酶系统受到损害有关。重要酶系统的损害可能产生慢性缺氧或影响细胞的氢的传递,而阻碍了脑内葡萄糖代谢氧化产能过程的控制。(刘昌永《精神病学》)

二、脑电图的生理学基础

脑电图的存在依靠皮层细胞的电学性质。

从置于同一容积导体内的远程电极来看,它们应该看成是运动的电偶。由于这个缘故,许多人相信脑电波是冲突活动的总和(尤其是任何可垂直排列的树突投射,平均地说,它们应该更接近表面电极,并呈现较大的主体角)。

脑阳性图中那些波之所以能够存在,除了细胞活动不规则的分布以外,还必须有另一些条件。或者解释为闭合神经元环路中的反向活动,或者解释为各种神经元兴奋性“自发的”节律性变化的结果。

三、头针原理探讨

山西麦山县人民医院的医务人员,大胆实践,敢于创新,发明了头针记法,为脑血管一类疾病所引起的肢体瘫痪、麻木失语等症提供了有效的治疗方法。

(一)施行方法与适应症

施行方法为用毫针刺入头皮,通过刺激而达到效果。

适应症有脑电栓形成;脑出血;颅内损伤;颅内炎症;脑末虫病;舞蹈病;震颤性麻痹;美尼尔综合症;皮层性多尿;小儿散尿;神经性头痛;头晕耳鸣;三叉 N 痛;尖骨 N 痛;上腹部痛;过敏性支气管哮喘;室上性阵发性心动过速;肩关节周围炎;颞合关节炎;跟腱炎;急性胺扭伤;荨麻疹;功能性子功出现。

(二)作用特征

1. 头针疗法的作用点为神经中枢在头皮上的相应投射区。
2. 头针疗法的适应症多为脑部疾病。
3. 年纪越大,疗效越好。

(三)作用机制

头针疗法的作用机制,大体上还仍然同其他反射一样,不过,这里最主要的就是解决为什么用针刺皮层相应的投对区能够达到效果和为什么年纪越大,其疗效越好的问题。

刺激和刺激传导的方法:任何外界环境的改变对机体来说都是一个刺激,这刺激转为 N 冲动而到达皮层。但头针刺激相应的皮层投射区与其他部位的刺激有何不同? 我认为可以从下面几个方面说明。

①从皮肤的神经分布上看,脑神经和脊神经的感觉支,有形成丛状的神经末梢分布于毛束。人头部有致密的头发,每一根头发都一个毛束,因而头皮在所有

皮肤当中毛束最多。由此可见头皮的丛状的感觉神经末梢之丰富。并且，体表的神经分布与相应内脏的神经分布有着一定的内在联系，这种联系使内脏的感觉神经与体表的感觉神经有着共同的走向，有同一个或相邻神经支的联系。N 冲动以共同的上外途径到大脑皮质，使大脑皮质产生一种错觉。在内脏涉及性痛的原治是体表 Nf，因而体内的疼痛容易认为是体表。但是大脑不同，大球半球内有 Nf，此神经纤维头皮要多得多，这样头皮的刺激可反映到半球内相应投射区的 Nf，以传到相应的大脑皮层。

②内脏与相应体表的投射区有一定的内在联系，从新区疗法上也可以得到证实。如胸背部的针灸穴位大都治疗肺、支气管弱的疾病，腹腰部的穴位大都治疗胃肠、膀胱、肾脏的疾病，并且穴位与生效脏器的体表投景也很相近，但是这种联系是否如我上面所说的那样简单呢？这还有待进一步探讨。

头针的疗效可能是通过氨基酸、蛋白质、酶而起作用的。因此治疗者年龄越大，疗效越好。而氨基酸、蛋白质、酶的各自成份含量可随年龄改变而改变。并且有些氨基酶、蛋白质除氧化功能外，还能对中枢有兴奋抑制作用。而头针疗法主要是作用于兴奋型的氨基酸。

头针也可能是通过生物电起作用，因为大脑电的自动性，不同的年龄有不同的节律性为主。

通过对自己身上的刺激试验，觉得头皮对痛觉比其他地方敏感。这种敏感性有助于对大脑的保护。这就可推测到，大脑皮层的不同区域与相应头皮有着特殊的内在联系。这种联系是大脑一种自我保护机能。

当外界刺激头皮，引起相应皮质区的兴奋增大，由于兴奋性的增高而达到治疗该病的目的。

下一步的探讨步骤：

第一，了解头皮的生化特征。

第二，了解头皮的组织学和 N 分布。

第三，了解几种对头针疗法有效疾病的来龙去脉。

第四，找文汇报有关重点原理的几个论述。

①上皮组织可随年龄而变化。

②透明软骨没有血管和神经。

③骨长骨干、骨膜有三层为假密，其中有许多神经分布。骨内有血管营养。

④真皮乳头层含有感觉 N 末捎和触觉小体。冈状层有较大血管，淋巴管、神经—汗腺毛束皮质腺。

⑤皮肤年龄改变,老年皮肤逐藻,表皮末层呈空沧变性,逐渐萎缩,真皮乳头变低,弹性 f 失去弹性,胶之 f 呈透明变性,网状 f 逐渐消失,皮下组织中脂肪萎缩退化。

⑥皮肤 N 分布,脑 N 和有 N 的感觉支,有形成丛状 N 末梢分布于毛束,有感知的无梢管 Nf 分布于血管。

四、病例分析

资局医院今年以来共收脑溢血并发偏瘫的病人 12 个,其中有 2 例在急性昏迷时期已死亡,剩下 10 例都先后地用头针疗法或头针配合体针同时进行,使这些瘫痪病人都站立起来了,重返生产第一线。现将这 10 例病人的治疗情况和体会小结一下。

(一)治疗方法

在急性发病的昏迷时期用西医治疗,当病人清醒后即开始施行头针疗法和配合西医的维生素类药。

头针的部位是瘫肢对侧的大脑皮质运动投射区,也有两个加用了对侧感觉区。体针的配穴,上肢有合谷、内关,为民、曲池;下肢有内踝、足三里、环跳。

针刺每天一次,多在晚上七时进行。

针刺的方泆是不留针,强刺激法,每一针大约刺一分钟左右。

疗程我们没有分,往往到治好为止。

(二)患者资料

10 位患者为 40 - 78 岁,其中男的 6 个,女的 4 个。从事体力劳动的煤矿工人 5 个,农村社员 5 个,过去都有高血压史。进院时患者多代诉跌跤史,处于昏迷状态。一侧的偏盲,暗孔散大,同侧面神经同侧上、下肢瘫痪。都用腰穿证实有脑出血情况。

(三)疗效观察

1. 标准:根据这 10 例病人的具体情况,分治愈与显效二种。①治愈:一切活动都与发病前一样,肢体活动不受任何限制。②显效:指能独立行走,上肢可随意做一些较粗笨的劳动,但不能做精神动作。

2. 总效:治愈 6 例,显效 4 例。治愈时间最短的 10 天,最长的 5 个月。

(四)体会

1. 头针疗法一般配合体针使用效果更佳,两个病情近似的病人,都刺激同样的头针区,但是配合了体针治疗的病人比没有配合体针治疗的病人要早十来天恢复健康。

2. 多数病人对头针要比体针敏感，这可能与头皮感觉神经纤维较丰富有关。治疗时病人主要诉说针刺侧的颅内有厉害的胀麻感。有时也说对侧肢体的胀麻感，甚至引起对侧上下肢肌肉的抽动与颤动，却从来没有听病人说过头皮的胀麻感。

3. 肢体动作的恢复有一个简单到复杂的过程，也就是按进化过程依次康复的次序。首先是下肢能够轻微的拌动→上肢前臂的动弹→下肢足趾的动弹及站立→手指的动弹→正常活动→行走→最后能进行手的精细动作。

4. 什么时候开始施行头针疗法比较适宜，在脑溢血的急性发病与昏迷期当然不宜。但在病人稍清醒后即可施行。除昏迷期外，施行头针越早，肢体的恢复越好也越快。比如资局周源的矿老工人陈××，于今年 4 月 8 日入院。资局康调矿老工人陈××，于今年 8 月 24 日入院。两人都是因脑溢血偏瘫而收进，入院时病情相差不大。前者是等病人完全清醒后（入院三星期）才施行头针，结果住院两个月。肢体恢复较可以。后者是病人稍清醒后（住院十天）开始施行头针，结果头针半月即可行走与拿东西。患者肢体功能恢复良好。

（五）原理探索

根据头针疗法的体会，我想到头针疗法的作用机制基本上同其他反射一样，任何外界环境的改变，对机体来说都是一个刺激，这刺激转为神经冲动而到达大脑皮层，这里最主要的就是解决为什么针刺相应的投射区而能够达到相应的效果的问题。自己根据头针的作用特点和神经发现学、病理学特点，觉得可作如下推论。

1. 大脑半球内有神经纤维，此纤维比头皮上要多很多，这样头皮的刺激可误为大脑内的冲动以反映到半球内相应投射区的神经纤维，引起相应部位电生理的改变，并可使相应部位的神经功能恢复，所以临床上，头针时患者总是叫相应颅内的胀麻感。

2. 在新医疗法上，胸背部的穴位大都治疗肺、支气管方面的疾病，腹腰部的穴位大都治疗胃肠、膀胱、肾脏方面的疾病，并且穴位与生效脏器的体表投影也很近邻，这更说明内脏与相应体表投射区有一定的内在联系。

我觉得头针原理，总的来说还与针麻、新针疗法的原理是大同小异的，它的真正解决还有待于继续探索（包括临床观察与实验），有待于电生学、生化学的进一步发展。

由于新针方面的资料阅读和病人数量所限，所以本文不一定能说明什么问题,在此只谈谈自己对头针的肤浅认识,不妥之处请指正。

五、治疗瘫痪新方法的设想

最近我想用头针疗法配合相应神经丛内注射胆碱拟似药来治疗瘫痪病。

(一)对瘫痪病的认识。

瘫痪是由外内的致病因素(包括外伤、脑瘫血、感染等等)损害神经系统有关机构而产生的动作消失和肌力减退的疾病。各种类型的瘫痪由损伤的不同部位神经的解剖关系和生理功能的病理改变所决定。运动系的损害可分为四大类症状:1. 上运动系症状(痉挛性瘫痪)。2. 下运动神经系损伤症状(驰缓性瘫痪)。3. 锥体外系运动系症状(不随意动作和肌张力改变)。4. 小脑运动系症状(共济失调)

(二)神经肌肉的活动特征。

神经系统在人体各种活动上(包括躯体运动和代谢)起着决定性的作用,这种调节作用是通过生物电变化和神经介质的释放而达到的,因此它的活动兴奋在神经纤维上的传导是通过局部的电流。兴奋在神经肌接头的传递是当冲动传到末梢时,在 Ca^+ 参与下引起末梢小论释放乙酰胆碱。胆碱进入接头间隙、弥散在接头后膜,与膜上受体结合,改变接头后膜对 Na^+ 和 K^+ 两者的通渗性,引起接头后膜的去极化,产生局部的电位变化称终报电位,终报电位不能传布很远,离开神经肌肉的接头就减衰,终报电位的作用在于当它增大到一定程度时,引起肌肉兴奋,产生动作电位,从而引起肌肉的收缩。

从损伤不同部位出现程度不同的瘫痪看出,N 纤维内具有一定的胆碱合成作用。瘫痪就是神经纤维内不能合成神经介质传导冲动和正常地释放介质。

(三)头针原理的个人认识。

头皮的针刺可误为大脑半球内的质的神经纤维传来的,因而头皮的刺激可反映到相应的大脑皮层,治疗该区的脑血管疾病。如前头肩、偏头肩、汉 N 痛、坐管神经痛等都是针刺对侧的感觉区。这完全合乎神经纤维的走向原理,另在新针疗法上,胸背部针刺穴大都治疗肺、支气管方面的疾病,腹腰部的穴位大都治疗胃肠膀胱、肾脏的疾病,并且穴位与生效脏器的体表投影也很接近,这也合乎这个道理。

因此针刺是一种对神经系统比较适宜的强大刺激,它能使机能衰退的神经纤维,在一般刺激不发生效应的情况下,增加它的刺激管,以使它逐步恢复。由于神经纤维的介质合成作用的恢复需要一个过程,我们就可以注射一定的介质,以增快疾病的恢复增强头针的疗效。普鲁卡因能阻断机体感觉的封闭疗法提示，神经从注射胆碱拟似药也应该能增强神经纤维的冲动传递和介质解放。

（四）实施计划

寻找合适的病人，每天一次，半月一疗程，一连针刺注射适管的胆碱的拟似药，一疗程后，停3-5天再用，三个疗程做出疗效结论。

瘫痪病例一

刘文古，男，28岁，湖南省耒阳县人，农民。

住院日期：1974年8月18日，入院日期：1974年8月18日

主诉：右半边身子不能活动十天编写日期：8月24日

现病史：患者于8月9日，早晨起来，突然倒于地下不省人事，醒后继发热，头痛（痛于一边）抽筋，右侧上下肢不能活动，非常强硬，然后上下肢逐步松驰、柔软，但仍不能活动，不能吃东西，无大便，小便有。既往刘文古胖强壮，其余无特殊。

查，即120/80mmHgP：80/分 R：25/分 T

发育良好，营养差，神志：表情淡漠，皮肤弹性稍差，形体极消瘦

头戏曲部的性体征

胸部：心肺无阳性体征

腹部：腹极为塌陷，脐底子可摸到一硬物，肝肺肾未及正常。

脊椎四肢无特殊

肛门外生殖器未查

神经系统，病治反射体征，生理反射反应迟钝，右上下脚 软瘫。

医生诊断：高血压性瘫痪

提问：为什么上下肢先硬后软。

瘫痪病例二

雷传年，男，25岁，耒阳县松下公社跃进队人，未婚，农民。

入院日期：5月20日，编写日期：9月10日

主诉：肝病四月，从昨天开始四肢肌肉松驰，不能运动，感觉健存

现病史：患者从四月份以来一直有肝区疼痛，食欲不好，恶心作呕，无力，入院后经医生治疗，各种症状有好转，但从昨天晚上醒来，觉得四肢肌肉松驰，无力，不能运动。人家等到什么地就放到什么地方，自己不能动，拉时感到疼痛，不拉不痛，动物只用过vit. C和一般抗菌素，曾做十来肝率，每次用20% Procair 2ml做局麻。

既得无特殊

查四肢各种生理反射消失，无病理反对。

医生诊断：认为是肾的抗他不好，普备卡因储积，而阻断了肾髓前角运动神经细胞，头部各运动自患，是因为普备卡因未透过血脑屏障。建议用头针和 KCl、MgSO4 治疗。

（1975 年 1 月至 10 月）

第二篇 02

自然界的运动与发展原理

生活环境与学习研究方向

1976 年下半年,我从医学生物学领域转向科技哲学领域的学习与研究。本章阐述的科技哲学领域,主要是自然观学术成果。

1975 年 10 月初,带着失望的心情,我被安排到湖南省郴州地区青山垅水库管理局工作。第一份工作是保健医师,只干 3 个月,就又被安排搞农业学大寨工作队连续两年,其后离开了医学。刚上班时,同好几方面的关系都很不协调,出了不少笑话。

郴州地区组织人事部门通知我去青山垅工作,给张调令就不管了。当时交通不方便,我请板车把行李和几箱书籍从郴州旅店拉到郴州汽车站,人随车托运到永兴城,再从永兴城运到龙形市公社汽车站,再请板车拉到一个用木板和牛毛毡钉的小棚户房(我的宿舍)里。与我相隔五天左右长沙水利学校分 5 人到青山垅水库。郴州地区水电局的一个电话,青山垅水库管理局就派了一台货车和一台吉普车到郴州的旅社接。由此,人们说,他们是小车接来的,我是拉着板车找上门来的。

走到医疗点一看,是座落在小河边的三间由墙壁是粗竹片钉的,屋顶是牛毡盖的棚子房。在那里包括我才三个医务人员,主要处理一些小伤小病。

我想起一些成绩差、品德也并不高尚的同学去了省城或其他城市的高校或大医院,自己落到这般田地,感到特别的委屈和痛苦。可是工地上的知识青年和青年农民工,年龄同我差不多,也有不少有初中和高中文化,而且长得帅气、活跃许多。他们觉得我比他们差(在衡阳刻苦学习几年的收获他们不了解,也不懂),我得了好处,便联合起来刁难我、欺负我。局里的 30 来位从领导到一般职工,也认为工农兵学员不会有知识,只是挂个大学生牌子而已。他们也歧视我。只有少数几个人,有正义感和同情心的人常同我交谈几句。3 个月以后,我被派出搞农业学大寨工作队,离开了医务室,因为还是在当地工地上做事,人际处境并没有改变。

我当时做了三个方面的事情。

一是对本职工作特别努力。当时我负责的宣传与青年工作,写材料、写批判文章、出墙报,都是晚上进行。白天,只要不开会、不出差,就在工地上抬石头挑土,从未停过一天。一年下来,在工地干民工活达290多天。这一年之后,受到不少好评。被推荐为郴州农林水系统的工作积极分子,在大会上介绍过自己的经验和体会。好景不长,先代会的20天之后,局里组织40多人去隆回县六都寨水库工地参观学习。路经湘潭时,一些民工代表提出要到韶山看一下。带队的是管理局的局长,他去过好几次了,不想再去,就骗民工代表说要绕行走多150公里。我当着大伙的面,拿着地图说,只多走50公里左右。他在难为情的情况下同意我们在湘潭市住了一晚,去了韶山。回去后,他提议要找点岔子,开个批判我的会议。书记与几位副指局长都认为不妥,才作罢。其后,他开始设障阻止我的进步。

二是在工地上仍然坚持医学基础课的学习,自费订了三份生理生化方面的杂志,写了几篇小论文,比如提出用酸碱关系解释中医的寒热虚实关系问题等。

三是到处联系调动。把自己的基本情况和要求写出来,寄给了郴州等地的几个学校,但大都没有理睬。只有一个学校回信斥责说:"个人联系工作调动是非组织活动,要求调动只能向本单位提出,由本单位出面联系。"而我在的工作单位是不可能为我联系调动的事,那单位的回信也太不客气,当时就是那样的制度。

在三方努力都毫无成效的情况下,自己只有辛劳、痛苦的份。我确实不甘心这样一无所成地过下去。

原有的路是走不通了。接下来该干什么,怎么干。我当时觉得自己是学自然科学的,而且对辩证唯物主义哲学很有兴趣。于是在青山垅水库的工地上作了上述三方面努力。一年多看不到希望之后,决定以自然辩证法作为自己的学习研究内容,其实还是想通过知识,通过研究成果改变命运。于是自费订了3种杂志,买了不少书籍,到资料室借了不少书,在阅读中结合实际观察,写了不少笔记、见解与小文章。

在工地上,住的房子很差,但吃的伙食并不特别差。如果只做本职工作,不下工地干活,工作特别轻松,一天花不了一二小时。指挥部别的干部是到处走走看看,打牌下棋。我把这些时间都用在了自然科学哲学的学习上。读了不少书,写了不少文章,到处投稿。就这样坚持了3年多以后,我的这些行为感动了身边一小部分同事,但大部分人还是不理解,觉得不务正业。

当时工地上的李郴生副科长调郴州地委党校任教(他是1964年湖南师范大学毕业后分配下去的),在湖南省委党校参加理论培训时得知,湖南已成立自然辩证法研究会筹备组，挂靠在省科协，准备召开成立大会和首届学术年会。他建议我的文章可投给会议，联系相关学者。我照着他给的地址，投了一篇文章和一本书稿。很快接到了参会通知。那时开会一般是4天左右，不要会务费和食宿费。理事长是中南矿冶学院社科系主任陈念文教授，他在工作报告中对我的文章和稿书进行了表扬。由此同湖南乃至全国的一些本专业老师有了联系，不断参加了一些研讨会，发表了一些文章，在学术界有了一些小的影响。在科技发展兴衰周期律的文章发表后，华中工学院学报1981年第1期称文中提出的科技兴衰预测公式为"谷氏周期增长率"，当时被不少的论文专著引用，获湖南六五期间科技成果三等奖。1981年全国自然辩证法研究会召开首届学术年会，大家踊跃投稿。湖南投稿近20来篇，大部分为高校教师，后来只录取两篇，其中就有我的一篇文章。

1983年初，我在青山垅工作已有8年，在自然科学哲学领域的学习研究也已有6年，公开刊物发表的论文8篇，学术研讨会论文10多篇。在当时刊物很少，发学术论文的人很少的情况下，我走到这一步的确很不容易，并成了郴州地区农业系统自学成才的典型。这时郴州地区搞机构改革，也有人推荐了我，但最后没有成功。当时，地区机构改革工作组还是把我的材料交给郴州地委党校，提议他们调我去任教。郴州党校当时正需进人，极力欢迎，马上把我接过去上班了，正式成为一位科技哲学教员。人先去，由单位出面补办调动手续，全部调动过程我都没参与，全由学校人事科干部办完的。

这些年在辩证唯物主义自然观的学习研究上，著有30万字的专著一本，原先叫《辩证唯物主义自然观概论》，后来改为《客体互变论》，著有8万字的大篇幅论文一篇，叫《客观物体进化的物理学原理》，写一般性论文10来篇，写有20本读书见解录的笔记本。本章收集进来的内容都是我在这领域的一些基本观点。

（1983年8月）

客体互变论

——辩证唯物主义自然观概论

一、世界的本原是客观实在是物质

(一)世界的统一性在于它的物质性

一个包罗万象千变万化的自然界,是由什么基本的东西所构成,是怎样构成的。这是人们讨论最多的问题,也是在科学哲学领域中的一个争论焦点。我们根据有关哲学原理,结合自然科学的有关基础理论和实用技术上的优秀成果进行探索,认识到世界是物质的,物质世界的本原就是客观实在。物体的存在都是客观实在在四个方面的不同特殊表现,即物质的四元性。

这里所讨论的是关于宇宙本原的物质四元性的概述,说明了人们的认识是怎样逐步地接近于世界的真实面目,以及当今对此的认识动态。

构成世界的基础或世界的本原是什么,在不同的科学水平和认识角度上,在不同的思想观念支配下,有不同的回答。我们唐代有个宗教派别叫法相宗的认为,世界的一切都是"识"(感觉思想的产物),没有人对某种事物的感觉和认识,就没有某种事物的存在。"时有风吹幡动,一僧曰风动,一僧曰幡动,议论不已。"惠能(禅宗六祖)认为"不是风动,不是幡动,仁者心动"。他们认为,外物的变化纯粹是由主观的心所产生的,风吹幡动等事物的变化。完全是心的一种幻觉,而不是脱离心而存在的事物的变化,世界上是没有离开主观意识而存在的客观事物,世界的本原就是心。一切由心所产生,一切都是心的衍生物。古希腊的毕达哥拉斯派认为,万物的本原并不是物质,而是一种抽象的、非物质的数(汪子嵩《欧洲哲学史简编》),把物质之间的数量关系说成是物质世界的本原,仍然是从抽象的概念出发,因而同样是一种唯心主义的宇宙本原观。

可是,历代的唯物主义哲学家坚持实践的观点,本着实事求是的精神,在自己的工作生活中观察事物运动的表象,探索事物运动的内在根源,根据得到的客观资料提出自己的宇宙观。在古希腊时期,关于世界起源的学说有泰勒斯的水成说,认为世界上的万事万物都是由水产生出来的,最后又归复于水,水是世界万物的本原。阿那克西米尼认为世界万物的本原是气,气散而为宇宙,气滞而为物体(固态物质)。赫拉克利特认为世界的本原是火,由于火的变化产生了万物,由火变成水和土,这就是火的熄灭。尽管他们各有各的说法,但他们的基本观点却有一个共同特性,这就是物质。世界万物虽然是无限多样的,但它们有共同的本原,这种本原不是精神的东西,不是神,而是具体的物质的东西,从多种多样的物质中得到统一。

在古代关于宇宙本原的唯物主义见解中,还要数德谟克利特的原子论,因为他能撇开山、水、田、土等一个个具体的客观事物,认为万物都是由细小得不可再分的物质粒子——原子组成的,原子的不同组合就构成多种多样的物体。以具体的事物作基础来谈宇宙的本原,并从中抽刮出一种新的、较为确切的宇宙本原论。德谟克利特认为原子不可再分和原子间无性质上的差异的观点是值得商榷的,但总的来说,原子论是一个具有历史意义的进步。在十七世纪波义耳发明了化学研究的归纳法。1661 年他尖锐地批判了炼丹术的观点,指出了元素是组成复杂物体和复杂物体分解时最后所得到的那种最简单的物体。19 世纪初,化学家道尔顿从化学实验的基础上提出了物质由原子组成的基本概念,把世界的本原归属于物的唯物主义宇宙观开始建立在完全科学的基础上,指明了宇宙万物的基本构成,阐明了物质的复杂化分为简单、简单发展到复杂的运动形式的内在原因。

以上学说,坚持从物质出发,用物质本身说明自然界的存在和发展。事实证明这种研究方法是正确的,是唯物主义的。但当时仅仅是从直观的客观事实中总结出来的,是朴素的唯物主义宇宙观。这样是经不起日益深入发展的自然科学的检验的。无论是水成论、火成,还是原子论、分子论,按照物质无限可分的辩证原理,宇宙是由星体所构成的,地球是由山、水、田、林、路等物体构成的。分子是物体的本原,原子是分子的本原,电子、原子核又是原子的本原,如此等等。这样下去将永远说不清物质世界的基本构成,不能从哲学的高度阐明世界的真正的同一性问题、真正的本原问题。要阐明这个问题必须进一步从客观事实出发,从千百万种具体事物中抽出他们的共同的东西,抓住它们的本质。我们伟大的无产阶级革命导师恩格斯正是这样,通过对许许多多的客观事物的剖析,最后科学地指出了“世界的统一性在于它的物质性”。(《反杜林论》)物质是世界万物的本原,物质是一切变化的基础。事实证明星球、空气、田野、山岭都是物质的,人、动物、植物等也是物质的,分子、原子、电子等还是物质的。任何事物都不能离开物质,任何自然现象都不能离开物质的运动。

(二)作为世界本原的物质范畴是广义的

世界的统一性在于它的物质性,作为世界的统一体的基本单元是什么。恩格斯限于当时的科学水平,没有把这个问题阐述清楚。后来列宁总结了自己时代的先进科学技术成果,在同唯能论的论战中,从辩证唯物主义的角度出发,对“物质”下了一个明确的定义。这个定义进一步撇开了经典物理学中的许多狭隘概念,抓住了事物的本质,解答了新近发现的科学现象。他说:“物质是标志客观实在的哲学范畴,这种客观实在是人感觉到的,它不依赖于我们的感觉而存在,为我们的感觉所复写、摄影、反映”《唯物主义和经验批判主义》。这就是说,物质世界不仅是在我们的意识之外客观存在的,并且就自然界本身来讲,它是客观实在的。过去认为物质是单独由一个具有一定形状、结构、质量的物体组成,这个观点对新的科学事实,有很多是解释不通的。幸好,运动能力是任何物体都具有的,运动本身也是自然界固然存在的。可是质量与能量怎样发生转化,两者是什么关系,能是不是物质的? 如果是,能量的形状,结构是什么? 还有,我们知道物质是在时间与空间里运协,但时间和空间是个什么东西,它既是客观世界里存在着的东西,却又有我们的眼睛看不到的形态、结构、质量等特征。客观事实迫使我们在主观上必须把眼界扩大一步,必须从经典物理学的狭义的物质概念扩大到客观实在。列宁说的客观实在的物质具有许多的属性,物质在不同的环境里表现出自己的不同属性关系,不同物质的不同属性相互之间存在着一定的依存关系,共同构成一定的自然环境。我们通过研究后,进而认为这些属性关系总括起来就体现在四个方面。其一是我们肉眼所见的物质是一个陕义的物质概念。一个具有一定的运动形式的物体,是客观实在稳定质的前提下的静态属性关系,它有结构,功能、体积、质量等几个方面的不可分割的内容。其二是运动,它是客观实在的动态度化关系,即我们日常所说的运动与变化。其三是空间,即不同物理运动形式的物体相互依存关系。空间是物质的。其四是时间,即不同运动速率和寿命的物体的相互依存关系。虽然时空的表现比较特殊,但可以肯定,没有物质的这些存在关系就没有时空的存在。我一直认为只有这样解释才能排除内容上的混淆和概念上的模糊,这四个方面是客观实在的不同属性表现。我称它为世界物质的四元性,或宇宙的四元结构。这些物质的属性都是客观实在的不同表现。各种物质都是宇宙世界的一部分,是宇宙世界的一定物质领域。客观实在把物体运动、时间、空间都纳入自然界物质的基本范畴。随着自然科学的飞跃发展,逐步以不可辩驳的事实证明,这些不同的属性之间又是互相联系的,共同组成一个宇宙体。

(三)不同基本物质范畴的相互关系

在物质与运动的关系上,科学研究的成果告诉我们,物质的质量与能量都是一定特殊形态的物质量度。而且,自然界中的一切界限都是有条件的、相对的、可变动的。质量和能量不是固定不变,而是可变动,可转化的。1811 年阿佛加特罗引入了分子概念。物质是由分子组成的,分子是有关原子按一定比例,依一定方式结合而成的。1853 年佛朗克兰引入了原子价的概念,并指出了原子是有质量的。当德谟克利特在世界上第一次提出原子论的时候就指出了原子间有质量的区别。分子的质量就是分子中各原子的质量之和,任何物质的分子和原子都是有质量的。质量,在经典物理学里被认为是物体包含着的物质多少的量度。现在看来,它一般都是指的物质的静止状态的质量。可是,世界上的事物"如果一切都发展着,那么一切就都互相转化"(列宁《哲学笔记》)。后来,人们又发现质量并不是所有物体都具备的属性,参与电磁相互作用的光子就没有静止质量。因此,质量并不是一切物体的本质属性,也不能当作一切物体的普遍的共同的量度,更不能把它当作物质的同义语。反过来说,能量也不单纯是运动的量度,它同时也是物质的本质的规定,在一定意义上也可以作为物质多少的量度。现代物理学中量子概念的引入就是如此,它既量度物质运动能力的大小,又量度物质的多少。物质的质量和能量,物质的相对静态量和物质的运动能力都是物质的。可见质量是客观实在的静态的、被动的存在形式,而能量却是客观实在动态的、主动的存在形式。能量和质量都是客观物质的属性,它们同客观实在的关系都是领属关系。不应当简单地把物质同运动作平级看待,而应当把物质的形态结构和质量的静态属性同运动平级看待。爱因斯坦的思维空间就隐约地包含了这方面的意思。质量和能量是一对矛盾的两个侧面。它们在一定条件下具有相对的稳定性,互相对立,互不侵犯。而在另一条件下又会你增我减,互相转化。在初浅的物理学中看到,质量和机械运动有着密切的关系,如在机械能的 $E = mV^2/2$ 公式中"E"是能量,"m"是质量,"v"是速度。这个公式关系中表明,一个物体具有的机机械能与质量、速度的平方成正比,这样,质量也就决定了在无外界影响下物体继续保持它的运动状态的性质(惯性)。但是在微观物质波粒子的运动形式中质量几乎不起什么作用,引力(惯性)的作用非常弱,可忽略不计。十分明显,质量和能量都是物质的特殊运动形态,是物质的特殊存在形式。

质量和能量都是一定的物质运动形式的量度,随着科学的发展,对"能"所包含的内容也有了新的认识。在 18 世纪的物理学中,"能"这个概念所表述的运动关系非常狭隘,它只是包括了运动关系的一个方面,即作用力、排斥力,没有包括反作用力和吸引力。恩格斯指出在那个时代的科学里,“能”不仅仅是排斥的另一种表现“排斥的流入 = 能量”(《自然辩证法》)。可是今天,越是在微观物质领域里,“能”就越是比较全面地包括着物质的运动量。在普朗克发现了能量子以后,又证明了以能量形式存在的光子的运动。物质几乎完全以“能”的形式出现,而没有什么非“能”的反作用力的形式存在。

物质和运动、质量和能量是能互相转化的两对矛盾,从几个有关守恒定律的不断突破和不断建立的发展过程也说明了这个问题。19 世纪建立了能量守恒定律,可关于它的对立面质量方面,在世界上还只是分别发现了这两个定律时,恩格斯就科学地论述了它们的关系。在这两个定律中我们可以看到,其中一个正好和另一个相对立。而且它们中的每一个都只是表现了关系的一个方面(《自然辩证法》)。无数的科学事实证明确是如此。在研究中对这两个定律的含义不断引向深入,两个对立面接近,最后成为一个总的守恒(对这两者而言),即质—能守恒定律,证实了能量与质量的同一性。

既然质量可以转化为能量,那么是不是可以说物质即能,能即物质呢?物质是可以消灭的,物质归结为能,那么能量是否是第一性的和是唯一的实体呢?不是的。这个观点是列宁在《唯物主义和经验批判主义》一书中,进行了无情的批判。但就在那本书里,列宁同时指出,唯能论所驳倒的只是形而上学唯物主义,而不是辩证唯物主义。根据物质的无限可分,又有分割的关节点的观点,波动粒子同样是物质分割到一定程度的客观实在的物体,而不是神奇莫测的上帝世界。从宏观物体到微观物体,以及超微观的能量都是物质的。质量和能量、物质和运动都是客观实在的存在形式。这些正如 18 世纪法国唯物主义哲学家霍尔巴赫所认为的,自然的性质,唯一的就是客观实在。世界上存在着千差万别的种种物质形态,存在着千差万别的种种物质运动形式。“运动着的物体的性质是从运动形式得出来的。”(《唯物主义和经难批判主义》)质量转为能量,无非意味着从一种物质转化为另一种物质,从一种运动形式转化为另一种运动形式。质量和能量是客观实在的不同属性,质量和能量的概念有它的两重性,它们在一定角度上都是运动的量度,而在另一角度上同时又都是质的多少的量度。质能的转化、质能守恒的发现,统一了物质的相对静态属性和物体的动态属性的共同量度。证明了世界的物质范畴,既包括质量,也包括能量,既包括静止状态的物体的存在形式,也包括物体的动态变化形式。

现在来谈谈物质运动与时空的关系。什么是时间和空间呢?在不同的科学认识水平上,不同世界观的人们曾发表过许多不同的议论。我国墨家所著《墨子》一书中说的是,古、今、日、暮都是具体的特定时间,时间范畴“久”就包括这一具体的特定时间。东、南、西、北是具体的空间,“宇”就包括这一空间范畴。近代辩证唯物主义者认为,运动着的物质不能同空间和时间相分离,物质只能在空间和时间中运动。空间和时间都是物质的,它们都是不同物质运动的相互依存关系,都是客观物质的一大运动属性,是物质的存在形式。因此,空间和时间也是不依赖于人们的意识而客观存在的,超越空间和时间之外的物质是根本不存在的。一个星球、一座山、一栋房子,它们占有空间体积的大小不同,但无不占有一定的空间位置。物质的存在有久暂之分,但任何物体都必须占有一定的时间。反过来说,空间和时间也不能脱离物质而独立存在,不能和物质运动相脱离。空间和时间是物质运动的基本形式。作为世界归属的物质范畴不但包括具有相对静态属性关系的物质和具有动态变化关系的运动,而且包括物质运动的必然区域,这就是时间和空间。宇宙的客观实在还具有时间和空间的属性。

“运动是时间和空间的本质。”(列宁《哲学笔记》)墨家说:“行者必先近而后远,远近,修也。先后,久也。在行修必以久地。”(《经说下》)“修”即空间上的距离。这是说在空间上行走一定的距离,必须花费一定的时间。物质的运动,不能说只占有空间而不占有时间,或者说只占有时间而不占有空间。运动的物体,其空间形式是随着时间的变化而变化的。空间和时间是互相联系,不可分割的。

在科学实验中,要是脱离时间来研究物体及其变化,在考察物体的空间位置的相对稳定状态时,其空间位置的变化即使有,也可以忽而不计,可以看成是静止的。所以把空间和时间分隔开来是可以的。在20世纪以前的经典物理学就建立在这种时空观上。那时,人们只是孤立地研究物体的空间形式,发现任何物体都有长、宽、高的基本空间形式。因此得出了现实的空间总是三维的。当然,低带的物体特殊形态并不是与时间无关的。一个人,一样东西都有它的生长、灭亡和各种运动过程。这个过程同样要与时间相联系的。到19世纪中期,飞跃发展的电力通讯事业促进了电磁现象和光学的研究。电子、光子等物质运动速度很快,其空间位置的各部分之间的关系与时间具有密切联系。再也不能只考虑空间而不考虑时间了,也不能只考虑时间而不考虑空间了,所以在二十世纪初,人们根据这些情况,就把时间和空间紧密联系起来,即在长、宽、高三种因素的基础上再加上时间,从而产生了四维时空的几何学。在四维时空几何学里一个时空点表示一个物理事件,即某一物体在某一时间所处的位置。因此四维时空几何学成了现代物理学研究物质高速运动的数学工具。

物质的四维时空学说的根源在哪里呢？在于物质的运动。由于运动，物质的空间关系不是固定不变的，而是随时间的变化而不断改变的。反过来说，一切都在运动，都在变化，恩格斯在《自然辩证论法》一书中指出："一切差异都在中间阶段融合，一切对立都经过中间环节而互相过渡。"时间与空间的联系又只有物质的运动变化中才能体现出来，没有物质空间关系的运动和变化的过程就没能时间的存在。没有物质运动变化快慢的区别就没有物质存在的久暂之分，所以，它归根结底还是物质运动的表现特性。

"世界的统一性在于它的物质性"这是千真万确的，但我们千万要注意，作为世界归属的物质范畴，并不只是一个具有形态结构、质量的物体，一个具有相对静态属性关系的物体。如果这么看就太狭隘了，太片面了。其实体积、质量、形状，结构都是物质的一定属性范围。我们常说的"物体"是指的物质的相对静态的属性关系，而不能说是整个宇宙的物质范畴。运动、空间、时间也是物质的一定属性范围。物质的每一个属性就是物质在一定场合下的一个方面的表现。它们都是一个问题的不同侧面，同时又都是互相牵连、互相转化的。它们都不能代表整个物质世界。这是不是从侧面否认了物质的存在呢？不是的，任何自然界的现象都是物质的。没有物质就没有一切。可是，物质的唯一特性就是它的客观实在。客观实在在自然界又表现为四个基本范畴。每个基本范畴又包含千千万万个矛盾特异性。在不同的环境通过不同方面的属性而表现物质的存在来。就整个宇宙的物质范畴来说是如此的，就某一个具体的物体来说，也是通过变化、运动、质量、体积等不同的特性而表现出来的。

（四）不同基本物质范畴的共同特性

既然物态、运动、时间、空间这些客观实在的不同属性是物质世界的本原，是世界归属的基本范畴。任何一个范畴都有一定的共同特性。那么，作为整个宇宙的物质世界有什么共同的东西呢？

首先，我们可以看到，在我们的整个宇宙中所存在的千差万别的、形形色色的事物都不能离开这四元结构的任何一种（在某些情况下可以没有静态属性关系）而独立存在。因而它们可谓宇宙的本原，是繁华世界的根源。任何一个具体的客观事物都是四元结构的不同凝聚状态和相互变化的表现，是这几种因素的衍变。同时，这四种因系又都是物质的，都是离开我们的意识而存在的客观实在。"世界的真正的统一性在于它的物质性。"（《反杜林论》）这里所指的物质范畴，就是包含着这四种因素在内的宇宙世界的基础。离开物质基础谈世界就如无本之木，无源之水，是万万不可能的，是根本不存在的。

第二,它们都是不生不灭,固然存在的。我们能追究一个物体到另一个物体的转化,如从无机物到有机物,再到生物的进化,一个生物体的生亡到另一个生物体的生亡过程。机器用久了要报废,衣服穿久了要破烂,生物体活到一定的时候要死亡。这些情况归结起来就是恩格斯曾经引用过的歌德的话"一切产生了来的东西都一定要灭亡",同时灭亡的东西又在另外的某一个地方或某个时候"一定又以同样的铁的必然性把它重新产生出来"。(《自然辩证法》)但是,就整个自然界的物质来说是不变的。

现代自然科学证明,物质是不能凭空创造,也不能凭空消灭。整个宇宙中的物质运动不仅在量上,而且在质上都是不能消灭的。因而它没有起源和终结。我们不能追究它们的产生和消灭。机械唯物主义者认为物质原先是静止的,在上帝的作用下产生了运动,并且一旦运动起来就永不熄灭。因而设想出一个"美好的永动机"的图纸来、可是客观实践早就宣告了"永动机"是不能实现的,是永远不能成功的幻想。物质及其运动只能从一种形式转为另一种运动形式。我们常说的生与死的含义都是指的物质运动形式的转化。机器和生物体是物质,未做成机器的铁矿石,未发育成独立生物体的生殖细胞同样都是物质的。,从铁矿石到机器,从生殖细胞到生物体都是物质的运动和转化,而不是物质的产生。同样我们也看到,一个物体存在到一定的时间必定发生转变。但是,任何运动形式在自然界总是客观地存在着的,你去他来,不可穷尽。如一只小猫死了,腐烂了,可是新的小猫早就产生出来了。小猫这种生物在自然界还存在着的,这就是物质世界的质的不灭性。当然这样解释不能过于狭隘。把矛盾的特殊性推导到每个物体、每个生物体,生物种的不同运动形式去解释物质的质的不灭性是解释不通的,这是与"世界上没有完全相同的两个物体"的辩证观念相矛盾的。但我们可以讲,物质、运动、空间、时间都不能产生,也不能被消灭。从宇称守恒、电兹共轭守恒,时间反演守恒定律的分别建立,到三者各自突破,建立三者联合守恒的定律的发展过程也说明了这个问题。当然,三联守恒定律有可能被物理学家们所突破,但由此推出的物质不灭的结论却被大多数人所承认。

第三个共同特性是无限存在。物质运动、空间、时间等都是无限存在的。这种无限存在性的根源在于物质的量与质的不灭性,对这种无限存在的详细讨论已有不少。

要讨论这些物质范畴的共同特性,要讨论物质世界的真正本原,最彻底、最有力的证据是找到宇宙中各种不同物质的共同的质和共同的量。这些是当今的一个奋斗目标。问题的解决还有待于今后的努力。但是,至今的科学发展过程已经证明了有这么一回事。如在过去的科学研究中,物质的数量是数量,性质是性质。可是后来逐步发现,元素的质子、中子、电子的数目不同可以引起原子的性质完全不同。相同原子组成的化学分子,依原子数目和排斥方式不同,分子的化学性质可以完全不同。并且,当今数学和其他一些关于物质性质的科学不断融合,如生物分类上的数学分类法。这些事实间接地证明了宇宙共同的物质的组成,不同物质的不同表现形式都在于它所包含物质的多少和排列方式的不同。物质的量(包括几何构型)是一定质的精确表现,而质是一定量的物质存在的基础。

二、物质运动的基本矛盾

(一)吸引与排斥的矛盾

自然界的任何物质都在不断地运动。"运动本身就是矛盾。"(《反杜林论》)物质运动的内部充满了矛盾。矛盾是一切事物得以运动、发展的根本原因。不同的事物中存在着共同的矛盾。每一类物质都有其本身不同于另一类物体的特殊矛盾。同时,又有本范围里不同物质所共同存在的矛盾。

吸引与排斥是既互相对立,又互相统一的矛盾关系,并且是物质运动的基本矛盾。它在自然界是广泛地分布着,不同的表现着,在运动中相互斗争,相互转化,不断地促进着事物的向前发展。

1. 双方的对立统一关系

吸引和排斥是事物运动中的一对矛盾,它们是互相区别的,各有自己的表现特点,又是互相对立的,一个方面的表现特性正好与另一方面的表现特性相反。但它们又是统一的,在客观事物的运动中互相转化,互相贯穿,互相依赖,缺一不可。它们是一个问题的两个侧面。我们正是在客观实践中看到这些相反相成的表现特性,才把它看成一对矛盾的。

吸引是一个物体对另一个物体的吸附、拉拢。磁铁对一般的钢材就有明显的吸引作用。地球对在其上面的任何物体都有相当的吸引作用。排斥就是一个物体对另一个物体的拉开,如一个人把被磁铁吸住的铁拉开。一辆伸展车克服了地球对它的吸引作用,而进行运转,这就是排斥。吸引和排斥在不同的物体里,不同的条件下,就有不同的一方占优势。任何物体在一定条件下表现出排斥运动的一面,而在另一条件下,又表现出吸引运动的一面。如两条磁条,当第一根的"S"极和第二根的"S"极相接触的时候,第一根磁铁就表现出排斥的特性,当第一根的"S"极同第二根的"N"级接触的时候,第一根磁铁就表现出吸引的特性。同理,在公元前100年左右,我们古老的祖先就发明了磁针的指南作用,磁针的一端总是被地球的南极表现出吸引的特性,被地球的北极表现出排斥的运动特性。磁针的另一端却反其道而行之。因而在自然条件下(排除人为的拉力作用)磁针的一端总是指向南方,另一端总是指向北方。一个大机械,一个生物体,当它处在相对静止状态的时候,就表现出明的吸引的一面。当它通过内力发生显著运动的时候,就表现出排斥的一面。月亮绕着地球转,表现出地球对月亮的吸引作用,地球的自转和绕太阳公转,而不被太阳所吸附,又表现出地球还有一定的运动能力。能排除太阳的完全吸附它的欲望,也有排斥的一面。

在不同物体的运动中,吸引和排斥也是相互联系、互相依赖的。离开一方就无所谓另一方。恩格斯说:"宇宙中有一个吸引的运动,就一定有一个与之相当的排斥运动来补充,反过来也是一样。"(《自然辩证法》)有一个磁铁对钢铁的吸附作用,就有一个人为拉开的动作。有一个地球对物体的吸附作用,就有一个机械的或人力的对物体的推动作用。它们是相辅相成的,是永远统一的。

吸引和排斥是一个运动的两个侧面的表现。例如在多个物体的各自的惯性运动中,显示了它们各自互相对立,互相区别,互相对抗,互相排斥的本性。这就是排斥的因素。而这些物体之间的相互作用,则显示了它们互相影响,互相渗透,互相贯穿的本质。这就是吸引的因素。所以,惯性运动和相互作用的矛盾正是吸引和排斥。这一运动的基本形式的体现表明了它们的对立统一性。同样,在复杂的生物运动和分子运动中,仍然表明了吸引和排斥的矛盾是对立统一的矛盾。例如水同酒精相混合可以很快地溶合在一起。水分子还可以钻入酒精分子的空隙中去,使一百毫升水同一百毫升酒精混在一起就只有一百九十多毫升了。但酒精同脂肪混在一起,即使人为地拌和成乳液,稍稍静止就各自分离。生物体被地球的吸附作用(站于地球上)和排斥力(走路等),也是缺一不可的对立统一关系。

要是自然界的物质运动只有吸引的一面,没有排斥的一面。那么,整个宇宙世界毫无疑问是死水一潭。什么物质的运动,什么世界的发展都没有讨论的余地了。同样,如果自然界只有排斥的运动,没有吸引的作用。物体将是悬浮于空中,越分越小,不会有任何物质化合的现象了。任何物质在结构上的进化和功能上的增减,也将成为不可能了。整个宇宙最后只能变成一团流动不息的烟雾,哪里还有什么质的多样性,什么质的飞跃呢?当然,"对立统一的规律是宇宙的根本规律。"(毛主席《矛盾论》)物质一般的都不具备着单方面矛盾的恃性。只是在某些时候有某些特殊情况,但这种特殊情况也是转化的。这种担心也是多余的。在自然界的

"物质呀!

就是吸引和排斥的统一体。

运动呀!

就是吸引和排斥的相互作用。"

(《你们知道我是谁——高士其作品选》)

吸引和排斥的矛盾,和其他所有矛盾一样,在任何情况下,双方的力量都不能达到绝对的平衡。任何时候、任何场合下的矛盾都有它的侧重面。这是唯物辩证法的两点论和重点论的基本观点。一个事物的运动在这里可能是吸引的一面占了上风,在那里吸引的一面可能只占次要地位。如地球上的宏观物体的自由落体运动,引力质量表现得十分明显。它决定着物体的速度所产生的机械力的大小(不是没有排斥的因素)。而在能量子的运动上,排斥力占了主导地位。引力质量所表现的作用就微乎其微了,可以略而不了(也不是完全没有了)。

2. 矛盾双方的变动性

毛主席指出:"世界上的事物因为都是矛盾着的,都是对立统一的。"(《在省、市、自治区党委书记会议上的讲话》)"但是,事物发展的长过程中的各个发展阶段情形又往往是互相区别的。"(《矛盾论》)吸引和排斥作为物质运动的一对基本矛盾,不但是普遍存在于物质运动的各个领域,又在不同的物质运动领域里有不同的表现形式。而且存在物质运动的阶段性在物质运动中不断转化,在不同的阶段有不同的表现。当排斥力占优势的时候,就表现出矛盾的激化状态。就表现出物体的显著运动。当吸引力占优势的时候,就表现出矛盾的平衡状态,就表现出物体的相对静止状态。运动是一个过程接着一个过程,一个阶段接着一个阶段,波浪式地前进着。这种运动特性的根源在于物质运动的矛盾不断激化,又不断达到平衡。在运动中,矛盾的平衡性不断地被打破,又在运动中不断地达到新的平衡,这就是吸引与排斥矛盾双方的不断转化,它们依次往复循环不已,使物体曲折地、不断地向前挺进。这是物质运动的阶段性,不如说是矛盾的转化,是矛盾在不同转化阶段上所表现的特殊性。

现在,我们再从实际例子中谈谈这个问题。比如说宇宙为什么会形成这么多大小不同、质量不等的星体。历代曾有不少人为揭开这个奥妙而长年累月地艰苦努力,花去了一辈子的宝贵的时光。到今天,关于恒星形成的原理的学说有很多。但仍然还没有一个人完全解决它。其中比较为多数人所信服的是19世纪德国唯心主义哲学家康德在《宇宙发展史概论》一书中所提出的星云说。他认为太阳系起源于一个浓雾状的星云……这是人们开始用发展的眼光来看进化世界的起源。我们的革命导师认为这是从形而上学自然观上打开的第一个缺口,他说:"康德关于目前所有的天体都旋转的星云团产生的学说，是从哥白尼以来天文学取得的最大的进步。（恩格斯《自然辩证法》）”

康德的星云说认为：宇宙的起源是一个吸引和排斥的矛盾不断斗争、不断转化的过程。在康德的学说里，完全就是物质微粒的相互旋转而最后互相吸引，成为一个星体的过程。继而拉普拉斯加进了热运动作为恒星起源的一个方——进一步完善了康德的星云学说。后来在天文学领域里，比较有影响的是大爆炸宇宙说，认为当今宇宙中的各个星体都是起源于原来就存在于自然界的物质。通过大爆炸而分裂出了许多的物质微粒。这些物质微粒进行着剧烈的矛盾运动，发生了吸引与排斥的矛盾的反复演化，经过了氢气云的阶段，恒星阶段，恒星第二阶段，恒星第三阶段（也就是红巨星阶段）的演化，变成了当今可见的、处于不同历史阶段的宇宙天体。在这里，恒星的运动过程主要地就是吸引与排斥的矛盾运动和转化的过程，我们生活的地球，就是天体的这种矛盾运动过程在一定阶段上的形式状态。

20 世纪爱因斯坦建立了关于天体运动的广义相对论学说。根据这个原理推导，星体的排斥力将不断削弱，而引力质量将不断加大，演化到脱期的星体只要还有两三个太阳的质量，就会迟早变为黑洞。任何物体将会因黑洞的强大引力吸到里面，变得无影无踪。一个黑洞永远不会裂为两个。只能是两个（或者更多）的黑洞合并为一个。久而久之，很可能整个宇宙变为一个大黑洞。这里片面地强调了矛盾的单方面转化，忽视了矛盾的互相转化。认为恒星只有老化，没有爆炸和再生。黑洞只有吸引，没有排斥，粒子没有穿透黑洞的几率。这是不合乎唯物辩证法的理论的，也是客观上不存在的。

近几年来在天体物理领域里，关于引力场中的量子效应的研究日益活跃。当前，黑洞的量子理论指出，如果考虑到在引力场中的物质的量子效应，情形就不是如前所述，矛盾的主次虽互相转化，但在任何时候，物质既有吸引的一面，也有排斥的一。由于量子理论的隧道反应，粒子总有穿透黑洞的几率。由于在黑洞的引力场的量涨落会非常剧烈，掉进黑洞的粒子就像是从黑洞中跑出一个反粒子，经过引力场弥发到远处。霍金证明，这种越过“视界”的蒸发过程和热力学有密切的关系，随着黑洞质量的减少会愈来愈消亡，以致最后“蒸发”殆净，或招致猛烈的“爆炸”。，他甚至猜想，这种黑洞的爆炸和宇宙有本质的联系。他指出“宇宙或许有一个更早的阶段，物质坍缩了，然后在大爆炸中又重新产生出来。”当然坍缩是物质的矛盾运动下某些形态的坍缩，产生是在没有矛盾斗争形式下有新的物质形态的产生。他已经把“宇宙的开端”看成是宇宙发展长河中的一个阶段，宇宙状态的变化来源于矛盾运动的转化。在弥散微粒的阶段有这一对矛盾的存在。在恒星形成后,以至它的中年、老年阶段同样有这对矛盾的存在。只是在不同的历史阶段有不同的主次、作用、表现特点而已。

我们这里把它作为例子来说明吸引和排斥这一对矛盾是在任何阶段都存在的,但又是不断转化,向前发展的。我国奴隶制时代一部叫《易经》的书中就提出了阴阳两极的矛盾斗争是事物发展的根本原因。当然,那时只是从雌雄相配生育出于后代的生活常识推导而来的。没有指明矛盾的具体内容,以及矛盾的斗争和转化的规律。他们只是从事物中得出这个基本的哲学范畴,论述为事物发展的根本原因。现在证明,这事实上也是促使事物向前发展的根本原因。说明矛盾运动有它的绝对性,又有它的阶段性。物质的渐进性运动,如果没有阶段性、没有转化、没有飞跃,渐进性是什么也说明不了。星球本身在不同的运动阶段就有不同的矛盾斗争特点。矛盾的斗争是物质运动的基础,因而也是发展的基础。矛盾的同一性同样是客观存在的,同一性是物质运动的一个阶段转化为另一个阶段的基础。物质借矛盾的斗争而运动,又必须借矛盾的同一性而转化,也必须要经过同一性这个环节才能转化。只有通过矛盾的转化,才能真正表现出事物的飞跃和发展。天体的运动、地壳的运动、生物的运动等自然界各种物质的运动都具有矛盾的转化性和运动的阶段性。它们在一定的时候主要表现出排斥运动的特性,而在另一阶段,又主要是表现出吸引运动的特性。近来的化学研究表明,物质的化合在同系列的任何一个系列上,在物质化合的任何一个阶段上都具有不同的运动特点。并且在这种变化中存在着普遍性、精确性、简单性和专一性的同系物结构与性能间的定量关系,即分子结构与理化性能间的同系线性规律。这个规律表明,同系物中,各分子轨道的能量、各能级的差量以及依存于它们的物理、化学性能都是同系因(1/a)的线性函数。"a"代表能级的序数,"n"代表同系物的序数。这种同系线性规律概括性能间的关系,凡符合这个规律的各种性能,只要与它们相联系的同系因子是同一的,它们相互间就都有线性关系的存在。这种线性关系的变化说明了运动的绝对性和阶段性,矛盾的绝对性和转化性。任何化学物质都有一定的物理运动形式。在这几种物理运动形式的比较中我们可以看到,在一定条件下,固体、液体、气体状态的反复转化,固态与液态比,固态表现出吸引的一面占优势,液态表现为排斥的一面占优势;液态与气态比,液态表现为吸引的一面占优势,气态表现为排斥的一面占优势。但是,任何物质的物理运动形式不是固定不变的,而是互相转化的。总而言之,在自然界里,任何物质运动领域、任何物质运动阶段都充满了矛盾,如前面所说过的力学、物理学、化学、生物学、天文学、地质学等领域里的物质运动都存在着矛盾。这些物质都有它的主要矛盾和基本矛盾。这个基本矛盾之一就是吸引和排斥,这是矛盾的普遍性。但是矛盾的运动在不同的物质领域里又有不同的表现,而且在不同的阶段上也有不同的表现。“在矛盾发展的一定过程或一定阶段上,主要方面属于甲方,非主要方面属于乙方;到了另一发展阶段,就互易其位置。”(毛主席《矛盾论》),这就是矛盾的互相转化性。

但是,吸引和排斥这一对基本矛盾,从某种意义上说,只反映了物质的机械运动形式,只反映了物质的常态性的变化,而不能说明事物的质的转化,不能彻底地反映出化学运动和生物体运动的根源。吸引和排斥的矛盾只是机械运动形式变化的根源,是事物的矛盾转化的基础。

(二)化合与分解的矛盾

化合与分解是物质运动的又一基本矛盾,它不同于吸引与排斥的矛盾。它不是反映事物的常态性的运动和变化,不是反映事物的外在表现形式的变——而是反映物质的本质的变化。我们不能把物质的本质的变化也放在吸引和排斥的矛盾之中。比如氢醛和水的互相吸引作用(没有起化学反应时)和物质通过水解反应生成水合氢醛的两个反应,前者是吸引,后者是化合。它们是本质上不同的两回事。两者在性质上也是各不相同的。水在高温下扩散成蒸气是排斥的一面占了上风,水的电解成氢离子和加氢氧根离子的反应是分解反应。它们也应该是两回事,前者可以用吸引和排斥的矛盾说清楚,后者就不单纯是吸引和排斥的矛盾运动了,而是化合与分解的作用。现在就来讨论这对矛盾。

1. 双方是相辅相成的矛盾

在我们的自然界“不论是哪一种的物质,不论是哪一种物质的运动,都是对立的统一,也都是分离的相互关系。当它们是统一的时候,它们是对立的,当它们是分离的时候,它们是互相关联的。”(《你们知道我是谁——高士其作品选》)化合与分解是一个运动的双方对立关系,它们各有自己的运动特点。并且,一种运动特点和另一种运动特点正好相反。同时它们又是互相牵连,缺一无二的。化合就是两个或多个小物体通过运动结合成为一个新的更大的整体。在我们的工程建设上常用的炸药,化学上叫三硝基苯酸,俗称苦味酸。它是由酸直接硝化而成的,是物质在化合反应中产生的。分解就是由一个物体分解为多个的、更小的新物体。如苦味酸在高温下可以发生强烈的分解反应,由一个固体分子生成多个气体分子,使整个体积增大,而发生爆炸。对炸药性能的研究,做出划时代贡献的是诺贝尔。他的这一成就为有关工程建设、为人类社会的发展做出了突出的贡献。任何物质在一定条件下都有相互化合的一面。物质在另一条件下不必然具有相互分解的一面,苦味酸的合成和分解就是如此。没有物质的分解,只有物质的化合;或没有物质的化合,只有物质的分解,这两种不同的说法都是荒谬——在理论上也是典型的形而上学唯物主义,在实际情况下是不存在的。辩证唯物主义认为物质世界的矛盾运动是互相联系、不可分割、互为整体的。

化合与分解是相辅相成的一对矛盾,在数学上的微积分学也反映了这对矛盾的对应关系。牛顿在22岁时发明了微分学,在第二年又发明了积分学。17世纪末发明了微积分的数学理论是笛卡儿从透镜设计中总结出的求曲线的直线方法。在微分上,直与曲是一回事。莱布尼茨从这里引出了微分概念:切线的斜率是微商。在微分中初次运算时不为零的dy,在计算中逐步成了零。在积分中初始为零的dy,在计算中又逐步带来了数目。在自然界有事物的微分规律,又有与之相对应的积分规律。这正反映了物质的分解与化合的辩证关系。化合与分解不仅是互相对立、互为存在的,而且是互相转化、反复进行的。列宁在《论尤尼乌斯的小册子》一文中就说过:"自然界和社会中的一切界限都是有条件的和可变动的。没有任何一样现象不能在一定条件下转化为自己的对立面。"比如我们吃了的食物在我们的口腔、胃、小肠中,不断运动,越分越细。这主要表现出物质的分解的一面。但当它进入血液循环和细胞组织后,依身体的需要,又可以合成其他的物质。这主要表现出合成的一面。在这里分解与化合是互为先后、互相转化、相继存在的。化合与分解的既互相对立,又互相统一的矛盾斗争过程是不能用一时一事的问题得到阐明的。在客观上,恩格斯在《自然辩证法》一书中也曾提到过,形而上学的理论在科学上的小买卖,在某一个狭隘的局部世界里是站得住脚的。因为它可以把某个局部的东西绝对化,把简单的东西神秘化,不经历史的、广泛的比较是不容易看得出他们的错误来的。但恩格斯在《自然辩证法》这本书里举出的,从形而上学世界观上打开缺口的六个例子都是当时自然科学的新成果,都是人们眼界的扩大,又都是与形而上学的世界观所直接对立着的。化合与分解也都与其他矛盾一样,在一个时候的一定地盘上是以其中一种运动方面为主的,而整个反应又是互相平衡的。如人体的氮平衡就是如此,在小儿时期总是吸入的氮多,拉出的少。在老年时期又是拉出的多,吸入的少。而健康成年的氮代谢是平衡的。一个形而上学论者要拿出一个人的一个生化报告从而推断整个生命体的蛋白质代谢规律,都是大错特错的。只有从不同的个体、不同年龄的人们的生化报告进行分析综合以后,从一定的统计数字上才能得出比较可靠的结论,才有信赖的基础。从统计资料上看问题,这是现代科学研究的一个重要方法。

2. 双方是反映本质变化的矛盾

化合与分解不但是物质运动中的一对普遍存在的矛盾，而且是反映物质的本质变化的一对矛盾。自然界进化的本质，无非是指物质的内部结构和运动功能的基本性质。而物质的化合与分解的运动，就部分地或完全地改变了物体的内部结构和它的运动功能的基本性……所以，从这个意义上说，它是完全反映物质本质变化的矛盾。

从结构的角度上讲，化合与分解的矛盾，其本身就是对物质的内部结构的分解或几个物体化合为一个新的、更复杂的物质。性质是一定结构的物体在一定环境下的基本运动特性。一个物体的结构发生变化了，其活动性质也毫无疑问地要发生变化。没有结构上的变化，没有活动性质的变化，就没有该物质的化合与分解。在客观实际里，我们也看到，物质的运动凡是发生了化合与分解的反应，其原物体的基本性质就完全改变了。凡是没有引起物体的化合与分解的反应，就只有物质运动的现象变化，而不会改变物体的基本性质。

先谈第一种情况，在任何物质运动的领域里，如果没有引起物质的化合与分解的反应，就不会引起物体的本质变化。在地质运动领域里，一堆泥沙堆积在一个低洼的地方，如果没有引起泥沙物质的相互化合的作用，就只有泥巴和沙子，而没有石头的出现。分散的沙子和堆积的沙子相比，并没有任何本质上的不同。

在物理学领域里，原子的质量由原子核所决定，电子可以略而不计，而物质的体积主要由电子元所决定。据初步推算，在体积上原子核相当于电子元的十万分之一。从原子核和电子云的比重上说，一反一复相差更是悬殊。有关资料显示，没有电子，只有原子核所组成的中子星，其密度就非常之大。据推算，一颗芝麻大小的中子星物质就有几百万吨重。物质的热胀冷缩就是电子能级的提高与降低，在这里如温度计中的水银，只有体积的增大，而没有原子的裂变、聚变或原子间的化合，它的内部结构没有变化，原子仍旧是原有的物理化学性质，它的任何一个属性都完全没有改变。它的原子量还是那么大，它的酸碱性，得失电子的能力也仍然同以前一样，所以说没有物质内部结构的分解与化合是不可能改变这个质的。

任何物质的物理运动形式的改变，如铁在高温下由固体变成液态，是在电子热能的影响下，排斥力显著增高的结果。但是，这里的几个铁原子之间或其他的任何原子之间发生任何分解的或化合的反应，它的结构还如同以前，它的溶点、沸点和与其他原子的结合能力也同样没有什么改变。

在无机物和有机物的化学变化里，任何一个化学物质的性质同它的内部结构有着密切的关系，物质的分子结构式是化学理论教材的一个基本问题。如一瓶松脂油,如果没有其分子内的化合或分解,任何体积的膨大和蒸发,都将没有任何大的改变,而只有其表面状态的变化。

在生物体上还是如此,机体的遗传物质——核酸的结构是一定的,如果没有核酸结构的变化,没有它的分解和化合,机体的状态就不会有明显的改变。

现在说第二个问题,即从另一个侧面来说明同一个论题。客观事实告诉我们,凡是物体产生了化合与分解的反应,就必然会引起物体的内部结构发生变化,从而使物体的功能性质发生根本的变化。

在一个氢弹的爆炸中,在实验室里可以看到氢原子化合成为更高级、更复杂的原子了。这时原子的基本性质都改变了,即原子量、原子序数、原子的得电子、失电子的能力、同其他兄弟原子相互化合为分子的能力,都发生了改变。在一个原子弹里,一个重原子裂变成了几个不同的或几个相同的氢原子,原子的一些基本性质同样改变了。化合与分解是物质运动的一对矛盾,物质在这样的矛盾运动中,不管是化合反应还是分解都改变着物体的基本性质。

在分子运动领域里所进行的吸引和排斥的运动并没有改变物质的基本性质。可是,只要有了物质的化合与分解的反应,就完全改变了物质的根本性质。如我们常用的煤油,它是一些混合的化合物,在一定范围内的温度变动,只是温度高一高,体积胀一胀。只有在高温下,才会引起物质发生猛烈的氧化反应(燃烧),生成了二氧化碳和水。这是物质的分解反应。在这里,二氧化碳和水的理化性质,同煤油的理化性质相比,是显然不同的。煤油的性质被彻底改变了。

在生物体上,有人把生物体比作一个复杂的化工厂,这个说法有它的错误。否认了生物的矛盾特殊性,是一个还原论的观点,即是一个"人是机器"的机械唯物论的观点。实际上在生物体中也确实是在不断地进行着化学变化。我们的生物化学就是以此为研究对象的。在生物体物质的化学变化中,同样有着化合与分解的两个方面的问题。先从生物体内物分解的变化上说,原生质中的巨型分子本来就有自发的分解趋势,加上酸的作用,就更加速了这一进程……大分子的分解方式,或是失去部分原子团,或是逐步分解为简单的化合物。现在业已证明,在机体中没有任何一个物质是停滞不动的,并且由原生质分解以后就变成废物。分解后的物质同原生质相比,性质是完全不同的物质了。

机体的同化作用是以化合反应为主的。把简单的非生命物质化合成复杂的生命物质,对每一个物质来说,同样是有着本质的变化。如绿色植物能从环境中吸取水、二氧化碳等一些无机盐,就可以把它们同化为生命物质,即复杂的有机物。我们知道,复杂的有机物同简单的水、二氧化碳、无机盐等物质显然是完全不同的。这种物质的化合作用有着物质的本质变化。全部动物和某些腐生或亲生菌类不能从简单的无机物自行合成有机物,需要食取其他生物,经过一系列的变化把其他生物的大分子有机物变成自己的物质,这里的情况比较复杂,但仍然包含物质的化合与分解的反应,这种反应又势必带来物质的本质变化。

总而言之,化合与分解不但是一对矛盾,而且是一对反映物质的本质变化的矛盾。任何物质的矛盾运动,只要没有发生化合与分解的反应,应等于在运动中保持了原物质的根本性质。只要发生了化合与分解的反应,物质的基本性质就必然会发生明显的变化,成为性质完全不同的新物质了。

(三)两大基本矛盾的产生、关系和作用

这里所要谈的就是吸引与排斥、化合与分解这两对矛盾的产生根源,和这两对矛盾之间的相互关系,以及简单地谈一下矛盾对运动的作用。

1. 互有区别地共存于不同事物运动之中

在物质世界里,“无论何时何地,都没有,也不可能有没有运动的物质”(恩格斯《反杜林论》)。任何物质都在不停地运动,运动着的世界到处都充满了矛盾,矛盾就是对立面的斗争和统一,也就是说一切事物都是“一分为二”的。在自然界里的矛盾运动,最基本的表现形式就是吸引与排斥的矛盾、化合与分解的矛盾,而这两种矛盾既都普遍地存在于自然界,又是互有区别,在事物的运动中发挥着自己的作用。

吸引与排斥的矛盾运动反映着事物的机械运动状态。

事物的运动有“各个特定阶段上的相对固定性”(马克思《数学手稿》)。吸引和排斥的运动就是自然界物质在这两个方面的运动和变化。它们的运动主要反映在物质的数量关系上,它是从常往性的数量的变化关系上发展而来的。人们在认识自然和改造自然的实践中也必须通过了解事物的常往性的变化规律,然后才能深入研究事物的本质变化的规律来。

在机械运动中,车子和地面的相互作用,是地面的吸引力和轮子的排斥力相互作用的。轮船和飞机上的螺旋桨对水和空气的作用也是这个道理。它们是吸引和排斥的斗争。吸引促使着物体进入相对静止状态,排斥促使着物体进入显著运动状态,这种矛盾双方的斗争反映了物质的常往性的变化。

分子的物理运动形式的改变,即液体、固态、气体三种状态的变换。同样只是反映着物质的非本质的演化。在分子颗粒的运动中也是如此。如我们常说的灰尘就是一种细小的分子颗粒。实验测得它在我们的地球上是无处不在的,无时不在的。街道上、海洋上、高山上和空中到处都存在。1883 年印度尼西亚的一个岛上发生火山爆发,灰尘飞上了八万米的高空。任何灰尘都在不断地运动着,它的运动对制造雾和雨点有很大的作用。没有它们,夏天强烈的日光将直接照射大地,气温不会减低。这是它的功用,也是它的运动特点。但是,在这里引起物质的散散集集。云、雨、水不断交换,但没有改变物质的根本性质,这是一种常往性的运动。它只有物质的物理运动形式的变化,只有吸引和排斥的一面,是谁占主要的变化,并且,不管是哪一方占优势,双方都对物质的运动性质起着作用。在显著的运动状态中,排斥虽占了上风。但吸引仍然有作用,否则排斥将要无止境的进行下去。在相对静止状态时,虽然是吸引的一面占了上风,但排斥的因素依然存在,否则它就被僵固了。所以说矛盾有重点性,同时还有两点性。

化合与分解反映着事物的转化。

在复杂的事物发展过程中,有许多的矛盾存在,同时,各种矛盾在事物的总体中所起的作用,所处的位置是不同的。其中必有一种矛盾对事物的发展过程的全局来说是起重要作用的,是被占据主要位置的。这种矛盾就是主要矛盾,而其他矛盾就是次要矛盾。任何物质的任何矛盾特点都是以一定的内部结构作基础的。一个生物体生活在世界上,随时都要受到风、雨、日光、温度和其他生物体的影响。外界环境在不断地改变着,机体在不断地受到刺激(生理学上说,刺激就是环境的改变,是有道理的)。机体内外各方面的因素都对人体的健康状态起着一定的作用。十分健康的父母亲生出与自己基本相似的后代,是因健康的遗传力量强于病原侵袭力和变异力,这是前者成为运动中的主要矛盾,机体的内在组织细胞结构和分子结构没有什么大的改变之故。

可是,主要矛盾和次要矛盾,矛盾的主要方面和次要方面不是固定不变的。机体的内在结构、功能也不是完全不可改变的。由于双方斗争的逐步深入和斗争力量的消长,矛盾的主要方面和次要方面,矛盾斗争的性质也必然会互相转化。列宁指出:"渐进性没有飞跃是什么也说明不了。"(《哲学笔记》)自然界的物质运动的主要矛盾和非主要矛盾之间的转化,主要体现在物质的内部结构的分解和化合的基础上。比如,不同的含糖物质,经过发酵,引起这些物质的分子结构的改变,这些新反映出来的物质的性质同原有的,反应前的物质各方面的性质完全不同了。这些是物质的分解和化合的反应。它是物质在一定条件下所发生的矛盾转化。19 世纪法国科学家巴士德用实验证实了各种不同东西的发酵是由不同的细菌引起的。矛盾的主要方面和次要方面发生转化,矛盾斗争的表现特点也跟着变化,当外界致病力和诱变力大于了物机体的防御力和遗传力,机体的内在结构必然要发生某些物质的分解和化合的反应,机体的性质也必然发生变化。这就是发生疾病和变异现象,糖的发酵,当细菌作用力达一定程度时,就可以引起糖分子的分解。

矛盾的转化并不是物质原有矛盾的反复徘徊,而是一种质的转化,是一种渐进性的运动、间断性地飞跃,是事物从肯定到否定的过程。在遗传学领域里,当紫外线、放射线等生物诱导因素的量变逐步达到一定的程度,超过了机体维持正常遗传过程的能力,会引起机体的变异。养猪要想肥胖快长,就要加强管理,不能撒野放牧,如果放牧或野化,便使嘴巴变长,獠牙发达,体形变瘦。奶牛不挤奶,产量就会下降。近年来我国辐射育种进展很快,培养了小麦、大豆、高粱、水稻、棉花、果树、蔬菜等一百多个品种,茎秆粗、抗倒伏、穗大粒多的"鄂麦六号"都是用辐射结合选择培育而成的。化学物质有从低级到高级,从简单到复杂的化合。这种高产的小麦品种和较高的分子化合物都是原有物质与外界的相互干扰力产生出来的。但产生出来以后其本身又与外界逐步达到一个新的平衡。新物体有新的结构功能特点,这不是原来的几对矛盾的反复来回,而是依事物本身的性质和条件不同,经不同的飞跃形式,由一事物转化为他事物。

新物体是由旧物体在一定的环境影响下,通过矛盾转化而来的。大多数新物体出来以后,有更复杂的内部结构,有更强大的活动功能,有更强的自身稳定性和对外界的适应能力。可是从另一个方面来看,尽管新旧物体之间存在着许多内在矛盾差异,但还有共同存在的特性。这种在结构上和功能上的共性,使他们所需要的物质原料也有共同性,因此新老物体之间容易发生对原料上的竞争,从而导致能力上的对比、斗争,并且大多数是以新代旧而告终。这种事物的矛盾转化过程就是事物从肯定到否定的过程,就是新事物战胜旧事物的过程。

毛主席说:"一切过程的常往性是相对的,但一种过程转为他种过程这种变动性则是绝对的。"(《矛盾论》)任何事物的内部都有其新旧两个方面的矛盾,形成一系列的曲折斗争。在斗争中矛盾必然发生某些转化。往往是新的方面以化合占优势,逐步由小变大,上升为支配的东西。旧的方面,以分解为主,物体由大变小,而逐步归于灭亡的东西。当新的方面对于旧的方面取得生死地位的时候,旧事物的性质就转为新事物的性质。例如在人类产生以前,古猿在自然界占统治地位,经过漫长的进化过程,人类出现了,并在自然界占了绝对的统治地位。这就是矛盾的主要方面到非主要方面的转化。这就是物体的内部结构发生了变化。出现了分解与化合的新变化。这就是由旧质向新质的飞跃。新矛盾的出现是原物体的复杂矛盾中的一部分矛盾与环境作用下产生的。旧矛盾就是原有的矛盾。新的、非主要的(幼年时)矛盾战胜旧的、原是主要的矛盾的过程就是一个事物的不断发展的过程。化合与分解的对立统一就是反映着事物的矛盾的相互转化过程。

尽管这里写的是两对不同的矛盾，但它们在自然界里都是存在着的。我们前面所提到的一系列实例都没有谈到自然界以外去。所以说，它们是既互相区别的，各方表现出不同的斗争形式，反映出不同的运动，又是共同存在于事物的发展之中。在下一小点里，我们将要讨论到，它们是每一个物体在不同阶段的矛盾运动过程。

2. 互相转化地存在于不同事物运动阶段里

任何物质的化合与分解的反应，都是从吸引和排斥的运动开始的。吸引和排斥的运动过程，有许多是我们可以察觉和测定的。它的明显表现就是，物质在稳定质的前提下，进行着运动状态、运动能力和运动程度上的变化。这种变化主要是量的变化。物质运动的量的变化，物质运动的吸引和排斥的变化，是它发生化合与分解的变化的基础。“没有物质或运动的增加和减少，即没有有关的物体的量的变化，是不可能改变这个物体的质的。”（恩格斯《自然辩证法》）吸引的一面促使物质进入相对静止状态，排斥的一面促使着物体进入显著的运动状态。吸引可以通过量变到质变的转化，变成物质的化合，但分解和更多的化合运动都是物质的显著运动。物质的排斥运动达到一定程度后所引起的矛盾转化，是通过吸引和排斥的矛盾斗争，由排斥的运动而实现的。一碗猪膏油，你要对它的油脂进行分解，可以经过一定的高温处理而达到目的。在加热中这碗油也有一个由固态到液态，由液态再分解的过程。在这里又是由增加物质的排斥力来促使物质的分解。一个物体内部的相互分解是由物体内部隐藏着的相互排斥因素而来的。相互排斥的因素又是物质的相互化合与分解的基础。

人们知道，化学是从炼丹术孕育发展而来，古代炼丹的操作方法和物质反应的过程也说明了这个问题。我国在公元前四百多年的时代，已经开始具备了一套炼丹的基本器具、原料和操作方法。从物质进锅到长时间的加热熬炼，外界的温度变化，为反应物提供了活动能量，促进了它的排斥能力，在这个熬炼中，水份跑了，有机质烧了，往往剩下的就是重金属盐、汞等物质出现在锅内。物质由排斥的矛盾占了上风，促使了事物的运动，当运动达到了一定的程度，就会引起不同物质进行分解和化合，出现了新的物质。新物质的颜色、形态、性质都不同了。这就是一个由吸引和排斥的矛盾斗争，从排斥的运动到化合与分解的运动的转化。

物质的分解反应是物质排斥的矛盾方面逐步变化，以至出现飞跃形式。我觉得，物质的化合反应，绝大多数同样是在物质的显著运动，是在物质的排斥方面占优势的状态下面逐步演化而成的。对于这个问题,从客观实际情况看物质的显著运动,可以促使不同物质的化合。化学里,化合反应的进行在能量需要上,不是要求减少,能量减少会促使物质进入抑制状态。而是相反,要在一定程度的显著运动状态里,化学反应才能得以出现。生物从低级向高级的进化,也是以排斥力为主要矛盾方面。在物质的显著运动中,长期处于被动的、消极状态的物体是没有多大发展前途的。从理论上说,如果我们简单地把物质的吸引性导致化合,排斥性导致分解,那么,我们对于一个既有分解又有化合的复分解反应就无法解释。而且,我们也应该想到,物质的吸引性导致事物的静止状态的出现。静止状态是不利物体出现任何运动和变化的,而化合反应往往是事物进步与发展的物质基础。

那么我们又该怎样理解,物质的排斥力、物质的显著运动状态,能促使事物的发展呢?我觉得排斥的显著运动,是作为一种外因,促使有关的物质发生化合反应。在运动中,不同的有关物质互相作用是发生化合反应的内因。物质在显著运动中,互相吸引是发生化合反应的先决条件。不同物质的吸引,可以经过缓慢的运动,由量的变化到质的变化,以至化合。更多的是在运动中、在激流中才能迅速地得以化合。化合是在显著的运动中,在以排斥的矛盾方面占优势的状态下进行的。不同物质的吸引依然存在,它只是处于从属的地位。在排斥的斗争中有化合反应的出现,典型地表现了次要矛盾在运动中同样有一定的作用。

当然,从吸引与排斥的运动,到化合与分解的运动,是一个从量变到质变的过程,是一个渐进性的运动、间断性的飞跃。马克思在《资本论》第一卷中说过:“单纯的量变化到一定点时,就转化为质的区别。”这两对矛盾的转化,中间需要外界某些因素对物质普及作用到一定程度(也就是一个作用域),通过内因的变化才会出现的。这就是我又要说明的一个问题,这种外界作用力需要多大才能引起物体的本质变化呢?每一个物体几乎都存在一个能引起本身本质变化的阈值,各物体间的内在矛盾性是各不相同的,是多种多样的。同时,外界的作用因素也是多种多样的。我们不能用某一个或几个绝对的数目字就能说清楚。概括地讲,可以把外界作用因素归为两大类,即刺激阈和时间阈。两者各有自己的最小阈值,在一定范围内两者不是成反变关系的。比如煮饭是一个物理化学反应,也是一个在分子水平上从吸引和排斥的运动到化合分解的运动过程,这个反应用 40 支光的电灯是一天也煮不熟一笼饭的。从另一方面说不管你用多大的火,在一分钟内也煮不熟一斤米,除非烧掉。同时我们也应该看到在一定范围里火越大,饭熟得越快。我们所熟知的一种化学催化剂——酸,它对物质的催化反应的速度也是如此,在其环境相同的情况下,酸的浓度越大,反应越快。基质浓度越大,反应也越快。如果把它用数学公式列出则得出:酸的反应度 = 酸浓度 × 基质浓度酸基质络合物。尽管有这样的变化关系,但是酸浓度和基质浓度都存在着本身能起反应作用的最低浓度,同时也要到一定的时间才能有物质的反应,低于这个浓度和时间就没有任何化合和分解的反应。

物质运动从吸引与排斥到化合与分解的矛盾转化的过程,是内外因素相互作用达一定程度后而出现的。在数学上的物极必反规律(微积分中),在物理学上的公式常数也常常意味着这个规律。从一般事物上看,我国春秋时期越国政治家范蠡就指出:“盈而荡,天之道也。盈必毁,天之通也。”(《左传》)像“日因而还,月盈而匡。”(任继愈《中国哲学史简编》)他认为,世界上一切现象的变化都好像日月运行一样,发展到顶点就会发生转化,多的可以变少,少的可以变多。事物都在“赢缩转化”,吸引和排斥的过程进行得越快、越频繁,矛盾的转化也越快。对每一个物质在环境中的质变阈,可以在事物发展的全过程中看到它,证实它。

这两对矛盾在一个物质领域里的运动又是互相传递交替进行的。从物质的吸引和排斥的常往性运动来看,毛主席非常形象的举例说明了这个问题。他说:“太阳的光射来的叫光波,无线电台发出的叫电波,声间的传播叫声波,水有水波,热有热浪。在一定意义上讲,走路也是起波,一步一步走就是波,唱戏也是起波的,唱完一句再唱第二句,没有一口气唱七八句的。写字也是起波,写完一个字再写一个字。不能一笔写几百个字。”(《在省、市、自治区党委会上的讲话》)这里的一个步骤与一个步骤之间,就是吸引和排斥的运动的相互持续性。它反映了常往性的矛盾运动过程。但是,自然界的运动不能仅满足于这种运动,还要飞跃,还要发展。恩格斯指出:“自然界中没有飞跃,正是因为自然界自身完全由飞跃所组成。”(《自然辩证法》)列宁在《哲学笔记》中指出:“辩证的转化和非辩证的转化的区别在哪里呢? 在于飞跃,在于矛盾性,在于渐进性过程的中断。”太阳不断地向四周放射出光波。可这个过程达一定程度后就会导致自身氢火的覆灭。

事物有了明显的转化以后,变了质的新物体又进行着常往性的运动。熄了火的星球仍然继续着一般运动。达一定时期后,又必然发生新的转化。星球从诞生、放光、灭亡到再生。这是两个物质运动的一般变化到本质变化交替反复的进行过程。宋代张载提出:“变言其著,化言其渐”(《易说 · 乾卦》),“变则化,由粗入精地,化而裁之谓之变。所著显微也”(《正萱 · 神化篇》),事物的运动是由一般的渐次变化到阶段性的显著变化过程,在量变到质的飞跃过程。在常往性的运动的后面有着阶段性的显著变化。

3. 物质的运动状态主要决定于这两对矛盾的状态

物质的运动是永不停息的,物质和运动都是客观实在的不同属性关系。具有静态属性关系的物体是不能离开动态变化关系而单独存在的。可是,物体的运动程度并不是均衡不变的。物质在不同的时期有不同的运动程度,有不同的运动状态。物质所处的运动状态主要源于物质运动的基本矛盾状态。事实证明,物质运动的状态决定于这两对矛盾的状态。

物质的矛盾在以吸引的方面占主要地位时,物质就处于相对静止的状态。只要我们在客观实践里注意观察,就可以发现任何领域里的事物都存在这么一种情况。矛盾的吸引性使客观事物有着互相化合的倾向,成为物质运动的相对稳定和相对静止状态的基础。在机械运动中,当机械运动的排斥力小于地球对它的吸引力的时候,它就表现出物质运动的停顿,停止于某一地而不动。化学上,当不同的物质相互之间以吸引性为主的时候,物质就表现出互相化合的趋势,或者互相紧靠在一起。在生物领域里也同样如此,当一个生物体处于相当抑制状态的时候,它所处的矛盾状态往往是以吸引的一面为主的。

矛盾的吸引性促使了物质运动的相对静止状态。没有物质运动相互吸引的一面,就没有物质运动的相对静止状态的出现。比如,如果没有地球对在地球的各种物质的吸引性。那么,地球上各种物质一旦运动起来,它就要永远无止境地运动下去,那势必导致世界上的事物都处于毫无静态、不可捉摸之中,任何化合的可能性都没有了,也更谈不上任何进化和发展的情况了。如果物质是这样的运动,还有我们这么一个人类社会在地球上出现吗?这显然是不可能的,在这"不可能"的回答语中,同样证明了吸引是物质运动的相对静态的矛盾基础,同时又是客观存在的。

排斥是物质运动的基本矛盾的一个矛盾方面,排斥的矛盾性是物质的显著运动状态的矛盾基础。任何物质运动的趋向,不管是化合的运动,还是分解的运动,只要达到了物质的显著运动状态时,它们基本上都是由排斥的运动导致的。比如,任何动物都有它的相对兴奋状态和抑制状态。当处于兴奋状态的时候,物质就能克服地球对它的吸引力,表现出自己对物质的排斥性来。同时,由排斥占了矛盾的主要方面。引起了物质的显著运动以后,运动到一定的程度上又势必出现新的情况,即物质运动的化合和化分的两种归宿。

物质的显著运动状态,导致不同物质的互相化合,引起它们向更复杂的方向发展。这是物质运动的基本趋向,是主流。比如说,在机器的发展上,首先是由最简单的手工工具开始,在工具与其他物质的相互作用中,是一个显著的运动状态,也只有在这个显著运动的过程中逐步发现它的缺陷。并且，根据这个斗争的缺陷性，更进一步加以改进，增加自己的物质，完善自己的结构，增强自己的力量。在生物的进化上，也可以看到这个问题。生物体在同环境的相互作用中，由于生态系统内不同的生物体也有相互斗争、相互依存的运动，使机体不断地与其他物质化合，不断地使机体复杂化，不断地使机体的功能系统化、结构有序化。这些东西并不完全是物质吸引的结果，而主要是物质排斥矛盾运动导致物质的显著运动，进而在物质的显著运动过程中，依各种物质的相互矛盾特性的不同而互相化合，向更高的方向发展的结果。

排斥的运动可以引起物质的化合，事物的发展是事物总的发展趋势。与此同时，排斥的运动还要引起事物的分解，使事物向更简单的方向变化。这是支流，但同时又是客观事实。生物的代谢有分解代谢和合成代谢。它们都是体内物质的显著运动所导致的。并且，在生物合成代谢的同时，也势必有分解代谢的进行。两者不可偏废。物体的机械运动是显著的运动，它同样是在物质的运动上有燃料的分解反应或其他物质的分解反应。

物质是在显著的排斥运动中分解，也主要是在显著的排斥运动中化合，吸引运动是物质赖以存在相对静止状态的矛盾基础。

事物的运动是绝对的。物质运动的状态是由这些基本矛盾的状态所决定的。当物质的吸引性占矛盾的主导地位时，物质所表现的是相对静止状态。当物质运动的排斥的一面占主要地位时，物质所表现的是显著运动状态。并且，在显著运动中，又因相互作用的物质各自的性质不同，而表现出不同的结局来。在这里可能是引起物质运动的化合，在那里又可能是引起物质运动的分解。

任何一个基本矛盾并不是只存在某一个或几个物质运动之中，而是普遍存在于宇宙的不同事物之间。同理，任何一个物质或一个物质的运动也并不是只存在某一个矛盾，而是有多种复杂的矛盾存在。在一个事物运动中的不同矛盾是互相渗透、互相贯穿的，事物的性质和状态就是由这些不同矛盾的相互存在所决定的，而不是某一种矛盾起作用的。但是，矛盾的存在，并不会使一千个东西，一万个东西都是一样的。而是因不同事物所存在的矛盾不同，所存在的各对矛盾的大小、主次不同，表现出不同的状态来。这些不同的物质是由不同的原子所组成的。并且，不同原子的存在个数和排列方式不同，就有不同性质的不同物质。

4. 矛盾的平衡——不平衡的转化是运动的力量

物体内部存在着矛盾，并且，自始至终存在着十分复杂的矛盾。自然发展史告诉我们，每一个具体的矛盾，不是从来就有的，而是在事物的运动产生的，是从事物原有的矛盾基础上转化而来的。矛盾的存在促使了事物的运动，是事物运动的量变到质变的转化，在事物的运动中又有新的矛盾产生。矛盾和运动的关系是辩证的关系，也就是说矛盾的转化促进了事物的发展，没有物质的运动，就没有矛盾的存在和产生，更谈不上矛盾的转化和事物的发展。矛盾存在于事物运动之中，在物质的运动中不断出现新的矛盾。

“矛盾平衡与不平衡的转化——事物的运动——运动中的质变（就是矛盾的转化）——新矛盾的平衡与不平衡的转化——”

一切事物的内部都是“一分为二”的，都有矛盾着的两个侧面。它们互相依存又互相斗争，由此推动事物的变化，这就是运动和发展。在我们的自然界里有许许多多的事物运动，到处都表明着物质运动状态是由其内部各部分的矛盾的相互关系所决定的。这种关系不是静止不变的，而是反复转化，循环不已的。如电是由阴电和阳电两方面组成的，当阴电荷和阳电荷相等时，电就处于静止的状态。风是由不同地域的空气密度不同造成的，当不同地域的空气密度相当时，它就处于静止的状态。可是平衡是相对的，不平衡是绝对的。这种运动的平衡性很容易被打破，而且它只要遭到任何破坏，必然会使物质进入显著的运动状态。从一定意义上说矛盾平衡性的破坏，是事物运动能量的产生。如不同物体间的相互摩擦，产生着原子的电子转移，原子的负电荷的核正质子的矛盾平衡被破坏，而产生了电流。不同地域的空气密度相互平衡性被破坏就形成风。并且，物质的矛盾平衡性破坏越大，物质的运动状态就表现得越显著，物质的运动能力就越是尽情地表现出来。如在电力上，电压越大，它的功能效应也越大。两个物体相互引力的大小是由一个物体比另一个物体包含物质多少不同的差数比值所决定的。这种差别越大，它对对方的引力越大，如地球比人不知要大多少倍。所以，地球把人紧紧地吸附在自己身上，月亮比地球小六分之五，这样月亮与人体的质量比，比地球与人体的质量比要小五倍。登月宇宙航员证实，月亮对人体的吸引力是地球对人体的吸引力的六分之一，人在月亮上跳高可以跳地球上的六倍，举重也可以举在地球上的六倍。走路也是双脚齐蹦，飘飘然的。

最后提出一个问题，一个物体的运动程度和方式同物体的内部矛盾特性是不是一回事呢？运动和矛盾之间是互相促进的，可两者是谁产生谁，谁在世界上首先出现呢？这个问题使我感到彷徨，说不清楚。从有些现象上看到，一个物体的运动能力是多方面的，而一个物体的内部矛盾特性更是复杂的。如果把这两方面的情况作一比较，运动方式和能力比矛盾表现得简单一些。如一个人的大脑功能是思考，还可以指挥说话、走路，而大脑、口腔、双脚的内部矛盾性该有多少啊！一个超微观的能量子,主要是表现出物质的机械运动能力和它的内部矛盾性。这两个概念所包含的内容是息息相关的,又是各有区别的。

三、物质运动形式的多样性

(一)"物质"与"物体"的相互关系

任何物质都有一定的运动形式,物质的运动形式就是物质运动的基本性质和本身状态。详细一点说,就是某一物体在一定时间里的空间形状(时空特征)、物体的内部结构和活动方式。这样说起来或许会使某些人感觉怀疑,他们也许会认为,运动形式就是指的运动过程中相互关系的变化规律,而不包括物体的形状结构在内,其实不是这么一回事,你看,一个人散步的姿势和跑步的姿势是不同的,这既有运动方式和速度的不同,又有本身状态的不同,即手、脚、身子的时空关系是不同的,万物都在运动,万物都在变化,那么,我们是否可以察觉到,物质的形态结构是与它的活动方式息息相关的,物质的运动形式不但指的是一个物体的活动方式,而且包括一个物体的形态、结构等基本性质,再如,跳芭蕾的演员平常练习与一般人不同的行走姿势,以后她的脚的形状也不同于一般女同志的脚的形状了。这样,人们常说的体疗和理疗是息息相关的,一个物体的形态,结构和活动的方式是不可分割的,它们是一个问题的不同侧面,物体之间的结构形状活动方面的不同,都是运动形式的不同,不同的物质有不同的运动形式,物质的运动形式是我们在自然界借以区别千事万物的基本依据。

(二)"物质"与"物体"的区别

前面,我们对"物质"二字说得最多了,有不少地方也提到了"物体"这个概念。其实,它们两者是既互相联系,又互相区别的。

严格说起来,"物质是标志客观实在的哲学范畴"。(列宁《唯物主义和经验批判》)"物质"这个概念是最抽象、最普遍的哲学概念,它是我们通过对一个个具体事物的复写、摄影、反映所综合抽象出来的,在自然界带有一般性的概念。它指的是构成任何物体的基础的东西。而"物体"是指"物质"的某一个特定的运动形式,如人、树、河流、山岭等等。它们是某个由不同物质相互组合的体系。任何物质都是以一定的运动形式、一定的物体形式存在的。我们在客观世界里只能看到一个个具有不同运动形式的物体,而不能看到某一个抽象的"物质"。抽象的"物质"只是一个从客观实在里抽取出来的概念,而不是指的某一个客观实体。任何一个东西,不管是原子的、分子的,还是生物的,都具有一定的运动形式。它们都具有本身的整体性,又具有无限可分的结构层次,因而,在自然存在的都是具体的物体,物质不灭不等于物体没有自生至亡过程,对任何一个具体的物质形态来说。“一切产生出来的东西,都一定要灭亡。(恩格斯在《自然辩证法》中引用歌德的话)”所以,生物没有不死的,山河没有不变的,但不管物体如何变化,这些都是物质的运动形式的改变。物质是不灭的,自然界的物质的总量是不会增多,也不会减少,永远是一个恒定的数字。我们说,世界是属于物质的,就是因为整个自然界是由具有不同的运动形式的物体构成的。但不同运动形式的物体之间有共同的特性,这就是它们都是物质的,都具有物质的基本性质。

虽然,“物质”与“物体”这两个概念有不同的含义,但它们两者之间又有着千丝万缕的联系,这个联系就是基本因素和衍生物的关系,或叫特异性小的基本反应物同千差万别的不同生成物之间的关系。狄德罗就提出过异分子学说,认为物体是多种多样的。但世界上的一切物体都是由这些完全同质的东西——物质产生出来的。物质是可以无限化合,又可以无限分解的,它们通过自己的基本运动形式在物体的运动或关系上表现出来,即通过质量、形态、结构在原子、无机物、有机物、生物体等方面表现出来。

总之,物体是物质在自然界的存在形式,物质是以物体的形式在自然界里表现出来的我们并没有见到过以非物体形式而存在的物质。非物质的个体的存在与运动,只有唯心主义哲学家们说过,说在世界上有那么一回事。如黑尔格就认为世界的本原就是精神思维,物质的各个发展阶段不过是精神思维的自然发展过程的表现。

(三)一切物体都是“集合的集合,分解的分解”

前面,我们已经说过,任何物体都是具有一定运动形式的物质体系。任何一个物体都可以无限地分下去,又可以逐步而无止境地相互组合成日益庞大的物质体系。它既可以由无限的化合而来,又可以是由宇宙物质体系的无限化合出来的。一个物体的内部包含着无限个小的物质个体,本身又是更大一层的物质体系的组成部分。所以说物体是一个“集合的集合,分解的分解”的物质体系。任何物体都有自己的完整性。任何分解和化合的运动,如化学分子的构成那样,只要改变了它最基本的结构组成,就将完全改变了它的基本性质。

任何具有特定的运动形式的物体的分割和化合是有限的。作为保持一个特定质的最基本的物质单位是既不可分割,又不可化合的。要保持原物体的基本性质就要保持原物质的整体性。恩格斯就指出过:“纯粹的量的分割是有一个极限的,到了这个极限它就转化为质的差别。物质纯粹是由分子组成的,但它是本质上不同于分子的东西,正如分子不同于原于一样。”(《自然辩证法》)生物是由细胞构成的,但生物体的运动形式与细胞的运动形式是大有区别的。同时,一个物体的性质、一个物体的活动规律并不等于该物体内部的构成该物体的基本物质的活动规律之和。任何一个物体,不管是一个动物、一个植物、一个无机物、一个有机物,甚至一台机器,都有自己的特定运动形式,都有自己特殊的内在矛盾,而各自的矛盾特殊性就决定了各事物的性质。我们寻找一个物体的活动规律不能单纯从个别的基本粒子、个别的元素和个别的化合物中去找,而必须根据这个物体的内在各部分结构、活动特性和它们的相互联系去找,从整个物体的内部特性中去找,同时还要注意外界因素对物体的影响。在物体的进化上,物质每进化一步,并不等于原有某些运动形式的相加,而是物质每发展到一个新的领域,又有新的矛盾出现,又有新的运动特点。比如,有机物是无机物分子中几个原子的性质之和,把原子的性质多加几次是解决不了问题的,而是有机物有自己的运动形式。今天,事物仍然在环境的变化下而变化,本身也有自发的变化。矛盾在不断地转化、产生和消失,事物在不断地发展。同时,各事物之间的变化程度、速度、方向不一致,使物体不断地向高级化、复杂化,而且多样化发展。

任何物体都包含着多个相互之间不同质的或相同质的他物,比如人体有特定的内部结构。1543 年达·芬奇等人发表《人体的构造》一书,第一次比较全面地、系统地用人体解剖的事实揭示了人体的内部结构。1553 年塞尔维特发现了血液循……17 世纪上半期哈维证明了心脏在血液循环中的作用,弄清了血液在心血管的运行路线和心脏、动脉、静脉在收缩期和舒张期的状态变化,从而“把生理学(人体生理学和动物生理学)确立为科学”(恩格斯《自然辩证法》),使人们在器官水平上认识了机体的生理活动,证明了机体的任何活动都是心、肝、肺、肾、口、耳、鼻、大肠、膀胱等器官活动的结果。但是,任何器官的活动规律都不能代表机体的活动规律,机体的运动形式不等于各器官的运动形式之和,而各种器官又都包含在机体之中。

人体的眼睛只能分辨十分之一毫米以上的物体,但是“人的眼睛的特殊构造并不是人的认识的绝对界限”(《自然辩证法》)。1950 年荷兰的詹森制成了世界上第一架显微镜。19 世纪 30 年代德国生理学家施来登和许旺借用显微镜来观察,分别发现植物和动物都是由细胞组成的,而且能在显微镜下看得很清楚。人们的认识进入了细胞水平。器官是由细胞组成的,但构成人体的细胞是多种多样的,各有不同的运动形式,特别是具有不同的功能。红细胞是携带和释放氧气;白细胞是维护人体健康,消灭外来侵犯者(细菌);消化道上皮细胞可以分泌液体、消化食物和借助内粘膜的纤毛拨动食物,促使食糜被血液吸收。这些都是机体中各种细胞的矛盾运动特点，它们不同于器官的运动特点，又包括在器官的活动之中。

从细胞到细胞器，再到分子水平，都是小一层的结构包括在大一层的结构之中，大一层的结构只能包括，而不能代替小一层的结……必须具备某种特定运动形式的物体在结构上是不可分割的，但是，任何一个具有特定的运动形式的物体，都包含着许多其他的，也有另外的特定质的物体。任何物体都有特定的运动形式，任何物体又都是无限可分的。这就决定着一物体包含他物体的特性，每一个物体都是由别的物体所分开来的。并且，其大无穷，其小无尽。这就是说自然界的任何物体都是一个分解的分解。

同时，我们也看到，任何物体都是被他物体所包括着，原子核和电子在一定程度上是不同的物体，但都被原子所包括，它们各为原子整体中的一员。原子又是分子中的一员，被分子所包括着，这样依次上去，变化无穷。无机物、有机物等都互相构成地核、地幔、地壳、生物层、大气层等几层，被地球所包括。地球被太阳系所包括，自己成为构成太阳系的一个组成部分，太阳系又成为构成银河系的一部分，各个星系之间也是互相牵连，互为整体的，它们各为宇宙世界的一部分，这样的化合是没有穷尽的。他们在一定程度上，又是构成一个物体的组成部分。

正是根据上述情况，德国数学家康托尔就认为，对任何一个物体，只要是思维所想象的总体，都可以作为一个“集合”来考虑，既然如此，一切集合的集合，也可以看成一个集合，即最大的集合。但是，康托尔也发现在宇宙世界里没有最大的集合，宇宙的广大性是无穷的。有最大的集合与没有最大的集合不是矛盾了吗？这样说来一个物体都是他物的集合体，化合无穷，因而任何一个具体的物体都是集合体的集合体。

罗奇在分析了这些问题后，又提出了另一种看法，即回答“一切不包含自身的集合所形成的集合，是否包含自身的问题”。如果说不包含着自身，那么它也应该是这个集合的元素，即包含自身。如果是说它包含自身，即属于这个集合，那么它就不包含自身。这些情况表明，“一切集合的集合”中有矛盾、有差别，它们以有限形式出现了无限，本身还是一个有限的整体。所谓无限就是有限化了的无限，是对无限应用了有限的表达方式，因为物体是无限制地相互组成的大整体。无限整体和它的一部分构成对立，正反映了趋穷（无限）的特征。进一步证明了，任何一个具体的物体，在一定的角度上说是分解的分解，而在另一角度上就是集合的集合。

物质既无限可分，又无限组合，这是自然界在量上的深远性的反映……分解和化合都有自己的特定的关节点。这一事例充分表明物质世界的内部相互之间存在着结构上的层次性,比如对一个生物体的活动的认识可以从不同的认识角度上得以解释。它们的每一个结构层次上的运动都是“对立统一”的矛盾运动,同时不同的物质层次有不同的运动形式。细胞的运动不同于器官的运动,不能代替器官的运动,分子与细胞的关系也同样如此,这就是结构的层次性带来运动矛盾的层次……物体分割的关节点,这是分割深入到了细一层的结构层次。比如一根竹子,你把它一分二,再为二。这样的分割只要不是达到分解为单个葡萄粒分子的水平,长竹子和短竹子的性质还是一样的,只有量的不同……而分割达到了单分子粒的水平,其性质就不同于木质纤维,就变化了。

这种结构的层次性,不仅表现在生物体上,在其他物体里也同样如此。宏观物体与分子、分子与原子等关系都是结构层次上的关系。在任何结构层次上的物体,任何物质的个体都有自己的运动特性。所以说量的分割和化合是有限的,质的分割和化合是无限的,物质的结构具有一定的层次性。18 世纪韦尔斯特拉斯已经把有关无限小和无限大方面的叙述归结为有限量之间的关系。我们必须把无限放在无论向大的一头或向小的一头都具有无限整体性这个意义上,即物质的无限整体性和无限可分性。不在同级别上的物体有不同的特殊矛盾,各种具体的矛盾规定了各种不同的运动形式。矛盾的特性不同,运动形式不同,物质的性质也不同。

(四)宇宙是不是一个大而有序的物质整体

客观世界里的物体有结构上的层次性,任何一个物体都是物质世界的一部分,任何一个物体都是物质的集合的集合体,分解的分解体。那么,整个宇宙的物质是不是一个大而有序的物质体系呢?现在看来,在不同的认识角度上,不同的认识水乎上,对这个问题就有不同的看法。

恩格斯指出,物质的运动形式是多种多样的,“宇宙空间中的运动,各个天体上较小的物体的机械运动,热、电流或磁流这些分子振动,化学的分解与化合,有机生命一宇宙中的每一个物质原子在每一瞬间总是处在这些运动形式的一种或另一种中,或者同时处在数种中。”(《反杜林论》)恩格斯的论述阐明了物质世界的多样性发展,说明了宇宙间的物质运动不但有天体,如太阳、地球等宏观物体的机械运动,也有分子、原子等微观物体无规则热运动。不但有电流、磁流这种电磁运动,也有分子的化合与分解的化学运动,还有生命运动。并且,自然界是不断发展的,运动形式也是不断发展的,机械运动、物理运动、化学运动、生命运动,是我们目前认识到的自然界中几种主要的基本物质运动形式。

在这样复杂的物质运动下,怎样去探索他们的运动规律呢?我国魏晋南北朝时期的唯心主义哲学家郭象认为:万物之生不可究,是神秘莫测的。他在《齐物论》一书中“人之生也,固若是其芒乎”进行注解说“凡此上事,皆不知其所以然而然,故日芒乎。”(《齐物论注》)但是毛主席教导我们,任何运动形式,其内部都包含着本身特殊的矛盾,这种特殊的矛盾就构成一事物区别于他事物的特殊的本原。(《矛盾论》)这就是说,世界上万事万物之所以有千差万别的内在原因,凡我们看到物质的各种不同运动形式。物质世界质的无限多样性,实际上就是指的矛盾特殊性。人们认识物质其实就是认识物质的具体运动形式,人们区别不同的事物,也是依靠认识各种事物的内在特殊矛盾性。

我们观察了一个个具体的事物,一个个具体的物质运动形式,在这样的认识水平上,我们了解到自然界的物质是多种多样的,它们各有不同的运动形态……如果只有这种零碎的观察资料,低级的认识水平,这样的认识角度对世界的印象是什么呢? 毫无疑问,在自然里既包含着物质运动的多样性,又有各个物体的独立运动。郭象认为,一切为各自本身的特点,一切归为“独”,没有什么联系可谈的。(《大宗师注》)各个运动的相互之间是如一盘散沙,互不牵连,看不到各种物质运动形式的相互联系,看不到各种物质运动形式的共性,更谈不上,整个物质会存在什么大的、有序的体系。

随着人们认识的不断深入,对事物了解的增多,人们不但看到了它的多样性,也看到了它们的相互联系性。这种联系的一方面是各种运动形式之间可以互相转化。在物理运动形式上,固体、液体、气体的状态可因某种外界环境的变化而变化。在能量运动形式上,电能可以转化为热能、机械能。机械能也可以转变为电能、热能。它们都能互相转化。物质运动形式联系性的第二个方面就是各物质的矛盾运动既有它们的共性,又有它们的个性。物质的个性在形式逻辑上叫物质的属性,根据物质的属性的相似程度决定物质的分类,因此物质所拥有的属性越多,它们所在的物质范围就越小,子类的属性比母类多,子类与母类在物质属性上的差异叫子类差。个体和一般的这两个方面的内容,在马克思主义文献中有许多地方讨论了它。

通过从个别到全面的认识,剥开事物的表象,看到事物的本质,认识到宇宙世界并不是杂乱无章的不可捉摸的,整个“世界表现为一个统一的体系,即一个有联系的整体”(《马恩全集》第20卷62页)。我国一千多年前的唯物主义哲学家裴顾指出“夫总混群本,宗极之道也;方以族异,庶类之器也;形象著分,有生之体也;化感错综,理迹之原也。”《宗有论》认为万物都有类,一类为整体中的一偏,万物之间是相互依存的,各部分的相互依存关系是有规律的,是一个有一定结构次序的世界。早在清代的思想家王夫之提出了“形而上”和“形而下”的概——指出了一般与特殊的关系。一般性寄寓于特殊性之中。(任继愈《中国哲学史简编》)。

在具体的科学实验中,组成物体的基本微粒是什么?历来有种种说法,在发现某些元素之后,起初还不知道各元素间的有序联系,只有当人们发现了六十多种元素以后,门捷列夫发现各元素间的内在联系拟出了元素周期期律,使过去认为互不相关的东西成为一个有序的内部结构。

在有机世界里,通过对有机物结构性质的广泛了解,认识到整个有机世界由烷、醛、硐、醌、糖、蛋白质等几个大类所组成,它们都有一定的运动形式。无论在结构上或在性质上,各类之间或各个个体之间都有一定的内在联系,具有矛盾的层次性。

在生物界,同样可以根据生物体的结构与功能的特点分类,定为界、门、纲、科、属种等不同层次的生物类别,每一类生物都有其共同的特点,不同类的生物体有它们的差别和联系,每个生物体之间也有它们的差别和联系。

整个世界的“物质是按质量的相对大小分成一系列较大的,容易分清的组,使每一组的各个组成部分相互之间在质量方面都具有确定的、有限的比值,但对于邻近的组的各个组成部分则具有在数学意义下的无限大或无限小的比值。可见的恒星系,太阳系、地上的物体、分子和原子,最后是以太粒子,都各自形成这样的一组。”(《自然辩证法》)上述就是在这种意义上对物质体系的认识的高度概括和生动写照。

总而言之,基本上不管是什么物质,只要把它们相互集合达到了一定的数量,就一定会自然而然地组成一个有一定结构次序的物质体系。各个不同的结构部分在物质整体中起着不同的作用,即使在结构非常简单的土壤里的植物,还有许多分解程度不同的有机质和微生物,犹如生物体上的肌肉,并像肌肉附着于骨骼一样,紧靠着矿物质。固体颗粒间有大小不同的孔隙互相联系着,里面充满着水分子和空气,如生物体的血管与呼吸管。孔隙中的水可以上下左右运动,好像人的血液循环。孔隙中的空气经常与大气交换,好似人的呼吸一样。混凝土的结构也可算简单的了,其内部同样有一定的有序体系性。如它的胶结材料犹如动物的肌肉,还要水份、细骨科材料(砂子)和粗骨科材料(碎石、卵石等)所构成。所以体系是一定量的物质堆积起来后必需的质变所形成的,任何物质在达到一定数量的时候就自然会形成一定的体系,原因也许是由于任何一个物质的一项功能、一个运动特点,都需要该物体的各个部分参与才能进行,在体系中不太起运动作用的部分是即将退化的部分。可是,在一个体系内不同的物质有不同的差异性,具有不同差异的物质有相互运动的联系性和联结性。

这是不是说空间物质固定在一个有序的物质体系里呢？也不是。物质的条理性是物质发展的过程，它反映了物质的联结性。但是，它并不是限死在固定的框框里，或只有量的增减，没有质的转化。列宁指出，"如果一切都发展着，那么一切就都互相转化"（《哲学笔记》）。多种多样的运动，既有数量上的变化，又有质量上的变化。这样，一个物体可以转变为几个不同的物体，事物有无限的多样性和复杂性的发展趋势，它就势必破坏物质的有序的结构体系。如恩格斯在《自然辩证法》一书中列出的，正在进化过渡的就不能被纳于当时生物分类的一个框架之中。根据前面的有关事实，我们认识到，空间的物质体系在结构上是有层次的，但它们在结构上的序列性，在物质运动的特点，这是一个无序和有序的统一。

（五）物体的自身运动形式和相互关系

任何物质都有一定的运动形式，在同一环境里不同的物体有不同的运动形式．运动形式的不同是由不同物质的内因所决定的。但是，不同物体的运动形式要在相互运动的关系中才能表现出来。并且，关系又能改变物体的某些运动形式。

1．运动形式在关系中表现出来

马克思指出："一物的属性不是在该物同他物的关系中产生，而只是在这种关系中表现出来。"（《资本论》）我们应该看到，物质的根本属性就是物质的内在运动形式。物质的运动形式包含着一系列内容，它既有整个宇宙世界所共同的基本运动形式，又有每类物质所具有的运动形式，还有每一个个体所特有的运动形式。这些不同的运动形式都有可以在关系中表现出来。首先，我们应该看到，运动是物质的最基本的存在方式，时间和空间也是如此，它们是比较重大的问题，我们已在第一章作了专门的讨论。除此而外，我们在宏观可见的物质范围里，即从宏观的相对静态属性关系状态的物体里，观察形状、结构、质量、颜色等这些紧密缔结的物质属性。在这个认识角度上，它们可谓之物质的基本运动形式，但这些运动形式又只有在相互比较的关系中才能表现出来。

任何物体都具有一定的运动形式，这不管是宏观物体，是不可目穷的星体，还是用电子显微镜也观察不到的化学小分子、小原子。但是，不同的物体又有不同的形状，形状是物体的运动形式在一个方面的表现。比如，在宏观物体和超宏观物体上看到或测到地球是扁圆形的，地球的表现是高低不平起伏不止的。在植物体上，树木有高大的乔木，如水杉；有矮小的灌木，如荆柴；有"一岁一枯荣"的草，是那样伏地丛生，迎风招杨。在动物体上，有两脚双翅的家禽鸟雀，有四脚伏地的哺乳类。诸如此类，数之无穷，皆有形状。在微观水平上，过去认为化学物质是无结构、无形状的。布特列洛夫创立化学结构理论时也没有指明物质有一定的形状,直至1874年法国学者列贝尔和荷兰学者范特荷夫提出的化学物质的立体概念和外在的形状。现在,我们的生物化学研究专门设有立体结构模型。客观实践还使我们看到,各个物体之间依在类别上的新缘关系不同,而有不同程度的相向性,但没有完全相同的形状。

任何物体都有形状,形状是物体的一大静态属性,是物体的运动形式的一个表现方面,有什么样的物体就有什么样形状。物体的形状、内部结构、功能特点和外界环境是息息相关的,例如,鸟的两只脚和牛的四只脚,这是形态的不同。这种不同在于两个物体内部的结构和活动方式的不同。这种不同形状的出现又是物体在外界环境影响下长期进化的结果。

形状是物体的运动形式,也同样要在物质相互存在的关系中才能表现,我国战国时代的思想家老子就指出了事物的存在是相互的,而不是孤立的。他说:"有无相生,长短相形,高下相倾,声音相和,前后相随。"(《老子》第二章)各物体之间是相互运动、相互联系的。并且,物质的性质要在关系中才能表现出来。虽然老子的哲学体系是唯心主义的,但这种辩证的思想还是正确的。从现在的水平来看,物质的形状就是要在空间位置的相互关系中才能表现出来。没有空气、水、固体物等等不同密度的物质的相互运动、相互接触的关系,我们是看不到、摸不着物质的形状的。形状是物体所固有的运动形式,但只有在同别的物质的相互关系中才能表现出来。

物体的第二个基本静态运动形式是结构。在自然界中各物体的结构有的简单,有的复杂,相差十分悬殊,如人的结构和单细胞疟原虫的结构各不相同,相互间的复杂程度不知相差多少倍。但是,任何具有其他相对静态的属性的物体,也同样有结构的存在。过去人们认为不同的物体所具有的不同的运动形式,是一个物体所固有的基本属性,它是没有什么内在原因可以找到的。在中国哲学史上就有这样的例子,其后随着科学不断发展,一个个的缺口被打开了。每一个物体的出现,每一个运动形式的产生,都不是偶然的,而是具有一定的内在原因和外界关系所导致的。天体有天体的内部结构,相互间有一定的排列次序,而不能经常变更和作杂乱无章的运动,地球有自己的内部结构;有机物和无机物都有自己的特定结构,植物体和动物体也不例外。并且,星系与星系之间,星球与星球之间,星系与星球之间,生物体与非生命体之间,化合物与化合物之间,原子与原子之间,如此等,它们的结构都是各有区别的,差别是广泛地存在着的。

结构是在物体中客观存在的事实,物体的结构特点,只能在物体的不同结构的相互比较关系中体现出来。如牛的解剖构造同猪的解剖构造是不同的。太阳系的结构是由各星体在运动中的相互空间关系上表现出来的。结构这一属性还有其特殊的一面,这就是在下一节将要讨论的,一个物体的结构制约着一个物体的运动功能特点。反过来说,物体的结构特点主要地还是从物体的不同运动方式上体现出来。如人的结构由脚的走路、手的劳动、肺的呼吸和心的跳动等机体的不同活动方式上表现出来,分子的结构由分子的化合与分解、复分解等反应中体现出来。对于每种具体物质的结构特点是有源可查的。但任何物体,或这样,或那样,结构总是存在的,它是物质的一大基本的运动形式。但这种运动形式的表现同样是在关系之中,在运动之中。

质量是物质一大运动形式,在现代技术水平下能看到的物体,包括用微观仪器看到的物体都有质量,各个物体之间的绝对质量可以相差很大,相对质量(密度)也同样可以相差很大。植物体中有几吨重的巨杉,也有不足毫克的细菌。动物界里有体重超过150吨的大鲸鱼。也有需要在显微镜放大几百倍才能看得见的疟原虫,它的质量可能需要以微克为计算单位了。一个大的胰岛素分子和一个小的水分子之间的绝对质量也是相差很多倍的。在密度上,有些物体的密度非常之大,而有些物体的密度又非常之小,如一个立方米的钢格和一个立方米的棉花的重量相差是很悬殊的。

尽管物体的质量有大有小,但是,质量总还是一个具有静态属性关系的一个属性。世界上绝大多数物体都有质量,比如原子,原子的质量主要在于原子核,而不在于电子。电子的质量可以略而不计,实际上电子不是没有质量,只是很小罢了。实验测得,每个电子的质量相当于最轻的氢原子的质量的一百分之一。没有质量的物体是不具静态属性关系的。

物体有质量,质量是物体的一大运动形态,质量的体现同样是在关系之中。为了表达不同物体在外界状态下质量的多少,由此在物理学上引入了"重量"的概念。分析起来,物质的"质量""量"是有区别的。一个物体的重量可因环境的变化而变化。一个物体的质量在任何环境下都是同一的,但是,不同物体的质量的多少要在同一环境中的重量比较上才能表现出来,因为我们不是在真空里生活。任何物体没有同邻者的比较,就表现不出物体的质量。斤两是一种人为的重量标准,拿同一个标准去衡量不同的物体,从而得出不同物体的质量比较。这样的比较就是关系。一个具体物体的质量,其大小只有在关系中才能表现出来。

颜色也可以看成是物体的一种运动形式,是一定范围的物质的一种属性。如果把白色和黑色也看成一种色,那么,几乎可以说在分子水平上的物体绝大多数都有颜色。那么,在原子水平以下的物体是否也可以表现出不同的颜色,电子、介子是否也有颜色呢? 这些我们目前还不知道。在分子水平的物体不是红色的,就是黄色的、蓝色的或褐色的等等。颜色的产生,现在看来主要在于如下关系。一是光源(包括太阳光)。牛顿早已观察到了一般物体发射出来的光多为复合光,如果用三棱镜把它分开,就得出红到紫的依次七种颜色的光速,并且证明光的颜色是由不同频率和波长的光波所决定的。在这些可见光速以外还有波长更短和更长的。不可见的(人的肉眼看不见的)红外线和紫外线,没有光波,只有黑一团,没有任何颜色的表现。二是任何物体都有使某些光波得以穿透进去,使某些光波得以反射,使某些光波得以吸收的性质,这也是已知的客观事实。能让任何光波都从它身上穿上的物质就是透明物质。让任何光波都反射回来的物质叫白色物质。把任何光波都吸收了的物质就是黑色物质。对不同光波的吸收和反射的选择性不同,这是物质的一种性质。它们依各自对光波反应的选择性不同而使本身表现出不同的颜色。所以用有色光(单波光速)照射物体时,几乎把物体也染成光源的颜色了。物质对光波反射的选择性有强弱之分,当两种物质混合在一起时,就表现出选择力强的物质的颜色,如颜料和一般物质混在一起时就表现出颜料的色别来。习惯上把对光波选择性强的,具有显著颜色特征的物质叫色素。

物质对光波的选择性反应是物质的一大属性和一大运动形式。但是物质的颜色特征的表现又只有在物质和光的相互运动中,由不同颜色的物质的相互比较关系中体现出来的。没有光,就没有物质的色,有了同样的光,不同物质具有不同的色,这就是物质各自具有不同的运动形式之故。

物质最显著的运动形式是物体本身的变化和机械运动的活动方式。不同的物质有不同的变化去向,有不同的活动方式,如一块铁氧化以后就要互相分解,而一块铝氧化以后却更加坚硬。一个酵母菌和一个葡萄球菌它们的活动方式是不同的。但是,任何物体的任何变化和活动方式都要在物质的相互运动中才能表现出来。

以上几个方面的运动形式,是任何一个具有静态属性关系的物体都具有的。毛主席指出"事物发展的根本原因不在事物的外部,而在事物的内部,在于事物内部的矛盾性。"(《矛盾论》)物质运动形式的表现不同是决定于物质的内因的。如在我们的地球上,一年的雨水从陆地冲到海洋里有三百分之一厘米厚,一百万年就有三十来米厚。这么说来,在这些年代里雨雪能搬掉成百上千的丘陵,在地球上有雨有水的历史已经相当长了,按些推算世界上早就该平坦了。为什么今天还有这么多的高山呢? 这就是因为雨水只是影响地势的外因。地质的运动还有其内因在缓慢地改变着地壳。地球内部由于外层的全部重量,经受很高的压力,这种压力有时在一处消除,而在另一处增强。压力的变化引起地壳的上下运动,造成高原和深谷。地球有时做横向运动,褶皱起来,造成山和深谷。这些压力的运动就是地质运动的内部矛盾。所以说,物质的属性、物质的运动形式主要在于内因,关系只能表现出物体的运动形式。如对人体的头发进行化验,可以测定该人的近期服药情况和诊断某些疾病。头发不单是由纤维蛋白所构成,在合成中随时吸取血液中的其他成份。这说明了事物的相互联系性、相互影响性。

一个物体所表现的运动形式是相对的,是在一定的时间、地点、条件下所表现出来的运动特点。外界情况不同,表现不同。同时在这个条件下不能发生的反应,在另外的条件下又可能发生,在这里表现为固体,在那里又表现为液体或气体。如一个化学反应需要一定的条件,一个物质的溶点、沸点也就是它的本身状态与环境的依赖关系。物质的每一个具体的运动形式即使在同一环境下,也不是僵死的,而是变化的。任何物质在形态上的扁圆、结构上的简繁、质量上的轻重、色彩上的黑白都是可变的,任何物体都在进行着圆变扁,扁变圆;复杂化简单,简单变复杂;重变轻,轻变重;黑的可以变成白的,白的也可以变成黑的。这正如歌德在一首诗歌里所说过的一段话:

“世界为永恒的一个
而又显示为许多。
小变大。
大变小,
万物各按其本性。
近移远,
远移近,
坚持不渝
变动不停。
这样在创造,
这样在革新。
我对此惊异莫名。”
(海克尔《宇宙之谜》)

当然,物体的运动形式的转化是依一定的内外因素的,需要一定的过程,通过矛盾的运动和转化而实现的,神话中妖魔自身的瞬息多变在客观上是不存在的。

2. 关系能改变物体的某些运动形式

关系不仅是物体的运动形式得以表现的内在原因,同时,关系还会改变物体的某些运动形式。物体的任何运动形式的变化,关系在其中有重要的作用。斯宾诺沙就认为:自然界的一切事物既是相互作用的,又是互为因果的。如果排除内因的作用是错的,但外因还是可以影响物体的基本性质的。它们是不是自然界任何事物的运动共同遵循的一条基本规律呢?这还有待于今后进一步广泛的观察。目前已有许多事实证明,关系对改变物体的运动形式是有作用的。如在物理学领域里看到的,外界温度可以改变物体的物理运动形式,使固体物质发生体积膨胀,以至溶解。在化学领域里,化学是研究物质的本质变化的科学,化学反应是不同物质,在相互作用中,由一定的外界因素而引起的一定的物体的内在结构与功能的变化。在这里关系是显然能改变物质的某些运动形式。如在工业上制取草酸的方法是用一氧化碳和氢氧化钠来做原料,将一氧化碳和氢氧化钠在 6 - 7 个大气压下加热至 120℃ - 150℃,使之生成甲酸钠。两个甲酸钠在 400℃ 的高温下能生成一分子草酸钠,而甲酸钠在氢氧化钙溶液中生成草酸钙,草酸钙在硫酸溶液中生成草酸和硫酸钴。

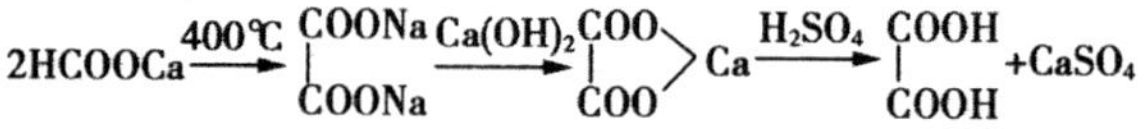

在这里,你能说分子间的运动不是物质的相互运动,不是物质的相互关系吗?对这个问题的回答当然只能是肯定的。我们看到,甲酸钠在 400℃ 的高温下变成了草酸钠,草酸钠和甲酸钠的运动形式是有共同之点的。但是,它们已经是完全不同的两种物质了。它们相互之间的运动形式已经具有显著的区别了。这些情况使我们从中看到一个问题,即物质的相互运动,物质在运动中的关系能改变物质的运动形式。

在生物的运动中,有着更复杂的矛盾性。在这些矛盾的斗争中,机体的生长发育状态,生物的遗传和变异都和环境有着千丝万缕的内在联系,都要受到外界关系的影响。从某种程度上说,外界关系能改变生物的某些运动形式。就拿水质对运动的影响来说,许多动物生长在水中,它们的体形、体被、运动器官、呼吸器官等都是适应于水的环境。同样是水,还有许多区别,如淡水与咸水、静水与流水、深水与浅水。其他矛盾还有大与小、暖与冷、酸与碱、清与浊等等。

生活在不同水域里的动物,它们的适应性就有差异。如金鱼就是由鲫鱼在小池中经多年的饲养变成的。它们的身躯变得短小,鳍变得长大,行动迟钝。这些都是长期适应于小范围水内运动的结果。又如椎实螺,若将同一母体所产生的幼稚小螺分到大小不等的水池中培养,它们的身材大小就有显著的区别,养育的环境愈是狭小,它们的身材也愈细小。

再如光,动物都需要某些强烈的光,只有少数经常居住在深山沟内、土壤之中,以及在一千五百米以下的深海的动物例外。光的作用或是间接,或是直接地对生物发生影响。不同波长的光线对动物发生不同的直接影响。在光谱的紫外线部分中,波长于三千埃,这种光线主要引起化学反应。在二千埃至三千埃范围内的光线有强烈的杀菌作用,过时的照射会破坏细胞核和蛋白质的结构,所以紫外线照射应用不当,也会收引起不良反应。在二千五百埃至三千二百埃范围内的光有促使维生素 D 形成的作用。在二千埃至四千埃范围里的光在人体皮肤上能形成"日晒斑"。在二千五百埃的波长的光能促进最强的保护色素的形成。红外线的吸收会引起体温的升高。三千九百埃至七千埃的中间部分,光照的延续时间和强度也有重要的意义。只要是机体所接触的外界的关系不同,在一定情况下可以引起物体的原有运动形式的改变。

说到关系有改变物体的运动形式的作用,还可以说一个有趣的例子。在 1978 年初美国鱼类学家在旧金山展出一种鱼类,鱼眼低下长着"照明灯"的大西洋"电筒鱼"。这种鱼只有五英寸长,鱼眼下面生成一个小白袋。它是发白热光的绿色有机体。生物学家认为这种鱼经常生活在漆黑无光的深海里,就天然地长出了一些会发光的系统。这些鱼就是凭借它发出的光线吸引其他小鱼作食物的。当发现危险信号时,它就会自动把光关闭。归结起来,是外界环境关系的不同导致鱼体的变化。列宁说,每个事物(现象等等)的关系不仅是多种多样的,并且是一般的、普遍的。物体能在什么样的环境里运动才能发生反应,物质的化学变化与它所处的环境里的关联,这些都是急需解决的。实验观察告诉我们,物体能否与某种关系发生反应,取决于物体原有的运动形式。但是,一个物体并不是只有一种运动方式,往往有几个反应的属性,它与不同的关系可以发生不同的反应,生成不同的新物体。或使物体本身产生新的运动形式,成为新的物体,如前面所提到的草酸,它既可以脱酸生成甲酸,也可以氧化生成二氧化碳和水。但是,在一般情况下,草酸并不和羟基酸反应。所以一定的关系对改变物体的运动形式的作用又是有限度的。

这里,草酸与乳酸的无反应是由双方的运动形式所决定的,草酸的脱氧反应和脱羧反应,由同样一种物质(草酸)在不同的环境下生成不同的物质,这些生成物,如甲酸、改氧化碳、水等各具不同的运动形式,它体现了关系对物质的运动形式的改变作用。

生物体是一个具有多方面的活动功能和复杂的生化反应的物体。并且,能够自身调节,形成一个不可分割的、能够主动运动的物质体系。因而它已不只是对一个或几个物体起反应,而是对许多物质体系都能起反应。如生物(有许许多多的不同的物质)、化学物器、温度、光线、电流、声音和机械刺激等。反应形式有多种多样,如个体的移动、个别器官的运动、腺体的分泌、机体中某种细胞组织的生理、形态的改变等等。对机体中的不同物质的不同运动形式,是否每一个机体都只有在环境的某些因素影响下才能起反应呢?看来不是的,达尔文的机体自发变异趋向还是存在的。但是,我们可以肯定地说,外界关系的不同可以引起机体发生不同的变异。自然界已经为我们准备了许许多多的证明材料,关系完全能改变机体的某些运动形式。

(六)物体的结构与功能

在前面我们已经谈过了,物体的形状、结构、功能(也指活动特点)等等,都是物质的不同运动形式。就在这其中,物体的结构与功能之间有着密切的关系,不同结构的物体就有不同的功能,某一活动方式的不同活动程度又可以改变物体的结构。并且,结构与功能在物体的运动形式中占有首要地位,因而这里来专门讨论这个问题。

1. 结构是构成物体的基本单位及基本单位的相互联结

自然界的物体,从外表看上去,都有不同的形态,不同的活动方式,不同的运动能力。但是,通过对物体的剖析发现,任何物体都是由更深一层的基本结构功能单位所构成,通过更细一层的物质单位互相结合而成的。这种性质就是我们在本章第二节所说的,结构同其他属性一样,它是物质的一种运动形式。可是,这种运动形式是不是宇宙万事万物都不能离开的呢?由于科学发展的无限性,我不敢把这个话说死。但从形式逻辑的推进方面说,既然,宇宙物质是无限可分、无限众合的,同时又有分割的关节点,分割的关节点的存在实际上是物质结构层次的存在所导致的。这么说来,结构不是物质的一大基本属性。至少可以说,从人们至今发现的所有物体的基本情况来看,结构还是千物皆有、万物共存的一个基本事实。从物质的结构与物体的功能、性质方面看,物体的量的分割是有限的,而物体的质的分割是无限的。它有无限的结构层次性。当然,构成物体的可分成份,并不是相互之间随便地、杂乱地堆积在一起。而是由一定的成份,按一定的比例依一定的次序相互结合而成。

首先就一个具有一定宏观物体的性质的最基本物质——化学分子来说吧。各种不同的物质会有不同的性质,过去化学界有人认为物质的性质就是物质的基本属性,没有什么根源可追究的,认为物质分子的内部是没有一定结构层次的,是杂乱的,其内部是瞬息万变,神奇莫测的。随着科学的发展,1861 年俄国化学家布特列洛夫对当时所堆积的实验资料加以适当的分析,并且综合了当时有机化学的一切知识,认为物质分子是存在着原子之间化学结合的固定次序,物质的成份中,每一个化学分子都参与这种物体的组成。每一个化合物分子中可能有一个内在的结构,同一分子中不可能同时存在着几个不同的结构。一个化合物只有一个结构式。这些化学结构理论的确立,坚定地证明了任何物体的内部都存在着一定的结构。

我们化学实验室里的工作,也帮助着我们证明这种结构理论。如我们要得出一个物质的分子结构,必须首先对标本物质作定性分析,查出各元素在该检验标本中的含量,接着是在化学式的测定上,求出各元素在物质中的比例,得出实验式。根据它的分子量和各元素的原子量求出分子中各元素的个类,得出实验式。再根据一种分子式的可能结构式,结合该物体在化学实验室的反应性,确定其结构式。任何一个具有不同化学结构的物体,其理化性质是不同的。如二甲醚和乙醇,它们的分子式相同,但化学结构式不同。其性质也完全不一样,前者是酒精,后者是麻醉剂。

在古希腊时代,当人们认识到原子是组成物体的基本单位后,也认为原子内部没有什么结构,随着人们认识的发展,这种不可知论破灭了。20 世纪上期,继卢瑟福的研究之后,苏联学者依凡宁柯发表了关于原子核的结构的论文,认为原子核仅由质子与中子组成,质子带正电荷(一个质的正电荷与一个电子的负电荷的电量相等),中子不带电。从此不知道的内幕被知道了,认为无结构可谈的原子被发现了结构。

其次,从生物体来看,一个单细胞生物是以一个细胞的机能来实现本身的各种活动的。多细胞生物可以是几千、几万个形态不同、功能有别的细胞和细胞间质来共同实现其本身的活动。从细胞到组织再到器官、个体,它们的构造是有条不紊的,都是各种结构的按一定比例的次序相互结合而成的。就是一座山、一条河、一个矿藏也都有自己的特殊结构。所以说,任何一个物质的整体性都是由一定的、更细一层的物质按一定的比例,相互结合而成的。

各个基本单位能借一定的方式互相结合成为一个具有一定性能的物质整体,它们的各个部分之间是怎样实现这种结合的呢?辩证法的观点是对立统一的观点,物体中各基本单位的互相联结也是物质中不同对立面的两个部分的东西,既互相斗争,又互相联结的统一体。这种联结是借物体间相互作用的力而实现的,是更深一层的各个结构、功能单位借相互间的引力和斥力的大小性和方向性互相结合而实现的,也就是说由自然界物质运动的吸引与排斥,化合与分解的矛盾斗争而实现的。相恰的物质互相作用,就结合成为一个整体。整体的形成在于内部结构的各部分,是相恰的物质互相作用而化合之故。如分子的形成在于有关原子的结合,有关原子间的化合而组成了分子。19 世纪中期,化学领域引入了原子价的概念。原子价理论告诉我们,在分子的结构上,组成分子的每一个原子都拿出它所拥有的一定数量的化学亲和力(化合力)而作用着,每一个原子都有一定大小的化学亲和力,都有一定的原子价。原子化合成化合物都是按照它们的原子价而互相结合着,并且,结合时是按照一定的化学次序进行的,这就是力的作用。

在宏观物体上我们看到,要盖一栋房子,也是由砖、木料经加工组合而成的。这栋房子要成功,必须把墙砌正,这就是使墙壁和地球平面成垂直线,才能在地球引力线的作用下不致倒塌。一块看来不推不动的地板,实际上,它也是具有本身的组织结构,又有结成一体的力。地震就是固定的地质结构。由一定的地质运动,从量变到质变,以致改变这种结构的结果。所以说,物质的结构是各基本单位借力的大小性和方向性,相互作用而实现的。

2. 功能是一定结构的物体的运动能力

为什么不同的物体会有不同的功能,会有不同的活动特点。我国战国时期的唯心主义哲学家庄子认为"自其异者视云,肝胆楚越也;自其同者视之,万物皆一也。"(《庄子·德元符》)他觉得,事物的异同完全是由人的主观感觉所产生的,认识者用什么样的观点去看事物,事物就会有什么样的结构,功能性质。事实是否如此呢? 毛主席告诉我们:"外因是变化的条件,内因是变化的根据,外因通过内因而起作用。"(《矛盾论》),客观事物的千差万别在于事物的内部矛盾性不同。不同的事物有不同的活动特点,在于各个物体的内部结构不同。不同结构的物体就具有不同的功能,这就是我们的观点。

我们的说法是有根据的。在客观世界里可以看到很多的论证。如糖类和烃类的结构是不同的,它们的作用特点也不同。属于烃类的石油可以燃烧,为人类社会提供能源,而糖类主要是供生物体食用,为机体提供能量。一辆卡车和一辆坦克,它们的结构是不同的,作用也同样有别。卡车只能在公路上跑,但善于拉东西。坦克不太会拉东西,但善于爬山,甚至过水。

另一方面,任何两个物体如果有了共同的结构,就会有共同的功能。有相似功能的两个物体,它们之间也就必然存在着某些相似的结构。如一辆货车和一辆轿车,它们有内燃机和车轮等的相似结构,因此它们都能在公路上行驶。在化学上和药理学上,物质的结构相似,功能相似的事实是普遍存在的。如羧苄青霉素和青霉素 G 之间有共同的基本结构,也有杀灭细菌等相似的作用。另外一个名为阻滞剂的结构相似、功能相反的情况,如磺胺药和对氨基甲酸有相似的结构,但是,对氨基甲酸是细菌的主要营养物质,参与细菌的新陈代谢。而磺胺药在体内能取代对氨基苯甲酸,使细菌发生灾难性的灭亡。实际上,这里所说明的问题,是因为两者有相似的结构部分。因而都能与细菌的某些物质结合,同时,两者之间又有不同的结构部分,故磺胺药又不能在体内发挥对氨基苯甲酸的作用,使细菌的新陈代谢得以中断,而归于灭亡。到头来,还是一个结构相似,功能相似的问题。科学院有机化学研究所在研究氧烯的结构与功能特性的关系中发现,自由基加成反应的定位选择性对于反应介质有重要的依赖性。这个溶液反应可用 SE 值来表示。在反应过渡洛合体中,若干顺式 1、2—取乙烯 12,较其反应异构体 13 更为稳定,但又都具备烯的性质。这同样说明物质有相似的结构就有相似的功能。

在我们的生产实践中,一项工程建设、一台机器的制造,要想达到人们所期望的目的,势必首先根据自己的主观愿望,结合结构与功能的关系的一般规律,来对它的形状、结构进行设计。并要经过多次试验才能成功,也就是这个道理。这也是物质运动的既有个性,又有共性。不管任何物质和物质的运动形式,“这种共性即包含于一切个性之中,无个性即无共性”(毛主席《矛盾论》)。

任何物体都有一定的功能,不同结构的物体就有不同的功能。各个物体之间,只要有物质的相互联系,就有物质的相互运动。联系是运动中的联系,有物质的运动就有物质的力。地球有围绕太阳旋转的能力,有吸引在地球周围任何物体的能力。分子与分子之间有一定的相互运动能力,原子与原子之间也有相互结合与分解的能力。原子本身有在外界作用下裂变与聚变的反应的能力,一个机器有机器的加工运动的能力,一个生物体也有自己的生长、发育、物理运动的能力。功能是物体存在的体现,是物体运动的能力。结构与功能同为物质的不同运动形式,但是,两者之间有着密切的内在联系。

3. 为什么不同结构的物体功能不同

一个物体,不但有一定大小的运动能力,也有一定的运动方式。不同的物质具有自己的某些特性,有不同的物理,化学性质。物体的结构不同,功能也有区别,这就是物质具备了不同的运动形式,这种结构不同,功能有别的产生原因是什么?恩格斯告诫我们:“辩证法是关于普遍联系的科学。”(《自然辩证法》)当我们追究一个物体的性质的时候,应该既追索一个物体的内部各部分结构、功能间的相互关系,又追究它与不同环境的相互关系。宇宙是一个各种物质相互联系的整体。一个物体的本身结构不同,在自然界物质运动的洪流中,在同样的外界影响下，就表现出自己不同的运动特性。这种效应的产生，看上去有被动和主动的两个方面，在不同的环境下，物质运动的被动与主动是完全不同的。一个物体在这里是被动的反应，在那里又可能是主动的反应。

从一个相对静态物体的结构与功能的关系上看，一张办公桌能用来写字、放东西，它的这个作用的产生，首先是要在环境下，即在地上受地球吸引力的作用下，由本身的四个脚，能立于地面而不倒。再有一个平面可以放书和写字。这些都是由地球的吸引力，力的垂直方向性的作用下而出现的。所以说，桌子的形态结构与它的作用特点有着密切的关系，桌子能发挥的作用在一定程度上决定于物体的内部形态结构。又可以说，形态结构是一个物体的运动的静态表现。物质的结构功能又是一定物体的一定运动方式的静态表现。运动是一个物体的不断变化的动态表现。在工程和机械上的设计，都是指导它的自身结构同环境中力的大小方向等因果联系在一起考虑的。淀粉和纤维素一样是由许许多多的葡萄糖分子构成的长链，所不同的是各自的单分子葡萄糖相互结合的方式，因此带来性质上的很大区别。如淀粉能溶于水，能与碘起颜色反应，人可以消化利用它。纤维素能抽成线，织成衣服，又能做成纸张，还是动物的主要食料。它们的结合方式和空间特性不同，在外界的相互关系就不同，这就表现出了两者在性质上的区别。在分析化学分子的结构不同，而出现性质不同的原因，比对宏观物体的结构—性能关系的分析要复杂得多。但是，分子结构上的差别就必然导致功能上差别，这是一个显而易见的、千真万确的客观事实。所有这些事实一再地向我们表明，结构与功能是一个物质的运动形式的不同侧面。但是两者又是互相联系，互相影响，不可分割的。从主动运动的有机体上看，机体的活动是一定物体在一定环境下所采取的必然活动方式，一只小兔具有以新陈代谢为基础的食草、排泄、繁殖等等的运动，还能做机械运动。这里的矛盾更为复杂。它们的活动是按本身的四肢、五官、酶体系的特性进行的，是按环境的温度、湿度和食物来源的不同，依本身的结构特点所必须进行的活动方式。小兔的四肢特点使身体不可直立起来走路，前肢的大拇趾没有和其他四趾对称，因而不能拿东西，这是兔子的活动方式，是它的运动形式在动态变化方面的表现。而物质的形态结构，是它的运动形式在相对静态方面的表现。这两个方面的表现特点都在于物质的内因，这些特征的不同在于物体的矛盾性不同。环境是物体运动的外因。物体的内因，物体的变化，是物体内部斗争在外因的影响下而采取的必然活动方式。这些情况归结起来，还是机体的运动和一般物体运动的共同性。有机体的活动，还有其特殊的一面，这就是它除了对环境给予应答性的反应以外，还有自身的主动运动过程。主动的运动就是能依环境的不同,对生物的生长、发育、遗传变异发生影响,依其本身的活动方式、活动程度,对本身的运动特点、运动能力发生影响。外界的变化,生物的运动方式和运动程度能增进本身的运动能力,能改善本身的结构。所以说,人脑是人体思维的物质基础。环境和实践的广度、深度、范围是人体的思维能力、机体的活动能力和个人的特长的决定条件。

以上事实的了解分析,结合本章第二节的内容,使我们看到,在一个物体的内部有许多不同成份的结构,各个结构部分都具有一定的运动特点,它们"都是互相依存的,又是本质上互相区别的"(列宁《哲学笔记》)。一个物体运动的实现,就是各个结构部分互相影响、互相作用、互相运动的结果,任何物体的内力都由它们的相互作用特点所决定的。一个物体的运动特点就是依一个物体的内部结构特点的不同所造成的。一头牛的犁田、食草的特点就是牛有粗壮的腿,消化草的酶体系等物质互相运动的结果。有机物分子的化学反应原理也不例外,它们都是依本身的结构特点不同,在一定的环境下所采取的必然活动方式。这个问题只要把物质运动的绝对性,同物质的内外因素决定物质的运动特点联系起来考虑,对这个"为什么"就好理解了。

4. 物体中各部分结构间的关系

在一个物体的内部,各部分结构间的关系怎样呢?辩证唯物主义者认为,"相互作用是事物真正的终极原因"。(恩格斯《自然辩证法》)我们认识某个物体的运动形式,逐步深入地从宏观物体到分子,从原子再到原子的内部结构,电子的密度、形状这样依次逐步地去追根究底,是科学研究的一个重要方面。但是,还有一个值得注意的方面是,从物质的每一个运动层次上去认识各个结构部分的相互作用,是怎样导致物体的不同运动形式的原理。我们日常所说的"树有根,水有源。"其实,在植物的生长上,根的作用并不比茎、叶的作用大,它们是各有分工,相互作用的。植物的运动形式是决定于植物的各个结构部分的。泉水、雨水的由来是水分子的物理运动形式的反复演化,循环运动而已。从组成宏观物体的分子方面说,布特列洛夫不止一次地强调过,每个化学分子的特有运动形式的来由,必须考虑分子中各原子间及原子团间相互相影响的存在。物质分子中,各原子中的相互作用,不但存在于直接相连结的原子团间,也存在于直接相连的原子间。直接相连结的相互影响可以用四氧化硅和四氧化碳的例子来说明,在这两个化合物中,氧原子的反应具有显著的区别。四氧化硅中的氧原子在水的作用下非常密而被羧基取代,四氧化碳中的氧则否。原子间的间接影响可以用乙酸和氧乙酸来解释。氧乙酸的电离度比乙酸大得多,这是受原子间接影响的缘故。不管是间接影响,还是直接影响,整个分子都是一个互相联结的整体。各物质的性质在一定的外界因素下可以发生改变。分子内的原子和原子团是互相影响的,分子内还有一个局部功能基和物质整体的关系问题。这就是关于物质的运动形式的不同部分的作用的两点论、重点论。物体中的各部分是相辅相成的,不可分割的整体,可是,在一个物体的内部各个组成部分都有自己的特殊功能。通过对许多客观事实的观察,我感到,物体的活动功能基参与物质的反应,决定一类事物的共同运动形式,物体的大部分结构决定某一个物体的特有运动形式。如羧基是醇的功能基,它直接与他物起化学反应,醇类的许多共同性质都在于羧基的存在。如与碱金属的作用、与酸的作用、脱水作用、羧基被卤素的取代反应、醇的氧化反应等等,这些反应性质的根源都是在羧基。大部结构对物质的运动形式也具有一定的影响,如同样都是一个羧基与一个烃所结合的化合物,依烃的结构不同,每一种酸的物理性质和化学性质都有自己的特殊情况。乙醇氧化生成醛,仲醇氧化生成酮,叔醇就难以氧化,即使氧化了也要引起分子结构实行一分为二的断裂。碳原子少的醇和碳原子多的醇,其性质又有不同。羧基酸也是如此,甲酸能氧化,其他有机酸都不能。但都有酸性,这又是整体结构的作用。如此等等,说不胜说。当然,要是在一个相同的烃基(大部结构)上与不同性质的功能基结合,那么,它们就是各不同类,各不同族的化合物,具有比以上例子更远大的差别了,如乙酸和乙醇的关系就是如此。在生物体的新陈代谢上,起决定作用的是酶,在酶分子中的情况同样如此。结合酶中,同族酶在性质上的共同特点决定于其同存在的铺酶,如羟基是许多氧化酶的铺酶,磷酸核黄素是许多黄酶的铺酶,这些辅酶在生物氧化中起传递电子的作用,在酶发挥作用的时候,也是由铺酶直接参与化学反应,进行其本身的化学变化。在酶的大部结构决定每一个具体的酶本身的性质,决定个体的特异性。酪氨酸和抗坏血酸都以"铜"为辅,但前者只催化酪氨酸,后者只氧化抗坏血……在这些实例中看到,若没有铺酶或辅基参加反应,则仅有酶蛋白无催化作用。当然,单纯酯依蛋白质本身形成一个有催化作用的物质体系情况又不同了。可见铺酶决定自己的特异性,并且参与其反应,酶蛋白质是大体部分,在活动上只决定个体的特异性。在机械装置上,也有这种情况,马克思在《资本论》第一卷上说过:"所有发达的机器都由三个本质上不同的部分组成:发动机,传动机构,工具或工作机。"动力结构部分和一般结构部分缺一不可。如一台柴油机,安放在船上,加上螺旋桨,可以使船在水上游动。安在拖拉机上,可以在陆地上走,安在锯木机上能锯木。柴油机的性质决定了本身属于动力机械。可是,这台机器到底干什么事,还由直接参加反应的物体的性质来决定,在这里即由船上的螺旋桨,拖拉机的车轮,锯木机齿来决定,这些物体的这些矛盾和矛盾间的关系就说明在自然界的物质运动中确实是有许多的矛盾存在,又有主要矛盾和次要矛盾的区别和相互联系。一个复杂的生物体各部分结构在功能上的关系,同样是不同的器官承担不同的活动任务。机体缺少任何一个器官必将为其活动带来影响,如一只狗没有心,就算有肺等任何器官都不行。这些器官是互有分工,互相协作的。同时,也存在整体与部分的关系。在机体上叫躯体与器官的关系,各个器官和机体的活动同样有主次上的区别,活动能量的来源在于细胞的新陈代谢。体力活动的实施在于四肢,思维活动的进行在于大脑。如此等等,说之无尽。

四、物质运动形式的转化发展

(一)物体运动形式飞跃——必然性与偶然性

事物从低级到高级,从简单到复杂的变化发展,事物运动形式的转化和发展是自然界的一个普遍规律。什么叫物质运动形式的转化和发展,它是怎样转化和发展的。我们理解是:事物的矛盾促使着事物的运动,在事物的运动中又会出现矛盾的转化,产生出新的矛盾来。新的矛盾又会促使着事物的运动,这样循环不已。同时,事物的状态决定于矛盾的状态,矛盾的转化本身就是事物的变化和发展。这些在第二章已讨论。这里只是从实际问题上来讨论一下有关事物发展的飞跃的方式与发展规律。

物体的运动形式从低级到高级的发展,是从一个物体转化为另一个物体。在物质世界的发展中,具有一系列的转折点。物体运动的质的变化,就是事物的飞跃,运动形式在质变过程中的表现,就是事物的飞跃形式。物质的飞跃是必然的,但是,飞跃的表现又往往以偶然性的形式表现出来。这一节是完全根据个人对自然界物质运动规律的学习体会,来讨论事物飞跃的必然性和偶然性以及两者之间的关系,这里与辩证唯物主义理论体系中,对这个问题的观点是否有出入、是否正确,需待商讨。

1. 飞跃的产生是必然的

事物发展的必然性,我们已经在几个地方提到了,如第二章的第三节。因此,在这里没有必要再作过多的说明,只是谈谈这种飞跃的表现。现在看来,它主要体现在这几个方面。

第一,我们应该看到,矛盾运动的转化是必然的。

具有一定运动形式的物质运动的量变达一定程度后,就必然出现运动形式的改变。矛盾运动达到一定的程度上必然出现物体性质的转化。当然,物质的运动形式的变化,是客观存在的,各种运动形式的变化是依本身的内在矛盾特点和外界环境的情况而变的。它并不是人们随便想它怎样变就怎样变的。物质的运动是向四面八方伸展着,向各方面运动着的。即使同一类物体的不同个体依各人的内部矛盾特殊性不同,其运动也是各不相同的。所以,各物体中,任何样子的变化都是可能的。比如说,氨基酸不只是组成蛋白质,也可以和其他物质起反应,我们常吃的味精就是谷氨酸和金属钠所结合的物体。但是,它们的不同反应产物,如蛋白质和味精相比,就具有不可比拟的复杂程度,具有不可比拟的运动上的活泼多样性和更为高级的功能,成为生命的重要物质基础。再如,生物体的遗传和变异是矛盾斗争和转化的结果,变异的大多数是好的,是促使生物前进的,其中也有许多变异是对生物有害无益的,它们这种变异的结果,只能导致生物体的灭亡,不能增大自己的活动能力。如遗传性精神病、遗传性色盲、遗传性贫血等等,都是生物在生活过程中,本身的遗传物质——核酸的结构与功能的变化所导致的。自己得了这种病还要遗传给下一代,是多么不好的变化啊!镰状细胞贫血症就是一个在血红蛋白分子中的584个氨基酸中的带负电荷的谷氨酸的位置被不带电荷的微氨酸占了的结果。这个氨基酸位置的变化恰恰是由于核酸结构上的一个碱基发生了改变所引起的。使细胞不能带氧,使机体发生缺氧,从而使身体多病而易于死亡,我们的家养动物所发生的许多变异也是非进化性的。前面说过,生物的进化是生物的变异当中极其微小的一部分,还有火山的爆发、地壳的变异等许多方面的质变,也有很多是非发展性的运动形式的改变。

以上可以说明,运动形式的变化是某物体在一定因素作用下,所发生的转折性的变化。任何物质,运动到一定的程度后,必然要发生这种转化,这是量变转质变的物质运动的基本规律。但这种"转化"的本身并不说明事物的发展,转化可以是变好了,也可以是变坏了。它们也是两方面各占的比例的不同,而又在任何事物里都存在的两方面表现。只是坏的转化都是短命的,是要被历史所淘汰的。好的转化是客观存在的。矛盾在运动的基础上发生转化,这是客观存在的,是必然的,是任何力量也阻挡不了的。可是,这种转化是多方面的,是不能用一条直线的格式所说明得了的。但是,在任何事物的任何转化中,也必然有合乎历史发展潮流的变化,即向好的方面转化。量变到质变的必然性,质变当中一定有好的变化的必然性,就是物质运动的飞跃得以出现的必然性。我国隋唐时代的唯物主义哲学家刘禹锡指出过:"以理揆(度量)之,万物一贯也","必有数存乎其间焉数存然后势形其间焉","数存而势生","逃乎数而越乎势",(《天论》)对事物的发展提出了"理、数、势"三个方面的问题和它们的连带关系。"理"为事物发展的原则和原理。“数”为事物发展的规律。“势”是事物发展的必然性。他认为万事万物，不同运动形式的物体都有自己的发展规律。规律对事物具有使其发展的必然性方向。事物运动形式转化方向的必然性，决定了事物的发展趋势，而事物的发展趋势也决定于事物本身的存在状况。这样的认识现在看来还是正确的，事物是必然要发展的。在事物运动形式的转化中是一定有好的转化的。当今，世界上所存在的物体都是由遥远的古代的物体，在运动中逐步发生有好的、适应于环境的转化，由这些物体的转化演变而来的。如在地球的上一个冰川时期，恐龙的生长繁殖十分旺盛。可是，恐龙这一族动物的内部有个体大小形状不同的种类。大的达几十丈之长，小的只有现在的猫大。由于大的过于笨重迟钝，小的灵活精练，最后，大的被自然界淘汰，灭种。小的被保持发展下来。但是，在这些变化中，体小的物种又发生变异，这也是客观世界里所存在的。达尔文的“生存竞争说”，既说明发展与不发展是相比较而言，相斗争的发展的，也说明好的转化总是必然存在的。

第二，事物的飞跃形式并不是完全无源可查。

我们已经说过，物质运动的内因和外因是事物发展的根本原因。任何运动形式的任何飞跃的出现，都是由一定的内因和外因相互斗争的结果。不同的内因和外因，就有不同的物质运动形式的飞跃表现。从内因方面说，主要是不同的物体本身能否与某种物质起反应，它同有些物体能相互作用，生成新物体，而同另一些物体则不能起任体反应。但是，事物的矛盾是复杂的，事物的属性也不是只有一个，一个物体往往不是只能与一种物质起反应，而能和几种物质起反应。从外因上讲，外因对运动形式的飞跃有一定的诱导作用，任何运动形式都是建立在一定的环境基础上，任何物质的飞跃方向都和它周围环境有着千丝万缕的内在联系，环境要通过两个方面对物质的运动发生影响。

环境对物质运动的转化提供运动所需的物质原料和能量需要。所以，在什么样的环境下就可能出现什么样的可能质变。在植物的地域迁移上，从一棵植株上取下来的几个种子，种植在不同的区域，以后，这些植株的形态、种子的形态、花的形态可以有很大的区别，如沙漠地区，那些挺拔参天的红杨，花儿鲜红的红柳，被称作“无叶树”的“梭梭”等等。据考察，它们都是在干旱盐碱里长期进化的结果，在我们江南和其他某些地区就没有这些植物。在化学运动领域里，也是一样，一种乙酸胺在酸性或碱性溶液中生成乙酸和氨，在浓溴酸钠溶液中便形成乙胺、溴化钠及二氧化碳。这种作用因素的外在表现是环境对物体的制约作用。

运动是物质的存在方式，任何物体也都在无时不刻地运动着。因而，物体的任何状态、性质都不能永恒地保持下去,不向前就向后,不向左就向右。一个人得了病,可因治疗得当,锻炼营养适宜,而引起机体迅速康复,也可以因治疗不当而使之恶化,甚至死亡。任何其他物体的运动也是如此。但是,任何运动形式的飞跃,都是出现在物体的原有运动属性之中,而不会在物质运动属性之外,任何物质的飞跃形式又都是在一定的环境下进行的。运动和转化的必然性,规定了飞跃形式出现的必然性。转化的方向建立在一定的内外因素的基础上,规定了自己前进的逐步性和前进的方向性。这样一来,我们对为什么在太阳系其他星球目前不会出现人类社会,为什么地球有美好的生物圈,就是可以理解的了。在科学实验中,要想在某种物体的属性之外,或具备了自己的属性而没有相应的环境,而要达到某种飞跃是没有的。"异想天开天就开"是不可能的。因此"制造创奇迹"是办得到的,毛主席就指出了:人们的"自由是对必然性的认识和对客观世界的改造。"(转引自1966年4月11日人民日报社论《要认识客观规律必须突出政治》)。

2. 飞跃的外在表现是偶然的

物质运动形式的飞跃是必然的,飞跃的方向是必然的,那么,还有什么偶然性的东西可谈呢?事物的飞跃形式有没有偶然性的因素存在。自古以来,一直存在着争论。古希腊的德漠克利特就是把必然性绝对化,完全否定偶然性因素的存在。但就在那个时代的另一个希腊哲学家(伊壁鸠鲁)就不是这样,他既承认在客观世界里存在必然性的因素,也承认偶然性因素的存在。现在看来,问题是怎样去看待偶然性,从什么样的认识角度上去看待偶然性。无缘无故的偶然性的飞跃确实是没有的。但是,在我们的任何时代的客观实践里,偶然性变化的现象总还是存在的。许多事实告诉我们,偶然性就是客观实在运动形式的飞跃的表现形式。下面我们不妨来说说这句话的证据。

首先,在同类的、广泛的、繁多的物体中,往往只有极少数的物体能得以飞跃发展。比如,在太阳系的几个行星中,只有地球上有氧,有水,有生物。在其他几个星球上就没有这种现象,这是不是地球上的某些物质在运动中,由于某一瞬间的突然变化,出现了某种新鲜的物质,然后才加以发展的呢?在天文学上有这种情况,在地质学上也有这种情况。比如,为什么当今只有青藏高原成了世界上最高的高原,而其他有些地方的地势是不太上涨的,甚至下降,这么多地方,只有这里变高,不是偶然的,难道只有地质学解释的必然性吗?在气象学上,为什么近年来有些地方出现了"奇寒",而另一些地方又出现了"异暖",这些也似乎是偶然性的变化。在生物的运动上,矛盾就表现得更加尖锐和突出了。为什么在当时那么多生物,只有古猿进化到了人,而其他生物则仍然还处于不同的进化等级呢?就是在人类中，世界上这么多人，黄眼珠变成黑眼珠，黑发人变成白发人，或出生白发的小儿，也是很罕见的现象，又是客观存在的自然现象。在植物上，曾有报道在安徽的一个生产队的一大片梯田里，只有一蔸棉的棉蕾直接长插在主杆上，生出圆滚可爱的棉桃。对于这样的变化，看上去，它所处的环境和其他也差不多。过去，它们与同伴们在基本形态上、性质上、机能上也没有十分明显的区别。但是，现在变化了，和同伴们分家立业了。这些九牛一毛的变化，难道不是偶然的变化吗？如果不是，为什么它的同伴们都不变，唯独它变化了呢？从这些事实来看，事物运动的偶然性变化因素是存在的。

客观事实告诉我们，在繁多的物体中仅有极为少见的物体发生偶然性变化，也只是说明偶然性是事物飞跃的一个表现形式，而不是它的本质。飞跃是事物内部隐藏着的矛盾的暴露，但隐藏的矛盾是复杂的，各个物体之间的矛盾是互有区别的，所以，飞跃总是出现在一类物体的少数个体。一个品种内部的不同个体间存在着千千万万的矛盾差别，这些差别在运动中扩大，扩大到突破种的特性，而且突破的近因只有其中很小部分，合乎环境的部分，才可能得到证实。前面说到的，获得发展的新个体并不是受了上帝的恩赐而得以飞跃的。而是在错综复杂的运动变化中，由一小部分合乎规律的变化才得以发展的。所以，偶然性变化的现象，仅仅是复杂的运动，少数的发展的外在表现形式。莫诺就是片面地抓住这种偶然性变化的外在表现，同事物发展的必然性对立起来，承认运动形式飞跃的必然性，也是承认宇宙万物有灵论。他认为事物的发展就是："从纯粹偶然性的范围中被延伸出来以后，偶然性事件也就进入了必然性的范围，进入了互相排斥，不可调和的稳定性的范围了。""自然选择是作用于偶然性的产物。"（莫诺《必然性与偶然性》）这些谈起来也似乎有些道理。但是，再进一步仔细地考察就会发现，莫诺的观点在于只看到，环境对运动形式发展的制约作用，没有看到外因对运动形式发展的诱导作用。只看内因的可变性，没有看到任何物体的变化都是在原物体的一定属性之中。

偶然性飞跃的第二种表现是一个物体在漫长的岁月里，都只有常往性的运动，没有任何质的转化。但偏偏凑巧，就在那么一瞬间，会有某种异常的变化出现。人们常说的"宁可一万，不可万一"也是这个意思。如在一个人的一生中，什么时候会遇到某种意外，以致造成人体的患病、残疾，甚至死亡的现象是难料到的。在煤矿里就有这种情况，有少数下井几十年的老工人没有受过大伤，某机关工作人员就下那么一次井，偏偏在这次下井中，有石头把他打得腰脊断裂，半身截瘫，以致死亡。这些现象难道不显得偶然吗？

同时,我们也看到,在基本相同的环境里的同一类物体,表面上看起来是互相一致,共同前进的,细微地分析起来,其物体的内外环境的矛盾是复杂的,各人所处的环境总是有差别的。矛盾的暴露有一个过程,当它们运动到一定的程度,由隐藏的差别,通过量变到质变的转化暴露出来了。在一定的情况下,石头从矿井顶部掉下来,是在任何人面前都不讲客气的。石头打在任何人身上都有同样的严重性。所以,导师们说:“在表现上是偶然性起作用的地方,这种偶然性始终是受内部的隐藏着的规律支配的。而问题只是发现这些规律”(《马恩全集》第4卷第243页)什么样的事物会发生什么样的转化,看起来是偶然的,实际上这种偶然性的出现又是与新环境有关的。复杂的内部矛盾和外在环境造成了事物飞跃形式的偶然性的表现。

偶然性飞跃的第三方面表现,在繁多的常往性的运动中存在着某种为时不长的异常现象的出现。1871年1月美国德克萨期的丹民森附近,一个名叫约翰·马丁的农民,看到空中有一圆形的物体,据他说这物体很高,并以惊人的速度移动,像一只飘浮在空中的“碟子”,从而人们称它为“飞碟”。以后又有多次这样的发现,但从来都是出现一下,长久不现。从不知所终的角度来看,难道不是偶然性的现象吗?还有30年代,在一座原子核反应堆里发现了微光,引起了苏联物理学家切伦科夫的兴趣。使人感到不了解的是,这种光源的特性不同于当时已知的几种发光行为,在其他的原子堆里,就没有这种光束,在这个原子堆里的一个时期后,也没有光束的发出。这又表现出物质运动的偶然性发现形式来。

为什么在某些场合下,有某种昙花一现的怪现象的产生呢?深入的探索使人们认识到,这仅仅是物质运动的一种外在表现形式。在这种现象的背后,还有某种本质的因素存在。这就是由于各物处的环境因素不同,同时存在着某种局部因素与普遍因素的矛盾差——使物体在普遍环境下表现出物体的常往性的运动变化,而在某种特殊的局部环境里,又表现出物体的某种异常现象来。对于这种偶然性的变化,通过对它的充分了解以后是可以知其缘由的。前面观测出的“飞碟”这个例子,现在对它的来由还没有完全搞清楚,但已有一定的证据说明,它的出现与人造卫星的上天有关。对核微光里的情况,现在已经了解了,是一种在核反应中产生的射线。还如过去看到一块铁生了锈,认为这是偶然性的变化。现在,由于化学科学的进步,认为铁在潮湿有氧的避光情况下生锈(氧化)是必然性的变化。1895年伦琴发现了一种频率很高,穿透能力很强的射线,当时把它看成偶然性的变化,故叫x一射线。“x”即英文一个“不了解”的含义的单词开头一个字。但经研究以后,了解它了,成为某种物质在特定条件下的必然运动变化现象。这些情况既反映了偶然性是客观存在的一种运动形式飞跃的表现特点,又证明它仅仅是物质运动变化的一种表现形式,而不是事物飞跃的根源。在偶然性变化的背后存在着事物飞跃的必然性根源。要了解事物的必然性就一定要做深入的调查研究。恩格斯就指出——“单凭观察所得的经验,是不能充分证明必然性的”(《自然辩证论》),而只能给以偶然性的印象。

3. 必然的飞跃以偶然的形式表现出来

恩格斯曾经引用黑格尔的话说:“偶然的东西是必然的,必然性自己规定自己为偶然性。而另一方面,这种偶然性又宁可说是绝对的必然性”。(《自然辩证论》)这就清楚地阐述了在事物发展的过程中,偶然性和必然性的内在联系。这就是说,事物运动形式的发展是必然的,飞跃形式的出现是必然的。但是,在一个物体发展到另一个物体的转化上,又往往以偶然的形式表现出来,以偶然性的形式表现出必然的运动和发展。

在客观世界里,我们看到的许多事情都有这个情况,比如在治疗疾病时,用青霉素、链霉素这些药,有些人会发生过敏现象。过敏的发生原理是由于机体细胞组织原先就处于激化状态,当用了这些药以后,此药就能引起机体释放大量的组织胺,从而发生过敏现象。在这样的特异体质里,注射青霉素一定会有过敏现象的发生。这些看来确实是必然性的东西。但是,由于各种机体所隐藏的矛盾差异不同,在不同的机体里注射一千个人、一万个人都很好,就在这些庞大的数字里,会有那么一个人或几个人会出现过敏,发生十分危急的症象,甚至死亡。在这样的极少数的变化中,就表现出物质转化的偶然性来。

还有,在我们的生物学上,陆生动物是在原有的许许多多的水生动物中的一小部分,通过变异增生而来的。把多数的物体中只有少数的变异看成是偶然性的变化。其实,这九牛当中的一根毛,就和其他千千万万根毛有不同的矛盾特殊性。这根毛的偶然性的变化就是实现着必然性物体的运动和转化,实现着该物体必然的飞跃形式。偶性的变化反映着物体的必然性的发展,暴露着物体内在的矛盾差异性。

有些生物学家,把同种生物的不同个体,谁发生变异谁不发生变异看成是偶然的。而把改变了核酸的基本结构就导致生物机能状态的变化看成是必然的。把谁的核酸会变异,核酸变了机体的形状机能也变化的关系,说成是偶然性和必然性的对立统一。这样的人可能没有想到,在世界上的任何物体的形态、属性(或叫内部矛盾性)没有绝对相同的,各个物体之间不是在这里有区别,就是在那里有区别,不是明显可见的区别,就是在细微研究中能发现的区别。同时,各物体所处的环境也是不同的,而且环境本身也是变化的。这样,任何飞跃的产生,细致地探索、分析起来,就都可以找其缘由了。所以说,核酸变化了,机能也跟着变化,这是必然的。这是物体的结构与功能之间的关系。但是,核酸的变化同样是在一定的内部因素作用下物体运动的结果,同样是必然的。偶然性只是作为飞跃的一种表现形式,反映出物体的必然性变化。

事物的偶然性的变化,仅仅是一种运动形式的飞跃所表现出来的客观现象,偶然性并非真正的偶然性。站在这个角度上看像是偶然性的变化;但站在另一个认识角度上看,它又是必然性的变化。总的来说,无缘无故的运动,无缘无故的飞跃形式是不存在的。所以说必然性是前提,某种物质在某种环境下出现某种变化,是大势所趋,不可避免的。但是,应该承认,偶然性是存在的,它是必然性的具体表现。虽然辩证唯物主义者才承认偶然性的存在和它的应有地位,但是,我觉得必然性是运动发展的内外因素,它规定了运动形式飞跃的大的趋势和大的方面。偶然性把它具体地、精确地表现出来。这才是偶然性寄属于必然性之中,这才是偶然性与必然性的对立统一。否则,无论什么样的辩证法的“对立统一”,也不能把它们两者的关系作一透彻的解释。

恩格斯说:“在历史的发展中,偶然性起着自己的作用。而它在辩证的思维中,就像在胚胎的发展中一样包含在必然性之中。”(《自然辩证法》)这就是说,偶然性的作用就是对必然性的表现作用。如我们将一个靶埋在山岗上,解放军同志不来打靶,根本不可能有子弹射到靶子上去,这是必然的。一班战士都在打靶,如果不瞄准乱打,谁的子弹上了靶,谁的子弹没上靶,这似乎是偶然的。如果端正的枪口瞄上了靶子,子弹就一定会上靶,这也是必然的。如果子弹射出去,突来大风,而造成没有射中,这也似乎是偶然的。但是,在一定的风力下,子弹的运行路线发生偏斜这又是必然的。战士的打靶为子弹的上靶提供了可能性,子弹是否会上靶,又以偶然性的形式把这种必然性表现出来。

一个生物体都有大约的寿命范畴。这是在必然性里所规定了的。但是,他到底在几时几分死,这又是在必然性的范围中的偶然性表现。反过来说,生物的死亡又都可以找到其源由的,是生物因素(蛇咬、微生物感染等)、化学因素(强酸强碱,有毒物质等)、物理因素(热、电、射线等)等等对机体的损害和机体本身的衰老所造成的。这都是机体和某些其他因素的相互斗争,以战败消亡而告终。它归结还是必然的。

在客观事实中,运动形式飞跃的顺序,莫诺认为是从偶然性的变化开始,把偶然性变化的材料送到必然的自然界。我们觉得这个顺序是不完善的。既然事物的飞跃形式是从必然的大趋势到偶然性的变化上表现出来,就是说飞跃应该是从必然性开始的,是必然性变化发生偶然性变化的表现,再把偶然性的变化送到必然性的选择之中。如果把莫诺的观点用符号形式表示出来,得到的就是“偶然性——必然性”的两段式,而我们所讲的则是“必然性——偶然性——必然性”的三段式。这是客观事物运动形式的飞跃过程。

在人们的认识论上,情况又比较特殊,其过程还是从偶然性到必然性的。从被看成是偶然性的现象开始,随着人们认识的逐步深入,才慢慢地认识到物质的必然性发展。在前面有许多例子都说明了这个问题,我们不能把人们认识的规律强加于自然发展规律之上。

我们日常所说的偶然性的东西,是有一种必然性隐藏在里面。必然性和偶然性的关系,就是事物运动产生飞跃的本质和外在表现的关系,特别是在物质运动的飞跃阶段,在物质运动发生转化的关节点上,飞跃的本质和表现形式的关系,这种本质就是物质运动内外各因素的缓慢量变过程,和量变到质变的趋势。偶然性就是质变点上的外在表现,它来源于量变过程和物质运动的质变。在前面关于偶然性和必然性的成因也说明了这个问题。

我们要很好地认识偶然性和必然性的辩证关系,弄清楚偶然性的东西是必然的,而必然性的东西又是偶然的辩证关系。这关键在于抓住两个方面的问题,一是运动是不是物质的存在方式,常往性的运动能不能转化,如果看到了这一点,那么,物体运动到一定的程度就必然要发生转化。二是物体的内部是不是包含着无数的差异和变化,不同的地方是不是有环境因素的不同,环境对物体的运动转化方向有没有一定的诱导作用,对矛盾的转化有没有决定前途命运的作用。如果有,那么,某种物体在相应的环境下出现一定的形态、结构、功能的变化就是必然的。同时看到,物质的飞跃形式又往往以偶然的形式表现出来,这就是解决问题的实际根据。

(二)物体运动形式转化发展的规律

任何物质都是运动的,任何运动形式都是变化的,不同的物体有不同的运动、变化特点。但是,一个物体的运动是多方面的,运动形式的转化也是多方面的。有的物体变化以后能继续发展,表现出强大的生命力。而另一些没有变化的物体和某些变化了的新物体却归于灭亡,被自然界所淘汰。事实证明,并不是所有的运动和转化都是发展的象征。一个事物的运动特点就是一个事物的活动规律,不同事物的历史发展的必然趋势和变化去向就是不同事物的发展规律。所以说“规律”二字包含着两个方面的意义,即发展规律和活动规律。但这两者又是互相联系的。一个事物的活动规律中的各种活动方式,只有那些顺应了历史方向潮流,顺应了事物发展规律的变化才有前途。这一部分主要是讨论事物的发展“规律”和“规律”的本质。

1.“规律”的存在与表现形式

任何事物都有自己的活动规律,在有关结构、功能等章节中已有所讨论。这里只着重说明事物发展规律的存在与表现形式。任何运动形式都有一定的转化发展规律。那么“规律”存在于什么地方呢? 它以什么形式表现出来呢? 我国宋代朴素的辩证唯物主义哲学家张载就指出过:“由气化,有道之名”(《正萱·大和篇》)。张载把“气”看成宇宙的本质,“道”即规律性,就是说,事物的运动有其发展的规律。“事无大小,皆有道在其间”(《张子语录》)事物运动、发展的规律存在于事物运动之中,从事物的运动中去探索事物的发展规律。

在实践中,人们观察到,分化与发展是互相联系、不可分割的一个问题的两个侧面。并且,这种分化与发展的联系,在客观世界里是普遍存在的。同时,从这种联系的探索、分析中,我感觉到,这种现象的存在,证明了事物发展规律的存在。

物质的运动是不停息的,各种物质都在以不同的形式运动着,但是,运动的前途就各不相同的了。任何事物的进步,同时又都有其本身同其他物体的分化。发展与分化是两种不可分离的特殊运动形式,也是规律存在的体现。恒星在进化中依次产生了许多元素,在我们的地球上今天已发现 107 种。在这些元素中,只有碳原子在物质的反应中的活动范围最大。它不但可以和其他元素一起结合成碳酸、二氧化碳等无机物,而且能在无机物的基础上,别开生面地产生有机物,为世界物质的繁衍带来了广阔的发展前景。它不但可以和其他元素一起形成低分子化合物。也可以通过自己的相互结合而形成十分复杂的高分子化合物。在地质构造上也有这种情况,如在地壳的发展中,形成了许许多多的矿物质,现在已经发现了约 3000 种。根据地质学考察,构成岩石成份的不过二十来种。大部分化合物到此止步,不能形成更复杂的物体了。在地球表面通过化学进化出现了数百万种化合物。在这些物质中只有蛋白质和核酸得到了逐步复杂的高度发展,成了生命的物质基础。任何生物,不管是植物还是动物,不管是高等生物还是低等生物,其本身的活动都离不开核酸和蛋白质这个基础。生物的进化也是如此,也是在自然界共同运动的物体中,有一小部分得到进化、发展,这些繁多的生物都起源于一个简单的细胞。在今天,已出现了达六十多万亿细胞的哺乳动物,世界上仍然还有构造简单的单细胞生物。人类是从食虫类发展到灵长目,由灵长目发展到古猿,再由古猿发展到人类。就今天来说,世界上还有树木栖食虫动物,还有大猩猩、黑猩猩等十多种类人猿在森林里攀枝寻食，人类则发展到了如此高级的地步。

高级物种是由简单的、低级的物种经过矛盾的斗争和转化而来的。这种斗争和转化的实质就是毛主席指出的“任何事物的内部都有其新旧两个方面的矛盾，形成一系列的曲折斗争。斗争的结果，新的方面由小变大，上升为支配的东西，旧的方面由大变小，变为逐步归于灭亡的东西”（《矛盾论》）。在一类事物的运动中，经一定的时期后，有的发展了，有的落后了，先进者在自己的同伴中由量的区别而达到质的不同，以致从中分化出来了。客观事实告诉我们，任何事物的发展都伴随着分化，以碳为基础的有机物出现了，世界从没有有机物到出现有机物这是发展了。可是，有机物与无机物之间，无论在结构上与性质上都有显著的区别，都各有自己的矛盾特殊性。从这个意义上说又是分化了。以核酸和蛋白质为基础的生命体诞生了，这无疑是发展了。但是，生命体和非生命形式的一般有机物之间有了本质的不同，这又是分化了。我们从古猿发展到如此文明、聪明、能干的人类当然是进步了，我们与类人猿之间已经完全是两种不同的生物，这又是分化了。

导师们告诉我们“规律的概念是人对于世界过程的统一联系，相互依赖和整体性的认识的一个阶段。”（列宁《哲学笔记》）从以上事例中我们也看到了一个问题，物质运动是一个相互联系，不断发展，不断分化的过程。特别是当运动进入矛盾转化的关节点上，分化现象就明显地表现出来了。发展与分化成了不可分割的事实，物体在运动中分化以后，先进者能更快地突飞猛进，落后者似乎如故地原地踏步，甚至灭亡。运动是绝对的，落后者也在那里运动，也是没有发展。先进者的变化，如果不是受了上帝的恩赐，就肯定是发生了合乎历史潮流的转化，发生了合乎客观发展规律的转化。分化与发展并存，同时有发展的，也有停滞的，发展与停滞发展的物体并存。这些事实，使我们确信，事物的发展规律是客观存在的，郭象说：“外不资于道，内不由于已”（《大宗师注》）一切是“独化于玄冥之境”（《庄子序》）他认为事物的运动是没有规律的，先后连续的原因与结果之间也是毫无关系的。事实证明，孤立的事件是没有的。

列宁说：“规律是现象中巩固的（保存着的）东西。”（《哲学笔记》）规律是事物的两个发展阶段之间“本质的关系”（《哲学笔记》）客观事物是不断变化的，但规律是稳定的，是在物质运动中稳定的东西。事物运动形式在从低级到高级的发展中，一个个旧的物体不断地灭亡，但一类事物的发展规律保持下来了。新物体的产生和旧物体的灭亡并存的事实就是规律在物质运动中的体现。谁灭亡，谁发展，在于规律对事物运动的作用。规律存在于物质运动之中，在物质的运动中体现出来。物质的运动是错综复杂的，不同的物质、不同的个体有不同的运动形式。决定物体的前途和命运的因素，就看谁的运动合乎了客观发展的必然规律。在化学物质中，只有核酸和蛋白质才能作为生命的物质基础，进一步进化到细胞。灵长目动物中只有古猿才能发展成今天的人。机械结构上的一丝误差都不能作出理想的运动。在这些事实面前，可以肯定地说，他们的结构、运动、性质合乎了客观世界的必然发展规律。

发展与分化并存的事实，除了说明规律的作用以外还可以从中追索出造成分化与发展并存的原因。

列宁在《哲学笔记》中说"规律 = 现象的静止的反应"，规律是不平静的东西中静止的东西，在运动中、激流中的稳定的东西，是事物内部深处的本质联系。它所表现的是复杂的运动中主线的发展，就在这样的运动中规律表现出主线的特性。如从单细胞生物到人类的出现，是生物发展过程的一根长线，中间经历了很多的变化阶段。在这根长线上有许多生物在不同的进化阶段上停滞了发展，有许多生物又分化发展到一定的复杂程度了。有许多生物被自然淘汰了。所以说，要问规律的住所，我们的回答就是规律存在于物质的运动、发展之中。规律的特性就是主线性的，它从物体的分化与发展并存的客观事实中来体现出自己的专线性特性和本身的客观存在。我们把规律的特性看成有主线性特点，把规律的主线特性和物质运动的复杂，紊乱的特性联系起来，作为我们的指导思想，去看待事物的运动和发展，去认识事物的运动和发展，去说明事物的运动和发展，一般是说得过去的。

规律对物质运动的前途和命运的决定作用，以致规律的主线性的特性，这两个方面就决定了物质的某一特定运动形式要想得以保存，要想得以发展，就必须要使自己的行动符合事物的发展规律。当然，静止的物体就谈不上发展，完全静止的物质也是客观世界不存在的。因循守旧和违背规律的盲目乱干，都注定要停滞发展和自取灭亡。所以说，科学是一门老老实实的学问，在它的面前来不得半点虚伪。

2. 规律的具体性及与因果律的关系

规律到底是个什么东西，霍尔巴赫认为是简单的机械运动的因果关系，这样是没有把规律的含义谈清楚。列宁在《哲学笔记》中给我们指出：任何规律都是狭隘的。不完全的，近似的。运动形式的变化规律就是一个物体的运动特性。它是一个物体依其本身的内因在外界的影响下所进行的活动特点。一个运动形式的发展规律就是一个事物运动发展的必然方向，但是，任何规律都是具体的，都是对某一事物的运动发展特点而言的。如在海里的小黄鱼和海豚的活动规律是有区别的。小黄鱼每年到四五月份开始成群结队地向我国江苏、山东沿岸的一带游动。海豚没有这个特性,但海豚比较聪明。1956 年太平洋西南岸的奥波尼镇曾流传着海豚背小孩在海水里游玩的故事呢!但是,“事物发展的根本原因在于事物内部的矛盾性”(毛主席《矛盾论》),小黄鱼的春时群游是由于这时体内性腺发育成熟,要来作产卵洄游。海豚的聪明是由于它的长期进化,脑子较为发达(其脑重和体重之比在动物中是最大的)。

恩格斯说:“一切抽象在推到极端时都变成荒谬或走向自己的反面。”(《自然辩证法》)规律是具体的,如果我们把一个有限范围的具体规律,把只在某一特定条件才成立的规律加以片面化、绝对化,没有根据地扩张到极端。甚至把这些极端性的结论套到整个宇宙上,就是把无限的宇宙纳入有限的框架之中,这样的做法除了把问题引向荒谬的绝境之外,不会有其他结果。在科学史上看到,“宇宙热寂说”,就是把热力学第二定律套给整个宇宙,预言整个宇宙最终以冷寂而忘却。事实证明,这个理论错了。还有人把牛顿的引力定律无限地外推到整个宇宙,该宇宙就会感到所谓的引力佯谬,整个宇宙作用到物体上的力会大到无限,这个学说也证明错了。关于星体远距与光谱红移量的比例关系值,哈勃常数在红移量小于0.3 范围不成立。现在的观测已达到0.46 的范围,就发现在较大范围里不适用了。

任何规律都是具体的,就是说任何规律都只适用于一定的物质范围,任何规律都是一定物体的运动特性和发展方向。但是,这并不是说,在物质世界里没有它们的共性可查。没有共同规律的存在。我国先秦时代的唯物主义哲学家韩非就说过:“道者,万物之所以然也,万理以所稽也。”(《解老》)他所说的“道”是宇宙发展的总规律。“理”是自然界万事万物的各自特殊规律。“道”是各种特殊的具体的规律的依据。自然界存在着一个互相联系的总体,它们有自己的共同规律。在科学工作上,从局部有限的实验中总结出较为普遍的规律,再用它对实验之外的现象进行研究,经受进一步的检验,成了一种成效卓越的方法。如在亚里士多德的体系中,以月亮为界划出了天地两个世界。天上的星星在第一次推动之下,走着美满的圆形道迹,地上的物体就只配落向“宇宙的中心”。各个规律各有主宰的对象,不能相互僭越,直到发现了万有引力定律,同时解释了天体的落体运动之后,才打破了两个世界的虚幻界限,发现了共同的规律,既适用于地上,也适用于天上。事物的运动不是没有共性可循,而是要注意共性与个性的关系。

规律,是物质运动和发展的规律,因而规律又是附属于物质的。随物质在结构上的层次性，规律同样有大小、层次上的区别。有不同大小、等级范围，就有不同的运动和发展的规律。每一个规律都是以一定的物质层次，从一个侧面表现着一定范围的物质的运动和发展的特点。运动规律和发展规律的区别不是概念上的广义与狭义的区别，而是有量的不同，质的差别。活动规律是指的一个物体的常往性的和周期性的运动特征。发展规律是指的，不管是大物体或小物体，不管是什么物质结构层次上的物体的运动、转化与发展方向。

在运动规律上，存在着相对而言的普遍规律和特殊规律的关系。普遍规律就是包含着一定范围的多种物质所共同的运动特点，特殊规律就是在一定范围里的不同个体的各自运动特点。比如说，恒星的运动规律，它们都在无时不刻地运转着，行星既有和其他行星所共同的运动规律，如不断运转。同时，行星还有其本身独有的运转规律。每个星体还有每个星体的运动规律。1802 年高斯用自己创造的完全科学的方法准确地找到了智神星的位置，而且，发现和准确地计算出了彗星的特殊运动规律。地球有朝太阳运转的规律，还有其本身的地质结构，变化规律。生物体既和宇宙其他物体一样，有不断运动，不断转化的特点，同时又有生物体所特有的新陈代谢、自我更生的运动规律。每一个生物种，每一个生物体都有其本身独特的运动规律。但是，普遍与特殊又是相对的。任何一个具体的活动规律，把它同张三相比，本身是普遍规律，把它同李四相比，可能又成了特殊规律。比如物体的新陈代谢和自我更生的活动规律是生物体所独有的，是属于地球的生物层的，把它同地球的地幔、地核相比，这是生物体的特殊运动规律，把它同生物中不同界门、纲的生物运动相比，这又是普遍运动规律。在任何一个物质结构层次上的物体，都有一定的活动规律。

可是，在事物的发展规律上，情况又不同了，事物的变化和发展，往往是指的一个特定范围的物质发生了某些状态、性质的变化。并且，变化以后获得了新生，有了更强大的生命力。和这个变化了的物体有上、下的结构层次关系的物体之间，在“变更”这一点上就不及在活动规律上联系得密切，如在地球的变化上，由于地球早期是炽热的，各种元素都是气体状态，所谓混沌团就是这个时期的情况。在这个环境下没有分子组成，更谈不上化学进化。在地球的运动中，随之旋转。重元素在下，轻元素在上。这些元素又是合成有机物的基本原料。如碳（C）、氢（H）、氧（O）、氮（N）等。在早期的地球缓慢地降低了温度之后，便出现了化学进化。地球从气态到固态，以致固态地球的化学构成成份的变化，是地球这一特定物质的变化发展规律。一个生物体发生变异，从一种动物变成几种动物，在这些变化而来的新物体中，有的种灭亡了，有的种保存下来了，并且发展壮大了。从原动物种到壮健的新物种的变化过程,是该物体的必然发展规律。它的变化是受了某些外界影响的,但它不限于受同种、同属的生物的影响,它的变化方向也不一定是和原来的同族同种的生物的变化方向相一致,生物的突变方向不像生物的一般结构功能一样,可以分门别类,有共性有异性那样井井有条。

前面说过,在复杂的事物运动中有着主线性的发展,运动着的不同物体之间从量的不同开始,到质的差别出现,以致从整个同伴中分化出去的过程。这就是某一事物的整个转化发展过程,就是事物内部的“对立统一”的矛盾性在运动中逐步发展、暴露和破坏,从量变到质变,到另一事物的新的矛盾平衡过程。每一个新物体的出现都是以一个旧物体为基础,是一个旧物质内部的矛盾发展与激化、破坏,在以后运动中达到新的平衡。这种激化和平衡的转化阶段,也就是量变到质变的关节点。是否有前途,就看物体本身的运动规律与客观发展规律的适应程度如何。在简单的物体里,则看它的结构、功能、活动特点是否适应自然发展规律。越适应的越得到发展,不适应的就不能得到发展,或归于灭亡。这样说起来,似乎是有一种神秘的上帝力量在自然界起作用,其实不是的,下面将要说明运动和变化要适应自然界的必然发展规律这一点。只要对从化学分子到生物体的各种生物体的各种物质的运动稍加分析就发现存在这个问题。

运动规律是某一个物体在一定的环境制约下的运动特点。发展规律是一个物体变成另一个更为强大复杂的物体的必然变化方向。但是,我们又在客观世界里看到任何物质的转化都是由一定的内外因素引起的。不同因素有不同的转化。可是,在简单的机械运动和其他运动里,一个原因有一个结果,不同的原因就可以引起不同的结果。规律是等于还是不等于因果律呢?事实上,物质的运动规律和发展规律并不等于刺激与反应的因果关系,也不只是在因果关系中所表现出来的运动特点。列宁在《哲学笔记》中就指出过:因果律不是完整地反映现实的现象的联系。它只是反映世界的普遍联系的一小部分,只确定原因与后果之间的联系。规律是现象中最主要的和最本质的东西,是说明联系中最主要的,但非全面的联系。不揭示现象中普遍的联系,这是其一。另外,事物的运动是起伏式的。一个高潮接着一个高潮,间断连续的统一因果律只反映某一运动阶段的原因与后果的关系,只揭示“无因便无果”的内在原因、反应机理和表现特点。而规律是任何事物的运动中本质的联系,是探究一个事物的整个运动轨迹。因而它有比因果性更深刻的本质特征。所以,科学应从探究因果律到探究规律。

规律和因果律之间是既有区别的,又互相联系的。从因果关系上“我们不仅发现某一个运动后面跟随着另一个原因。而且,我们也发现……由于人的活动,就建立因果关系的基础。这个观念是:一个运动是另一个运动的原因”(恩格斯《自然辩证法》),“在此时此地是结果,在彼时彼地就成了原因”(恩格斯《反杜林论》)。一个原因一个运动,一个运动一个结果,运动一个接着一个,结果也一个接着一个。每一个原因和一个结果的关系是因果关系。不同原因不同结果,从许许多多的因果关系上就得出,什么原因就会有什么结果,由此得出一个总的事物发展的规律。因果律与规律的关系是个别与一般的关系。如前面说的,从散在的物质微粒到恒星的形成,中间要经历许许多多的因果转化阶段,也就是在这个逐步转化的基础上,表现出恒星形成的发展规律。因果律是规律的构成成份,又不能代表规律。规律是许多因果律的综合体,同时又与因果律在性质上有显然的不同,不能等于因果律。如同前面所谈的,分子是由原子构成的,两者是在结构上组成和分解的关系,而不能互相代替一样。

(三)发展规律的形成机理

一个物体的活动规律主要是由一个物体的内部结构功能特点和外在环境所决定的。这是好理解的,对它也就不多加分析了。

事物的变化和发展都要受到事物发展的必然规律所制约,任何物质的运动和发展的必然方向都要受整个自然界的物质运动和发展的规律的制约。在物质复杂多样的运动变化里,只有合乎了自然界物质发展规律的那一部分变化过来的新物体才能获得新生,获得发展。那么,是什么因素决定着具有不同活动特点的物体,和出现了不同转化的物体的前途和命运呢?是由什么东西形成了宇宙的必然发展规律呢?在这个问题上,如果我们只限于某个运动体的内部去追根究底,最后就毫无疑问地得出,一切发展都哀求着上帝的安排,一切发展实现着上帝的意图,事物的发展规律就是体现着上帝的意志。但是,辩证唯物主义者应该坚持物质第一的观点,禀着实事求是的精神,在物质世界里找答案。

恩格斯指出:“相互作用是事物真正的终极原因。”(《自然辩证法》)列宁也说过:“规律的要领是对于世界过程的统一和联系,相互依赖和整体性认识的一个阶段。”(《哲学笔记》)我们对事物发展的必然规律的讨论,寻找自然界控制事物在运动发展规律的最终因素,应该从物质的相互联系、相互作用中去找。揭开各个具体的物质运动现象的外壳,观察各种不同事物在运动中的相互关系,我们认识到,自然界事物发展的必然规律的形成因素,就是在自然界中,作用于任何物体的各种自然因素的合力。这种合力对不同运动形式的物体进行控制。这些因素包括太阳的、地球本身的、大气层的、深度的、温度的、压力的、光照的等等,以及在这些领域中和其他有关范围里还不知道的各种自然因素相互联系下的合力。恩格斯认为:“自然界中的普遍性的形式就是规律。”(《自然辩证法》)这并不能使某一个独特的物理因素或化学因素就能决定宇宙中各种物体、甚至某一个物体的运动和变化的前途,成为事物发展的必然规律的成因。有人认为,事物的运动和发展规律仅仅由事物的主要矛盾所决定,而完全忽视其他矛盾在其运动、发展中的作用,这是错误的。物质的运动性质是由综合因素所决定的。同时,自然界的任何事物的运动和变化又都逃脱不了这种综合因素的作用和制约,因为它总是在一定的环境中存在。同时,又关系到什么环境下适合于什么物质的运动和变化,在什么环境下有什么物质的运动、变化的发展。合力因素对不同物质的制约,是物质运动得以灭亡和发展的根本原因。在地球上,任何物质的运动,都受到地球引力的作用,不适应这种引力作用的物体就不能生存。在地球上适应了的物体,在地球以外脱离了这种引力的情况下又不适应了。宇宙生物学指出:在高空的宇宙飞船里,由于失重,机体的生理情况将发生很大的变化。

一个合乎了自然规律的物质运动,就是指的它的结构、功能、性质适应了自然界各种因果的影响,并在自然界各种因素影响下能继续前进。碳原子的活动量大,核酸和蛋白质能不断发展,进而成为生命的物质基础,人类的发展,都是在于本身从某种物体分化出来以后与同类其他物体相比,在自然界诸方面的影响下,能有更大的活动量。就是说,比其他物体更适合于在这些自然环境的约束下运动。在这样的环境下,增强了自己的运动能力,发展了自己的运动能力。新物体本身的结构、功能,活动特点顺应了,特别是在物质运动的关节点上的变化方向顺应了自然界诸方面的影响,就能进行不断地变化、不断地发展。雷特里关于生物进化的自然因素中,看到有不同的温度、湿度等不同条件的环境里,就有不同的动植物种类。华莱士把动物地理学上的世界分为六大区,在不同的地区就有不同的动物。古北区．包括欧洲、亚洲的所有温带,有它们特有的脊椎动物的三个科、特有的哺乳动物的30个属,以及五十种特有的鸟类,还有一些世界通有动物。埃塞俄比亚区,以除北回归线以南的非洲及岛屿外,还包括阿拉伯的南半部。这些地方有23个特有的脊椎动物科,90个特有的哺乳动物属,175种特有的鸟类。并且,有遍及于整个北半球上的一些动物的科和属。在不同的地方有不同的生物种,北极有北极的特有动物,南极有南极的特有动物。如南极虾就是一种形态异常,鳃露于外,营养丰富,又为南极所特有的动物。这些生物的分布特点,难道是仅仅由于不同地区的生物偶然突变的结果吗？事实证明也不是,因为有些北方的动物迁到南方来就会很快地因不适应环境而残废,或发生变异以适应环境。所以说,使物质形成一定的发展去向的因素,是当地各种自然因素的合力,这就是发展规律。

一个物体的运动和变化,往往在这个环境下是合乎规律的变化,获得了进步和发展,而在另一个场合下,同样的运动和变化可能又不合乎规律,被自然界所淘汰。各处环境的不同,分析起来还是它的温度、湿度、光亮等各种自然因素的情况不同。在生态学里,主要就是对这些方面的研究。世界上六个动物分布区里,各有其特有的生物,说明了自然界各有自己的运动发展规律,这种规律就是在自然界里各方面的自然因素的合力在具体物质运动上的体现。作家写文章的时候,常常把未经锻炼的、软弱无能的人比作温室里的花朵;把坚强、勇敢、有能力的人比作暴风雨中的雄鹰。其实,花朵与雄鹰的特性都是在特定环境促进形成的。如果外界环境到处都像温室一样,那么,花朵的生命力确实要比雄鹰强。而且,花朵栽在风雨中,也有一线希望能逐步适应于环境。昆仑山上还有花和草呢!雄鹰关在温室里可以闭死,也可以因在长期的温室生活下而退化。不同结构的机体有不同的功能,重要的一条就是在地球的吸引力、太阳的辐射力作用下的结果。在一定的环境下,适合于环境的就生存,发展。不适合环境的就逐步衰亡。在古时,绝种的生物种,其去向无疑只有两个:进化和被淘汰。这就是看谁能适应环境的变化而变化,看谁能在新的环境下发展壮大。

列宁说"规律是宇宙运动中的本质的东西的反映。"(《哲学笔记》)一个阶段到另一个阶段的发展,是通过量变到质变的过程,同一类物体在质变面前的前途,根本不在于自己的变化的中签得彩,而在于自己的运动是否顺应了历史发展的必然规律。当然,就地球来说,地球本身的各处环境都是不断发生变化的。适应自然发展规律就是不断适应了自然环境的变迁。人们改造自然,就是为了使自己更舒适地适应环境。在物质的运动中变好的是绝大多数。顺应了自然界的变迁而变化,自己本身的变化方向与自然环境的变化方向相适应。相一致是绝大多数。也有些在质变后是违背规律的变迁而归于灭亡。在某些局部的环境情况与一般的自然环境有显著差别时,往往能使局部范围里某些物体形成不良变迁。如某些物理因素、化学因素能促使机体内核酸的一个或几个碱基位置的变化,就能引起机体某些细胞、组织、器官的形态和动能的变化,而导致遗传性疾病的发生,使机体在这个特定的局部环境下也可以生活(有些还是不能生活),到一般环境下就丑态百出了。所以说,承认规律的存在,完全不是承认"万物有灵论",而是证明了辩证法关于宇宙是一个相互联系而运动的整体。宇宙是在宇宙普遍联系的场合下的物质运动。由阶段的因果关系,通过量变到质变的关节点的整个历史发展特点,是自然界各种物质属性综合作用于一定物体的质的表现。

但是,任何一个物体的存在,又都是自然环境的一部分,是诸种自然因素中的一个组成成员。在任何一个其他物体的运动和变化上,又同别的因素一起对之起着促使发展或干涉活动的作用。如太阳强大的辐射力,是恒星演化到一定阶段上的必然运动特点。它是物质运动和飞跃的产物。但是,它产生出来后,对太阳系,甚至其他某些星系上的各种物质的变化,发展,都有着一定的促进和制约作用。在地球本身,各种无机物、有机物,甚至生物体上也有这种情况。规律控制是物质的运动和变化,规律来自于物质的运动和变化。环境的变化就是在其环境中和在其环境中有影响的物质的变化。这两者的关系是辩证的关系。

(四)高级复杂的自然物体运动规律与社会发展规律

在今天的科学领域里,我们把它分成两大门,即自然科学与社会科学。自然界的发展有自然界物质运动发展规律。人类社会的发展,同样有一定的社会发展规律。在今天,这两者之间是一个客观物质运动的两个侧面,社会和自然互相构成一个地球世界的整体。同时,又是一个物质规律的基础,产生了另一个物质体系。有一个物体,就有一个物体的运动发展规律。在生命发展的基础上,出现了人类。人类的活动主要是社会的活动,人类的发展主要是社会发展。社会发展是人类这一高级生物在新形式下的进化。社会有社会的发展规律,它是在世界上出现的另一类物质运动的发展规律。自然规律和社会规律两者之间有着紧密的内在联系。牵涉的社会问题,不是本书的正题,因而,在此只能最简单地说一下。

在自然界,诸方面的因素互相联系的合力,决定了自然界任何一个物质运动向前发展的必然去向。同时,这种合力了决定了自然界物质运动的总的发展趋向,或叫必然规律。马克思说:“决不可以把思维同那思维着的物质分开,物质是一切变化的主体。”(《神圣家族》)在这段话中,思维着的“物质”,这个“物质”是指“人脑”。物质是一切变化的主体,这个“物质”是指“物质世界”。物质与精神,存在与意识之间可以互相转化。意识是物质世界在头脑中的反映。因此有着思维的因素就是客观世界和人类大脑,两者都是物质的。那么,人们在社会实践中就能逐步地认识这种规律。通过认识和了解,掌握这种规律的特性,就会利用它来为人类服务,使人们在自然界面前逐步地由必然王国走向自由王国。这是马克思主义认识论的一个基本观点。

人们对自然界的物质运动规律的认识程度,就意味着当时的科学技术的发展程度。而科学技术的发展程度,就意味着生产力的发展程度。任何新式工具的出现,都大大地促进了生产力的发展,如火车运载能力比人挑的能力该大多少倍啊!科学技术的发展,生产力的发展,前面说过,是一种生物进化。这种进化同样是既有本身的运动矛盾性,又受外界的诱导和制约。人类的认识的发展,同样有本身对自然界的物质认识规律。这种认识的发展规律,就决定了生产力的发展规律。

马克思创立的“历史唯物主义”这门科学中,其中主要一点就是明确了社会的生产力对生产关系有决定性的作用。经济基础对上层建筑有决定性作用。马克思在《政治经济学批判》中就指出“物质生活的生产方式制约着整个社会生活、政治生活和精神生活的过程。”

恩格斯说“从现实世界中抽象出来的规律,在一定的发展阶段上就和现实世界有脱离,并作为某种独立的东西,作为世界必须适应的外来的规律而与现实世界相对立。”(《自然辩证法》)物质的运动无论在时间,还是区域上都是无止境的。人类社会是物质运动在一定阶段上的产物。人类社会的发展规律也是从自然界一般的物质运动规律中分化出来的。它是在物质的运动中出现了生命,出现了人类和人类社会后才有的。有了人类社会就有社会发展规律和关于社会发展的科学。

自然界的运动和发展,社会的运动和发展,都是物质世界的运动和发展,都共同地存在于宇宙之中,都属于宇宙物质的。因而,自然和社会之间,存在着许多共同的运动特点,共同的基本发展规律。这一点也说明了它们两者之间有着密切的关系。

以上讨论,使我们认识到,社会和社会的发展规律是自然界物质运动飞跃到一定高级阶段上的产物,从自然界的一般物质运动规律到高级复杂的物质发展规律,再到社会发展规律之间都有一定的内在联系。同时,这又都是物质世界的一部分。

五、新陈代谢与物质不灭

(一)新陈代谢是宇宙的普遍规律

物质是运动的,运动中的一种物质可以转化为它种物质。这就表现出一个个物体的不断产生,一个个物体的不断消亡。这种新生和消亡的两个方面的特性就构成了新陈代谢的过程。但是,物质是客观存在的,它只能在运动中转化,不能在运动中产生或消灭,它的总量既不会增多,也不会减少,这就是物质的客观性,物质的不灭性。新陈代谢和物质不灭又都是物质的运动和存在的特性。

毛主席说:“新陈代谢是宇宙间普遍的,永远不可抵抗的规律。”(《矛盾论》)我们走进任何一门自然科学领域,看到自然界的任何一个物体都不是静止的,而是运动的,是经常地、不断地进行着以新代旧。旧的物体不断地分解,新的物体不断地形成。分解的过程就是物质的衰老、消逝的过程,是一个从较为复杂的、活泼的物体,分化为较简单的僵死的物体。合成的过程就是物质的产生成长,就是一个从较简单的、活动力小的物体成长为较复杂的、有着较大的运动能力的物体。两个过程相互依存,总称为新陈代谢。任何新物体的产生和旧物体的消散,总是存在着密切的内在联系。新物体和旧物体之间,无论是结构上,还是功能性质上,都有很大的相似性。新的东西仿佛是向好的东西回复。而且,新物体又不是百分之百地重复于旧物体的各方面的特性,这两者是既相同,又不相同,在这里相同,在那里又不同。这样说来,新陈代谢的过程就是事物的螺旋式发展过程,整个新陈代谢就包括这两方面的内容。

1. 以新代旧的物质变化过程

新陈代谢是宇宙的普遍规律,在自然界里一个主要表现,就是各个客观事物的以新代旧的变化过程。在我们今天的客观世界里,基本上在各个学科的物质范围里都可以看到这个变化过程。从生物体方面看到,活的机体既受宇宙规律的制约,有生物体的不断生长、繁殖、衰老、死亡、变异。生物体存活时又能不断地摄取外界物质以构成自己的组织。同时,组织本身的某些物质又不断地发生分解,并把分解后的尾产物排出体外。能对物质进行新陈代谢是生命最突出的矛盾特殊性。

恩格斯说过:“新陈代谢本身即使没有生命也可以发生。”(《反杜林论》)它并不是生命体所特有的现象。如果自然界的一般物质没有新陈代谢规律,那么,只有生物体的吃东西和排东西,本身不受宇宙代谢规律的影响,将永远不会死亡。同时,食与排也有新陈代谢,也是新陈代谢,要是没有这个规律,它将是吃什么,排什么,没有任何物质变化的可能性。正因为自然界到处都存在着新陈代谢的物质演化规律,生物体才有生有死,食物才能被生物体所变化。同时,我们在客观世界里还看到,所有的物体都在无时不刻地进行着以新代旧的变化过程。如构成千百种物体的物质基本单位,人们习惯上把它称作化学分子。不同的化学分子,不但其本身的元素组成不同,分子结构不同,化学性质也各不相同。这就是客观物质都有自己的矛盾特殊性。由于物质处在永恒的运动状态中,它也就不断进行着变化。当然,物质所进行的运动形式不同,所产生的变化也不同。有机物质因少量的热运动而产生物理运动形式的变化,仅仅是改变了物质的外表形态,没有改变物质的本质。如酒精变成蒸气,铅受热而溶化。任何物体因一定的环境,经过一定的变化以后,又会使这些原物体消失,而变为其他物体。这种变化不但改变了它的外观形态,并且改变了它的本质,这叫化学变化。如铅与盐酸作用变成氢化铅与氧气的反应就是如此。木炭燃烧变成二氧化碳、水、灰质也是如此。但是,锌又可以从含锌的物质中分离而来,二氧化碳也可以被树木吸收同化为木材,又生出木料来。所以,恩格斯指出:"运动着的物质永远循环。"(《自然辩证法》)物质的不断产生、不断消失的过程就是新陈代谢过程。

一把柴刀,是我们从铁矿里提炼出铁,再经铁匠铸成的。在使用的过程中经一定的时间,刀的体积不断减小,重量减轻,这些铁到哪里去了呢?无非是氧化或在使用中逐步削减到泥土里去了。任何一台机器都有其一定的使用寿命,要某一个具体的物质按一定形式永恒地运动下去是不可能的。整个物质世界,不同物体的相互接替地永远运动下去是完全实在的。一个个旧物体的消灭,一个个新物体的出现,同样体现了物质的以新代旧的过程。

古代人用"日月同寿,天地俱生"来比作一个人"长生不老"的欲望,来形容某个物体永远存在的无限寿命。当然,星体从生到毁的变化过程和一个人的从小到老的过程比起来,从时间长短上说不知要相差多少倍。在一个人的一生中不容易看到某个星体的明显变化。但是,科学的考察告诉我们,星体同样是有一定寿命的,有它自己的自生至死的运动过程,新陈代谢的规律在它身上同样地得到了体现。从氢气云形成恒星,恒星运动变化到一定的程度就会自行爆炸,再产生新的星体。用高士基的话说,就是:

"天空变成了天体,
天体变成了天空。
天空就是疏散的天体,
天体就是密集的天空。
像乡村是疏散的城市,
城市是密集的乡村。"
(《你们知道我是谁——高士基作品选》)

它们是不断出现,不断疏散,以构成不断地以新代旧过程。

任何物质的代谢都伴随着能量的转化,物质的转化和能量的转化是物质和运动的不可分割的两个方面的表现。一般是物体的形成成长,要吸收能量;而物质的消衰分解,要放出能量。物质的分解与合成,放能与吸能是非生命物质和生命物质运动的普遍形式。它体现着一个物体代替另一个物体的过程。

不同的物质,其代谢特点是不同的。一个物体的代谢特点与另一个物体的内在矛盾特殊性息息相关。比如一个乙醇分子的产生,可由葡萄糖发酵而来,也可由乙卤制取。其消失可由氧化或其他什么方式而分解。分解的产物是什么,这些都在于乙醇内部化学结构与内部特性。生命体之所以能把对立的矛盾统一起来，变成自己所特有的活动规律，就在于生物体的自身结构、功能的高度复杂化发展，在于蛋白体的作用。一棵苹果树和一棵李子树都由种子发育而来，活到一定的时间就必然老化，死亡，直到枯死逐步分解。但它们的种子发育出来的果实、花、叶、杆子都是各不相同的。这些，在相同的环境下表现出各不相同的历史变迁特点就是物质的内因在以新代旧方式上的体现。

自然界，任何物质的新陈代谢都不是孤立进行的。它与外界环境有着密切的关系。环境的不同对物质的新陈代谢方式有着巨大的影响作用。环境与物体的统一，成为物质运动的基本条件，成为物质不同运动特性的重要原因。物体的产生必须是来自外界某些物质的反应的结果，有的是某些简单物质的直接化合。一个旧物体的分解，必然会向外界环境排出一些物质。同时，物体的产生和灭亡、合成与分解的进行又和环境的温度、湿度、日光等密切相关。如光线的光谱成份不同会强烈地影响植物同化的性质。这些已经说过。在植物试验中可以看到，烟草原生质再生细胞的分裂与分化，不仅受不同的器官来源的影响，也受创伤组织及年龄的影响。过去，人们根本不能进行贻贝的人工孵苗，只能天然生育。现在，通过研究创造了一个水深、水温、光强的适宜环境，选择一定的喂料，这样，就可以进行人工育苗了。这就是环境对生物的生理影响作用。在饮食方面，我们看到，以面包饲狗，狗流出的胃液是碱多酸少；以牛奶或肉类饲养，胃液中则碱少酸多。化学上乙谜遇光就会变成光气。可见，外界条件对植物的运动有重要的影响作用。

我们还从一个方面看到，物质以新代旧过程的变化方式不同，也能影响环境条件。地球上大气中的氧气就是亿万年来，植物的生命活动所积累的。岩石的分化，土壤的形成，都与植物根部的排泄物的侵蚀有关。当然，被改变了的环境又反过来对植物代谢发生作用。这样，通过新陈代谢，任何一个物体都和整个自然界有彼此互相作用、互相制约的统一关系，又是通过这种内外因素的相互变化，表现出“整个自然界，从最小的东西到最大的东西，从沙粒到太阳，从原生生物到人，都处于永恒的产生和消灭中，处于不断的洪流中，处于无休止的运动和变化中”（恩格斯《自然辩证法》）。这样的过程表现出以新代旧的物质转化过程，表现出新陈代谢的规律，无论何时何地都在永恒进行着的。

2.“否定之否定”的螺旋式发展过程

新陈代谢的第二个方面表现，是事物从低级到高级，从简单到复杂的一个螺旋式，或叫不闭合周期性的发展过程。又是一个“否定之否定”的物质变化发展过程。

“否定之否定”是事物运动的客观规律，它是不以人们的意志为转移的，是客观存在的新陈代谢的事物发展规律。这个规律“按其本性说是对抗的，包含着矛盾的过程。每个极端向它的反面转化。最后作为整个过程的核心的否定的否定。”（恩格斯《反杜林论》）它是矛盾运动的转化过程，是一类事物从低级到高级发展的最本质的因素。在简单的数学运算中，我们可以看到一个“a”，要是否定这一否定，以“$(-a)\times(-a)$”就得到“$+a^2$”的结果，回到了正数。至于“$+a$”的平方仍然为“$+a$”的问题，那是从肯定的方面去说了。但都是以“$+a^2$”代替了原先的“$+a$”和“$-a$”。

恩格斯又说：“每一种事物都有它特殊的否定方式，经过这样的否定，它同时就获得发展。”（《反杜林论》）在地质学中，整个地球的演化都是一个被否定之否定的代谢系列。旧岩层不断毁坏和新岩层不断形成的系列。起初由于液态的物质冷却而产生原始的地壳。经过海洋、气象和大气的化学作用而破裂。这些碎块一层一层地沉积在海底。海底的局部隆出海面，似乎回到了原先地球表面的岩层。出现了以新代旧的代谢过程，又使这种最初的地层的一部分再次经受雨水。四季不同的温度变化，大气中氧和碳酸的作用而变化。从地心冲破地层爆发出来的，再次回到原来的岩层状态。然后，冷却的熔岩也经受同样的作用。这样，不断地循环往复，否定——肯定——否定，就是一个新陈代谢的过程。

从组成世界万物的一定物质层次——元素上可以看出，元素表中各种元素依其本身的原子序和原子量的逐步变化，而呈现出性质上的周期性变化来。元素表中的行与行之间，族与族之间，元素的性质关系都在于原子量的不同，在于原子量发展到一定的程度又呈现周期性的性质重复和差异来。说明了元素的变化是物质的否定之否定，螺旋式的发展过程。在生物体的生长过程上，我们看到，一棵苞谷米在土壤发芽，苞谷米本身消失了，被否定了，代替它的是芽及从芽里生长出来的茎。以后茎还要生长、开花、结果。最后又长出苞谷米来。植物就渐渐地死去，本身被消亡了．新的苞谷米出来了。实现了以新代旧的过程，回到了原状，回到了苞谷米的肯定。一个动物卵细胞和胚胎的发育成长，亲代的衰亡也是这个过程。所以说。新陈代谢就是否定之否定，事物运动的必然发展趋势，是矛盾运动的结果。

列宁说：“在高级阶段上重复低级阶段的某些特性，特征等等。并且……仿佛是向旧的东西回复。”（《哲学笔记》）在物质运动的进行中，事物本身不断地重复着“否定之否定”的过程。新物体的肯定重复了旧物体的某些特性，高级阶段重复了低级阶段的一些东西，前面所述的几个实际例子，就足以说明这个问题了。

可是,“否定之否定”的代谢过程,并不是简单地重复。在高级阶段的物质并不完全等于低级阶段的物体。数学上的负负得正,只有在更高的阶段上,即二次幂上实现。“a^2”和“a”又相同又不同又有个性,只是较原来的“a”共性有了扩大,个性有了缩小。地球上的温度有一年四季周而复始的变化过程。美国学者海斯研究认为,地球上每隔十万年要出现一次大冰期,证明一年与一年的气温,一个冰期与一个冰期的气温是可以重复出现的。相互之间又总是有差别的。在地质构造上,1859 年美国学者赫尔提出了地槽说,其后又有人提出了地槽——地台说,认为地壳的发展,首先是地槽区。它是地质活动最强烈的阶段。其后转化为地台区,进入活动缓慢的阶段。1956 年我国地质学家陈国达提出了地洼说,它是继地台阶段以后而转为新的活化区,它和地槽区地质相似,同为活化阶段。又并非简单的重复。它不完全同于地槽,而是以山脉与又名地洼的山间盆地代替了鸟链及海槽,故称为洼区。地洼、地槽同为地质的活动阶段,有共性。但两者类型有别,结构又较复杂,为更高级阶段的产物。新苞谷种从旧苞谷种长出来以后,又会有自己的变异,又有自己的新的特性。新物体与物体之间有许多共同的特性,同时存在着各不相同的特性。这不是简单的复旧,而是物质发展的新阶段。

“否定之否定”是新陈代谢的一种表现,是事物运动发的规律。这个规律在事物的发展过程中只“是作为联系的环节,作为发展环节的否定”(列宁《黑格尔逻辑学》),使它从一个阶段发展到另一个阶段。这种运动规律在发展中的作用,正如恩格斯在《自然辩证法》的“计划草案”中写道的“否定——否定——发展的螺旋式”。这就清楚地告诉了我们,通过事物的从否定的否定,到肯定的过程,促使事物从低级到高级的发展路线是一个不闭合周期性的发展过程,就叫螺旋式的发展过程。前面所谈的一些实际例子,都是从某一特定物质出发,经过一系列的演变之后,似乎又回到原处。这似乎是周期性的发展。但是,任何特定的新物质与旧物质之间又有矛盾差别的存在。因而这个发展又只能是螺旋式,或叫不闭合周期性的发展过程。而且,这种发展的过程归结还是一个新陈代谢的过程。

我们还必须指出,并不是任何事物的任何方式的否定都可以导致事物的发展。如一颗种子在土壤里由适宜的温度、湿度的条件下,可经过特定方式得以发展。但是,我们磨碎了这个种子,这也是否定,但不能得到发展。在微积分中的否定也不同于从负根得出正乘方的否定,所以说,每一种事物都有它自己适宜的否定方式。只有经过这样的否定,它才能同时得到发展。将新的物质来代替旧的物质。

（二）新陈代谢的形成原因

为什么新陈代谢成了自然界一条不可抗拒的客观规律？我们觉得主要有这么两个方面的原因。

1. 互有差别的物体竞争是新陈代谢的前提

在不同的物体之间存在着差别，存在着矛盾。这些互有差别的物体，在运动中必定互相斗争，互相排斥，使强者发展，弱者灭亡。就这样，差别和矛盾的存在和斗争就形成了物质的新陈代谢的过程。

列宁说："'差别的内在发生'是矛盾，两极性的进展和斗争的内部客观逻辑。"（《哲学笔记》）事物的现象和矛盾不是外来的，而是在物体内部产生的差异。任何现象都是可以变化的、发展的，能发挥自己的全部性能。一个物体到底是否出现变化、发展，能否发挥自己的全部性能，就在于物体内部所包含的差别。在物质运动中，差异会逐步地发展，使之逐步两极化。列宁对"出现了差别，尔后差别又成长为矛盾"这一思想非常注意。在差别中已包含着矛盾的趋势。差别不是一成不变的。差别与矛盾是互相联系、互相转化的。这种转化是事物和现象的内部矛盾性的发展。

在自然界中，物质运动上的差别是怎样转化为矛盾的呢？一个物体在运动中，其内部原先相互联系得很好，同一性为矛盾的主要方面。但运动到一定的程度上，某些组成部分变化得过快或过慢，破坏了这种协调，出现了差别。在自然界又由于物质的运动存在着"对立统一"的规律性。同性相斥，异性相吸。互相发生生存竞争的运动规律。这就使差别成长为矛盾，产生了斗争。

事物运动，从差别到矛盾的转化，是怎样促使着事物的新陈代谢呢？分析起来，主要是因为自然界的各种物质是互相联系的、互相影响着的。任何物体的形成、壮大都需要从外界环境摄取物质同化为本身的组成部分。这样，在生物来源上各物体间，必然发生竞争现象。但是，矛盾和差别是自然界里普遍存在的，各种物体不但在结构、功能、性质上存在着差别，而更为重要的是，各个物体的运动能力是互有区别的。新物体之所以能战胜旧物体，是因为新物体比旧物体有更强的运动能力。旧物种之所以灭绝，它是受新物体，有能力的物体的压榨。

在物质个体的以新代旧上，体现着物质运动从差别到矛盾的斗争。如一辆坦克要得以运动，必须要依一定的能量转换装置，由一定的零件互相密切结合，才能共同作用，进行运动。当然，各个零件的相互结合并不是没有差别的，差别仍然是存在的，一切平衡都只是相对的。坦克在不断运动中，不断与周围环境的相互作用，使本身不断地变化，使本身不断地磨损，出现某些形态上的改变。各零件结构间的差别日益扩大。这种差别扩大到一定的程度就成为矛盾,就要修修补补,直至丧失自己的运动能力。这时人们又只得用新的坦克来代替。一辆新坦克的产生,一辆旧坦克的消失过程,正是一个物体的新陈代谢过程。在一个固体物质内部,分子间结合力上也体现了这种从差别到矛盾,再到旧物体灭亡的过程。新生的断裂力学指出:任何材料绝不是连续的、均匀的、无缺陷的,都不可避免地存在着一些裂纹和缺陷。材料在冶炼中难免掺进一些杂物,是锻压、热处理等工序中造成裂纹,在使用中载电荷大小、作用方式、温差、腐蚀介质等因素影响下,又会进一步形成新的裂纹,发展新的裂纹。材料在外界作用下的破裂主要在于这些因素的存在和扩大。这门科学以一个侧面证明了事物的同一性是相对的,差异性是绝对的。并且,物质的差别可以转化为矛盾。从差别的扩大到矛盾的产生,是新陈代谢的出现的根本原因。

差别——矛盾——新陈代谢,也是化学进化的一个根本原因。比如乙烯是一个不饱和化合物,也是一个不稳定化合物。由于差别的扩大,矛盾的激化状态。这种物质在中性与酸性溶液中则不会氧化为乙二醇。乙二醇是一个比较稳定的化合物。但是,当它在环境中继续运动,差别继续扩大。矛盾会得到激化,从稳定状态变为不稳定状态,进一步氧化生成醛、酸等等。同时,乙烯和乙二醇都可以因一定的条件而发生分解,变成简单的化合物,变成构成某些复杂物体的原始材料。

一个生物体的衰老、死亡,以及体内的新陈代谢,就是由于机体内某些器官,功能的衰弱而引起的。一个化学分子,可以由物理形成的变化、分子内部结构关系的变化,造成各个结构部分之差别的存在,进而引起分子的化分与化合,造成物质的新陈代谢过程,造成一个个物质分子的产生,一个个分子的破坏的过程。新物种的出现与旧物种的消失,同样有这个因素的作用。如在人类的第一代,即"古猿",当时有两种类型,一是粗壮型,头大个子大,颊齿大,咀嚼肌大,但较笨。在当时同野兽的斗争中容易遭殃。它主要吃草,因而身不栗悍,常常沦为野兽的口中食。另一种是纤细型,身材小,脑袋小,手足灵活,会吃肉。身材栗悍,力气大。它们是一个部族的动物,由于运动中产生了差别,从差别到矛盾的斗争和转化,变成了两个部族的原始人。这两个部族之间又有差别,有矛盾。两个部族进行着激烈的斗争,在斗争中前者被消灭了,后者生存发展了。纤细型和自然界之间存在着差别,这种差别仍然在逐步扩大。矛盾激化的结果,使纤细型在战胜粗壮型的同时,自己的内部又存在着新的差异,新的斗争,开始孕育了代替纤细型的新生力量,这就是"智人",又出现了新的新陈代谢。

这里,差别和矛盾的斗争是永远存在的,新陈代谢是永远存在的。旧物体的分解是物体形成的条件，新物体的形成又推动旧物体的分解。用一个新物体代替一个旧物体，用一种新技术代替一种旧技术，其本身就是一种新陈代谢的过程。没有物质运动中的差别的存在与激化，没有新旧物体之间的竞争，就无所谓新陈代谢的规律了。

2. 运动在关键点的质变分化是新陈代谢产生的根源

事物运动的量变到质变的转化，是客观世界的普遍规律，是辩证唯物主义理论中的一个基本规律。我们觉得，量变可以转为质变这个物质运动的规律与物质的新陈代谢规律有着一定的内部联系。如果事物的运动只有量的变化，没有质的变化，那么，一切都是原物体在数量上的增减，新物体的出现，旧物体的消失也将不可能的了。

物质运动，从量变转为质变的特点和新陈代谢的特点，是任何事物都具有的。它们是同一个方面的运动特点，即都是通过运动，使物质发生了结构上和功能上的最本质的变化。但是，从这两者来看，又是物质运动的不同过程的表现。这两者是既相似又不完全相同，并不是说的一回事，量变到质变只是一个物体在运动斗争中，斗争到一定程度上出现了新的矛盾特殊性，改变物体原有的状态和性质。它只是使某个物体发生转折性的变化，包括好的变化和坏的变化，包括化合性的变化和分解性的变化。新陈代谢是一个物体经过许多量变到质变的转化，使新物体产生成长、壮大和旧物体的衰老、灭亡的全过程。比如说在稻谷如何碾成米的问题上，首先是用手拿石头擦，然后是用木棒放到石眼里拌。到封建社会时期，劳动人民发明了推子，用手推的方法给谷子脱壳。推子确实是比较适用的，也是比较盛行的。在山区20世纪末的还存在呢！后来，在能量守恒与转换这一发现的推动下，人得到更深刻的启示，在这个基础上试制成功了碾米机。这样一个物体代替另一个物体的过程，就是新陈代谢的过程。在生物学上，一个个旧生物种的灭亡，一个个新物种的出现。这样一个生物进化的全过程也是一个新陈代谢的过程。量变到质变的规律就证明了一个事物的渐进性的变化，间断性的飞跃。如环境的作用——机体的进化，环境的作用——遗传性疾病的产生。

客观物质的质变有着两个方面的表现。它们可在一定的环境条件下，由不同事物相互之间的常往性运动达到一定的程度，就可以互相化合为一个新的、更复杂的物体了。也可以在一定的条件下，由一个较复杂的物体，在常往性的运动中，出现物质的分解反应。这两个变化的过程，都是量变到质变的过程。任何物质运动到一定的程度，就要发生质的转化。这是无可置疑的历史潮流。但一个物体会朝什么方向、发生什么样子的质变，要因时间、地点、范围、条件的不同而不同。生物在运动中的进化和在运动中的衰亡，既是量变到质变的两个不同表现，又是一个新陈代谢过程的表现。没有物质运动的从量变到质变的转化，宇宙中任何物体都永远不会改变，仅有常往性的一般的变化而已。这样还有什么新物体的产生，还有什么旧物体的衰亡呢？这样，还谈得上什么事物的新陈代谢过程呢？还有什么物质发展过程的存在呢？

新陈代谢和量变与质变这两个规律是有共性的，即都是指事物的运动由于对立和统一的存在，使各事物之间由量的区别而达到质的不同，质的变化以后又有新的量变。恩格斯说："量的变化改变着质的变化，质的变化同样改变着量。"（《自然辩证法》）这使事物的矛盾特殊性发生了变化，由一种物质发展到了另一种物质。前面已经举过不少的例子，这里就不重复了。新物体的诞生，旧物体的灭绝是在运动中，通过量变到质变的转化而实现的。"不仅是对立面的统一，而且每个规定的质、特征、方面、特性向各个他者（向自己的对立面）转化。"（列宁《哲学笔记》）一连串的好的质变及发展过程和旧物体的质变后的灭绝过程就是新陈代谢的过程。

量变到质变的规律和新陈代谢的规律，两者在客观事实上又有一定的内在联系。这就是量变到质变的转化是新陈代谢的基本前提。如果没有物质运动从量变到质变的转化，就没有任何新物体的产生，旧物体的被消灭。没有从量变到质变的转化，世界上的物质的种类、形态、数量都不能有什么大的变化。从简单的无机物演化成复杂的有机物，从复杂的有机物又分解为简单的无机物，还可以化合为更复杂的有机物。这明显是一个新陈代谢的过程。但是，这种新陈代谢不基于量变到质变的矛盾运动和转化能实现吗？不能。一个生物类群的消失，一个生物类群的出现，一门科学技术的产生，一门科学技术的被淘汰。其间要经历许多次从量变到质变的转化。这样的一个进步、发展的过程，就是事物新陈代谢的过程。事物的发展和新陈代谢、量变到质变的转化等两种因素都不能离开。物质的运动也逃脱不了这两种运动的特性。它们是客观存在的，不以人们的意愿为转移的事物运动特性。谁也不能创造它，消灭它，而只能认识它、利用它。

（三）事物多变化，物质永不灭

我们已经讨论了物质不断变化的一面，看到了物质的新陈代谢的一面，但是，在物质代谢的过程中，衰亡了的东西哪里去了呢？新物体壮大的物质来源在哪里呢？物质不断运动的能量来源于何处呢？人们通过观察研究认识到在变化着的物体背后有着永恒存在，不生不灭的客观物质。

1. 各种守恒定律的建立暗示着物质不灭

人们对客观物质的“不生不灭”的认识,是从物质运动的“可生可灭”现象的认识基础上发展而来的。因此,过去的人们在自然界的长期生产、生活实践中,通过自己的切身体会,认识到桌子不搬不动,钟不敲不响。这说明了物质运动需要一种作用力。同时,也有些人注意到江河奔流,云彩飞驰,日月经天,地质变化,山海迁居等等自然现象,好像是有的物体消灭了,有的物体产生了。从而有人认为在自然界之外还存在着某种上帝对物质运动的作用。上帝作用于每一个事物,物质的变化和生灭是依上帝的意志为转移的。物质是可生可灭的。

要认识事物的本质,必须从感性的经验,经过复杂、曲折的飞跃过程,上升到理性认识才能把握。人们通过削析一系列具体事物,从中发现了许多问题,如任何具体的物体都是运动的、变化的。但是,变化之中的物体存在着稳定的东西。从物体的运动变化特点上说:“规律是现象中巩固的(保存着的)东西。”(列宁《哲学笔记》)在物质紊乱的变化中,存在着稳固的、基本的运动方式。各种守恒定律,如其他规律一样,就是撇开各种具体的运动过程,更深刻地反映了在变化很大的现象上,隐藏着相对稳定的物质因素。在科学史上,最早的一条守恒定律,是17世纪上半叶笛卡儿提出的动量守恒。他说:“在真空中开始运动起来的物体,将以同一速度无限地运动下去。”说明,不管是什么物体,只要没有外力的作用,物体运动的量总是保持不变。它既概括了从天体之大,到原子之微的一切物体的机械运动的规律性,即机械力守恒。它也表明了物体运动的规律不因空间位置的不同而不同。后来,动量守恒又说明了物体的旋转、运动规律不因旋转轴在空间的方向、位置的不同而不同。到19世纪中叶,又发现了一条迄今为止最重要的守恒定律。即能量守恒定律,它越出了机械运动的界限,说明不同运动形式在相互转化中,其运动的能量只能转化,而不能被产生和被消失。如机械运动和热运动的相互转化,就有一定的等量相当的关系。一卡热量等于4.18焦耳的机械运动的量。它说明了物质运动规律不因时间不同而不同。

从质量方面说,任何物体在运动中势必发生某种质的变化。其本身的质量也必须发生转化。但是,在一个大的物体的重量变化了,在深入一层的结构上却是不变的。如18世纪俄国化学家罗蒙诺索夫通过一系列精密的实验、确立了燃烧的正确概念,在实践过程中发现了物质不灭定律。他说:“自然界中所发生的一切变化,都是这样地进行。在一个物体上失去了多少物质,另一个物体上就会增加等量的物质。……这个原则也可以推广到运动的规律上去。”(湖南医学院六三级《生物化学》教材)反应物的质量等于反应生成物的质量。这个质量不变的原理很快就被道尔顿认识到了。他认为,各个物质的分子量改变,但总量是不变的。其机理是原子量的不变。如一个分子的盐酸(HCl)和一个分子的氢氧化钠(NaOH)可生成一个分子的氧化钠(NaO)和一个分子的水(H2O)。反应前各物质的分子量是盐酸36.5,氢氧化钠40。反应后各物质的分子量,食盐为58.5,水为18。反应前的物质总量和反应后的物质总量都是76.5。

1896年贝克莱发现了铀的化合物具有放射性的现象。接着,居里夫人进一步发现了放射性物质的射线。在放射性元素中原子的衰变改变了原子量,进而改变了有放射性的元素参与的化学反应的质量守恒。从此"不可破坏的、不可分解的化学元素,被发现是可以破坏的、可以分解的。它们的数目继续不断地增多。真好像是在跟世界的统一性开始玩笑似的,镭元素变成氦元素了。"(恩格斯《自然辩证法》)可是,后来的科学研究又证明,射线∞(氮核)、β(电子)、γ(光子)也都是物质的,都有质量,于是,在新的基础上建立了新的质量守恒定律。到20世纪20年代,人们发现了原子核里头的质子和中子,一旦结合成核,质量就要比自由的质子、中子的总质量小一些。发现了"质量亏损",于是质量守恒又不守恒了。这一部分质量转化为"结合能"释放出来了。这种在原来意义上质量守恒和能量守恒的定律都被打破了。建立了新的质量——能量守恒定律。这样一个守恒定律被打破了,又会有新的守恒定律的建立,说明了物质只是在不断地变化着,而没有被产生和被消灭,物质是不灭的。

通过提示,一个个能量守恒定律和质量守恒定律的建立打破、再建立,使人们认识到任何一个物体都是变化的。不但是质量在变化,运量上也在变化,但是,上一层的物体结构的变化,有着下一层物体结构的守恒性和不变性。分子量的变化,有原子量的质的稳定性作基础。原子量的变化有着原子核和电子的质量的稳定性作基础。绝对性存在于相对性之间。一个个守恒定律的建立,使人们确信,整个宇宙的物质是不生不灭的。无论过去或将来,都是永远存在的,是守恒的。

2. 一个个守恒定律范围的扩大证明了世界的同一性

自然界的物质是复杂的,人们的认识是无止境的。迄今为止,人们所认识的各个守恒定律都是适用于局部范围的,都是暂时的、相对的。生产实践和科学实验的发展,总是在不断地冲破一个个守恒定律,又建立着一个个新的守恒定律。就在这样不断建立,不断冲破的过程中,显示出宇宙物质的同一性来。

从动量方面说,在19世纪中叶,发现了热能和机械能可以互相转化后,原有的笛卡儿的动量守恒(质量乘以速度"mv")等公式就不适用于它的量变了。因为那些只是对死力的描述,而这里只有活力才能变成热能。不考虑分子的运动,机械运动就不守恒了。到这时人们认识到,明显的机械运动的死力是维持机械运动的量度。而活的热力则是表现为已经消失了的机械运动的量度。死力只是机械力,是从外表强加于僵死的物体的。活动则是物体自身的内在活动能力。活力其实也是对力的守恒的最早突破。以后人们又在化学反应、电磁作用上发现,热能和机械能的总量也不守恒。还必须加上化学能电能,必须再修改和扩大这个范围。在更大的范围里,力的守恒被能量守恒所代替。在这当中,机械运动和热运动都可以用“能”来量度。说明它们当中有共同的质的规定性。进入到物质结构层次的更深一层看,热运动是大量分子的无规则运动,机械运动却是一个宏观物体的有规则的运动。并且,大量的无规则的分子运动到一定程度,可以推动一定的可见物体作机械运动。同时,这两种运动都表现为空间中的位置移动。继而发现化学运动、电磁运动都有共同的特性,都有共同的质,又正因为有这种共同的质,它们才能互相转化,才能互相守恒。

19 世纪末,人们的认识范围又有了扩大,发现了高速运动的电子,发现了原子能,了解到在热运动、电磁运动、波粒子运动过程中,如果把分子的动量、电磁场的动量、光子的动量都包括进来,动量还是守恒的。在这里,动量表现为运动的空间特性的相对稳定性,能量表现为时间特性的稳定性。在统一的思维时空里,它们之间的联系也有着相对稳定的一面。于是,原来各自独立的能量守恒和动量守恒都被打破了,变成了统 的能量——动量守恒定律。这说明它们两者之间有共同的质,证实了这个范围里的物质的同一性的存在。

在质量方面,从在原子量不变的基础上建立了物质质量守恒,到这个定律的被打破,建立了以射线粒子的质量为基础的质量守恒,再打破这个定律建立质——能守恒。这说明着物质在不同的结构层次上,其质量有相对稳定的一面,同时又证明,由于人们眼界的步步扩大,所看到的不同范围不同结构的物质相互之间都有同一性,有共同的质的稳定性。说明守恒的破坏与建立的过程,是人们对事物认识的深入和范围逐步扩大的过程。

在宇宙理论上同样如此,于 20 世纪 20 年代左右,分别建立了宇称守恒,电荷共轭守恒,时间反演守恒等定律,反映了一定物质范围的质的稳定性。后来又发现在某些特定条件下,它们是不守恒的。证明有些事物的运动还可以到这个范围以外去,还有个范围以外的客观世界的存在。同时也暴露了这些物质运动的矛盾差异性。就目前来看,任何范围的不守恒,如果把它扩展到这三者联合的广阔世界里,还是守恒的。又说明在这个范围里的不同物质相互之间有共同的质。世界是有同一性的。

科学实验使人们懂得，一部自然科学发展的历史，就是一个不断地认识自然过程。某一方面的相对稳定性，又突破这种相对稳定性的历史，就是一个不断建立各种守恒定律，又修改和打破这些守恒定律的历史。每建立一个守恒定律，都是在一个物质结构层次，从一个侧面和一定范围里描述了运动，标志了人类对自然界认识的一定阶段。而打破一个定律，又暴露了这个定律的狭隘性、局限性、片面性。说明人类在生产实践和科学实验中扩大了自己的眼界，标志着人类认识自然界的深度和广度的新进步。

人们要建立守恒定律，就要找到物质运动在一定边界条件下某种共同的量的规定性，才能进行量度。自然科学总是从不变中去捕捉变化，从静态中去量度运动，从守恒中去认识不守恒。但是，自然科学的发展依物质结构的层次性，而呈现一定的阶段性来。这就是在某一种不守恒的后面，总可以找到另一种新的守恒。在运动中、激流中有相对稳定的东西，在不同运动形式的背后有共同的质。这些事实使我们确信，宇宙的物质是永远存在的，不生不灭的。并且，整个宇宙的各种物质会有它的共同的量度，会有它的同一性。“物质在它的一切变化中永远是同一的。”（恩格斯《自然辩证法》），各个不同领域的物质会有不同的表现。个别中有一般，整个宇宙世界是有同一性的。

3. 守恒与不守恒是物质运动的局部与整体的关系

物质的运动，在一定的程度上看来是守恒的、存在的。在另一个角度上看又是不守恒的，是产生了或消灭了的。这到底是守恒的还是不守恒的呢？有人认为这两者都存在，宇宙就是守恒和不守恒的统一。说是两者的统一，看来是正确的。但它们两者之间是什么关系呢？我们觉得还是一般与个别的关系。守恒是代表一个结构层次的物质整体，是一般的。不守恒是在这个守恒范围中的一部分物质的运动变化。

宇宙万物，其大无限。不管多么大的物质范围，太阳系、银河系、超星系也都是物质结构的一定层次，也表现着一定的质的可变性。同时。总看到天外有天，“河外有河”，矛盾环环相套，永远到不了边。在无限的宇宙里，一个个守恒定律的确立，证明了物质的不灭性，任何物质依其内部矛盾性不同，其运动程度和运动方式也各不相同。质量是物质属性中的一种，质量不变是总的不变，在某一个物质中是可以变化的。因而是相对的。物质不灭是指的整个宇宙的物质不生不灭，因而是绝对的。单用质量守恒或用质一能守恒来证明物质不变是不充分的，逻辑上也是说不通的。在一定条件下，物质变化到一定的程度上，有一定的质量守恒固然是物质不灭的表现。但是，即使质量守恒转化为对立面，对某一个不守恒时物质也仍然没有被消灭。在无限的宇宙中物质是不灭的。可是,在任何一个特定的范围里,物质总是可变的,似乎是有增减、有生灭的。正是由于这个原因,所以恩格斯在谈到怎样才能最终解决运动不会最后耗尽和停止,质量不会最终消灭时指出,“只有指出了辐射到宇宙空间的热怎样变得可以重新利用”(《自然辩证法》)。如果这个问题能得到最终解决,就能使人们了解到整个宇宙的物质,“能”是如何互相传播,反复利用的。只有这样,人们才能基本弄清楚宇宙总的守恒和任何特定范围里的有守恒的关系。虽然今天还没有达到这个认识水平,但从现有的关于物质转化过程的资料上,“物质不灭”这个辩证唯物主义的论点已经得到了比较充分的、本质的、重要的证明。

物体再小,其小有内,无论多么小的东西,里面还有更小的东西,永远到不了底。分子、原子、波粒子都是物质的一定结构层次,有一定的质的可变性,表现着一定的不守恒性。但是分子的变化有原子的稳定性的一面,原子的变化有波粒子的稳定性的一面,波粒子也可以变化,也有矛盾,也表现着一个复杂的无穷无尽的世界。但其背后又有更小的,更带稳定性的物质。

当然,内和外是相比较而存在的。外部矛盾从更高的物质结构层次上看,又是内部矛盾。内部矛盾,从更细一层的结构中的某些结构成份来看,又是外部矛盾。我们的宇宙世界就是一个空间上无限宽阔,在物质的可分性上又是无限可分的。随着科学技术的发展,将在空间和物质的范围中,找到更多不同的物质和不同的运动所共同量度的东西后,那时的认识界限仍可以扩大。但那时的人们已经知道了世界真正的同一性,宇宙真正的物质不灭性是什么含义。了解了世界是怎样的一个同一性的内部包含着无数的差异、矛盾和变化。并且,把这些理论建立在完全科学的基础上。

但那时的守恒定律是不是到顶了呢?这是一个牵涉到怎么看待世界的问题。如果承认宇宙的无限性,那么就必定带来守恒性和不守恒性,带来理论上的守恒和实际工作上的不守恒。如工业技术人员,谁都懂得物理学上的几个简单的守恒定律,但他们计算任何一个机器运动的能量转换时,在各个转化的关节点上,都要扣除一定的能量亏损值。

守恒和不守恒的对立统一,反映出新陈代谢和物质不灭的对立统一关系。在总的平衡中反映出个别的变化。在个别的变化背后又有着总的平衡的存在。新陈代谢是一种物质到另一种物质的转化。既不可能无中生有,也不会绝对被消灭。天体的形成和消失弥散,物种的产生和灭绝,生物的进化与死亡,都是在一定物质范围里的变动性。正是这个局部的、暂时的变动把以往的发展成果巩固起来,把某种积极的因素积累起来,从而构成了更高层次上的平衡,成为新的平衡状态的一个必要环节。旧的不去,新的不来。正是旧事物的残骸,为新事物的成长准备了必要的养料,从反面指明了前进的道路。因此,万事万物都有生有死,有发展,有衰退。但总的宇宙却是稳定的不变的。正是这个运动过程中,局部的、暂时的不守恒,组成了一定总体的、永恒的守恒。总而言之,就是确认宇宙事物的本质不是别的,就是广义的“物质”范畴,以及它的状态的转化。不同运动形式的物质有一定的相互关系。物质的运动和转化有一定的规律性。

（1978 年 7 月）

自然界进化的理化机制探讨

一、导言

（一）问题的提出

本篇讨论的是重新探讨进化机理的缘由。

华莱士称19世纪是一个科学的世纪。在这个世纪里，达尔文阐述了生物界是从低级到高级，从简单到复杂发展的过程。马克思、恩格斯揭示了人类社会也是从低级到高级，从简单到复杂发展的。与此同时，克劳修斯从物理学的角度定量地研究事物的运动规律时，反其道而行之地提出了著名的热力学第二定律。按这个理论推导，事物都是从不平衡向平衡转化的。世界越平衡就越简单无序，越稳固。世界一旦完全平衡了，宇宙也就寂静了。就是说世界是从有序向无序，从运动向静止转化的。克劳修斯的理论推导结果与达尔文、马克思的理论成果之间形成了鲜明的对照。怎样来解决它们之间的矛盾呢？世界是如何进化的呢？成千上万的科学志士为之呕心沥血，作了一次又一次尝试，得出了一个又一个理论，其中首屈一指的莫过于普利高津的耗散结构理论。他是这座科学的大花园中一朵美好的鲜花。此外，超循环理论等，都从不同的角度探讨了客观世界的进化机理问题。协同学和混沌理论阐述了从简单到复杂的详细过程，也取得了很好的成绩。笔者和其他同行一样，带着惊异和崇敬的心情仔细认真地进行了研读，钻研的结果是除了崇敬之外也发现他们的理论在美好的景象中存在一些疑惑和模糊之点，使人感到迷惘。

问题之一是热力学上把研究对象分为孤立系统、封闭系统和开放系统。普利高津是从不同系统的不同运动特性来说明事物有序性的存在和发展基本条件的。可从另一个侧面来看，人们较为公认的方法是把客观世界的物质体系分层次看待。物质的层次性被认为是一个普遍存在的哲学范畴。它们是一层套一层，一环扣一环的。由此我们所讨论的应该是个体与环境、小环境与大环境(小一层的物质领域与大一层的物质领域)之间的关系,作为个体,作为局部,都存在一个与外界交换的问题。但事实上,孤立、封闭系统是永久的,还是暂时的呢?一个与外界完全脱离联系,但其内部有多种能量形式相互转化的系统算什么系统呢?我们到底应该用什么样的概念来讨论这个研究对象较为合适呢?能否抛弃这三种假定的系统,在更一般的层次上,提出一个更具普遍性的概念?能否用多种能量形式的联系和转化来代替系统的开放性概念呢?

问题之二是从最小熵产生原理上说,开放系统是它与外界有着密切的联系,不断地、频繁地进行着能量交换和物质交换。可是,依此类推,推到爱因斯坦提出的有限无边的宇宙模型时,便会觉得既然宇宙整体是有限的,那么,一切热的梯度不是都要在时间的长河中慢慢消失吗?平底锅中的液体,锅底加热时,炉火、锅水和空气的温度差,不是会随着宇宙温度的不断平衡而消失吗?流元胞的花纹不是暂时的吗?普利高津的热梯度的保持和转化(扩大)在一个有限无边的宇宙系统中是怎么实现的呢?还有,人们常说地球是一个与外界只有能量交换,没有物质交换的封闭系统,为什么这个封闭系统也形成了十分活跃的具有开放系统的进化星球呢?

问题之三是物质的运动和发展有内因、外因两个方面。"外因是变化的条件,内因是变化的根据,外因通过内因而起作用。"这个观点早已成为普通常识,不同的物质都有自己的个性。我觉得这里主要表现为各有自己特定的熔点和沸点。我们讨论事物的运动、发展原因时,应不应该把物体的个性纳入研究范围?又怎样把它们纳入其理论范围呢?系统个性是什么?系统个性的成因又是什么?

问题之四是谁都知道涨落是系统在远离平衡态时所产生的系统平衡点的上下移动。其实,任何系统所拥有的概率分布关系都是相对稳定的。它在不同环境下可以发生一定的左移或右移,但其曲线的形态不变。移动是环境的作用,曲线形状决定于事物的个性。中心点的位置在发生涨落不稳定的时候,既可左移,也可右移;那么在临界点附近的什么情况下,由什么因素导致平衡点的移动是向有序发展?又是在什么情况下,由什么因素导致它向无序变化?该诱导因素和去向的判据是什么呢?

问题之五是耗散结构理论、协同学和混沌理论都讨论了事物"不平衡——平衡——不平衡"的交替发展过程。但是他们认为:从不平衡到平衡的转化是热力学第二定律的作用;从平衡到不平衡,从无序到有序的发展是事物的自组织性。不可再究的"自组织"一词不是成了封嘴之词吗?有的同志指出普利高津的"耗散结构的形成实际上是一种非平衡的相转变,但这种相转变的机制还不清楚”一说的不妥之处,同时也指出了其他两种理论的不妥之处。我觉得这种看法是正确的。辩证法告诉我们,“相互作用是事物真正的终级原因。”“辩证法是关于普遍联系的规律。”那么从平衡向不平衡的移动到底是自组织性作用的结果,还是内在某些因素的相互作用的结果。在自组织的背后有没有更为深远的事物发展原因和规律。

问题之六是任何事物的进化发展过程都是连续与间断的统一,在其进化的长河中有一个又一个的里程碑。并且,它每进入一个新的里程,都有新的因素增加,也就给理论研究带来了更大的困难。托姆的突变数学和阿丹斯的《能量与结构》等都曾讨论过理论研究与其研究对象的内在复杂程度的关系。生物与非生物相比,生物有了新陈代谢,有了内环境,使其在一定外界环境和环境不断变化的情况下能保持本身的恒定温度;社会有其技术进步和社会形态的变化,具有生物和非生物都无与伦比的复杂性,有极为突出的个性。这些内容是怎样纳入非平衡物理学的演化理论呢?现有的解说还不能使广大读者感到满意。

通过这么一些深沉而苦恼的观察和思索,在这个基础上,对客观世界进化的物理机制试探性地提出一个不成熟的新想法。这就是本篇所要讨论的内容。

(二)研究思路梗概

本篇旨在从自然科学的角度探讨客观世界从简单到复杂,从低级到高级发展的内在机理。是从研读非平衡物理学关于世界进化的理论中,发现一些不可克服的矛盾的前提,回过头来重新探索进化原理的阶段性研究成果,文中有四个基本观点。

其一,认为事物能不能保持有序。向有序发展,不在于系统的孤立与开放性,而在于系统中有没有三种以上互相联系、互相转化的能量形式。如果有了,即使在与世隔绝的孤立系统中,也可以使其中某些个体向有序发展,反之亦然。由此得出,系统中若只有某一种能量形式的存在和传递,则只具有普氏的“孤立系统”性质;若存在两种相互联系和转化的能量形式,便具有普氏封闭系统的性质;若存在三种以上相互联系和转化的能量形式,就具有普氏“开放系统”的性质。热力学第二定律的困境正是在于没有看到能量转换和守恒定律在宇宙发展中的作用。因而我把普氏判别系统能否进行物质和能量交换写成下列公式:

$$P = dis/dt > 0 \tag{16}$$

把系统中的能量形式的种类考虑进去

$$P = disdt - \sum ni = 0(1 +)/dt \tag{17}$$

式中 n:表示系统中具有的能量形式的种类;P 值的大小与 n 的倍数成反比。由此导出判别式:

$$P = disdt > 0 = des(n) < 3 \qquad (26)$$

其二,不能从系统的开放与封闭的特性出发,而应从物质的层次观念出发来讨论个体与系统的关系。这里的"系统"在某种意义上具有"环境"的含义,认为每个系统要保持某种状态,必须依赖于某种能量形式的特定的量(如水保持液态需要温度在0℃—100℃之间),系统温度不一定是个体所适的温度。这样,个体的能量一方面要流向系统,逐步与系统达到平衡;另一方面需保持自己现有状态的温度范围(如液态水的温度范围),此起彼伏,两者间存在一个反向互变关系,得出个体实际温度与个体最适温度之差△R 乘个体实际温度与系统温度之差△Su 等于一个常数 K。

$$\triangle R \cdot \triangle Su = K \qquad (38)$$

它们是彼长此缩,结果不变地运动着。当 K = 0 时,说明个体处于完全平衡不动的状态;当 K≠0 时,说明系统处于不平衡的运动状态。继而导出描述个体稳定性公式:

$$|y| = (T_1 - T_3)\left(\frac{1}{T_4 - T_3}\right) - 1 \qquad (48)$$

式中 y:标志个体稳定程度的势函数;T_1 是个体最适温度;T_2 是系统温度;T_3 是个体实际温度;T_4 是个体质变温度。当系统温度与个体最适温度的差别很大时,可使 y = 0,个体运动达到质变的临界点。

其三,认为个体在临界点旁是向有序发展,还是向无序转化?决定于个体现存的有序程度,个体向有序发展的可能性与它现有的有序程度成正比,具有一个"足者予之,乏者取之"的序度效应。

当 So < 0, P{St} = (- So)r　(76)

当 So > 0, P{St} = (So)r　(77)

式中 P:概率;St:任一时刻的熵值;So 原有的熵值;r:系数。

其四,认为在系统中合成与分解并存,有序化与无序化并存。这样一来笔者提出事物的发展是没有止境的,但大系统中的熵总值是保持不变的熵守恒原理。宇宙发展过程是在一定条件下熵分布从平衡到不平衡的发展过程。由熵守恒原理得出系统的运动特性由系统各要素相互作用的系统决定论公式:

$$\triangle A = A - \sum_{i=0}^{n} \overline{a}_i \qquad (105)$$

式中 A:总体功能；$\sum_{i=0}^{n}\bar{a}_i$:各要素功能之和；$\triangle A$:A 与 0ai 之间的误差，即系统结构的功能。并且，宇宙总体熵守恒是必定的，但作为宇宙中在特定物质层次上的系统的熵不一定守恒。系统是否守恒有一个判别的标准。

当 $\sum_{i=0}^{n}(s)=0$ 时，守恒　(107)

这是系统中的分解力与化合力相当，说明该系统正处在旺盛的中年时期。

当 $\sum_{i=0}^{n}(s)>0$ 时，分解力大　(108)

说明系统中的分解力大于化合力，是系统处于衰退时期的象征。

当 $\sum_{i=0}^{n}(s)<0$ 时，化合力大　(109)

说明系统的化合力大于分解力，是系统处在不断发展壮大时期的表现。

用以上四点可以解释天体、地球、生物、人类和社会的进化过程。

二、恒动之源与个体在系统中的非平衡转化循环原理

(一)任何运动都是物体内在不平衡性导致的

系统中具有三种以上相互联系和转化的能量形式，并且在数量上，一种能量形式从不平衡到平衡的传输、转化给另一种能量形式的数额是以破坏另一种能量形式的平衡性，并使之发生(激发)新的从不平衡到平衡的传输过程。这是系统进行物质交换和能量交换的基本条件，也是各种系统保持和发展有序程度的条件之一，而不是其他任何人为的假定。单一的能量形式和变动因素的运动和发展是极有限的。它只能导致平衡和静止。至今还没有一个关于热力学第二定律与宇宙进化发展之间的矛盾的满意解释。关键的问题就是都没有认识到能量转化和守恒定律所构成的系统中物质和能量的不息地循环或交换和转化发展过程在宇宙发展中的巨大作用。

任何一种能量形式在系统中的传递都源于系统两端之间的能量差异，都源于它的能量分布的不平衡性。能量传递的过程就是系统中某种能量形式的分布从不平衡向平衡转化的过程。热能上，著名的热力学第二定律正是讨论系统中热传递的条件、效率和方向，这定律的数学表达式可归结为：

$$S_d - S_c \geqslant S_c^d \frac{SQ}{T} \quad (1)$$

式中 S:熵值；Q 热量；T:温度；d、c:一物体的两端；δ:一个单元。式中的不等

号指不可逆过程,等号指可逆过程。

热力学第二定律数学表述的微分形式可归结为:

$$ds \geqslant \frac{SQ}{T} \tag{2}$$

式中 ds 为熵的微分。不等号为不可逆过程,等号为可逆过程。

不管是可逆过程还是不可逆过程,其传递都不能从平衡开始。从吉布斯化学平衡条件得知,平衡态时对的所有独立变分,我们要求 δis = 0,则:

$$\delta_{is} = \frac{1}{T}\sum Aid\zeta i = 0 \tag{3}$$

由此得出:$Ai = \sum Vriu\varepsilon r = 0 \quad i = 1, 2\cdots r$ (4)

而且若自发变化,即满足不等式:

$$dis = \sum Aid\zeta i \geqslant 0 \tag{5}$$

这说明系统的运动是不能从平衡开始的。只有这样,平衡才可能是稳定的。换句话说,对于每一个可能的改变量 dζi 要从平衡位置开始,我们必须要求:

$$\delta is \leqslant 0 \tag{6}$$

或者利用上面的公式,在平衡态附近将 Ai 展开

$$\sum iAi\delta\zeta = \sum \delta Ai\delta\zeta i \leqslant 0 \tag{7}$$

从而证明了运动只能从不平衡开始,而不能从平衡开始。

在电学中电荷的流动用它在电场中从电势高处到电势低处所做的功的大小来表示:

$$A = q(Va - vb) \tag{8}$$

如果 a、b 两端电势相等,则电压 V = 0,那么式(8)所得结果为零,就没有电荷的流动,更谈不上做功。可见,电流也只能在不平衡条件下发生。

水的流动、各种交通工具的运行等等,都存在着密度、重量和压力在两端间的差异,否则就不会有这些物体的运动。

能量在分布不平衡时发生传递,传递的方向是从高处向低处流动,传递的结果是使系统中能量的分布平衡,事物的运动过程是从不平衡向平衡流动的过程。在电流上使 V = 0,在热流上使 $S_a^b \frac{Q}{T} = 0$,一旦它们真的为零了,事物的运动也就停止了。从这个角度上看,热力学第二定律是正确的。

(二)物体运动能量转化导致系统中不同个体的能量物质交换

我们也应该看到机械能的传递(通过对外界做功,改变其他物体的势能),热的传导,电的流动,它们在运动中都不是毫无遗漏地向另一端流去,而只是其中的

一部分能量从一端流向另一端，还有一部分能量在流动中自然而然地转化为其他能量形式了。

机械能可以转化为热能，开尔文在1853年就表述了这种转化关系，当一个系统的工作物质从某一给定的状态无论以何种方式过渡到另一给定状态时，该系统对外做功与传递热量的总和是守恒的。这一总和就用该系统的内能变化来衡量，用公式表示是：

$$\triangle U = A + Q \tag{9}$$

式中$\triangle U$：系统内能的变化；A：系统对外所作的功；Q：这个过程中系统传递给外界的热量。

电压导致电运动，可在电的运动中有化学能的释放。1800年英国尼科尔逊和卡莱尔，通过电解水的实验证明了电可以产生化学变化，电在运动中可以产生磁。磁由于自身的不平衡性而导致的运动也可以释放出电。1820年丹麦奥斯特的实验证明了电能在运动中转化为磁能，有磁能的释放。1831年法拉第在实验中证明了磁运动中也可以转化为电，有电的释放。1821年德国塞贝克制成了温差电偶，造成系统温度的非平衡性，从而出现了热的运动，在热运动中有电能释放，可以转化为电。这种转化关系是：

$$Q = I^2 Rt \tag{10}$$

式中I：电流；R：电阻；t：时间。

这是在差别很大时发生的。在任何化学反应中都有热能的释放或吸收。如：

$$C + O_2 \rightarrow CO_2 + 97.7\text{ 千卡热量} \tag{11}$$

$$N_2 + O_2 \rightarrow 2NO - 43.2\text{ 千卡热量} \tag{12}$$

原子间化学反应是在个体可适温度与环境实际温度差别很大的情况下发生的。在原子的聚变和裂变反应中伴有大量的热能释放。太阳辐射能的产生就是一个典型的例子。原子能与热能的转化关系，爱因斯坦概括出一个公式，这就是：

$$E = mc^2 \tag{13}$$

式中E为能量，m是质量，c是光速。它是原子能研究的理论基础。

上述一系列事实使人们相信，自然界中的运动是统一的。声、光、电、磁、热和机械运动都是同一能量的不同表现形式，它们之间是互相联系、互相转化的。

不同物体的运动有自己特有的能量形式，当一个物体的运动从一种形式转化到另一种形式时，实际上就是向其他物体输送能量。当一个物体在运动中依赖外界温度才能进行，这就是需要吸收能量，如化学反应中有的吸收外部的能量，有的释放能量。这种既吸收又释放，难道不是能量交换吗？能量与物质不可分割，有能量交换就一定伴有物质交换,物质交换是通过能量流动而实现的。如化学反应的能量转化就伴随着反应物与生成物之间的能量交换。这样看来,十分明显,在一个系统中有多种能量形式存在,尽管这系统是与世隔绝的,也同样有可能发生转化。

(三)一物体的趋向平衡过程导致另一物体的远离平衡

系统中物质与能量交换的第一个结果是系统中一个物体通过能量传递和交换而趋向于能量平衡过程,也是另一个物体逐步远离平衡的过程。一个物体的平衡必然导致另一个物体不平衡。"热源体"、"能源"之所以放热放能,就是由内部的不平衡性所导致。电站是电源,可这些电要么来自水的机械运动,要么来自煤炭的化学运动,要么来自原子的核反应。热源要么来自化学反应,要么来自原子反应。我们把这种关系用式子表示为:

$$A + B = C \pm Q \tag{14}$$

式中 A、B 为反应物,C 为生成物,Q 为热量。

热源向其他物体释放能量的结果又是什么呢?可要是物体原来的能量是平衡的,那么这种反应就破坏了原来的平衡性就一定使摩擦端的温度增高,从而也就破坏了这一铁棒的热平衡性。要是系统的热分布原来就是不平衡的,那么,放能既可能使物体出现更大的不平衡性,如在温度较高的一端加热。也可能使温度趋向于平衡性,如在温度较低的一端铁棒上加热。由此可见,热源对其他物体的影响只是在少数情况下使系统趋向于平衡性,多数情况下都是使系统向不平衡转化。

从这里看,涨落(即起伏)是物质运动的普遍形式,是对涨落大小的概率分布。对比叶明同志给出了一个公式。其实,个体涨落的大小决定于从不平衡到平衡过程中的所处阶段,在自己所处系统发生变化(刺激)时的涨落最大,外界越平衡,自己与系统的差别越小,涨落越小。

(四)系统中彼静此动导致事物的循环性运动

系统中物质与能量交换的第二个结果是导致系统中不同个体彼动此静,彼静此动,周而复始地运动着。当第一种物体的能量形式从不平衡达到平衡了,物体也从运动变为静止了。由于它在原运动中释放和吸收了能量,导致了第二种物体出现不平衡性,从而促使了第二种物体的运动。或者同时导致另外多个物体的不平衡性。使多个物体运动起来,这样一而再,再而三,第二或第几种物体的运动,又可以向第一种物体释放能量,导致第一种物体从平衡状态进入不平衡状态,从静止状态转为运动状态,这就导致了系统中不同个体的循环运动,从初步

考察的机械能、热能、电能、化学能、原子能这间的关系，我把它们归结为一个图示(见图1)

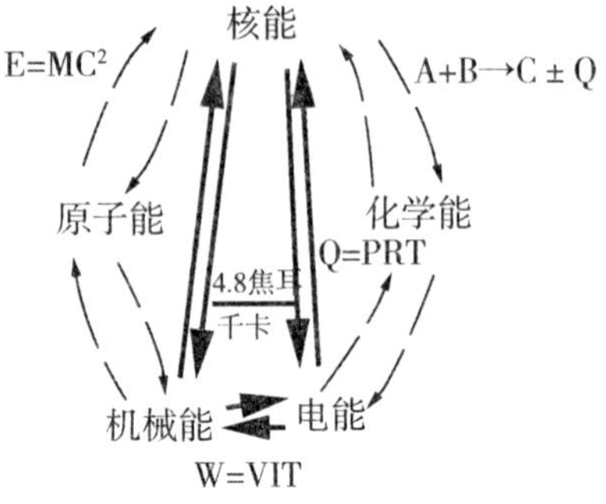

图1

由此可见，热能为化学反应提供能量，化学反应也可以释放出热能。化学反应放出的能还可转化为电能，干电池就是依据这个原理研制出来的。电能也可以转化为机械能，一系列的电机产品利用了这个原理。机械摩擦可以生成电，这是小学教材就学了的常识。机械能也可以作用于原子，原子能可以转化为电能，原子弹爆炸放出的热量不是这样吗？热能也可以转化为原子能。没有能量提供，原子能是无法利用的。它们循环往复，当中又以热能、电能、机械能的研究较为清楚，它们三者构成了更为密切的内在转化关系。

卡诺循环和克劳修斯等式，揭示了事物可逆性变化规律。其实，三个以上物体间的循环反应与两个物体间的可逆性反应的后果应该是一样的。只要整个系统是守恒的，循环一周后的积分值同样等于零。

$$\int_a^t \frac{\delta Q}{T} = 0 \tag{15}$$

但在这个零值下可允许有系统内部不同个体的能量不平衡熵值，可以有内在的某些个体的运动和发展。当这个值不等于零，则表示整个系统不平衡了，这个关系将在第五章中讨论。

个体从不平衡到一个新平衡的转化过程，概括起来经历了四个环节。

一是在外界某种因素的作用下，不断向系统做功，不断向系统输送和吸收能量。二是这种吸收和输送破坏了自身的热平衡性，使自身出现非平衡状态。三是能量流动的方向是不断地从高能区向低能区流动，它的数学模型，就是克劳修斯关于热力学第二定律的表述。四是通过流动使系统不断达到平衡，事物一旦平衡了，客观系统中的物质分布就十分均匀了，它们之间也平衡不动了。

虽然，抽象地提出世界的循环发展规律，可以追溯到古希腊时期，中间也有过冷落和批判。现在又有人把它作为自然辩证法的规律提出来。但在至今的讨论中，还有一个问题没有认识到，这就是在客观世界里根本不存在各个系统步调一致的运动，而是你起我伏，你动我静，错综交叉，相互影响，不断发展的。人们所看到的事物发展的起伏性、周期性，是处于不同发展历史阶段上的个体的比例大小所致的。这么一来，在任一时刻，处于平衡状态和处于非平衡状态的个体都有。有的在吸取其系统传来的熵，导致自身的不断不平衡，有的在不断地向外界做功，自身不断地趋向于平衡，同时也不断向外界释放和吸收能量。

由此带来的后果是处于循环圈的不同环节位置上的物体都有，相互切磋、相互影响，使问题复杂化，使运动平衡连续化。过去人们对一个事物的运动状态的周期性变化是较为注意的。而对不同个体相互处于不同周期环节上的相互作用和相互影响，这一点是注意不多的，这又是很重要的问题。

（五）系统中不同个体从简单循环到超循环

系统中不同个体之间由多环节能量转化构成能量循环以后，问题并不是就完结了。物体的循环过程也有一个从低级到高级，从简单到复杂的发展过程。能量转化与循环有不同的等级。不同等级的循环，各有不同的性质。如果在一个化学反应的能量循环中，只有激发和反应的简单过程，就叫普通循环，它是最低级的循环。

如果在一个反应循环中有一个中间物是催化剂，那么这个反应循环就称为催化循环（见图 2），催化循环具有比简单循环更高级的组织水平。单链 RNA 的复制机制提供了一个重要的生物学的催化循环（见图 3）。比如正链 RNA 可以作为模板，指导负链 RNA 的合成，负链 RNA 也可以作为模板指导正链 RNA 的合成。模板功能等价于专一的催化作用。

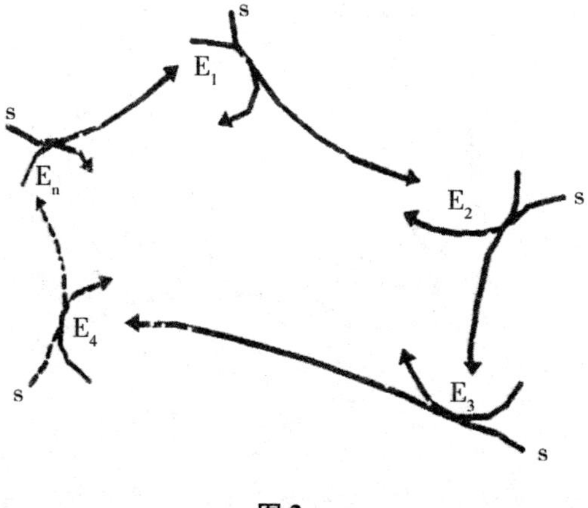

图 2

较高等级较复杂的循环，艾根称之为超循环，它是由循环组成的循环。按理

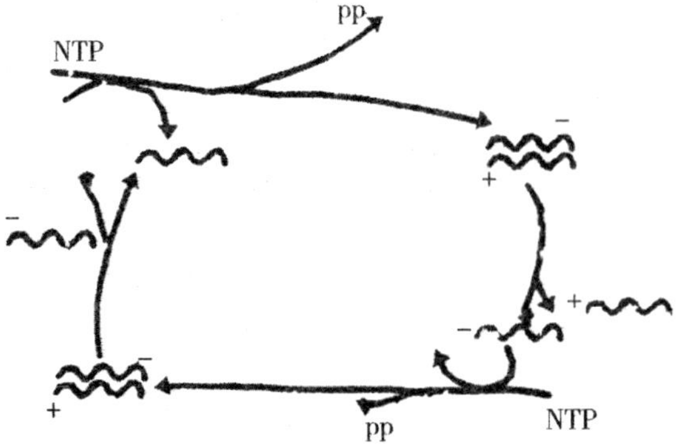

图 3

说，一个自催化系统已经可以称为超循环，因为它代表了本身是反应循环的催化剂的循环。但是，艾根所指的超循环主要是催化功能的超循环，即经过循环联系把自催化或自复制单元连接起来的系统。其中每个自复制单元既能指导自己的复制，又对下一个中间物的产生提供催化帮助，如图 4 所示的循环。我们知道，生物体中一段自复制的核酸序列往往并不直接影响另一段核酸序列的自复制，而是通过它所编码的酶去发生影响，就是个带翻译的超循环模型。其中每个自复制单元，通过它所编码的酶对下一个自复制单元提供催化帮助。

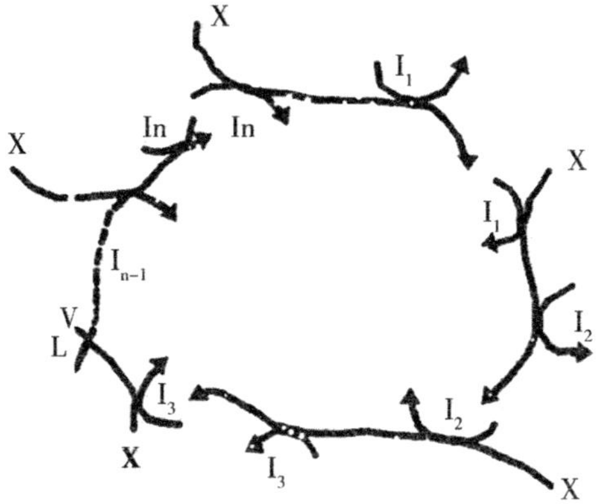

图 4

从动力学的性质看，普通反应之循环，自催化循环和超催化循环具有不同的动力学性质。如果底物的浓度受到缓冲，那么，普通催化过程的产物会随时间线性增长，而自催化系统则显示指数的增长。催化的超循环是第二次或更高次的超循环,因为它们涉及对催化剂浓度二次或更高次的反应。假如不受限制,则产物增长曲线将是双曲线或其他在有限范围内趋于无穷大的曲线,如图5。当然,产物的增长总是要受到限制的。因此,实际上不可能在有限时间内达到无穷大。但是在开始时,产物确是按照这样的曲线增长。各种循环是相互联系,可以依一次的环境而变化。这样,系统中的能量从传递到转化,从转化到低级循环,从低级循环向高级循环不断发展着、变化着。

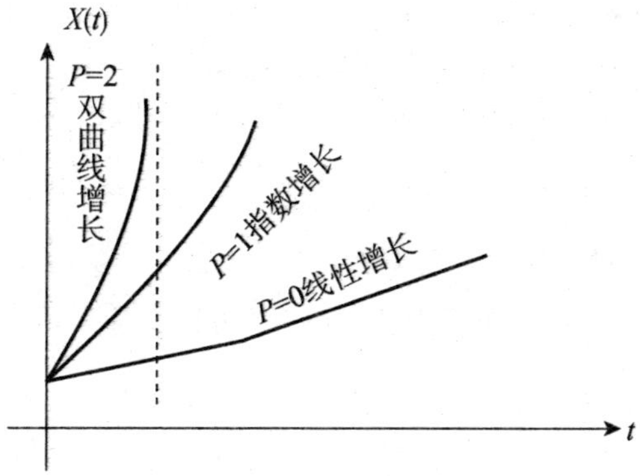

图5

(六)从能量转化与循环看系统的封闭与开放

系统中具备的能量形式的多少和转化值的大小的差别,在导致物质与能量交换的性格上同系统的开放与封闭性有很大的相似性。所以,判别不同系统能否进行物质交换的公式:

$$P = \frac{dis}{dt} > 0 \tag{16}$$

当P大于零是系统趋向于稳定,当P小于零,是趋向于不稳定,我在探索中发现这个公式有它的不完善性,把它修改为P值的大小与能量形式及倍级数成反比关系。

$$P = \frac{dis}{dt} - \sum(1 + \frac{1}{2^{n-1}})/dt \tag{17}$$

因为系统是由各子集或某种能量形式所组成,作为一个子集或某能量形式时,个体趋向稳定这一点是不容置疑的。当有两种能量形式,独自趋向稳定的机会就少了一半,有了3种能量形式时,除了各1/3的机会外,还有相互作用导致不稳定性的问题,所以个体稳定性只剩下1/4,系统中包含的能量形式越多,独立趋向平衡稳定的可能性越小,随着能量形式的不断增多,作为系统中的个体趋于平衡稳定的概率逐步减小,最后约等于 -1。这时,系统中的个体只能向非平衡有序发展。我在这里对事物的有序化发展作了新的解释,同时这种计算不会引起混乱,结果一定在 +1 至 -1 之间。正熵值的增长是无序的增长,负熵值的增长是有序的增长。

如此说来,“孤立系统”应看成只有一种能量形式的系统,如仅有热的运动或仅有其他某种能量形式。在这种情况下,只限于某种能量分布从不均匀到均匀的转化过程,其过程的熵值变化是:

$$des/det = 0 \tag{18}$$

则
$$ds/dt = dis/t = P > 0 \tag{19}$$

这样又回到了热力学的经典解释,其能量只有分布的均匀与不均匀,没有能量的转化,自然不可能有熵减少的现象。

具有某两种能量形式的系统与普氏的“封闭系统”的运动性质相当,根据热力学公式:

$$deM_k/dt = 0 \tag{20}$$

则
$$des/dt = \frac{1}{T} \cdot \frac{SO}{dT} + dis/dt \tag{21}$$

当逐步达到稳定态以后:

$$ds/dt = 0 \tag{22}$$

这时熵流的变化与产生率相等,两者交换速度相等,而符号相反。

$$des/dt = dis/dt = 0 \tag{23}$$

可见,两种能量形式的相互运动稳定以后,只有反复交换关系。

$$ds = \frac{dis}{dt} - \frac{des}{dt} = p = 0 \tag{24}$$

难以发生更复杂的变化。

凡具有三种以上相互联系和转化的能量形式存在的系统,与普氏的开放系统更趋于平衡性。一个系统不管它怎样与外界封闭不通,只要其内部存在三种以上能量运动形式,即使它与外界相对孤立起来,其中任何一种能量形式,单独趋向平衡稳定的可能性就小,

$$ds = \frac{dis}{dt} - \left(1 + \frac{1}{2}dis/dt + \frac{1}{2^{s-1}}dis/dt\right) = p < 0 \tag{25}$$

有可能发生熵减波折现象,系统中从一个个体从另一个个体进行物质与能量交换,从中获得的负熵流。当负熵流大于某个体内部的熵产生率时,就有可能使

某个体熵变化率减少。根据熵的统计意义,该个体将从无序转向有序,所以关于判别公式(19)可以添加新的成份

$$ds(p) = dis/dt > 0 = de(n) > 3 \tag{26}$$

热力学第二定律不能外推,地球的封闭系统为什么会有进化,关键就是能量转化和守恒原理在其中起了决定的作用。

三、质变与不同个体的最适温度和系统温度的反向互变原理

(一)个体与系统的热量平衡性

在一个特定的物质层次和特定的物质领域中,要保持某一状态,必然要使自己的各种能量保持在一定水平上,要使本身的实际能量不断地与个体最适温度靠拢。另一方面,物质个体所处的系统也有一定程度的能量存在。物质个体的能量变化过程就是与系统能量不断平衡的过程。可是,个体能量在趋向于系统水平的同时,往往使自身温度偏离了,保持自身某种状态的温度范围。它们是相互对立、相互影响,你弱我强的。

我们应该看到,在一定的系统中,个体不断地向系统释放和吸收能量,与系统之间逐步达到能量的平衡。物质个体同环境的关系是:热量总是从高温流向低温,力图逐步达到个体与系统的平衡。正如克劳修斯说的,"热量自发地从低温物体向高温物体传递,而不引起其他影响是不可能的。"不引起其他影响,这一点很重要。没有这个限制,热量从低温向高温流动是可能的,如制冷机在两个温度不同的物体之间(系统与个体)令个体温度为 T_1,环境温度为 T_2,系统的热传递用字母 Q 表示。当 $T_1 < T_2$,系统从热源吸收热量时 Q 为正值,这里可逆性卡诺循环效率可表示为:

$$\eta = \frac{Q_1 + Q_2}{Q_1} < \frac{T_1 - T_2}{T_1} \tag{27}$$

式中 η:热机效率;Q:热量;T:温度。

由此得出:
$$\frac{Q_1}{T_1} + \frac{Q_2}{T_2} \tag{28}$$

式中$\frac{Q_1}{T_1}$称为温比热量,是可逆卡诺循环在温度为 T_1 的等温过程中吸收了热量 $Q1$ 与温度的比值。在相对守恒系统中,不管内在个体的分布关系,式(28)的温比热量之和等于零,称为克劳修斯等式。

在不稳定的,不守恒的,暴露了内在矛盾的系统热循环一周的积分值,其效率

小于在相同热源之间的可逆卡诺循环的效率,即

$$\eta=\frac{Q_1+Q_2}{Q_1}<\frac{T_1-T_2}{T_1} \tag{29}$$

由此得出:

$$\frac{Q_1}{T_1}+\frac{Q_2}{T_2}<0 \tag{30}$$

不守恒系统和不可逆卡诺循环的温度比热量之和$\frac{Q_1}{T_1}+\frac{Q_2}{T_2}$小于零,称为克劳修斯不等式。

人们通常用“熵”的大小来表示了不同事物(这里是系统与个体)的平衡性,用“S”表示,个体平衡态 a 沿可逆路线到达环境平衡态 b 的过程中温比热量的积分应该是:

$$S=\int_b^a\frac{\delta Q}{T_1} \tag{31}$$

熵值 S 完全决定于两者的温差,而与传播线路无关。在一个可逆过程中和守恒系统循环过程的来往变动值相等,由克劳修斯等式得:

$$\int_{a(L1)}^b\frac{\delta Q}{T_1}+\int_{b(L2)}^a\frac{\delta Q}{T_2}=0 \tag{32}$$

往复过程所吸收的热量,其数额相等,符号相反。因此,

$$\frac{\delta Qcd}{T}=-\frac{\delta Qdc}{T} \tag{33}$$

所以当积分上下互换时有:

$$\int_{b(L1)}^a\frac{\delta Q}{T}=-S_{a(L2)}^b\frac{\delta Q}{T} \tag{34}$$

把它代入 $L1$,$L2$ 的热温比的积分之和小于零的公式得:

$$\int_{a(L1)}^b\frac{\delta Q}{T}=\int_{a(L2)}^b\frac{\delta Q}{T} \tag{35}$$

由于往复过程是任意的,这就证明了,守恒系统循环和可逆过程的温比热量的积分只是取决于个体与系统的有效差别,也意味着热力学系统的平衡态存在一个态函数熵 S 值。

$$S_b-S_a=\int_a^b\frac{\delta Q}{T} \tag{36}$$

可见,个体温度与系统温度完全达到平衡时,在三种不同的条件下有三种不同的表现形式和判别依据,即焓 H、自由能 F、自由焓 Φ 都处于最小值,它们都使系统停止某种运动。

（二）个体稳定的最适温度

物质个体都有自己的最适温度点，物理学上的许多常数就是指这些物质的质变点。在物体的两个质变点之间就是它保持某一状态所需要的基本范围，当中又有一个最适温度点。设物质的两极温度分别为 $T4_{(1)}$ 和 $T4_{(2)}$（如水的熔点和沸点），它们的最适温度为 $T3$，暂用下式求算。

$$T_3 = \frac{Q_{4(1)} + F_{4(2)}}{2} \tag{37}$$

常见物质的质变点和稳定点（如表 1）是我们探寻事物稳定程度的客观依据。

表 1　几种常见物质的物理参数（单位：℃）

品　　种	熔点 $T_{4(1)}$	沸点 $T_{4(2)}$	液态最适温度 T_3
铁	1513	2750	2144
铜	1083	2360	1617.5
金	1064	2710	1887
铅	658	2270	1464
锌	419.4	907	663.2
铅	327	1740	1033.5
锡	237	2275	1256
茶	80	218	149
石蜡	约 45	300	177
甘油	19	290	154.5
水	0	100	50
松节油	-10	100	75
氨	-77.7	-33.4	-55.6
氯	-101.5	-33.8	-67.65
二硫化碳	-112	46.25	-32.87
乙酸	-117	34.6	-41.2
酒精	-177.3	78.3	-18.5
氨	-210.1	-195.8	-202.9
氧	-218.6	-182.6	-200.6
氢	-259	-252.7	-255.8
氮	-272	-268.9	-270.45

（三）个体实际温度同最适温度及质变温度之间的反向互变关系

事情非常明显，个体最适温度与系统温度之间肯定是存在着差别的，个体的实际温度就在这两者之间流动着，当它趋向于一端时，就背向另一端的远离，它们是互相联系，反向互变的。由此，个体实际温度与最适温度的误差△R 乘上实际温度与系统温度的误差△Su 等于一个常数 k。

$$\triangle R \cdot \triangle Su = k \tag{38}$$

当 k 作为常数固定以后，△R 和△Su 就是反比关系变化，当个体实际温度达到最适状态时，△R 趋于最小值，个体最为稳定，但这时同系统温度的差别△Su 值往往就增大了。这种差别导致个体温度的迅速变化，趋向于系统温度。当个体温度接近系统温度时，△Su 趋于最小值，这时往往偏离了个体的最适温度。从而导致了它的稳定性的减小。我们用一方代表个体最适温度，另一方代表系统温度，两者之间便是反向的，它们是从对立的两个方面反映的同一个现象，一方的满足就是另一方的空失。因此，这两者既是反向的，又是同量互变的，所以叫反向互变原理。

反向互变原理导致的第一个结果是可以把它作为平衡性的判据，得到事物永远不能完全平衡，永远存在着差别和矛盾，在作为判据的式(38)反映出来的是：

当$\triangle R=0$，$\triangle Su=0$，则 $k=0$

即$\triangle R \cdot \triangle Su=0$ 时，事物平衡不动 (39)

当$\triangle R\neq 0$，$\triangle Su\neq 0$，则 $k\neq 0$

$\triangle R \cdot \triangle Su=k$，$k\neq 0$ 事物未平衡，运动 (40)

由于存在相互牵制的两个敌对方面，所以 k 总是不为零，事物永远是运动的，发展的。

由式(38)推出的第二个结论是，只要物体在两个质变温度之间，即 T1 < T4。那么，△R 所引起的△Su 的增减量同△Su 所引起的△R 的增减量必然相同。△R 和△Su 的互变就是线性关系：

$$\triangle Ri = \triangle Suki \tag{41}$$

式中 ki 为此例常数。

$$Ki = \left(\frac{\partial \triangle R}{\partial \triangle SU}\right)SU;x_1^* = 0 \tag{42}$$

即它们有同一个系数，具有反常同量的变化关系。

我觉得，只有这种反向互变的倒易关系才能清楚一点地说明问题。两者之间才能构成常数。化学反应的力和流是同向互变关系，因此它们既不易构成常数，也没有揭示出矛盾斗争与运动发展的关系。化学反应的力和流的线性变化也不及最适温度和质变温度的关系好容易量。

美国学者J·里弗金十分强调熵定律,他认为从有序到无序是大量的,无时不刻地产生着的。但从无序到有序则是少量的,在社会中每个成员都在走向无序,社会不断地干扰它才能使社会相对有序,成员趋向于无政府主义运动,政府又把它们制约下来。“我们认为已经找到一种摆脱危机的办法时,总有某些事物反其道而行之,各国不断提出解决各种问题的办法,但这些方法产生的问题比他们要解决的问题还要多。”我觉得问题并没有这么严重,同时觉得这其实就是个体趋向自己的最终适点(在人类应该是叫理想点),而系统则把它们相互排列组合之中,还是一个反向互变关系。

(四)反向互变矛盾是个体还是个体与系统的矛盾

普利高津讨论的是从无序到有序的转化,他把系统形成有序的机理归结到外因,靠外界输入负熵,系统是走向无序还是走向有序,就看外界输入的负熵值与内在的正熵值谁大谁小的问题,如果是前者大,则使系统走上有序,反之亦然。外因论具有片面性,使不少学者不满足于此,试图去开辟新的研究途径,重点地从内因上探讨问题,在这方面有西德哈肯的协同学和法国海诺等人提出和解答的混沌理论,他们反其道而行之地讨论系统从有序到无序转化的内在机理(这方向的研究也同样是主要的),分别从激光现象和湍流现象出发的研究入手的。可是只要稍许留意地阅读他们的著作,就不难看出,他们所重视的是个体与个体之间的关系,而没有注意个体与环境,个体与系统的关系。

协同学最基本的方程是 Masert 方程,它的表达式是:

$$P(m,t) = \sum W(m,m')p(m',t) - p(m,t)\sum W(m',m) \tag{43}$$

式中 m,m'表示在时刻 t 和 t'时粒子的位置,W 表示跃迁率,右边的第一项代表增加率,第二项代表减少率,这个方程用确定的方程描述了随机过程,而概率分布正是随机过程中宏观量的表示基础,所以在某种意义上,对于从无序到有序的转变过程的描述特别有效,但他所着眼的是各个粒子 m 的跃迁几率 w 的统计,是个体与个体的关系。

混沌理论注意外因的作用,它的走上混沌之路,提出的单周期,二周期,四周期,无穷周期的四种情况,都是指的在不同的外界条件下。系统出现不同的状态,“当外参数改变时,我们的动力学系统进入混沌态,外参数扮演了凝固现象中温度的角色。因此走向混沌之路,就是一种相变,不过是一种非平衡的状态。”但这个学说没有明确地指出这两者相互运动的内在机理。

因此我觉得他们的理论都不能满意地解释物体进化事实，实际上物质世界在进化中的相互作用问题，应该包括两个方面的含义。这就是纵向的系统与个体，横向的个体与个体之间的相互作用，从系统方面说，是他们达到一定临界值的温度和达到一定临界值的增益系数G值后，可以引起个体的有序化。从个体方面说，就是在不同的系统中，个体与个体之间存在不同的相互关系，在这其中的系统与个体的作用尤为重要，主要应在这方面进行讨论，现实中的观念也是如此。普利高津的班纳德流，哈肯的激光，混沌理论的湍流现象都是个体与系统相互作用的结果。

（五）反向互变中的个体稳定性Y值的求取

知道物质个体温度同系统温度的关系，还没有以此完全断定物质的稳定性。因为个体的稳定性是由它的温度所决定的。那么，个体的稳定程度应该由它的实际温度与最适温度的差异所决定，差别越大越不稳定。

个体最适温度，个体实际温度，环境温度等在构成个体稳定性上是什么关系，我们最容易想到的是托姆数学的稳定性理论。采用势函数来表述。我们用竖坐标y表示个体的稳定程度。横坐标，为温度T，这两者的关系是势函数曲线。

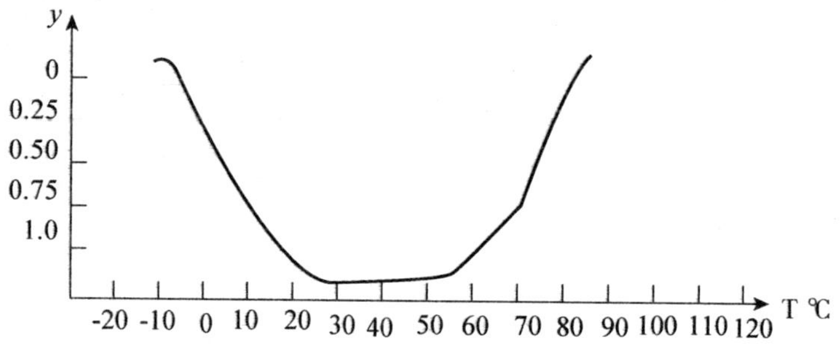

图6

图6中y值在1.0点最为稳定，在零点为质变点，是最不稳定的位置。T是摄氏温度，y与T的关系是个体最适温度与实际温度的差值乘上一个系数得：

$$y = \triangle R \cdot a \tag{44}$$

系数a为多少，可以用这三种温度（质变温度、实际温度、系统温度）在坐标上的关系，采用线性方程求极大极小值的方法得出。但我觉得在这里没有必要。因为我们不但知道物质的最适温度，而且知道个体的质变温度。那么，个体实际温度每变化一度，其稳定性不就是最适温度与质变温度的差距分之一吗？已知△R是个体实际温度与最适温度的误差，那么，a的定义就应该是：

$$a=\frac{1}{T_4-T_3} \tag{45}$$

同时知道

$$\Delta R=T_1-T_3 \tag{46}$$

把它们代入式(44),就成了

$$y=(T_1-T_3)\left(\frac{1}{T_4-T_3}\right) \tag{47}$$

由此式得出来的结果是 y 值越稳定。又因为在概率上,事物有稳定和不稳定两种,所以事物的稳定与不稳定之和应为一。这样,我们要把 y 变为稳定性量度的时候,则应把上式减一,同时取绝对值,得:

$$|y|=(T_1-T_3)\left(\frac{1}{T_4-T_3}\right)-1 \tag{48}$$

我们可以运用这个公式去计算个体在不同状态下的稳定性。这就是测定个体在当时条件下,事物稳定程度的基本量度公式。

(六)从反向互变原理得出的几个结论

我们从反向互变原理出发,根据个体最适温度、系统温度、个体实际温度、个体质变温度四者的相互关系从中推导出一些饶有兴趣的结论来。

1. 当个体的实际温度与系统温度是基本一致,但与个体最适温度差别很大时,物质个体的热平衡达到最佳值而个体本身很容易发生质变。

从个体温度与系统温度的关系上说,

当

$$T_3=T_2 \tag{49}$$

则

$$T_3-T_2=0 \tag{50}$$

$$S=\int\frac{T_2}{T_3}\frac{\delta Q}{T_1}=0 \tag{51}$$

继而可根据热力学的平衡性判据原理得到:

$$dF\leqslant 0 \tag{52}$$

$$dH\leqslant 0 \tag{53}$$

$$d\varphi\leqslant 0 \tag{54}$$

这时三个参量都逐步趋向于最小值,个体与系统之间逐步达到平衡。

从个体的稳定性方面说,个体实际温度同最适温度的大幅度偏离本身,就意味着它十分密切地靠近了个体质变温度。这时,个体是很容易发生质变的。

根据式(48)得:

当 $T_1\Delta R\uparrow T_2$则 $T_1\infty T_4$

一定时间后使 $T_1\approx T_4$

当 T_1 接近和约等于 T_4 时，自然它是：

$$|y| = (T_4 - T_3)\left(\frac{1}{T_4 - T_3}\right) - 1 \tag{55}$$

$$y = 0$$

2. 当个体的最适温度与个体的实际温度基本一致，而与系统温度的差别很大时，个体温度与系统温度在趋向于平衡地流动着，同时增加着自己的不稳定性。

则
$$T_3 - T_2 \neq 0 \tag{56}$$

$$\int \frac{T_2}{T_3} \cdot \frac{\delta Q}{T} \neq 0 \tag{57}$$

这样，对焓 H 参数而言，因为 ds，dp，SA，≠0，则 dH≠0，即 H 值达不到最小值，系统未达到平衡。

对自由能 F 而言，因为 dT，A≠0，则 dF≠0，即 F 值达不到最小值，系统未达到平衡。

对自由焓 Φ 也求得同样的效果。

从个体稳定性方面看，根据式(48)得出当 $T_3 = 1$，即 $T_1 \triangle R(x) \uparrow T_2, T_3 < T_4$，$T_1$ 真越来越远离 T_3，接近 T_2，使 $T_1 - T_3$ 的差值越来越大，个体稳定性(y 值)越来越小。

3. 当个体最适温度同系统温度是基本一致，而与个体实际温度相差很大时。个体与环境快速地交换能量，达到一致，出现稳定状态。

从个体与环境的热平衡方面看，当 $T_3 = T_2$，T_1 远离 T_3，使之

$$T_3 - T_2 = \int_{T_3}^{T_2} \frac{\delta Q}{T_1} = 0 \tag{57}$$

由此导致在参数焓 H 上，ds，dp，SA′≠0，使 dH≥0，达不到最小值。

在参数自由能 F 上，dT，SA≠0，dF≥0，达不到最小值。

在参数自由焓 Φ 上，dT，dp，SA≠0，d≥0，达不到最小值。

这些因素使系统未进入平衡态，而有很大的运动。

在个体稳定性方面，当 T_1 趋向于 T_2，趋向于 T_3，并且 T_1 不断增大时，则 $T_1 - T_3$ 的差值缩小，作为分母的 $T_4 - T_3$ 不动，分子 $T_3 - T_1$ 在减小，那么 $\frac{(T_3 - T_1) - 1}{T_4 - T_3}$ 的熵不断减小，$\frac{(T_3 - T_1)}{T_4 - T_3} - 1$ 的值不断增大，这就是 y 值，标志着个体稳定程度的不断增强。

4. 当个体最适温度、个体实际温度、环境温度三者一致时，物质个体与系统，

与自身稳定性都完全平衡，十分稳定，停止运动。

从个体与系统的平衡性方面说，当个体与系统的温度平衡时：

$$T_3 - T_2 = \int \frac{T_2}{T_3} \frac{\delta Q}{T_1} = 0 \tag{58}$$

可从这里出发，求得参数焓 H，自由能 F，自由焓( )三个参量全部达到最小值。个体与系统达到平衡的稳定状态，停止了热的任何运动。

从个体稳定性看，根据式(48)，当 $T_1 - T_2 = T_3$ 时，求得 $T_1 - T_3$ 等于零，整个数的结果 y 值等于 -1，因为 y 是取绝对值，所以个体这时最为稳定。

系统是由众多因素所构成的，物质和场的统一体系统是由个体所组成，个体变化的结果，就是系统的变化，在系统的诸要素中，无时不刻地有无数的变化，它是千变万化的。系统是变化的，因此，个体与系统的平衡只能是相对的。暂时的，而不能是绝对的，永久的。在客观世界里不存在与系统永远保持平衡的物质个体，这是运动的绝对性得以形成的基本原因。

沈鹏天同志回顾热力学第二定律产生以来，关于世界进化问题的研究历史，从把热力学第二定律“推广到整个宇宙，便得出了整个自然界随时间演化的总趋势只能从有序列无序”，哲学家批判其无限外延的做法，但“他们同样难以证明一定不能推广”。贝塔郎菲、普利高津的开放系统，负熵流，得出的是“仅仅依靠相互传输的负熵流，绝不可能造成总体的熵减少”，“问题在于，需要指出物质系统由内部因素自身引起的熵减少的机制与事实”。是什么机制呢？能否说反向互变原理就是对其探索的一个值得重视的新成果。

四、进化之母是个体在临界点旁的物质反向互变中的序度效应原理

(一)个体量变中的临界点

在任何系统层次上的反向互变运动达到一定的程度，就会实现系统运动的层次跃迁。从一个层次的运动跃到另一个层次的运动，并发生影响。但在跃迁中并不一定是从低级向高级发展。它既可以从低级无序向高级有序发展，也可以在临界点旁反复徘徊，不能进取，何去何从，就看它的外在条件和内在根据了。个体从低级向高级发展的又一个条件，是它的熵值，必须小到一定的程度，或者说必须达到它的应有的临界值。熵大于其临界值，就必须向无序平衡发展，只有小于其值才能有向非平衡有序发展的可能性。临界值是布鲁塞尔学派十分注意的问题。我国研究耗散结构的专家湛垦华、沈小峰、忱骊天等人，也多次强调这个问题。我是从另一个侧面来讨论这个问题。

我觉得普利高津的临界点是不明确的,他指出了远离平衡系统失稳以至形成新的结构的第二个条件是依赖于非线性的反常涨落。但是,考察系统从微涨落到巨涨落的空间曲面是多少维、有多少参量和多少变量没有说清楚。此外,对系统的临界值在不同系统中有不同的具体数据,其计算一直没有说清楚。方福康同志曾指出,他们在计量研究上"直到现在还没有系统完整的处理办法。"现实的确如此,我觉得关键不在于发现好的数学方法,而在于有关参量的求取。有了数据,问题就好办了。为此,有必要作新的探求。我从个体在运动中的反向互变原理出发,认为系统的变量只有一个,这就是个体的稳定性 y 值,而它的参量有两个,这就是个体实际温度与环境温度的差距,以及个体实际温度同质变温度的差距。不管影响个体实际温度的因素有多少,都可以把它们概括到这个一般性程度上来。两个自变量一个因变量的情况可以采用尖点型突变数学模型进行讨论。

个体在序度上的突变特征合符尖点型突变模型,除参量的个数以外的根据有:一是双降性,即有两种稳定态,系统既可以向无序的稳定态移动,也可以向更有序的稳定态移动;二是双因子性,即控制系统中的因子有两种,且互相矛盾,如向环境温度移动和向最适温度移动;三是发散性,在某些状态下,只要因子稍微改变,即发生行为的突然变化。四是滞后性,即突变不是发生在进入不稳定态的开始,而是经过一段时间到达不稳定态的另一个边缘时才出现跳跃。

托姆理论告诉我们:尖点型模型(两因素一参量)的物体运动,其内能函数是递变值 x 的四次多项式:

$$\mathrm{Dab}(\mathrm{x}) = \frac{1}{4}x^4 + \frac{1}{2}ax^2 + bx \tag{59}$$

式中 D 为临界点,是由系统温度对个体温度的拉力和个体最适温度对系统温度的抗力,△R 和△Su 两值是它们的具体表现(经过适当选择常数,三次项可以消去),a,b 是系数,于是求得 Vab(x)线性关系。即解方程

$$\mathrm{Vab}(\mathrm{x}) = x^3 + ax + b = 0 \tag{60}$$

这是一个三次方程,当(a,b)给定后,它有三个根:一个实根,两个复根或三个实根。前一种情形 Vab(x)有一个极小值是稳定态,后一种情况有两个极小值和一个极大值。极大值的根没有意义可以舍去。两种极小值说明 Vab(xx)有两种极小状态,究竟哪一个不能确定,因而表示不稳定,这种有三个根的参数(ab)就处在分支集内,三个 x 值正好表示:

$$x = \Phi(ab) \tag{61}$$

是 a,b 的波函数,出现了折迭,数学计算表明,三次方程的解由判别式决定,x^3

+a+b=0 的判别式是:

$$D=4a^3+27b^2 \tag{62}$$

由此得到:

D=0 是分支曲线 (63)

D<0 是分支集 I (64)

D>0 只有唯一极小值处于稳定态 (65)

这几种情况见图 7

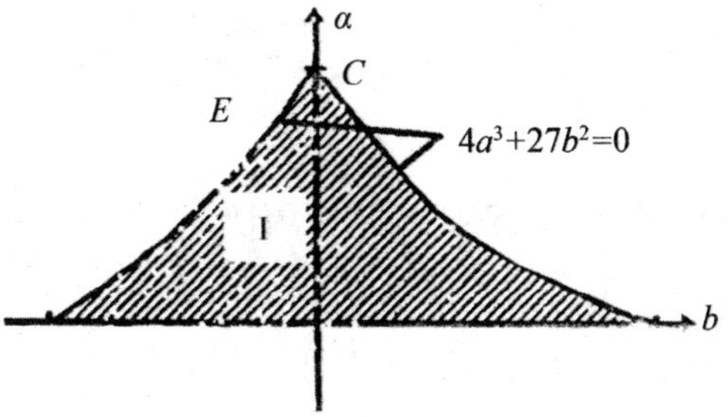

图 7

给定(a,b),得出一个或几个临界点 x。所以,临界点 x 是参数 a,b 的单值或多值函数,根据式(61)它是三维空间(a,b,x)中的一个曲面。因为临界点一定是极值点,所以临界面上的面不但可能使系统维持原来的平衡程度,而更大的可能性是使系统不稳定、不平衡,直至变为更为有序的系统。托姆用严格的数学方法证明了控制变量在五个以下,因变量在两个以下的模型。我们这里是两个因变量一个自变量的模型,它的表达式是:

$$D=\frac{1}{4}\Delta R^4-a\Delta R+\frac{1}{2}b\Delta R^2 \tag{66}$$

式中 D 是 y 的极小值,a、b 是系数,可由考察 x 的实际值时求极大值的线性方程组求取。当 y 值极大时,事物向稳定、平衡,无序移动的可能性就小。自身达到极稳程度,而向不稳定,不平衡,有序的方向移动的可能性就大,这是判据之二。

除了对个体的刺激程度的临界点以外,Suziki 在研究中还提出了一个触发过程的时间与空间的关系,认为触发所需的时间与被激系统的尺度成正比。

$$t=eog1/\Sigma \tag{67}$$

式中 t 为时间,1/被激系统的尺度。

(二)临界点上的物态衍生现象

物质反应进入临界点以后,并不一定向有序发展,而是在同一个临界点,既有向有序转化的个体,也有向无序转化的个体,这两种变化是同时并存的。变化后的物质个体的前途,以及决定这些个体的命运的因素是什么,我们从分析混沌学和协同学的分支点理论中,可以得到一些有益的启示。

混沌理论认为分支是由 λ 值(波长)的大小所决定的。它们的函数关系是:

$$x^{*}=\lambda x^{*}(1-x^{*})$$
$$x_1^{\cdot}=0 \qquad (68)$$
$$x_2^{\cdot}=1-\frac{1}{\lambda}$$

当 $\lambda=0.5, -1$ 时,个体的运动在 $x_1^{*} \sim x_2^{*}$ 之间来回波动,这时只有两个不稳定点,叫二点周期。

当 $3<\lambda\sqrt{6}$时,有四个不稳定点,叫四点周期。

当 $1+\sqrt{6}<\lambda<3.54$ 时有八个不稳定点,叫八点周期。

当 $\lambda=3.57$ 以后,变成多点周期,周期点就没有了,乱分布了。

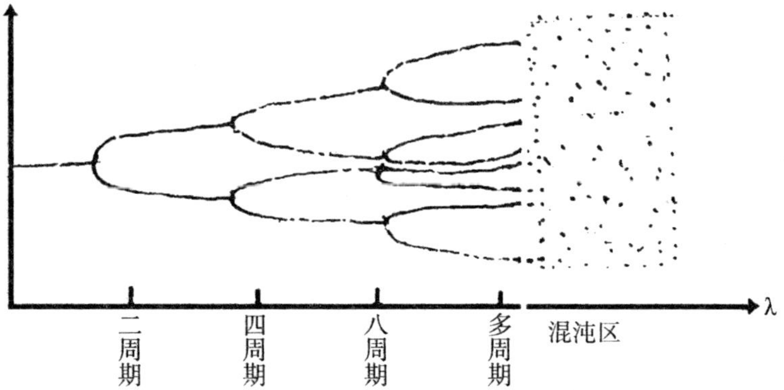

图 8

由于 $\lambda=3.57$ 以后是混沌区,所以 3.57 是一个临界常数,在这以前是平衡无序,在这以后有可能出现非平衡有序现象。系统的有序与无序决定于值的大小,可以列出表示以各种周期数的通用公式:

$$x_{n+1}=\lambda x_n(1-x_n) \qquad (69)$$

$$x_{n+1}=f(x) \qquad (70)$$

$$\lambda=x-\frac{k}{\delta^{n}} \qquad (71)$$

式中 k:常数,是周期为 n 的值,是个临界值。它与方程式的关系有等于 4.66920 的,也有一类等于 8.7210 的,这叫费根鲍姆常数。不管哪类,只要有它存在,系统就趋向稳定,反之亦然。因此,它是从有周期到无周期(混乱)的关节点。

如果系统正处在这个临界点上呢?毫无疑问是有周期性和无周期性现象共同存在的,那么有周期和无周期的不同个体是怎样发展呢?这就取决于系统状态的变化。当系统的能量降低,波长变长,则个体都向左移动,当系统的能量增大,波长变短,则个体都向右移动。进入混沌区,在激变移动时,如果个体的反应是可逆的,则它们只是调转一下运动方向罢了,如果是不可逆反应,则背向系统发展方向的个体只有凝结破灭,别无他策。

人们已经看到分支点理论忽视涨落的作用,而涨落作用在系统变化中又是十分重要的,值此,哈肯协同学提出相变点理论,个体的有序性由其增益系数 G 决定。

当 $-k+G=0$ 时,　　　　(72)

式中 k 为玻尔兹曼常数,G 为增益系数。图中 q 为质点的位置,v 为它们的速度。势函数形状如下(见图 9)

从图中不难看出粒子的运动行为恰似一个谷中运动的粒子。此外,还必须考虑随机力对粒子运动的影响。

当 $-k+G>o$ 时,增益小数 G 很大。　　　　(73)

这时的势函数形状如下(见图 10)。

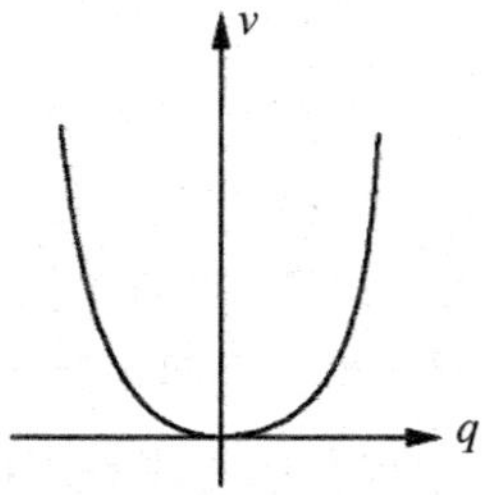

图 9

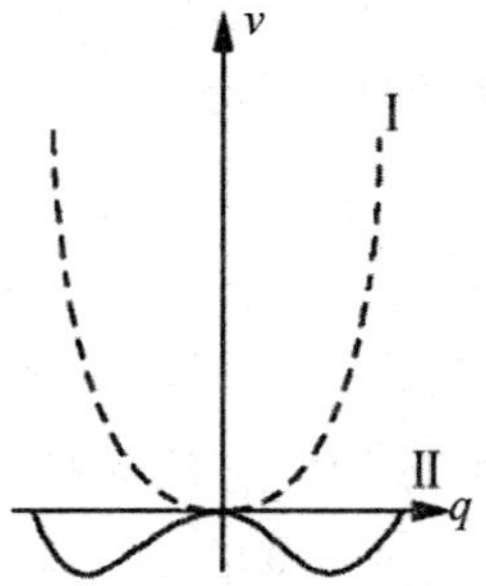

图 10

我们看到势函数曲线在图 9 中只有一个平衡位置,这时稳定的坐标是 $q_0=0$ 的位置,而图 10 中则有两个平衡位置. 这意味着原来的稳定点 $q_0=0$ 外,现在变为非稳定的。因为原来一个平衡点变为两个稳定点,所以粒子或者在左边的平衡位置,或者在右边的平衡位置。

在 $-k+G$ 从负到正的过程中,曲线越来越平坦,使粒子恢复力越来越小,从而粒子回归的速度就越来越慢,由于受涨落力的影响,当势函数曲线越来越平坦时，粒子的运动范围越来越大，将平衡位置 q_0 作为 G 在置函数时，可见：

当 $G<K$ 时，$q_0=0$ (74)

当 $G>K$ 时，出现分支现象 (75)

这又叫非平衡相变，它的内容比平衡相变丰富得多，有人认为非平衡相变可以引起振荡、混乱等现象，因为 E 的大小决定了个体的有序程度，所以把 E 叫作序参量。系统中各原子的受 E 支配。当 G 小时，E 就建立不起来，在零点有一些涨落。这时各原子的取向是随机的。当 G 足够大时，E 就建立起来了。这时各原子的偶极矩都整个地排列起来了。也就是说前面讲的支配原理起作用了。结果是各个偶极子都指向同一方向，叠加起来就给出了宏观的极化，表明了协同作用的结果。

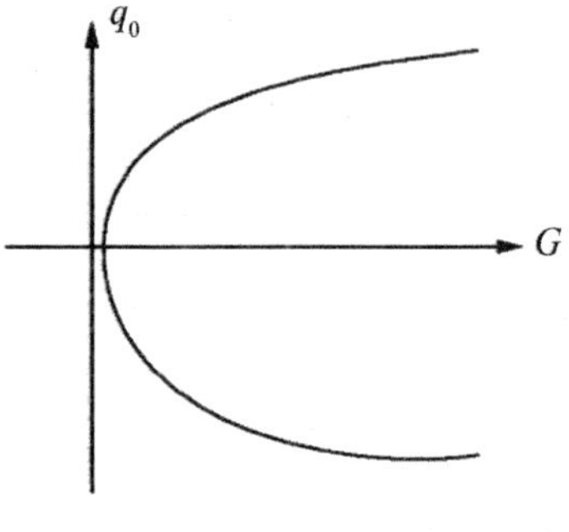

图 11

虽然考虑了涨落的作用，但还是把外因看成质变的基础，在临界点上有序与无序都混杂存在。到底是向有序发展，还是向无序转化，这就看 E 值和 G 值是左移还是右移，别无他因。可是，在地球的，温度变化不大的情况以及系统和环境较为稳定的情况下，出现的进化又该作何解释呢？

（三）临界点上发展方向的序度效应

我们把熵值作为表示个体的有序程度的意义叫序度。个体在系统较为平衡的情况下发生进化的原因是什么？通过考察有关事实后认为物体的序度与发展之间存在一个序度效应，这就是“足者予之，乏者取之”，意思是说个体的序度在临界点以上的状态下，它将越来越不稳定，向有序化发展的可能性就大；个体的序度在临界点以下的物体，它将越来越稳定，趋于无序化发展的可能性大。若起点的熵值小于零，那么个体向有序发展的可能性与它现时的有序程度成正比，反之亦然。

当 $S_o<0 \quad P\{-St\}=(-S_o)r$ (76)

当 $S_o>0 \quad P\{St\}=(S_o)r$ (77)

这就是说，在系统状态不变的情况下，保持在临界点状态处于不同有序程度的个体的发展方向，就是由自己的现有状态所决定：

当 $\Delta R>T_4$ 时，$y=0$，则 $(S)<0$ (78)

即误差 ΔR 大于个体质变温度时，个体稳定性 y 值消失。此时个体向有序发展。

当$\Delta R < T_4$时,$y > 0$,则$(S) > 0$ (79)

即个体实际温度与最佳温度的误差大于质变温度时,个体的稳定性大于零,容易向平衡无序发展。

当$|y| < 1 - |y| > 0$之间 (80)

会由于相互作用而发生转化。

对于序度效应关系,我们设系统影响力为0点,个体对此的坐标是T_1,个体最佳温度是T_3,运动速度是u,它以熵值S相对于环境影响力(0点)运动,熵值S指的是个体最佳温度点T_3时的分子,以速度u运动,进入势函数y小于一至大于零的范围之前,垂直于u方向上的力心零的距离(见图12)。

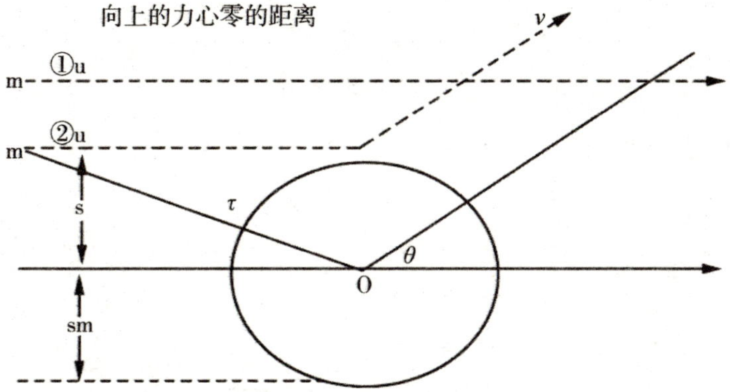

图12

从图中可以看出,个体向有序还是向无序转化,取决于熵值S的大小. 设想S很小时,个体以u运动,始终不能进入作用势函数y不为零的区域内,也就是说当S很大时,个体在运动时,其矢径温度差ΔR总是大于某临界值,此个体便未能受到力心作用而改变其运动,向着非平衡有序方向发展,如上图所示。换一种情况,如果S比较小,那么个体以速度U运动时,会进入$\Delta R < T_4$的区域内,T_4为温差临界值,这时它就会受到环境影响力0点的作用而改变自身的运动,趋向于平衡性发展。即

当$\Delta R > T\propto$时,则$-S\propto\downarrow$ (81)

当$\Delta R < T\propto$时,则$-S\propto\uparrow$ (82)

"足者予之,乏者取之"的事物运动规律导致的结果是如中国的一句俗话所说的"穷的越来越穷,富的越来越富。"较平衡无序的更趋向于平衡无序发展,较不平衡有序的更有可能趋于不平衡有序性发展。

(四)序度效应的概率表述

既然个体向有序发展是一种以现存序度为基础的可能性的大小,对其的描述就是一个概率问题。设个体现在的序度为 $-S_o$,它是一个随机变量,它的函数 $-S_t$ 是个体运动在一定序度下向平衡无序移动的概率,也是一个随机变量,其概率的大小由 S_o 所决定,S 与 So 的函数系为:

$$F(-S) = P\{-S \leqslant G\} = P\{G(S_0) \leqslant -S\}$$

$$= P\{S_0 \geqslant h(-S)\} = \int^{+\infty\ -h(-n)} f(S_0)d(S_0) \tag{83}$$

$S_0 > 0$

于是 $-S$ 的概率密度为:

$$\Psi(-S) = f(-S) = f[h(-S)]h'(-S), h'(-S) < 0 \tag{84}$$

$$g(+\infty) < (-S) < g(-\propto) \tag{85}$$

它的曲线图如下(见图 13):

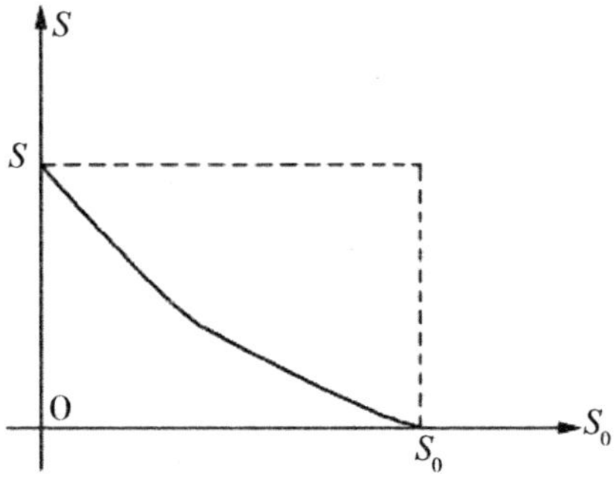

图 13

它表明序度($-S$ 值)在一定范围(a,b)以外等于零,因为它一旦发生了突变,变为全新的另一种物质,序度问题就无从谈起了,只要在这个范围内,运动向非平衡有序移动的概率就随着个体原有序度($+S_o$)的增长而降低,即只需设在(a,b)上有 $g'(S_o) > 0$(或 $y(x) < 0$),而

$$\alpha = \min\{g(S_0), g(-S)\} \tag{86}$$

$$\beta = \max = \{g(S_0), g(-S)\} \tag{87}$$

平衡不平衡在反复运动中,物质个体的有序化发展程度同样由个体原有的有序程度所决定,它们两者之间是反比关系,根据式(76)则推导得到:

$S_0 < 0$ 时,
$$P(-S) = \int_a^b -\frac{\delta Q}{T} < 0 \tag{88}$$

$S_0>0$ 时，　$$P(S)=\int_a^b -\frac{\delta Q}{T}>0 \tag{89}$$

它们的函数图示为：

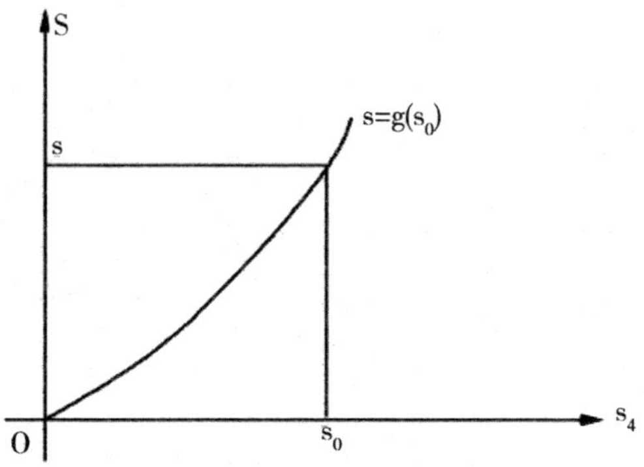

图 14

它表示个体现有序度越大，向非平衡有序方向移动的可能性越大，反之亦然。如果把它们分为两个方面来说，物质个体的这种变化关系在现有序度小时，物质向平衡无序方向移动的可能性就大；当物质个体现有的序度大时，物质运动向平衡无序方向移动的可能性就小，*So* 值的大小，就是物质运动方向的判据之一，其分界值还有待于在实践中考察总结出来。

五、系统决定论是系统中的进化与退化相互构成熵守恒原理

（一）个体存在形式与温度

个体状态的保持依赖于特定的系统条件，但系统条件的变化并不是使个体结构简单地往复移动，温度的增高决定性地导致物体不断分解，它具有拉普拉斯决定论意义。温度降低过程中，个体既可以非化合的简单形式凝结，也可以个体间化合的复杂形式保持下来，在这里它只具有统计决定论性质。但整个系统是分解与化合并存，前进与退化并存。因而它具有守恒性，具有系统决定论性质。

一切物体都处于一定的系统温度之中，而个体运动也表现出一定的温度。温度是物质运动思维空间以外，最有普遍意义的一维度量，温度值就是分子运动激烈程度的量度，用下图表示物态与温度的关系（见图 15）。

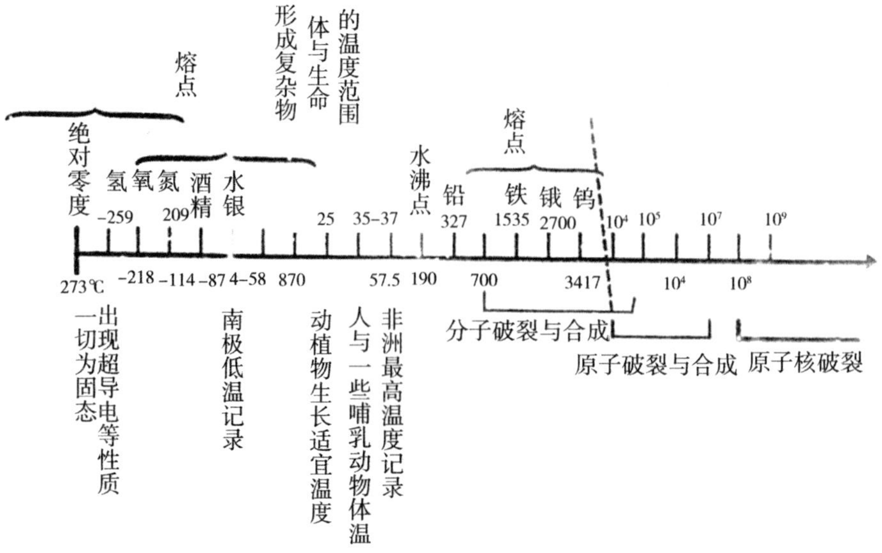

图 15

温度与物态的关系从图中我们可以看到从绝对零度到 10^{10}℃的整个中,包含着宇宙万物的所有运动状态的存在。不同的物体在不同的温度下表现出不同的状态。在 -259℃状态下氢变化为固体,似乎一切物体都变为固体了。到 -114℃时,酒精变为固体,氢氧氮为液体。从 100℃至 -60℃之间是分子运动最为活跃的阶段,是地球生命乃以存在的条件。是物质反应中的复杂是非之地。700℃以上时分子会破裂,104℃以上时原子会破裂,108.5℃是原子核破裂的阈值。

温度与物态的关系在生命活动中最为明显,生命的基本单元——细胞的新陈代谢运动基于生物体内分子的物理化学运动。生物学研究表明,运动胚胎发育的过程,主要决定于发育着的有机体与内在、外在环境条件的相互作用,其中温度时刻影响着细胞的分子运动,影响着生物化学反应速率。有些学者认为,生物突变现象与分子同分异构变化这个物理化学过程等效,一般分子反应所遵从的基本物理学定律可大体说明生物化学反应的趋向。下面用化学反应速率过程来估计温度对寿命的影响。这方程式表述为:

$$\frac{dR}{dt}=a\exp\left(-\frac{qE}{uk}\right) \tag{90}$$

式子表示人体细胞功能退化的速率。那么从正常状态 R_1,退变到状态 R2 时(令 $\Delta R=R_2-R_1$)需要一定的时间 t,当把 R_2规定为死亡状态,那么 t 可近似地代表寿命,从式(90)可得:

$$t = \frac{\Delta R}{A}\exp\frac{qE}{UR} \tag{91}$$

设正常体温 k1(37℃)时寿命为 t_1,非正常体温 k_2时寿命为 t_2,那么两者比值 y 为:

$$\begin{aligned} u &= \frac{t_2}{t_1} = \frac{\Delta R/A\ \exp qe/uk_2}{\Delta R/k\exp qE/uk_1} \\ &= \exp\frac{qE}{u}\left(\frac{1}{k_2}-\frac{1}{k_1}\right) = \exp[1.153\times10^{E}4\left(\frac{1}{k_2}-\frac{1}{k_1}\right)] \end{aligned} \tag{92}$$

式中:q——电子电荷(1.592×10^{-19}库仑)

u——玻耳兹曼常数(1.38×10^{-23}焦耳/℃)

K_1,k_2——体温的绝对温度(k)

E——引起细胞功能退化的激活能(电子伏)

根据式(92)可得下表(设人的寿命为 70 岁)的情况(见表 2)

表 2　人体 70 岁时不同温度的细胞激活力

体温	℃	22	25	27	30	32	37	39	41
	k	295	298	300	303	305	310	312	314
E = 0.1	η	1.2	1.16	1.13	1.09	1.06	1	0.97	0.951
	寿命	84	81.5	79.1	76.2	74.2	70	67.9	66.6
E = 0.5	η	2.5	2.11	1.86	1.54	1.37	1	0.86	0.770
	寿命	175	148	130.1	108	96	70	60.2	53.8
E = 1	η	6.25	4.48	3.47	2.38	1.89	1	0.75	0.595
	寿命	439	314	243	167	132	70	52.5	41.7

根据上表可以绘成体温与寿命的曲线关系图(见图 16)。

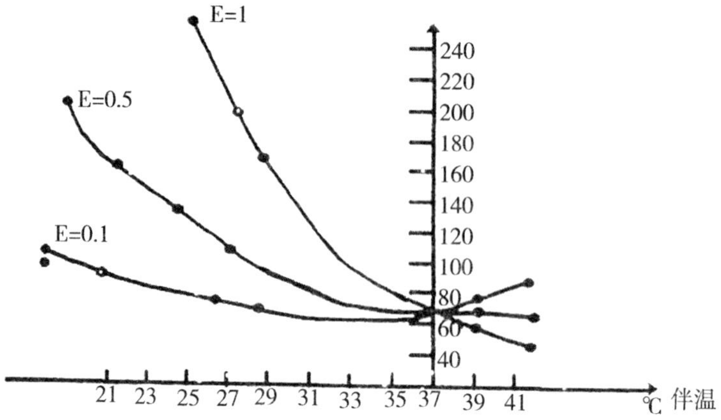

图 16

以上事实充分表现了系统温度变化与个体物理化学状态的变化有着十分密切的关系。

(二)加热必定使个体从有序走上无序

只要系统不断地向个体加热,那么,个体就必定发生从有序向无序、从不平衡到平衡的转化过程。它表明个体的反应能力与温度成正比,与结合力成反比。这是一种必然发生的、合符拉普拉斯决定论所揭示的必然性规律。

这种反应所表现的特点:一是研究对象的始态终态具有熵值的增加;二是个体变化的性质,形成在物质层次上不断分解的化学变化过程;三是在反应中不断地破坏原有的守恒范围,不断地进入到新的守恒范围之中。

举例说明这种反应的第一步。将两种以上的元素,如将二克分子 H_2 气体和一克分子 O_2 气体放在一个容器中,让它们自发混合。显然,经过一段时间后,我们发现氢和氧均匀混合不再变化,这时熵增加了,始态是分开的氢和氧,终态是它们两者的均匀混合物,守恒是氢分子和氧分子。

$$2H_2 + O_2\text{混合体} \tag{93}$$

如果没催化剂或其他点火装置和热时,这个混合物就能长期稳定,也可以说达到平衡,即物理平衡。

在这个混合物中继续加热,加入催化剂,则迅速引起反应,产生蒸汽,达到不再变化的化学平衡,这时 H_2 和 O_2 分子均受到破坏,而守恒的是氢和氧。

$$2H_2 + O_2 \rightarrow 4H + 2O \tag{94}$$

这是一切化学反应的特点,即所谓物质不灭原理。

但蒸汽并非绝对的稳定，如果用适当的方法，对其继续加热，我们发现四个氢原子核，即四个质子，可以聚合成氦 He，也就是太阳中进行的核反应。

$$4q_1^{m_1}H + q_1^{m_1}N \rightarrow q_4^{m_4}He + q_1^{m_1}N \tag{95}$$

式中 m 为质量数，q 为电荷数。在这一类核反应中，守恒的是中子和质子。

质子和中子还有下一层的结构，现在还不清楚有几种，也不清楚引发这些变化的规律。显然，随着平衡与不平衡的反复变化，物质的反应可以从宏观到微观一步一步地演化下来。

由此可见，只要对其进行加热，让它向温度物态图中的右端移动，当它达到某一个临界点时，就一定会出现某种分解。它具有因果之间的必然性和确定性，从而认为它合符拉普拉斯决定论。因为拉氏理论的每点是因果间有确定的数量关系，是必然关系，没有偶然性。其次是只要知道初始状态和变化速度就能准确地预测未来，它的数学式是：

$$-S = Q(x) \tag{96}$$

只要给出一个确定的自变量 x = a，那么便可得到一个确定的函数值 Q(a)，如果令 x = b，那么又可得到另一个函数值 Q(b)……。赵红州同志说："比如，为什么小球会运动，因为有力作用其上；为什么物体体积膨胀，因为温度升高。"这样，加速度与力、体积与温度等等，就形成了单一的因果关系，并且可以用确定的级分方程来描述，这便是所谓"牛顿第二定律""查理定律"等等。这些理论在解释加热与态变的关系上应该是正确的合符事实的，要不，谁又可以见到在 109℃ 以上存在着完整的原子和分子呢?

(三)降温导致化合只有统计决定论意义

在系统温度不断降低，如本章温度—物态图的横温轴向左端移动的时候，给个体结构带来的变化一是熵值的减少，导致物体不断有序和非平衡性；二是个体内在结构有可能不断复杂化，使功能不断增强；三是在反应中不断地构成新的、更大层次上的守恒性。但这些变化都只有统计决定论意义。

我们应该看到坐标上所标出的各个质变点，既是物质分解的质变点，也是物质化合的质变点。温度在质变点上向右移动是导致个体的分解，向左移动是导致个体的合成，用前面的例子倒过来讨论，便是这种情况。

在高温下游离的自由质子和中子，当温度低于 108℃时，它们可以结合为具有一定数量的中子和质子守恒。游离的原子核在环境温度低于 107℃以下，又可以从中挤出电子，并把它吸引到周围，形成电子绕核运转的原子，在之后的化学反应中，原子以基本单元出现，人们所看到的是原子守恒了。游离的单个原子在环境温度低于104℃以下,又可结合为分子,不同分子以基本单元出现并相互作用和依存,人们所看到的是化学平衡问题。我们可以根据坐标横轴说到绝对零度去。在降温与物质结合中,具有千姿百态的各种不同的物质结构的形成,就在于临界点以上的物质分布的不均匀,有稀密亲疏之分,当降到临界点以下能量流走了,但结构不移,在无法静寂的能量流中沉结和保持了相对稳定的能量。

物质每化合一步,其内在结构所包含的非平衡性有序结构越多,熵值越小:

$$\Delta S - S_2 = kmW_1/W_2 \tag{97}$$

式中ΔS为熵变,k为系数,w_1和w_2是始态和终态的态数和。有人根据物体在绝对零度时熵为零,把这时的熵称为绝对熵。采用倒算法,根据测得的个体实际温度来求得它的熵,把上述公式分解为:

$$S_1 = k\ln W_1 \tag{98}$$

$$S_2 = k\ln W_2 \tag{99}$$

过去薛定谔对此没有提出什么疑问,并且用D代替W,引出负熵的概念,来表述事物的有序程度:

$$-S = k\log(1/D) \tag{100}$$

近来,吴征铠同志认为从绝对熵的倒算法是"这就太谬了"。问题很简单,如果用S_1和S_2都含有一个相同的常数,S_o时即

$$S_1 = k\ln W_1 + S_o \tag{101}$$

$$S_2 = k\ln W_1 + So \tag{102}$$

ΔS不变,这个So值十分重要。

如果用熵值算法来求物质个体的有序程度,那么,系统在绝对零度时都呈固体形式存在,不是最有序吗?显然,这是十分错误的。事实证明在-100℃—104℃之间最为活跃。怎么来说明这个现象,我觉得系统温度的降低对熵值的影响没有拉普拉斯决定论意义,只有统计决定论意义。中子质子被冷却结合的时候,可以是单个,也可以是多个。原子现象的出现是"由于客观事物的层次性,多因果关系中的事物往往处于不同的层次。因此,统计规律又可分为不同的类型。那些原因事物和结果事物如果处于相邻层次,那么,这种统计规律谓之'经典统计规律',如果原因在相邻的低层次,结果在高层次,那么,这种统计规律便叫量子统计规律。……这是由更深层次的多种因素造成的(比如电子的自旋)。"用统计决定论解释了问题的一个方面,还存在一些问题,这就是第四点要讨论的。

(四)分解与化合共同构成熵守恒原理形成系统决定论

古希腊哲学家赫拉克利特说过:"世界是包括一切的整体。"恩格斯更明确地

指出,宇宙是一个体系,是各种物体联系的总体。现代系统论的研究成果证明了这一点,自然的事物现有层次性,又有系统性,宇宙是由无数个体相互构成的整体,任何守恒都应该是指特定物质范围内部某方面的不变性。我觉得个体与外界之间,在开放系统之中是无守恒可谈的,因此,我不赞成普利高津的熵守恒公式。这些个体和粒子都有自己的内在结构,其结构有内在因素和外在条件的不同而变化着。有的处于不断分解之中,其熵值越来越大,越来越平衡和无序;有的处于不断化合之中,其熵值越来越小,越来越有序和不平衡。但是,一个物体的分解和与另一个物体的化合之间的关系,不难看出它们是相辅相成的,没有化合的分解是无意义的分解,也是现实中很少存在的分解。为什么分解与化合联系得如此紧密,这个问题启示我们:宇宙存在一个熵守恒原理,我们把每个个体的熵称为 S1,S2 - Sn,那么,宇宙总体的熵值等于所有这些个体熵之和。

$$\mathrm{S}_{宇} = \mathrm{S}_1 + \mathrm{S}_2 + \cdots\cdots + \mathrm{S}_n = \sum_{i=1}^{n} S_i \tag{103}$$

如果我们把宇宙熵的平均值看作零,那么个体熵就在这零值上下波动,零值上下波动的正负值之和等于零。

$$\sum S = S_1 + S_2 \cdots + S_n = 0 \tag{104}$$

因宇宙个体的熵不外乎化合性的熵减少和分解性的熵增加两部分构成,所以在宇宙总体中这两部分的熵是相等的。

$$\mathrm{S}_{增} = \mathrm{S}_{减} \tag{105}$$

$$\mathrm{S}_{增} + \mathrm{S}_{减} = 0 \tag{106}$$

宇宙总体的熵守恒是毫无疑问的,但宇宙中的特定物质系统在不同时期可以有不同的表现,当它是

$$\sum S = 0 \tag{107}$$

则说明系统中的分解与化介程度相当,其内部熵平衡了,这是系统处于正盛时节的表现。当它的熵积分是

$$\sum S > 0 \tag{108}$$

则说明系统内部的分解力大于化合力,是系统处于衰退的表现。当它的熵积分值是:

$$\sum S < 0 \tag{109}$$

则说明系统内部的化合程度大于分解程度,是系统正处在成长壮大阶段的象征。

现在我们又回到原来提出的一个问题,事物为什么既不是越冷化合力越强、

越有序，也不是温度越高，物体结构越复杂，而是在 -100℃—104℃之间表现出最复杂的理化反应。现在看来这只能解释为个体的性质是由其内部各要素之间相干性关系的总和来决定的，或说是由整体和各局部之和的差值来确定的。

$$\Delta A = A - \sum_{i=0}^{n} \widetilde{a_i} \tag{110}$$

式中 A：整体功能；a：各要素的功能，△A：这两种功能之差。赵红州同志叫这公式为系统决定论公式，这也是他提炼出来的。如果我们把物态与温度关系图的横轴分为低温区、中温区和高温区三段。在每一段中都进行抽样计算△A 值，很明显是在中温区的△A 值最大。其他领域的整体与个体之和的差异都是很小的，这就是有序性在这里最大的原因所在。

（五）变化与守恒的物质层次性

从本章第一小点中可知物质反应从一个守恒到另一个守恒的逐步变化过程。稍一分析，不难觉察到，物质反应是从一个层次波及另一个层次的过程。由此可以看到物质个体依其各自功能上的异同程度不同，结构上的密疏程度不同，形成不同的系统。系统与系统之间有一定的间隔性。

物质的运动和变化也可以分为两类，一类是系统内部的运动变化，另一类是系统与系统之间，即系统与外部的运动和变化。如原子内部有电子、质子、中子之间的运动关系，原子又与原子化合，这就是原子层次和分子层次。这两种变化之间具有许多的矛盾差异性，其中最大的差别是各种物质的反应程度不同，反应能量的大小不同。物质反应随着能量的增大可以引起矛盾的转化，系统外部运动达到一定程度后，可以导致系统内部的变化，系统内部的反应达到一定程度后也可以改变系统的外在运动性质。

个体与系统的熵变都是在一定物质层次上的个体状态的变化，我们的守恒是在一定物质层次上的个体内部有所运动变化的情况下，而保持自己的基本性状不变的，这就是变化和守恒都具有层次性。物质反应中从一个守恒的破坏，到另一个守恒的揭示的依次转移过程，如我们本章第一小点所描述的分解过程，是物质一步一步地深入变化过程，是物质反应从一个层次到另一个层次的依次发展过程。从凝聚态平衡到分子守恒，原子守恒、质能守恒的过程就如此。

混沌理论提出的隐序概念是有一定道理的，从这里看，有序性的形成就是从隐序（微观有序）到显序（宏观有序）的发展过程。有序性的破坏就是从破坏显序到破坏隐序，再到破坏更深的隐序（更细一层的物质结构上的有序性）的转化过程。

六、从互变进化原理看自然界的发展历史

我们的客观世界，大至宇宙天体，小至基本粒子，复杂到人体和思维。它们的诞生，它们的发展，都是由于个体的最适温度点及系统平衡点的反向互变原理导致了物质一刻也不停顿地运动。个体的稳定性不断地增加、减小甚至丧失（质变），这种运动和变化也是个体与系统之间的平衡与不平衡的反复交替的转化过程。当这种变化推移到了临界点附近，则有可能导致个体向复杂化跳迁，使个体的内在结构越来越不平衡，越来越有序，使个体的运动和发展越来越复杂。正因为这样，客观世界才能从简单的原始星云发展到了今天这样复杂的人体生命。现在我们具体说说几种主要客体的运动发展的内在矛盾机理。

在天文学中，天体演化史告诉我们，宇宙起源于大爆炸、红巨星阶段、白矮星阶段，以后又是爆炸的再生。天体的温度也经历了一个从低到高再到低，从辐射到吸收的演化历史。

环境温度降到109℃左右时，是基本粒子进行激烈运动的温度。原子、分子都是不可能出现的，这是基本粒子的最适温度点。与此同时，基本粒子不时地同系统进行能量交换，逐步趋向于系统温度基本粒子在这反向互变的矛盾中运动着。运动的结果是温度移到基本粒子的临界点上内在结构序度也移到临界点上。在这附近，只要稍有因素撞击它，就会因序度效应，使基本粒子间的相互差异越来越大，越来越不平衡，其不平衡性增大的本身，就为基本粒子之间形成越来越互有差别，越来越有序的系统提供了可能性，最终导致中子、质子，乃至中子和质子的合成，形成了原子核。

当外界温度降至104℃—107℃之间时，原子核一方面朝着保持现有状态的最适温度点运动着，另一方面，它不断地与系统进行能量交换，力图与系统从不平衡趋向于平衡，自我最适点与系统平衡点之间的矛盾同样是原子核运动变化的动力和原因。个体温度最后趋近于系统温度，当系统温度达到10℃—4℃以下，是原子分离状态的临界点。当个体运动到临界点的附近，由于序度效应，便原子核内部在运动中的差别越来越大，有序性越来越强，相互结合得越来越紧密。最后是带负电的电子被原子核把有电部分挤出来了，形成电子，自己失去了电性（中子），如粘胶一样把多个质子粘起来。电子绕着核转，形成了原子。原子物理学中还没有这样一个关于原子形成的理论，但从反向互变和序度效应原理出发，又势必得出这样一个结论，它是否正确，还有待于实验的证明。

环境温度降到700℃—104℃之间时，原子在保持现有状态下的最佳温度点和

系统温度点之间的反向互变。此起彼伏地运动着，这就是原子运动的动力和原因。当系统温度降到700℃以下，个体温度在趋近系统温度时，也到了自己的临界点，在临界点上的序度效应，有可能导致它不断地积蓄不平衡性，使事物越来越不平衡，也就使事物越来越具有有序的可能性，不同原子相互有序地排列和组合本身就是分子的形成。

当环境温度降到0℃—100℃之间，分子同样处在保持现有状态的最适温度点和系统温度的反向互变之中，这就是分子间不断运动的动因。同样是当系统温度降低到某个体的临界点，个体温度在接近这临界点时，因序度效应，有可能使它们之间的差别越来越大，越来越不平衡和有序。在这样的作用下，依赖于其他一些苛刻的条件：从恒星得到的光和热是定量的；同恒星的距离限在一定范围；行星质量不宜太大和太小。太大的星球的温度过高；太小的星球不能保持住液态水和大气压，特别是要有足够的氧，以形成水，保持自然界的水循环。经过漫长的岁月，形成了繁多的，互不相同的分子。这些分子依一定规则，有序地排列和组合着，形成新的物质系统，这就是有机高分子化合物，直至原始生命的出现。

生命出现以后，它是怎样发展的呢？对非生命体而言，系统温度就是最终温度。可在高等生物体中，它出现了生物体内的内环境，能调节温度，如人在地表温度为－30℃—50℃之间可使机体温度调节到36℃—37℃之间。人还能改造环境，使用电扇、空调等设备，为自己创造一个理想的生活环境，使个体最佳温度与系统平衡温度的矛盾得到了缓和。但它以新的矛盾形式表现出来，这就是新陈代谢。环境的食物来源。温度与机体的生存成为了进化的原因。薛定谔认为，“生命有机体是怎样避免衰退的呢？明白的回答是靠吃、喝、呼吸以及（植物同化），专门述语叫‘新陈代谢’，新陈代谢中的本质的东西，乃是使有机体成功地消除了当它自身活着的时候不得不产生的全部的熵。”我觉得这一点是完全正确的。

尽管如此，生命维持的最适温度点同系统平衡点的反向互变过程依然存在，生命对外界的缓冲是有限度的，突变数学对基因的突变，转位遗传因子的活动规律作了很好的说明，证明生命活动的从量变到质变的过程。并且，序度效应原理也是同样存在的，它导致生物的进化和发展。陈润生说：“我们必须架起从地球，包括太阳辐射的巨大能量，所创造的宏观的非平衡的有序条件，到生物体真实存在的有序性之间的巨大桥梁。”这是极为宏伟的任务，但一定能在时间的长河中渐渐完成。

沈小峰同志从耗散结构的角度讨论了社会生活问题，从我提的进化观点来看，主要的是必须意识到社会发展方面的巨大特殊性，它的高度复杂性，梅在1973

年的文章中给出了一个出色的关于物质体系的复杂性同本身的活动功能和稳定性之间的关系的陈述:“进入相互作用的因素越多,决定系统特征频率的特征方程的次数就越高。因此,至少有一个正根的机会就越大,因而不稳定性也就越大。”

我们的社会不仅以高度复杂性为特点,而且以和原始社会相比较而言的迅速的信息传播为特点,申农采用负熵来度量系统的信息量。现在有不少文章著作阐述用信息量来度量系统的有序程度,史朝说:“在有序性上,信息作为负熵起了决定性的作用。信息量是标志社会有序程度的一个方面。”

尽管社会结构过于复杂,复杂程度的表现以信息量来度量。但这当中的发展仍然是既成社会的量佳稳定点与客观经济的平衡性之间的差别。是它们两者的反问互变关系导致了事物的运动和发展。同时又因为每种经济社会形态的存在都是有限度的,当它的运动达到本形态所适范围的边缘(临界点)时,由于序度效应的作用,经济社会有可能发生革命。这种运动和发展的不断进行,使社会运动永远不会停留在一个水平上徘徊,而是不断地向前发展。

在这个问题上,R 阿丹斯在《能量和结构》一书中写道,人类与环境的特殊关系基本上与任何其他物种关系类似,在这个关系中该物种不断努力实现着足够的控制去从环境中抽出能量。但是,人的典型尤其在于他的行为的文化模式,这文化模式引导他通过自己及其环境的经常的再定义去寻找这个控制的可能性,并允许他把他的社会推进到一个未曾如此扩展的系统中。利用热力学系统内的作用,该文化论据假设永恒的扩展是在人的能力中固有的,他没有借助于他的行为去作任何特别非自然的事情。由此得出的结论是正如普利高津先生所说的“社会文化的进化固然有反已的非特殊的特点,即它是我们物理宇宙进化的许多方面之一,在这个物理宇宙里,非线性过程和非平衡条件对于自组织起着更大的作用。”

纵观自然和社会的发展历史,以及我们用这四条原理给予的说明,从中得出的结论是,“从护陈维己出发,以破旧出新告终。”因此,聪明的做法应该是“掌握历史规律,顺应时代潮流”,奔向光辉的明天。

(1986 年 8 月)

辩证法矛盾认识

一、客观事物运动矛盾的复杂性

毛主席说:“人的概念的每一差异,都应看作是客观矛盾的反映。”(《矛盾论》)不同的学说都是从不同的认识角度提出来的。认识不清楚就不能作出正确的判断,得出正确的结论。就拿地震学说来说吧,首先是美国人里德根据地震有基线变化的情况提出了“弹性回跳说”“断层说”。1931 年日本有人看到地震纵波运动有的不呈四象分布,对里德的学说产生了怀疑,认为断层是结果而不是原因,提出了“岩浆冲击说”。1963 年新西兰的爱维森提出了“变相说”,认为某些岩石在一定温度和压力下可以引起体积和温度的快速变化,从而对周围的岩石产生快速的压力和快速张力,于是就产生了地震波。最近有澳大利亚的物理学家又根据日能与地震的关系,提出了地球岩浆内力和太阳辐射外力的矛盾平衡破坏而引起地震波的学说,等等。这些都说明了这个问题。在免疫学说领域里,过去只把免疫看成机体防止传染病的能力,后来随着医学科学的发展,特别是对免疫与肿瘤的关系的深入研究,这个概念由原来一个内容的基础上扩大到三个内容,即还有机体的免疫监视功能和免疫稳定功能。这更说明了学说是在不同的认识角度上提出来的。我们在生活实践中体会到,抓主要矛盾是在自己已知的范围去抓。在早期的生物学领域里,苏联的米丘林只强调环境对机体的外因作用,而美国的摩尔根维孟德尔的豌豆实验成果,提出了基因学说,两人互相展开了激烈的争论。结果米丘林的学说只满足于一些物体外观的形态描述,对进一步说明环境对机体的作用原理是有帮助的。摩尔根学说的基因逐步被显微镜、化学分析、动植物实验所证实为 DNA。绝大多数人都认为 DNA 是遗传的物质基础。但是如果把基因的作用脱离外界环境来分析就会通向上帝创世论。这两者的关系怎样,他们两人都不懂,也不可能懂得“外因是变化的条件,内因是变化的依据,外因通过内因而起作用”(毛主席《矛盾论》)这个唯物辩证法的道理。可是这两种学说的斗争在一定程度上起到了促进生物学发展的作用。

实践使我们懂得:矛盾越复杂,真真假假的现象越多,全面地认识事物就是一个相当不易的问题了。全面认识,要“去伪存真、去粗取精”抓住重点,认识事物的本质就更加困难。我们只有经过多次反复地实践和认识,开展学术讨论和争论,多了解一些事情,多懂得一些东西,才能少走弯路,加快前进步伐。我们学习制造汽车比发明一辆汽车要容易多少倍啊!

一切唯心主义者只相信自己的主观臆造,否认人们的社会实践,如唯心主义的老祖宗—古希腊的柏拉图就说,脱离社会实践的上层贵族是上帝用金银做成的高贵者,在社会实践中的群众是铜铁做成的下等人,是贵族玩乐和使用的工具。可笑的是这些高贵者对没有实践就没有认识和没有认识的发展就没有科学技术的发展这个简单的道理都不懂。由于他们的谬论步步被历史给予了无情的惩罚,在这失望面前理论越来愈荒谬不堪。如美国的人类学家华希本在谈人类演化时说:“人的演化‘事实’非常捉摸不定,所以最好把人类演化的研究看成是一种游戏,而不是科学。”在这里说游戏倒不如说资产阶级学着的投机或诡辩。一个唯物主义者应该有个科学的态度,坚持马克思主义实践第一的原则,坚持毛主席“百花齐放,百家争鸣”的方针,批判“四人帮”压制学术讨论的罪行,开展积极的学术研究,在这崎岖的科学道路上逐步攀上高峰。

二、客观事物矛盾的层次性

宇宙是无限的,物质是无限可分的,在自然科学领域里,不但随时可以看到矛盾的普遍性,而且可以看到物质的大体形态活动特点,基本部件(在生物体是细胞)的形态活动特点,组成部件的分子结构形式、性质的特点。在不同的认识层次上发现了不同的矛盾,也就是在不同的范围的事物都有其本身的矛盾特殊性。对矛盾的深入了解的层次程度往往意味着科学发展程度。以生物学为例,在只能对生物的形态、活动特点进行描述的水平时,林耐就根据这些提出了比较完整的生物分类学。虽然林耐的世界观是唯心主义的,可这个贡献是很大的,为揭示生物的进化次序提供了依据。19 世纪中叶微等人创建了细胞学,确定了生命的基本单位是细胞。生物学的认识水平又跃进了一步。自 1869 年年轻的米歇尔发现核酸以来,科学家们逐步开展了对分子水平生物学的研究。特别是 1953 年华生和克里克提出了 DNA 的双螺旋式模型以后,对 DNA 和蛋白质的生理作用有了进一步的认识,能在主要生命物质结构的分子层次上来阐明生物遗传变异规律,开创了分子生物学的新的学科领域。可见在不同的物质层次上有不同的特殊矛盾，在不同的层次上有不同的主要矛盾。所以说抓主要矛盾是在不同的矛盾层次上和范围里来抓。

这里还必须指出，认识越深入越说明宇宙间各种客观事物的相互斗争和联系，越“到达了暴露周围世界的内在矛盾”（毛主席《矛盾论》）。如在元素的发现过程中，初期有很多元素的发现是不同的科学家在不同的时间、地点的偶然场合下发现的。这种发现达到了一定程度时，由门捷列夫在总结前人发现的基础上提出了元素周期律，揭示了各元素间重量、性质、结构的内在联系。当前，跨行业的边缘学科不断出现，各学科原理之间运用的越来越多。如理化原理逐步广泛地运用于医学专业。这也是逐步证实了辩证法的正确性。

这里也使我们看到，要逐步深入地了解事物并在每一个层次上全面地了解事物，认识它的规律，是很不容易的事情，是不可能一帆风顺的。同时马克思主义的敌人总是在兴妖作怪，他们在科学每发展到一个新的阶段上，先是大讲大闹一阵，尽量把新的科学发现用来证明自己观点的正确。可是历史是讲情面的。在这失望面前接着是叫嚷“发展到顶了，认识完结了”。如杜林就认为一个包罗万象的世界全部被他认识清楚了，并狂热地宣称他创造了“最后的终极真理”。

三、客观事物运动的矛盾认识是无止境的

我们需要逐步地认识世界，是不是有朝一日把今天的物质认识清楚了，科学的发展就完结了呢？我们不急于回答这个问题，还是先来看看今天的繁华世界是怎样来的吧！

根据天文学中星云学说的观点，今天地球上的所有元素都是由氢原子经过聚变而来的。从现有的知识懂得在地球上从一个原子量为一的氢经过聚变发展到了原子量为256的钔。世界上的物质有从单原子组成的分子，如铁、铜，发展到今天具有上百万个原子组成的高分子聚合物。由一个单细胞组成的生物，如原生动物门的疟原虫，赤痢虫等，发展到今天具有60万亿个细胞的人体。这一切都是事物内部的“对立统一”的矛盾运动推动事物的发展所致。同时辩证唯物主义者还认为物质每跃进一步并不等于原有两种活动规律的简单凑合，物质每发展到一个新的领域又有新的矛盾出现，又有新的运动特点。因为宇宙万物都各自具有特殊的内部矛盾性，而各自的矛盾特殊性就决定了事物的性质。那么我们寻找一个物体的运动规律不能从个别的基本粒子、个别元素、个别的化合物去寻找，而必须从这个新物体的内部去找。今天分子结构仍然完全可能在环境的变化下而变化，事

物仍在不断发展。同时各事物之间的变化程度、速度、方向不一致，增加了我们正确地认识事物、找出事物的发展的本质因素的困难。可见人们的认识是无止境的，科学的发展是无止境的。珠穆朗玛峰可测，科学上的高峰就不易测出，而且处在不断变化之中。认识完结的日子永远不会到来，人们需要不断地认识、永远需要不断的认识。

一切形而上学的专家们，总是把事情看成孤立的、静止的东西，把生命还原到物理学和化学的运动规律。笛卡尔和拉梅丽特就把生命看成是："一个运动的、摄取和消化食物的、对刺激产生反应的、进行生长、生殖活动的机械而已。"他们忽视了生命运动的规律，反对辩证法，这是阻挡科学发展的反动力量。

总之，事物运动中有矛盾的普遍性和复杂性，使我们难以顺利地、全面地认识事物。由事物的内在矛盾层次性，增加了我们深入了解事物的困难。由事物本身的不断发展，增加了我们对事物认识清楚的困难。特别是唯心主义、形而上学世界观的阻挠，这些都是自然认识的阻力。可是由于生产的需要，人们必须不断地"实践、认识、再实践、再认识，这种形式循环往复，以至无穷"（毛主席《实践论》）。人们对自然界的认识是不断地发展的，这是前进性，由这种前进性和阻力性的存在就使科学的发展既不是闭合式也不是直线式，而是曲折地，或叫螺旋式的向前发展，这是由事物的发展规律所决定的。

（1976年2月）

怎样认识量变与质变的关系

本文的主要内容是本人学习恩格斯的从量变到质变的事物发展规律的体会。

从量变到质变这一事物发展规律是恩格斯提出的辩证法的三大规律之一，是在人类社会、自然科学认识论上等各个领域都适用的普遍规律。这里由于自己的认识所限，主要就自己在自然科学方面对这一规律的认识谈谈理解和体会。

首先使我认识到的是事物的变化是从量变开始的。量变是我们容易察觉和测定的。但是量变到质变的过程我们就不能用一般的方法测量，从哪里到哪里是量变，从那里开始就称质变。量变到质变没有明显的分界线，质变是在量变的基础上通过量变而实行的。

比如水的温度升高我们可以用温度计测量出来，可是在什么时候和程度下发生质变就不那么明显，一般它的沸点是100℃，也就是到了100℃会通过沸腾而转为气体。但是我们也看到，田里的水只有几度，是怎么不流出也会不断地减少呢？

化学是在炼丹术的基础上诞生的，现在还有许多关于我国古代炼丹的传说。从物质进锅到长时间的加热熬炼。这是一个物质周围的温度变化，也就是外界的量变。当这种量变达到一定程度，就会引起锅子中不同物质的分解和化合，而出现了新的物质，新物质的形态、颜色、性质都不同了。在熬炼中水分跑了，分解出来的有机质烧了，往往剩下的就是贵金属、汞等较纯洁的物质出现在锅子之中了。这就是质变。从整个炼丹的过程来看，物质有明显的变化，但是在这个过程中谁也不容易指出几时几分是量变到质变的交界点。我们只能说它的这个变化是逐步的。

物质构成越复杂，这种变化过程就越不明显，比如长颈鹿的颈部如果不是通过反复使用而使其伸长的话，突变是变不出长颈鹿来的。生殖细胞中的DNA分子不会在干旱季节中凑巧突变出“长颈基因”。如果需要等待基因发送生长颈突变才能吃到高树叶子的话，那么长颈鹿的祖先都只能伸着脖子等死。如果说5个适应性突变凑巧碰在一起就需要274亿年，这些相关突变岂不需要几百亿年以后才能碰到一起？而长颈鹿科在中新世以后才产生的，总共才不过二三千万年的历史。不允许发生那么多相关突变，所以这必然是"用进废退"获得性遗传导致了长颈性。当然"自然选择"起了重要的促进作用，但如果没有长颈的变异，又怎么选得出长颈鹿呢？（刘民壮《生物进化的内因和外因》见《自然辩证法》1975年第2期）。这是一个渐进性过程，而不是一瞬间的突变而来，摆在我们面前的只有环境改变时机体的量变因素和机体变异的质变表现。这些事实一再地表明，从量变到质变的过程没有一个显而易见的关节点，但有一个事物明显的变化情况表现出来。正如革命宗师恩格斯教导我们的"辩证法不知道什么绝对分明的和固定不变的界线。"（《自然辩证法》）

其次就是事物的发展从量变到质变需要一定强度的外力，普及作用到内因的一定程度。通过内因才能引起，对这种作用力存在一个能引起反应的不明显的阀值。比如我们人类有一种毛发缺乏色素的白色性状，是一种遗传性的疾病。可以由于营养、疾病、衰老等生理原因造成谷氨酸酶的数量和活性发生变化，结果就出现了这种现象。营养和疾病的轻度影响当然是不会引起白化的。只有作用于机体的一定的程度后才出现白化性状。但这时个体的出现还不一定会传给后代。在实践观察中也是不遗传的占多数。这里就只是改变了机体的蛋白质，主要是谷氨酸酶的性状。

当这种外因继续对机体普及深入地发生作用，改变了体内一定层次的物质性状后，在这里也就是进而改变了核酸的性状，使核酸的结构发生了改变，失去了生成谷氨酸酶的能力，以致于不能把谷氨酸转化为黑色素。这就是遗传的变异，这样患者的后代的毛发也可以由缺乏黑色素而出现白化性状。可见改变了核酸和改变了蛋白质的性状其作用是不同的。前者是遗传性的，后者是非遗传性的。（赵寿元《谈谈变异的偶然性和必然性》见《自然辩证法杂谈》1975年第2期）

这样，一定程度外因作用于内因引起反应，也就是从量变到质变的反应，几乎是存在一个能引起发应的阀值。阀值是多少呢？这是难以说明的，是不明显的，但可以在事物发展的全过程中看到它，证实它。

在数学上和一定阶段的事物发展上的物极必反规律，物理学上公式中的常数常常意味着质变点。人们由感性经验到理性认识的飞跃的认识规律，社会经济基础发展到一定程度引起社会变革（指非无产阶级专政的国家）的规律等等，都可以用来说明本文开头所提出的这几个问题。

我所体会到的第三点是，从量变到发生质变在自然界的物理、化学、生物学等方面都是在分子水平以下的变化才算，没有达到分子水平的物体变化是量的变化。比如一碗猪膏油在常温下是固体，稍一加温就变成液体，但他们分子结构没变，性质没有改变。这样的变化仍算量变。当然用高温烧焦了就是另外一回事了。沼气的化学名字叫甲烷，如果单独只有这种物质的增多和堆积，再多也是沼气。但在一定外因作用下，甲烷就可以逐步化合变成乙烷、丙烷、丁烷等等。烃的这种事物，碳原子 1 - 4 个为气体，5 - 15 个为液体，16 个为固体，并且熔点、沸点比重都随分子量逐增而增大。量的堆积只有量的变化。只有在外因通过内因的反应下，引起了物质的分子结构的变化才成为质变，才改变了物质的基本性质。

在生物的进化上，都是斗争、适应、变异、遗传、再斗争、再适应、再发生新的变异、再继续遗传。没有变异，就不会有今天这 200 万种生物。同样没有遗传，再好的变异也只会是昙花一现。这也有一个量变与质变的问题。我国的社会在封建制度统治下，妇女扎脚，而西洋女人扎腰。这些都是物理压迫长期不松，虽然脚很小，腰很细，但没有能引起机体蛋白质和核酸的变化，也就是非遗传性的量变。质变的方面我们看到，家鸭的翅骨较野鸭为轻，家猫由于家化后不仅吃荤也吃素，肠子比野猫比长 1/3。这说明“依事物本身的性状和条件，经过不同的飞跃形式，一事物转化为他事物”(毛主席《矛盾论》)。这种转化当然是质变。在动物中器官的变异，首先是通过身体的变化，特别是蛋白质在新陈代谢中所发生的变化，然后把这种信息源贮藏在生殖细胞的核酸中转变成“遗传密码”，通过复制、转录、翻译把这些获得的性状传递给后代。这里只有达到了引起物体内的重要物质的分子水平以上的结构和性状的改变才算质变。

在这里还谈一点体会，就是从量变到质变的发展只说明事物有了一个转折点。质变这个概念不负责说明事物的变化方向。变化的方向，变化后是发展还是衰亡，由事物发展的规律性所决定，在各类事物发展史中去研究。

生物的进化、遗传与变异、变异与遗传，是从量变到质变的变化，绝大多数的变异是前进性的。这在生物进化史中例子不少。但是我们也必须看到，有些变异是变坏了，如前面所提到的白化病，还有许多不好的变异，如遗传性精神病、遗传性色盲、遗传性贫血症等等。就拿人体一种严重的遗传性镰形细胞贫血症来说。这些病人一般都在成年期前死去。镰细胞的血红蛋白和正常人的血红蛋白的不同之处就是正常人的 β 链(一个血红蛋白分子有两条 α 链，两条 β 链，共四条)。从氨基开端的一端数起，第六个位置上的氨基酸是带负电荷的谷氨酸，而镰细胞贫血症患者在这个位置上的氨基酸变成了不带电荷的缬氨酸。在四条多肽链中的 584 个氨基酸中(每条链有 146 个氨基酸)只有一个氨基酸的区别。结果失去了负电荷,在不跟氧结核时分子就有规则地聚合起来了,成为长170埃的长纤维。由于这种聚合使红细胞变形成镰状。而红细胞寿命缩短,引起溶血性贫血。这个氨基酸的差别恰恰是由于核酸结构上一个碱基发生改变所引起的。(庚镇城《对遗传物质——核酸的认识》见《自然辩证法杂谈》1975年第2期)这种遗传性疾病也完全可以由变异引起,是在一定因素下出现的,是质变。

就是我们的家养动物所发生的许多变异,也基本上是些非进化性变异。也是质变。社会历史的某一临时倒退现象,某一个人的变化等等都存在这个问题。所以说质变只说明机体在一定因素作用下转折点性的变化。但质变本身不说明事物的发展。质变可以是变好,也可以变坏,当然变坏的是少数,而且是短命的,是会被历史所淘汰的。

从量变到质变的发展是宇宙的一个普遍规律,我们在观察分析事物时必须懂得,"辩证法是每一种既成的形式都是从不断运动中,因而也是从它的暂时性方面去理解"(马克思《资本论》第一卷第二版跋),看问题"不能只看他的一时一事,而要看他的全部历史"。

(1977年4月)

自然辩证法三大规律的关系

辩证法有对立统一、量变到质变、否定之否定三个基本规律。它们之间的关系,现在看来,是客观事物运动和发展所具有的时间结构上的层次关系。

在讨论这个问题之前,需要说明的是,这三大规律不是空洞的,它存在于各种不同事物的运动发展之中,并且依事物的运动形式不同而有不同的表现形式和不同大小的转化周期。天体的"气态——固态——气态"是一个否定之否定的发展过程,地球是天体极其渺小的一部分。在地质构造上又有"地槽——地台——地洼"这样一个否定之否定的发展过程。在实践周期上前者不知是后者的多少倍,在表现特点上也是各有千秋的。

辩证法的三大规律不管在什么样的事物中,以什么样的形式表现出来,它们都是依次包含和依次构成的。对立统一规律就是矛盾双方的互相联系、互相斗争、互相转化,而其中最主要的事物内在矛盾的相互联系、相互作用的运动。矛盾的转化就是事物的质变,这就从对立统一规律过渡到了量变到质变规律。任何事物都必须经过反复的、多次的矛盾斗争,才能达到一次的转化。前者是后者的基础,后者又包含而不能代替前者,它们各有自己的特征。任何事物的一次质变往往是对前者的否定,只有经过多次的质变才能行成一个否定之否定的转化周期包含着多次量变到质变的转化,一定量变到质变的转化过程又包含了多次、反复的矛盾斗争。小麦的"籽——苗——籽"的否定之否定的发展过程,包含了从籽到苗,从花到籽的多次量变到质变的转化阶段。而每一次转化都是小麦和外界,以及小麦内在的各种矛盾双方反复多次斗争的结果。地质演化的"砂——岩——砂"的发展过程也存在这个问题。由多次的矛盾斗争构成一次质变,由多次质变构成一个否定之否定的转化周期。客观事物在演化过程上,这三大规律的依次包含和依次构成的关系,与空间结构上的分子包含着多个原子,分子由原子所组成,原子包含着电子、中子和质子,原子由电子、中子和质子所组成,与不同规律之间的相互联系颇有相似之处。

另一方面,它们在运动上的相互促使关系是基层的运动促使上层的运动和转化关系。量变的过程实际上就是事物的矛盾运动过程。只有矛盾双方的联系和斗争,才有矛盾的转化,才有量变到质变的出现。只有矛盾的多次转化、多次质变,才有否定之否定的周期性发展过程。在化学反应上,没有分子的内在矛盾斗争,就没有分子的化合和分解等质的变化;没有这些化学反应的出现,就没有"化合——分解——更高级的化合"这个否定之否定的发展过程。这个特点类似于空间层次结构上电子云的运动形式和中子、质子的多少决定原子的性质,不同原子的不同构成关系决定分子的性质的特点。

以上两个特点启迪着人们去思索,辩证法三大规律的关系是不是在事物的运动和发展中,在时间结构上的层次关系。至于形式和内容、原因和结果、必然性和偶然性等辩证法的范畴同规律之间也有一定的内在联系。这种联系特点在初步的探索中,似乎把它们看成这三个基本层次(三大基本规律)的亚层更合乎实际些。本文的观点是否正确,基本层次和亚层的关系的详细讨论,还有待今后继续探索。

(1976 年 10 月)

科学认识与自然观的转化及转化规律

(一)科学认识水平与自然观的对应关系

翻开哲学史和科学史,在对照中不难发现,自然科学理论的革命性变化与占统治地位的自然观的转化在时间上和性质上都有很大的吻合程度(见表1)。[1][2][8]尽管唯物主义和唯心主义,辩证法和形而上学在任何历史时期都共存村在着。并且,对每个科学成果都可做出不同哲学观点的解释,但是,占统治地位的自然观的转化是有规律的。各种自然观的地位变化决定于人们的科学认识水平。

表1 科学认识与自然观的转化考察表

年 代	划时代的科学成就	占统治地的自然观
公元前7世纪——后5世纪	对事物处在状态和运动的定性描述	朴素辩证唯物主义自然观
6世纪——17世纪	对事物成因的幼稚假说	唯心主义自然观
17世纪——18世纪	对宏观物质机械运动动因的认识	机械唯物主义自然观
18世纪	牛顿的经典时空观	宇宙无限论
19世纪中叶	对事物发展过程的认识	辩证唯物主义自然观
19世纪末叶	发现分子原子的结构	物质无限可分论
20世纪初叶	相对论物理学	宇宙有限论
20世纪末叶	高能物理新成果	基本粒子不可分论

科学与哲学的关系是辩证关系。科学是哲学的基础,但哲学又可反过来指导科学工作,促进科学的发展。过去,由于世界观和方法论的不对而造成科学研究工作的失误的教训是很多的[3]。现在有人在统计中发现,科学高潮与哲学高潮之间是有内在联系的。[4]哲学理论的真正进步是由科学革命导致的。每一项重大科学成果,每一次科学革命,都引起哲学界的震动,都是向哲学提出了新的问题。从一定历史过程看,科学、哲学和时间共同构成了一个三维变化关系。用图1表示则是:

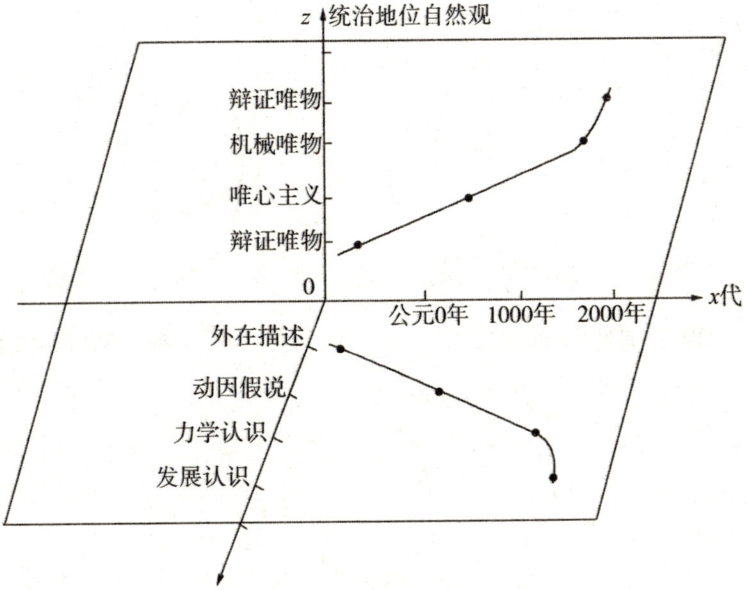

图 1　科学认识水平与自然观的对应关系

图 1 马克思、恩格斯总结了十九世纪的重大科学成果,创立了辩证唯物主义自然观[5],列宁驳斥了“物质消失了”的唯心主义谬论,捍卫和发展了辩证唯物主义[6]。今天的科学又向哲学提出了许多新问题,如物质是否无限可分的问题;宇宙是有限还是无限的问题;物质与能量的关系问题;信息的本质问题等等。科学研究的许多新成果都与经典哲学的具体论述相矛盾。[7] 如果我们把这些哲学问题研究清楚了,则既发展了哲学本身,又将对科学发展产生有益的影响。

二、科学认识与自然观的转化

否定之否定的周期性发展规律是事物运动发展的基本规律。也是占统治地位的自然观转化发展的基本规律。不管是自然观、时空观,还是物质结构观,都经历了一个周期性的发展过程。根据表一的内容作图表示则是:

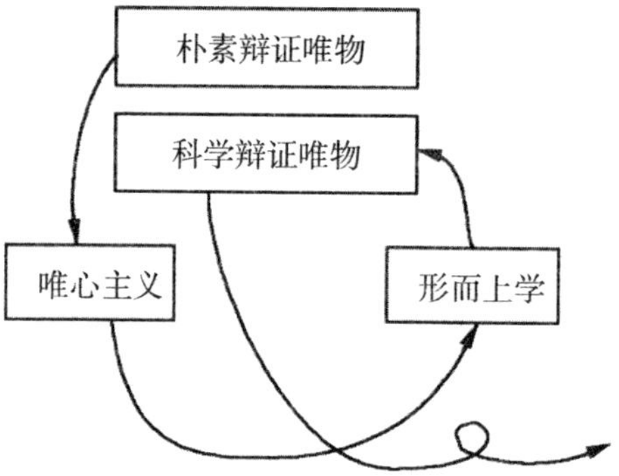

图2 自然观的演化过程

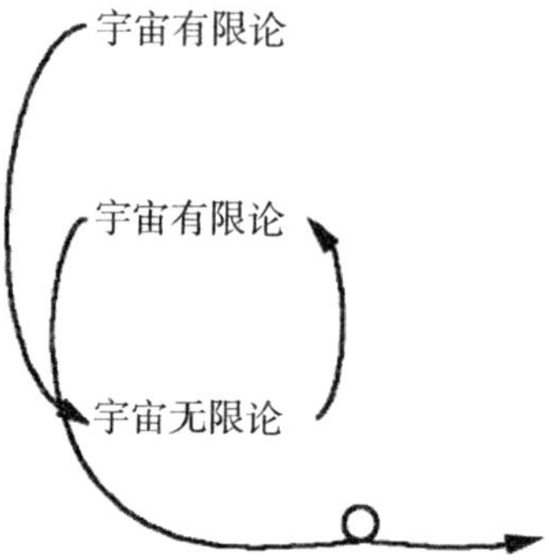

图3 时空观的演化过程

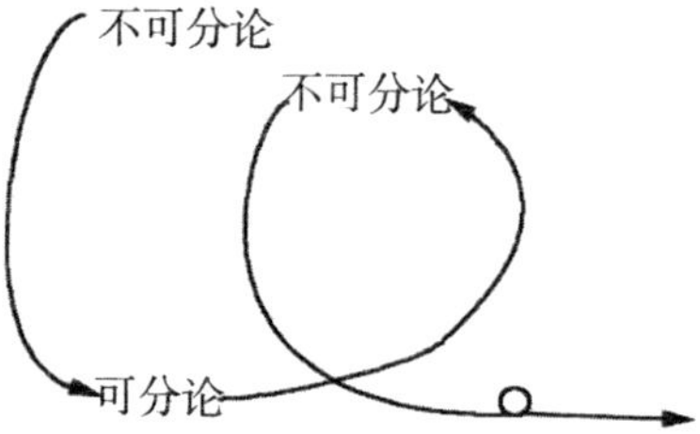

图4 物质结构观的演化过程

事实表明,在古代的一千二百年里(公元前七世纪——后五世纪),占统治地位的是朴素辩证唯物主义自然观,具体的内容是五行、八卦说、水成说、火成说、气成说,以及稍后一点的德谟克利特和留基伯的原子论等。中世纪(公园六——十七世纪)占统治地位的是唯心主义自然观。它是对唯物主义的否定,他们最基本的活动就是搞迷信。近代(十七世纪——十九世纪)战略统治地位的是机械唯物主义自然观,它是对唯心主义的否定。十九世纪以来,占统治地位的是辩证唯物主义自然观。[8]它是对形而上学的否定,似乎又回到了古代辩证唯物主义的原点。这里需要指出:任何否定都是部分的否定,而不是全盘否定。任何复原都是近似的。今天的辩证唯物主义比古代的辩证唯物主义更科学、更复杂、更有说服力。

本来,只有辩证唯物主义才是合乎客观实际的,才是科学的和正确的理论。鉴于任何事物都有多种运动特点和表现形式,自然观的否定之否定的发展过程,是由不同层次的物体的表象不同造成的。以前,人们只是从直观的角度去总结事物的基本规律。古代的人们所看到的是千百万个具体事物的存在和变化;中世纪的人们则在追查事物运动的原因和机制时,得不到科学的解释;近代的人们发现了一个个具体事物的内在结构和动因,但不了解各种事物的互变关系和发展过程。只有到了现代,才既了解事物的静、也了解事物的动,了解事物的发展规律。

马克思、恩格斯创立辩证唯物主义的主要一个客观依据就是自然科学上的三大发现。[8]这种科学认识不断深入发展的过程。就是自然观变化的原因。今天，人们学会了全面地、辩证地、本质地看问题，辩证唯物主义自然观是关于客观事物的最基本的运动规律的正确理论，在这个形势下，它将要永远立于不败之地。

这并不是说自然科学哲学理论已经发展到顶了。其实，科学上目前有好多新事实还得不到哲学上的圆满解答。在这项工作中要特别注意科学研究中发现的新事实与世界根本“本质”的区别，防止以假象冲击本质，以个别事物的本质冲击世界基本的“本质”现象。要遵循恩格斯“随着自然科学领域中的每一个划时代的发现，唯物主义也必然要改变自己的形式”的教导，既善于从辩证唯物主义的角度上总结科学新成果，又善于从科学成果上概括出科学的、精确的哲学理论，使这个问题在两个方面的切磋中得到发展，使辩证唯物主义真正成为合乎客观实际的，具有高度科学预见力的、经久不衰的理论体系。目前，科学新事实给哲学理论带来的疑难，随着科学和哲学的深入探讨是会得到解决的。辩证唯物主义自然观的存在形式的变化规律将成为今后一个重要研究课题。

主要参考资料

[1]汪子嵩等.《欧洲哲学史简编》. 人民出版社 1972 年 5 月第 1 版.

[2]东北工学院.《科学技术史简论》. 1979 年 10 月内部印发.

[3]李庆臻，李凤玲.《自然科学家的科学成果和哲学思想》. 见《哲学研究》1980 年第 8 期第 63 页.

[4]刘则渊，王海山.《世界哲学高潮与科学中心关系的考察》. 见《科学・技术・管理》《全国科学学第二次学术讨论会论文集》第 378 页.

[5]恩格斯.《自然辩证法》. 人民出版社 1971 年 8 月第 1 版.

[6]列宁.《唯物主义和经验批判主义》. 人民出版社 1960 年 4 月第 4 版第 250 – 313 页.

[7]李秀果.《科学地对待自然科学向哲学提出的新问题》. 见《百科知识》1981 年第 9 期第 4 页.

[8]本书编写组.《自然辩证法讲义》. 人民教育出版社 1979 年 8 月第 1 版第 1 篇第 1 集.

[9]本书编写组.《马克思・恩格斯哲学思想简介》. 1976 年 7 月第 1 版第 18 页.

（1977 年 9 月）

自然界发展规律的实质是什么

在我们学习马列主义、毛泽东思想的时候，经常碰到“规律”这个概念，革命导师对规律有不少论述，我们应该怎样从理论与实践的结合上学懂弄通规律这个概念，认识规律的实质，怎样使规律更好地为我们所掌握和利用呢？

一、规律存在于物质运动中

我们说物质是不断地相互联系和运动着的。“辩证法是关于普遍联系的科学”。规律存在于物质运动之中。但规律怎样在运动中体现出来的呢？首先必须看到物质运动的矛盾性，承认（发现）一切联系（精神和社会两者也在内）和过程都含有互相矛盾、互相排斥、互相对立的趋向（《矛盾论》）。这些矛盾不是单对的，而是错综复杂的。运动是没有既定条绪的，物理学上的布朗运动是如此，世界上动植物的不断变化（包括好的变异，即进化，和坏的变异，即由改变了 DNA 的结构而导致的遗传性疾病等等）是如此，社会上由复杂的阶级斗争体现出的人们思想活动也是如此。可是，任何事情的运动都有先进的与落后的之分。不是每一个发展都是同类物质共同进行的，也不是任何一个由运动所产生的变化都是发展的。

在生命起源的化学进化阶段，炽热的地盘上，各原子间剧烈的运动，又碰撞又分裂。当地面逐步发生缓慢降温后，就出现了化学进化。首先是某些元素化合成简单的化合物，如单质的氢与单质的氧在空气中能生成水，并放出热量，单质的氮和单质的氧碰在一起，只要吸收 21.6 千卡的热量就能生成一克分子一氧化氮。第二步是无机物化合而产生许多有机物。1828 年和 1953 年有人把水、甲烷、氨和氢等无机物放在不含有空气的玻璃瓶内密封起来，加热并通电，使不断地发生闪电，发现里面产生了许多氨基酸、脂肪酸等有机物。第三步是大分子有机物的出现，主要是蛋白质和核酸的产生。有人实验把甲烷、乙烷、氨和水等类似原始地球大气的成分放在一起突然加热和急骤降温，由此产生出乙胺酸、丙氨酸、缬氨酸和白氨酸等四种氨基酸。可见，在地球早期气温变化的过程中伴随这些物质的产生。为什么惰性元素很不容易与其他元素化合成分子，为什么碳原子的活动量比其他所有元素的量活动量还大，为什么只有蛋白质和核酸才成为生命的最重要的物质基础呢？

就人类出现的过程看，先在树上由灵长类动物分化出古猿，又由古猿下树分化出人类。这个过程在今天已被绝大多数人所承认。为什么有的灵长类动物今天还在那里爬树、钻洞。为什么在热带仍然有类人猿的存在，而人类则发展到如此高级的地步呢？

在社会发展史上，由奴隶社会一直到社会主义社会，都是由于生产力的发展，使统治阶级的对立面，奴隶阶级、农民阶级、无产阶级的觉悟不断提高，力量不断壮大，把他们推翻的。所以说帝国主义及一切反动派既是真老虎，又是纸老虎。“这是一个由真变纸的过程的问题。”（毛主席《关于帝国主义及一切反动派是不是纸老虎的问题》）这里一个先进阶级从原有的阶级发展出来分化，一个社会到另一个社会的出现的发展，为什么总是有这种联系呢？

在思想史上，辩证唯物主义的世界观也是从机械唯物论和唯心辩证法中，吸取他们的有用物质，抛弃他们的陈腐概念，而发展出一个新的无产阶级的哲学体系，以后又在列宁和毛主席的进一步充实、发展、提高。

经过对客观事实的观察，我们更深刻地体会到“任何事物的内部都有其新的两个方面的矛盾，形成一系列的曲折斗争，斗争的结果新的方面由小变大，上升为支配性的东西，旧的东西则由大变小，变为逐步归于灭亡的东西。”在每一类事物的运动中，经一定时期后，有的发展了，有的落后了，使先进者在自己的同伴中由量的区别而达到质的不同，以致从中分化出来了。任何事物的发展都伴随着分化。我们从古猿到人类是发展了，我们已经与类人猿有本质上的区别，这是分化了。一个社会到另一个社会是发展，一个阶级到另一个阶级的产生是从中分化出来。马克思主义也是在机械唯物论和辩证唯心论中分化发展出来的。这是一个任何学科都可举例说明的普遍的现象。正如毛主席在谈帝国主义由真老虎变纸老虎时说的，“一切事物都是如此，不独社会现象而已。”

从发展伴随分化的现象，我们完全可以推论，物质的运动是错综复杂的。可是规律是专线的，这在具体现象中就表现出事物的不断发展，不断分化，决定任何个体的前途的因素就看自己的活动是否合乎客观发展的规律。这一个阶段到另一个阶段的发展，一个阶段到另一个阶段的分化，这就体现了规律的存在，也充分显示了列宁关于规律的论述的正确英明。“规律是现象中巩固的(保存着的)东西”,规律是发展之间的“本质的联系”。

二、规律的实质是什么

在我们的实践中也提到因果律这个概念,它也是事物的外因作用于内因,通过内因而引起的事物变化关系。因果律是否等于规律,如果不是,那么它与规律有什么不同。列宁指出:因果性不是完整地反映现实的现象的联系的,它只是反映世界的普遍联系的一小部分,只确定原因与后果之间的联系。规律性是现象中最主要的和本质的东西,是说明现实中最主要的但非全面的联系。不揭示现象中普遍的联系。这是其一。其二,事物的运动是起伏式的一个高潮接着一个高潮,是间断的和连续的统一。因果律只反映某一个运动阶级的原因与后果的关系。而规律是任何事物运动中的本质的联系,是探究一个的整个事物运动轨迹。因而它比因果性更深刻地表现现实。所以科学应从探究因果性到探究规律。对这种区别不是本文的重点也就不举例说明了。

三、规律的本质

一切过程的常往性是相对的,但是一种过程转化为他种过程的这种变化性则是绝对的。在这里我们可以看到,规律是研究整个历史发展过程的准则,是研究一个过程转化为他种过程的质的飞跃。

综合来说,规律是对物质的运动而言的。它存在于物体运动之中,规律是物体在外因与内因的相互作用下,多个变化发展过程的路线特征。运动是复杂的,规律是专线的。所以说,一些物体从量的不同开始,到出现质的区别,以致在多个同伴的分化出来的过程,就是物体内在对立统一矛盾性在外界条件的影响下逐步发展和暴露的过程。而内在矛盾发展暴露出来后,谁继续发展,谁逐步走向灭亡,这就在物体的内因,在于物体的内部矛盾性。看它的本身的结构、动能和活动是否合乎了事物的发展规律,合乎规律的物体和行为的发展。否则就停滞或灭亡。这样看来规律是自然界的各种因素互相作用下的一种合力。它包括温度、气候、气压、水分等等。自然界的所有的力的因素,在对机械结构的严格要求方面,地球的引力、摩擦力和太阳的辐力表现得很明显,地球引力、摩擦力在生物上不同样的表现,不同的气温、湿度的环境下有不同的生物种,如热带的猿类,热而湿的地方蛇等。

自然界的合力决定了自然界的物体的发展规律。人们的社会实践就能进步认识这种自然规律，利用自然规律为人类服务，由必然王国走向自由王国。人们对自然规律的认识，就决定了生产力的发展程度，而生产力发展决定了生产关系。正如毛主席所说，“诚然，生产力、实践、经济基础，一般表现为主要的决定作用。谁不承认这一点谁就不是唯物论者。”看来自然发展规律与社会发展规律是存在一定的内在联系性。对每一个具体的物体来说，合乎规律的物体就是合乎了自然界的各方面的因素影响下能发生能量转换的、继续前进的规律从机械结构的严格性和发展规律化生物的规律性，以至国家机器要应生产力发展的严格要求等各个领域的事实都直接地或间接地说明了这一点。列宁说：“规律是宇宙运动中本质的东西的反映。”（《哲学笔记》）在一个阶段到另一个阶段发展是通过质变，同一类物体在质变面前停滞、灭亡还是继续前进发展，其根本原因不在于中签得彩，而在于自己的运动是否合乎规律。任何违背客观规律的胡作非为，任何逆历史潮流而动的反动派都不会有好下场。承认规律的存在完全不是承认了万物有灵论，而是在宇宙普遍联系下的物质运动。由阶段的因果关系通过量变到质变的关节点的多个历史运动的活动特点，是各种物质属性的综合作用的质的体现，它更进一步的证实了论证的观点是正确的。

（1978 年 9 月）

事物发展的中期衍生与后期迭代机理

生命体、科学技术成果、社会组织等事物的外在表现(势能)上都有一个产生、发展、鼎盛、衰退、灭亡的变化周期。一个事物的内在潜能(生命体的细胞分裂速度、技术产品的继续创新可能程度。社会组织的运动活力)是从该物体的产生之日起就一直呈线性衰减趋向。在势能曲线与潜能曲线的特定阶段产生新物体,我们把这种建立在事物的势能周期律与潜能直衰律两大规律的作用关系,以及从一代衍生出另一代的原理称为迭代原理。

一、客观事物发展的三规律

笔者经过近年来的反复观察研究,认为客观事物纵向演化的普遍规律是三个而不是一个,其中两个是新近认识的,一个是早已脍炙人口的,现予分析。

1. 潜能直线衰退律

在客观事物的生、长、壮、衰、亡的变化周期中存在着一种内在潜能,该潜能由始至终都呈直线衰减过程,这是笔者在一些客观现象的启示下自己归纳出来的,尚没有被普遍认识,却又是客观存在的必然规律。

(1)生命体的细胞分裂,是一个从胚胎开始,到婴儿、幼儿、青年、中年、老年,始终呈不断减慢,不断衰退的过程。没有一个从低到高再到低的发展过程。

(2)群体组织有活动潜能,社会群体组织包括一个社团组结,一个政府,一个生产与科研机构等,它们的发展前景在诞生初期是最大的,随着时间的推移,潜能存在其发展前景和可塑性自诞生以来依次递减。值得指出的是,结构决定功能,一个社会组织如能顺应历史潮流,及时改变其结构,调整其功能,就能增加活力,带来势衰后的重振中兴。

(3)技术产品的潜在创新力是一个由始至终的衰退过程。一个新发明的技术产品的市场占有率有一个从小到大，达到高潮后再逐步衰退的历史周期。但技术产品诞生后，其潜在的进一步创新的可能程度是诞生之初最大，此后逐渐缩小。越不成熟的技术其创新的可能程度最大，越成熟的技术产品，越老化的技术产品，其创新的可能程度越小。[1]

从以上三个方面来看，客观事物的内在潜能是一个随时间的推移而逐步衰减的过程，这是一个普遍规律，有着它广泛存在的可能性。

2. 势能兴衰周期律

客观事物发展的周期性变化是人们熟悉的一个规律，但并未揭示出它的实质。自从《周易》[2]提出事物发展的有兴有衰，周而复始的周期性发展观点以来，历朝历代的学者不断进行分析。现在看来古人所讲的周期律具有两个层次的含义。

其一，所有的客观事物都有一个诞生、发展、兴旺、衰退、灭亡的过程，即都有一个从无到有、从小到大、再从大到小、从有到无的发展过程。一个生物有生老病死；一个技术产品的市场占有率有从小到大，再从大到小的变化过程[3]；一个社会组织也有生、旺、亡的过程，毛主席还说共产党是为了消灭国家权力而建立国家权力的。

其二，与具体事物发展周期律相对应的是不同事物在同一个物质层次上，一个旧事物的生命周期与一个新事物的生命周期相互接替，互相连接，形成一个周而复始的不闭合的循环运动，由此构成事物的螺旋式上升。在哲学上辩证法三大规律中的否定之否定的规律中也有这方面的意思。在马克思主义理论中有比较多的论述。

3. 周期衍生律

周期衍生律是指在同一个物质层次上，一个事物的势能发展到鼎盛阶段的前后必然产生新一代事物的现象，这也几乎是各个领域都存在的普遍现象。

(1)整个生物界，特别是动物界，都是一代一代地传下去，老一辈处于成年阶段产生新一代，如人在16岁到50岁左右可繁衍下一代，牛在3岁至10岁可以繁衍下一代等等。

(2)技术产品也是一代一代传递下去，纵观技术发展史，可以说80%的新技术都是在相应的上一代技术的发展高峰期之后出现的。[4]

(3)社会组织，特别是政权性组织也存在新兴组织接替原有组织的不断发展过程。

二、客观事物三大规律的联结方式

客观事物发展的势能周期律、潜能直线衰减律、个体衍生律的三大规律是相统一的。

1. 势能周期律与潜能衰减律是同时发生、同时运动、同时消失的一个事物的两个侧面。(见图1)。

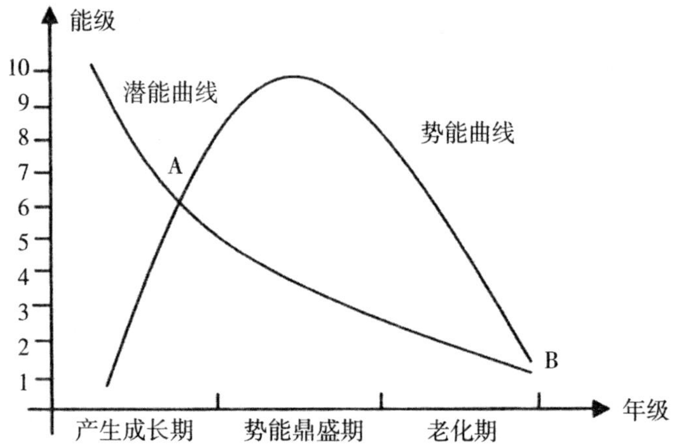

图1　事物的势能与潜能二曲线关系

在其发展中,势能呈兴衰周期性发展过程和潜在呈线性衰退过程,两者相互关系的特点是:

(1)两者的发展在交叉点(A点)之前,表现的状态是势力小而潜能大,其走向是势力在逐步扩大,而潜能在逐步减小,相互之间的差别随着时间的推移而逐步减小。

(2)交叉A点之后,到势能发展到顶峰之前,这期间势能在逐步上升,潜能在逐步减小,但势能已大于潜能,并随着这种反向关系的变化,两者的差距越来越大。

(3)客观事物的势力发展到顶峰之后,该事物的势能与潜能都衰退着,势能衰退的速度比潜能衰退的速度大一些,因此,两者之间的差距越来越小,最后两根曲线重合(B点),这时候该事物也就灭亡了(见图2)。

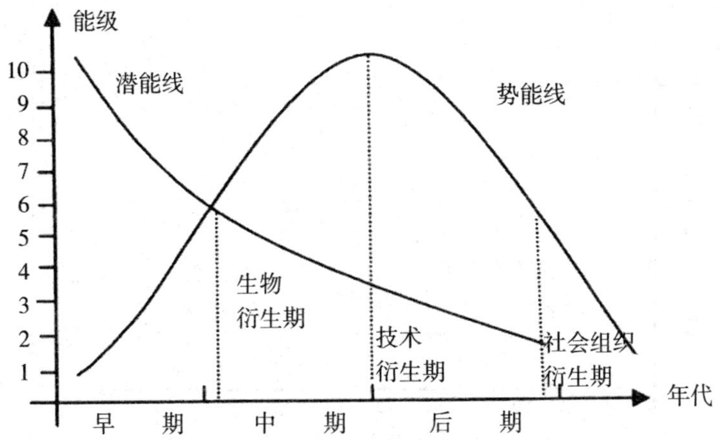

图 2 事物的势能、潜能与衍生期的关系

2. 势能、潜能曲线与迭代衍生点的关系。

从一个事物的发展周期到另一个事物的发展周期的更替过程有几个时间点。一是繁衍新生代的始终时间点;二是主导地位的交接时间点。对于前者,不同类型的事物的更替点是不一样的。图 2 说明生物体衍生新一代的起点在潜能线与势力线相交点所对应的时间,终止于交叉点作一横线与势力抛物线相交处所对应的时间,如人是在 16 岁可以生育儿女,到 40 多岁终止生儿育女,16 – 40 多岁这段时间都可以繁衍新生命。

技术产品衍生新一代的时间,起始于势能线的顶点所对应的时间,即在前一代技术产品占有率达到最高的时候,新一代技术就开始酝酿试制,这时前代技术的显性势能与内在潜能的差距最大。

一个组织体系代替另一个组织体系。新组织的酝酿产生于原有组织的势力线顶点与衰退终点之间的中间位置的时点上。

3. 前一代势能的主导地位让位给后一代成为主导者的时间

新生代的势能超过前一代的势能的时点,不同事物是不同的。生物体在势能上后代超过前代的时间就是前代生育终止期(但不是工作能力终止期)(如图 3)。如前代是 40 多岁,后代 20 来岁,后代体能超过前者。

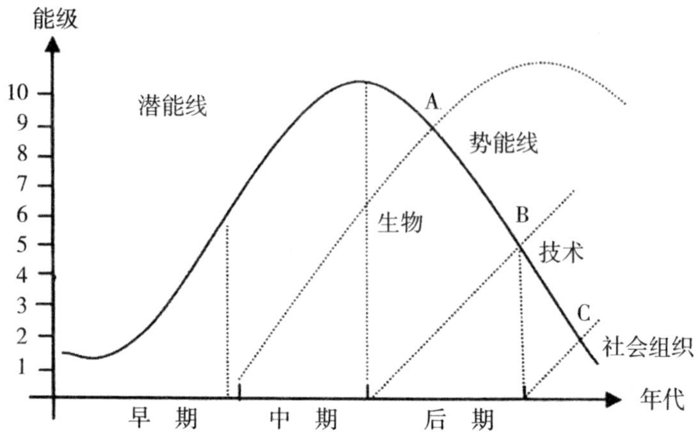

图3 各类事物的后代势能超过前代势能的时间

技术产品的市场占有率后代超过前代的时间一般为后者的势能线与前者势能线相交处，大多处于前者势能线的顶点与衰退终点之间的中间点上。

社会组织的主导地位的交接点即前后两者势能曲线的交叉点，大约在前者的势力顶点到衰亡点之间的前3/4与后1/4的时点上，相交时，前一代政权组织已衰退到力量不大了，后一代政权组织在接管之初的势力尚不是很大。

三、事物发展中迭代关系的机制分析

事物发展的势能周期律、潜能衰退律、周期衍生律三大规律构成的迭代原理，各个规律的内在的结构和衍生机制值得研究。

1. 迭代规律的内在结构分析

客观物质的势能周期中，不同层次的物体有各自不同的运转周期，但不同层次的物体之间的运动周期是相互衔接的。总的规律是越小一层次的物质的运行周期越短，多个小一层次的物体运动周期共同构成和支撑大一层次的物体运动周期。科学史上几个守恒定律的建立与被破坏的历史从一个侧面证明了它们之间的关系。凝聚态层次、分子层次、原子层次的物体的平均生命周期也说明了这一点。

在物质层次系统中，大一层的物体变化中的守恒规律是由小一层的物体的稳定性所致。但是，越大一层次的物体越稳定，其生存周期与运动循环周期越长；越小一层的物体越不稳定，它的生存周期与循环运行周期越短。多个小层次的周期构成大一层次的周期。

2. 迭代过程中的衍生机制

生命体、技术产品、社会组织三类客观事物更新换代的时间是不一样的，这是由于三者的不同发展动力、不同内在矛盾、不同运动性质，衍生新一代的不同形式等所导致的。

生命体衍生新一代，它是靠自身的活动势能和细胞活力（潜能）都在最佳点开始，由自身雌雄相结合的细胞，或单性分裂出来的细胞形成的新个体。如植物中能插枝而活的植株是自身细胞分裂而成，植物的种子发芽衍生是雌雄二花结合的新的生命体；动物也有单性繁殖与二性结合繁殖的问题，都是自身发育在一定阶段上自然分化的产物。在这里老一代对新一代是持哺养、亲和、保护态度，成长较为顺利。

新技术产品的产生，是一批技术人员看到原有技术与社会现实需要的差距与不足，在某种现象的启发下提出一种新技术。由于新技术的性质优势、适用、廉价等特点，而逐步代替老技术。新老技术之间可能有缘由关系，但人员上无血缘关系，没有相互培育保护，而是相互竞争斗争，因此新技术的成长更加艰难，所以诞生得晚，成长得更不顺利。[5]

社会组织特别是政权组织，它是不同的社会群体分别为了自身利益而走到一起，由此形式组织。老组织对新组织一是虎视眈眈，尽量将其消灭在萌芽状态。是支持新组织还是支持老组织，真正的裁判是人民群众。因此，老组织、新组织、人民群众三者构成一种奇妙的关系，新老组织是真正的敌对关系，人民群众是他们争相利用控制的对象，人民群众也有个被控制而违心支持拥护谁或打倒谁的问题，也有个内心支持拥护谁与打倒谁的问题。社会政权组织是比技术产品的惯性更大，更不容易更迭的机构，所以其衍生期更晚。

参考文献：

[1]谷兴荣《值兴技术群的形成发展与转移规律》，湖南师大社会科学学报，2000 年第 2 期.

[2]胡方. 周易本义注. 中华书局，1950.

[3]毛泽东《论人民民主专政》见《毛泽东选集》，人民出版社，1962 年版第 4 卷第 1480 页.

[4]陈文化《科学技术发展概论》湖南科技出版社，1989 年版.

[5]赵红州《科学能力学引论》科学出版社，1984 年版.

（1990 年 5 月）

自然观见解综合

本文内容主要是1977年至1979年笔者在自然辩证法方面的部分学习见解。

就自然辩证法方面,这几年来在学习中产生过一些不成熟的想法,其中有许多已直接写进了《辩证唯物主义自然观概说》书稿中,另有相当一部分是记在读过的书籍的页边上。这里只是录写了《读书笔记》和《生活日记》之中的自然辩证法学习见解。

1. 谈到列宁《谈谈辩证法问题》一文,其中有这样一句话:"发展是对立面的斗争。"就此基础上意识到:发展是对立面的斗争,在斗争中,旧事物被消灭新事物被壮大,在壮大到一定程度时,新事物内部又有革新与守旧之分,这就存在一个分化问题。首次联想到分化与发展的相互连带关系的问题。

2. 意识到列宁所谈的哲学上的圆圈是指我们认识上的每一个具体的逻辑范畴,一半圆圈就是认识范畴的连贯性,就是我们认识范畴的逐步扩大和深入的认识史。但同时认为,有了这类看法还不能满足,还要查一查方框内个人的生活年代和哲学观点,还要查看《哲学辞典》,看别人有些什么解释。

3. 量变到质变的变化过程,不但与事物的发展的量有关、与发展的程度有关,而且与事物发展的速度有关。发展越快,越容易引起质的飞跃。

4. 写了规律与实际的关系问题,事物运动、不变的规律与不断发展的具体事物之间的关系。从这几点出发看:(1)规律是物质的本质的东西,是保存不变的东西,而事物是无时不刻地在变化、在发展。(2)理论与实际的关系,从某种意义上讲也是规律与事物的关系。(3)有许多事情,往往我们的做法是互相一致的,其劳动结果都是大有出入的。(4)有许多事情从推理上完全能办到,而实际往往是根本办不到的。(5)规律反映出物质运动的共性,实际反映出不同事物的个性,规律与实际也是一种物质的共性与个性的关系。如列宁把马克思主义同俄国革命实际相结合,毛主席把列宁主义同中国革命相结合,这些都关系到这些问题。

5. 写了《对列宁的"哲学上的一半圆圈"的理解》一篇短文,认为意即三个问题:(1)是认识的逐步性;(2)是认识的曲折性;(3)圆圈一半即表明了逐步性与曲折性的对立统一关系。

6. 遗传性和变异性是物质的延续和发展的两个方面。古生物学上米丘林派是片面的,摩尔根派是全面的。在米丘林的学说里没有注意生物体在遗传变异上的内因作用,而在摩尔根的学说里已阐述了环境对生物体的变异作用。说摩尔根是在一般事物上的唯物主义者,在历史观上是唯心主义,这在哲学史上是不止一两个的。

7. 读了《华莱士著作选》以后,我意识到在过去三四个世纪中,发明与发现的数目并不是在逐步地增加。如 18 世纪在理论上和技术上的发明就不到 19 世纪的一半,也不及 17 世纪。意识到科学发展的速度可能是起伏式的。但从整个历史过程来看,发展也还是越来越快的。对恩格斯的科学发展成平方加速度前进的速度是需要辩证地理解的。

8. 注意到根本的发展不仅仅是积累了多么惊人的事实,而更重要的是形成原则性的新规律,提供新的概念。

9. 不同事物的发展过程和同一事物的不同发展阶段都有自己特定的规律性,即有大规律和小规律的区别和联系。

10. 从生物系的不同进化阶段的生物上看,越原始的相互间越相似。这是分化与矛盾的层次性造成的。

11. 分别读了拉马克和达尔文的书籍后,觉得在生物进化上,"用进废退"和"自然选择"之间存在某种相互联系的同一性。

12. 物质的不同分子各自的能量大—中—小,导致该物体在物理形式上的气—液—固的变化过程,这是否可以说明,即越活泼的物质,相互作用力越小,越是力量大的物质相互联系的作用性越差,是由于各自的能量越大,夺得的地盘越多。

13. 在遗传学和生化学上,有可能是在同一个氨基酸分子中既有"—COOH"也有"—NH3",而具有两性性质,以及核苷酸上杂环碱基的性质与氨基酸羟基性质的关系上同时具有正负电性和特点,去解释不同氨基酸之间为什么能彼此之间相互结合形成长链。特别是氨基酸中的酸性基因与 DNA 杂环中的碱性基因相结合去解释信息 RNA 对密码的传递和翻译作用。双螺旋的结构特点只解决核酸本身的自我复制问题。这种结构也能解决核酸与蛋白质合成的交节关系问题。

14. 风和空气的关系就是一个物质的动态和相对静态的关系。

15. 对元素周期律的三点认识:(1)任何原子都由电子、中子、质子所组成,说明了物质有同一性。(2)依原子量和原子序的逐步变化而使各元素的性质发生变化。这是一个明显的从量变到质变的过程。(3)从元素表上的元素的种类、族类间的性质关系上看出,元素的周期性变化是一个否定的否定,螺旋式不闭合循环式的发展过程。

16. 由必然性和偶然性的关系想到了三个问题:(1)量质转化规律的存在反映了物质运动的必然性产生的原因。(2)各物质间在环境的差异,不同环境的不同变化,导致了事物变化的偶然性的表现。(3)偶然性并非真的偶然性,谁灭亡、谁进步、谁先进、谁后进,这是依事物内外矛盾的特点来定的。

17. 飞跃的产生是偶然性主宰一切,还是有物质自己的发展规律?两者斗争的焦点只有两个:(1)运动是不是物质的存在方式,是不是绝对的。如果是绝对的,那么物体就必然要转化。(2)环境对物质不同运动方式的前途没有决定性的作用。环境对物质转化的方向有没有诱导作用。

18. 星球为什么会不停地转动(1)因是地球和其他星球的相互影响关系,小星球受大星球的吸引。(2)星球本身有不断的物质变化,使本身的物质发生变化,能量不断向宇宙辐射,这样正由于本身存在一定的运动能量,而不能被大星球所吸附。(3)星球的相互引力和自我运动之间有一个矛盾的平衡——不平衡的反复转化关系。

19. 由质能关系式回到实际生活里,把一个物体轻轻地放在磅秤上和用尽力甩到磅秤上,所得的斤两是不同的。由此想到,质量乃是物体的力的一种反面表现,是物体的被动的能量形式。而能量是一个物体的主动运动,是物体的主动的质量存在形式。一个物体越大,它所蕴含的能量也越大,这也间接证明了这个道理。

20. 为什么耳朵能认识字和辨别颜色,猜想为人的耳朵里发射出一种有穿透能力的粒子波。这样想才能对耳边的纸团里的字可以辨认;或者是自然光里还存在某种有穿透力的光波,它从字迹里反射出来,过去的人们感觉不到它,今日的儿童用耳朵可以感觉它。像眼睛一样只能在有光的条件下才能感觉出表面颜色特征。这种有穿透性的物质的释放和感受又是神经和大脑有关神经细胞的结构、化学组成不同的原因了。它标志了人类的组织器官进入了新的进化阶段。

21. 在读《弹性与塑性理论》时想到,从物质弹性的存在这一点出发,应该引论到空间的物质性和物质间有间距性这一自然哲学上来。并觉得应力与形变之间有线性的关系可查。这是物质的运动有规律性可查的表现。弹性的存在证明了不同客观物质有不同的密度,作用力与弹性大小的正变关系证明了能量的物质性以相互间的可变性。

22. 爱因斯坦提出的能量等于质量乘以光速的平方。这种质量与能量的数量单位和关系是什么,不知它是物质的反应能、原子反应能还是其他反应能级上才成立的。

23. 细一层的物质的结构特点是上一层的物体的运动特点产生的根本原因,是相互关联的。

24. 即使对生物的认识完全在分子水平上搞清楚了,也不能肯定说把生命的原理搞清楚了。如磁生物学就不是研究生物的分子水平的科学。

人们爱音乐、爱花朵、爱美术,说明着人们的神经适宜于变异而对称的刺激。

25. 任何物质的属性都是相对的,是在一定的时间、地点、条件下所表现出来的物质运动特点。在不同的条件下,物质有不同的反应出现,人类奇迹的出现是不可穷尽的,是否可以依此推出物质的绝对属性是无限的。但在一定环境下的相对属性是有限的地方,无限的属性以有限的方式表现出来。不同物质的不同属性是相互作用,互相依存的,是互补、互成、互有的。有了互有,这就进一步证明了世界的同一性。从存在的同一性到运动的同一性,功能的同一性,这就是世界的同一性。

26. 对事物的共性与个性的关系,可以提炼出相应的数学公式表明,现在已有这方面的萌芽,如一些结构与功能的线性关系公式就是如此。

27. 过去的考古学研究,从运动变化上阐明了生物与环境的内在联系。现在的熊猫和尼斯湖的蛇颈龙的存在,则从静态、从相对稳定的一面证明了生物与环境的关系。

28. 美国发现细菌的磁成作用和细菌体内的磁铁导向作用,这些东西恰恰证明了相斥相吸是物质运动的根本矛盾所在。矛盾的存在,矛盾的来源,在于宇宙万物之间有差别,有不同之点。

29. 量是一定质的物质的精确表现,质是一定数量的物质的存在形式。

30. 物质会自然地形成体系,这点可以在生物体、生物学以及混凝土的构造、土壤的构造等等问题得到证明。其形成原因还理解不清,可能是由于物质内部的差异性质和不同物质的相互运动的联系性、联结性造成的。

31. 爱因斯坦的研究方法在科学史上是独树一帜的,是新型的。也许这是科学发展到今天,在新形势下的主要研究方法。

32. 思维是从自然引向社会的桥梁,精神是物质的动能在一定复杂程度上的表现形式,从机器的修理制造到对疾病的治疗这一命题也是需要很好考虑的。

33. 说空间是不同物质的依存关系,那么是不是可以反过来说,有物质的地方就有空间,没有物质的地方就没有空间,没有物质的地方就没有空间,物质以外的无空间处又是什么呢? 想不下去了。

34. 裂断力学证明了事物的同一性是相对的,差异性是绝对的。事物结构的均匀性是相对的,不均匀性是绝对的。

35. 人类以及其他动物在世界上的雌雄数量基本相等,是由于人类是生活在不同的环境里。不同的环境是一个互相联系的整体,是有一定的矛盾平衡性的。在不同环境里有不同的雌雄优势,在整个世界上却是以环境的平衡而平衡的。

36. 生物性别的平衡体现着自然环境的平衡,自然环境的平衡是各部位条件的相互比较而存在的。相差异,相联系的一个物质整体,上帝的性别调节能力在这里又被自然界本身的运动机理所代替了。

37. 科学认识的特点:(1)从一定的较小范围扩大的更大的范围;(2)原已认识的某些理论、学说被发现是错的,不许加以修改纠正;(3)觉得在读资料中还有说不出的规律来,但不满意于单纯的“肯定——否定”的变化过程。

38. 物理学的发展,从客观物质的机械力到电力磁力,以致两者的统一力,这样力的不断统一化认识的方向,说明了人类认识是从单方面到多方面的过程,同时也说明宇宙世界有着自己的物质的同一性。

39. 自然界中千万个物体之间到底是量的区别还是质的差别,说世界有同一性,物质之间就是量的差异。说不同物质有不同的活动方式,这又是物质之间的质的差异。

40. 对机器的研制,存在着“一与多,多与一”的对应关系,这点将要写成专门的文章。

41. 科学技术发展史,人类越接近于毁灭的绝境。

42. 作为一篇读后感,谈了工业技术原理一事。

43. 事物之间的运动主要存在着这三种关系,科学技术就是对这三种运动关系的认识和利用。(1)运动的机械力学关系;(2)不同物质结构层次的能量相互转化关系;(3)形式逻辑的信息转化关系。

44. 对能量的认识:能量产生的本质 = 矛盾的平衡性破坏。

能量的消耗 = 矛盾从不平衡到平衡的转化过程。

能量释放的可能性量大小都决定于物质的稳定性和内在结合力的大小。地球上的能量的变化过程(从热至冷的地表)是天文上恒星演化的例证。

45. 矛盾的平衡性破坏是互相影响的,互相联系的。物质内部的矛盾越多越复杂,其矛盾的不平衡性也出现得更多,更经常。

思维的本质不是联系。联系是思维的重要方法。

任何高等数学的题目都可以化为初等数学的题目来解决问题。这说明数学的发展是纯理性的发展。

46. 针灸能治好急性痢疾,反映了物质在精神的统一,调节体与反应生成物的统一,环境与个体的统一。

47. 一种塑料可以用多种方式包装物器,这同样是一个一物可多用,多物为一用,这样一个自然科学哲学的基本道理。

48. 放射性元素的衰变,不是成线性速度进行的,而是以半衰期速度进行的,这说经放射性元素的衰变是在自身内部的相互作用下进行的。

49. 科学认识的学习是基础,分析是本领,两者是互相联系、互相促进的。

50. 世界上的物质可以分为动态性和静态性两大类,这样讨论才能把物质说清楚。但是,静和动是相对而言的,是依其状态所处时间的长短而定的,是依其有没有自移力以及自移力大小而定的。电和风是动态物质,原子和空气是静态物质。

51. 边缘科学既是综合之上的,也是深入之下的。如导弹侦察卫星,先用红外眼反应,它对任何具有红外线的物体都一视同仁。结果不能认出导弹。后来用红外线加摄影解决这个问题。方法增加了,目标缩小了,特异性增大了。

52. 当一个物体分解为几个不同的物质之后,毫无疑问,它的每一个物体的运动都比原有物体的运动要简单一些。特别是在生物界更为如此。这样我们是否可以推出,在物质的结构层次上,越细一层的物质,其运动越简单。

53. 事物如一棵大树,不同学科和学说都是描写这棵大树的一侧。从一个能量形式到另一个能量形式,是一个动态促使另一个动态的表现。

54. 先写一篇文章,题为《片面论重点论》,讨论一下既不能概括搞插中立义,也不能如盲人摸象,从不同的侧面事实出发形成不同的学派。

55. 热能是否等于分子能,原子又是怎样地产生能量,看来这些还有疑问。觉得能量是以能量子的形式存在于物质之中。物质的运动由本身的能量子对其他物质进行推动而发生作用。一个物质的分解越彻底,能量子释放得越高。

56. 根据爱因斯坦的质能关系式 $E = mC^2$,想到能量子可能就是光子一类东西。此公式也应该适用于光子一级的质能转化式。这不是说能量子是不可分的,而是说能量子是一般物质存在的基本单位,是以能量形式存在的最大物质单位,再大就是具有静态属性关系的物质了。

57. 事情往往是不同事物之间的差异。用不同质的方面来看感到无法实现的机械器件，一旦它们共同的质，用不同数量关系的角度上来解释事物的不同表现时，新的机器原理和设计方案就可以搞出来。新的机器也出现了。

58. 事物的能量转换，也可以不看成一种转换。而是每个不同质的物质，相互间的刺激与反映的当量效应。

59. 水库山外阴水多，泉水频发，证明了矛盾的相互渗透性。对哲学指导作用只指明方向和大的范围。

60. 科学分类法：(1)从范围上的由大到小法，如天文→地学→生物学；(2)从运动形式的步步向引的节分法，如几何力学→动力学→电子学；(3)从不同侧面的分类法。如静态学→生理学。

（1979 年 12 月）

第三篇

03

科学技术发展原理

研究背景

本章主要阐析1979年12月至1986年12月笔者在科学学学习研究领域的成果，即辩证主义科学观的成果。在这段时间发生了几次变化。1978年从青山垅水库管理局抽调到龙源水库工地指挥部。1983年调郴州地委党校任教。1984－1985年在中南矿冶学院社会科学系学习自然辩证法专业硕士生课程。1986年调湖南省委党校任教之前，是处于不稳定的多变阶段，工作生活处境必定艰难。

科学观研究的时间跨度较大，但主要集中在郴州地委党校工作期间。因此，把郴州党校三年的生活处境作为科学观研究的生活背景。在郴州地委党校工作期间的最大特点是时间短、搬迁多、生活困难、领导重视和同事较为融洽。

时间短是在郴州地委党校工作一共才三年，其中还有一年多时间在外地学习，所以说是拿了三年工资，实际工作一年多。

搬迁多是因为在郴州期间，家里人三年住了三个地方，我去郴州的第一年，学校安排了一套家庭宿舍，觉得场地宽，就把在农村的老婆孩子接来，打点临时工。不到一年，我去中南矿冶学院社科系脱产学习自然辩证法专业硕士课程，要一年多时间。家里人回农村去了。第三年从长沙学习结束，回到郴州，家里人又来到郴州，在郴州的住房也搬过一次。

调入郴州后离家更远了，再也管不到家务了，不得不把爱人和孩子又接到了郴州。旧的问题缓和了，有了较好的学习研究环境。新的问题出现了，首要的是经济上过于紧张了，一家四口人，全靠我个人的工资收入维持，当时每月总收入还不到70元，米、油早餐票就花了近一半，剩下的只用于买小菜，还不到半月就把钱花光了，困难到难以想象的地步。党校礼堂放电影，每张票只收一角钱，家里人都舍不得花。我做结扎手术，与别人做手术的照顾和营养相比是天地之别，当时爱人孩子在老家，我在郴州，动完手术当即就忍着痛自己下地打开水做饭，自己管自己，整个恢复期只吃了学校交食堂做好送给我的一只整鸡。可怜天下父母心，总是设法搞点有营养的东西给孩子吃,至于大人,能每天吃上饭就不错了。

女人,也包括男人,在衣食的基本条件都达不到的情况下,还谈什么呢?我爱人也无法理解我、支持我,可又没有更大的能耐,这样,就是脾气特别大,每天吵架。

在这种情况下,我虽然烦恼、气愤,但学习并没有放松,而是抓得更紧了。有些同事说,他在这个处境下还有心思搞学问,真是不可思议。

领导重视,同事关系融洽,主要表现为:

一是去郴州地委党校不久,单位出钱委培到中南矿冶学院社会科学系学习自然辩证法硕士课程,全脱产地跟着老师学习,使自己在过去有选择地学习的基础上,有了全面系统学习的机会。主要是在数学、物理学等方面跟相应专业的本科生天天听课学习,并参加考试,有全面提升的感觉,为其后的深入研究,打下良好的理论功底。

二是转户口,当时老婆孩子三人都在农村,那是极为偏僻的地方,即使买几角钱的小东西,都要翻越到山外的村部,有四五公里。来回要走 2 个多小时。当时把农村户口迁为城市户口是非常困难的。全市按每年千分之一点五的比例新迁入城市户口。当时郴州城区人口不到 20 万人,全市一年从农村新迁入城市户口不到 300 人,我家 3 人,占去 2000 人的基数比例,这主要是学校领导出力,特别重视和特别认真找关系去办,地区公安处的一位副处长很卖力,当地派出所也很支持。自己未花一分钱送礼,未请别人喝杯茶喝杯酒就办好了。这是领导重视的结果。

三是当时工资是唯一收入,工资不高,家庭人口算多,家庭经济很困难,家里经常吵架打架。学校校长刘笃年教授,是比我大近 20 岁的长者。我们家吵架时,他有时晚上来坐膝谈心,坐到 10 点多快 11 点才回,使我特别感动。真可惜,没有在他面前做点人情,以表心意。特别是他在长沙住医院时,我不知道,没有去看他。他逝世也不知道,未去吊唁。自己这一生没有什么大成绩,没有为他争光,想起来,真感到愧疚。

四是从长沙学习回去后,学校领导鼓励我往长沙调动。在学校缺人进人的情况下,让我委培,解决家属户口,还为了我的前途,鼓励我往长沙调动。这种精神实在很难得,回想起来,都特别感动。

同事关系融洽,各种事情上都是讲好话,态度和蔼热情。

我正是在经济拮据,领导关心的条件下,从 1983 年 6 月调入郴州地委党校,到 1986 年 6 月调至湖南省委党校之前的 3 年时间里,在全国和本省发表了十来篇论文，整理了一本个人论文集，《交叉科学文库》计划出版，还得了一次省教委科研成果三等奖。

用定性的方法研究科学技术发展原理，即科学学研究，写成了30万字的专著1本，写出3万字的大论文1篇《科学技术的演化机理》，5000字左右的论文10来篇，对很多科学学问题都有自己的看法，本章所收进的文稿收录了笔者在该领域的一些基本观点。

（1986年12月）

科学认识的螺旋式发展

一、导论

(一)科学认识“三段式”概念的解释

关于科学发展和科学革命的内在逻辑规律是什么,在风起云涌的研究热潮中,出现了很多有价值的新理论。即使把历史上关于科学发展规律的研究资料不算,就现代理论而言,细分起来,大大小小也有几十个学派。《科学究竟是什么》一书,对现代比较流行的科学哲学派别作了简单的介绍。那上面有认为科学是从经验事实推导出来的归纳主义、有波普尔的证实伪主义、库恩的科学革命的结构、奥西安德的工具主义、费耶阿本德的科学研究的无政府主义等等。这些理论都从不同的角度揭示了一些科学发展的内在规律。尽管科学哲学有如此迅速的发展,但仍然存在许多问题,甚至存在一些结症。苏联学者索库列尔就认为:科学的进步到底表现在哪里?科学理论与现实究竟是什么关系?这是科学学在当前还很难解决的症结。笔者在这些问题的斟酌中也产生了一些新的看法,认为科学发现是在现有科学水平上,即在必然性的前提下,经过偶然性的事实发现,理论灵感,产生的新成果再到必然性的前提下接受陶冶。经过偶然性的事实发出,理论灵感,再到必然性的社会实践的陶冶之中,经过社会陶冶后的理论一般是正确的理论,这些理论又成为科学继续发展的新基础新前提,成为必然。这样就形成一个“必然——偶然——必然”三段式的依次循环过程。就是这个三段式的循环导致了科学的发展,三段式之间的关系是偶然性与逻辑必然性的关系。在这里所谓偶然,是构成整个科学发展过程的各个具体事件。这些事件在一定的时空范围内可以此时此地发生、也可以彼时彼地发生;可以这样发生、也可以那样发生。对某种事态的偶然发觉,主要是人们对所研究的对象还认识不清,而又不断和它打交道,这就可能出现一些意料之外的新东西。这些新发现,因为它不在预料之中,不属于旧的思想体系,能别树一帜,所以往往可以成为研究的新起点。所谓必然性是由各个偶然事件所组合起来的事物发展的总趋势和总方向,这种趋势和方向是坚定不移的。因此,文中把"三段式"和"偶然性与逻辑必然性"作同义语看待,在这个角度上总结出来的科学发展的模型就叫科学的"偶然性与逻辑必然性"发展模型,从以下的分析中可以看出,从这个模型出发,可以很顺利地探讨一些科学发展的内在逻辑规律问题。

(二)提出科学发展三段式的缘由

为什么要提出这样一种观点。人们知道,科学规律的发现、科学成果的检验、科学历史的发展等问题是极为引人注目的。特别是随着科学技术在社会主义经济领域中的作用日益增强,影响日益深入的今天,更是越来越引起了人们的注意,这些问题既重要又复杂,它向人们提出了一系列问题。比如,大家都在某个科学发展的基点上进行新的探索,为什么有的发现了新情况,有的没有发现。为什么有的提出了新见解,有的没有提出。即使在不断地得到了新情况,提出了新见解的人当中,为什么有的成果和理论在此间得到了发展,而大多数成果却随着历史的发展逐步被遗忘了。面对这些事实,我们很难找到一个十分满意的理论解释,现实又迫使我们必须对此问题做出自己的回答,正是由这样一个问题吸引我去读一些有关书籍,去观察和分析一些有关事例。在分析的基础上提出本文所讨论的见解,力图回答这些实际问题。我认为科学的发展是偶然的,对问题思考的偶然也有很大的灵感性,但是,偶然的发现是在具备一定的必然性的前提下进行的,发现是在一定的科学基础上发现。H. 武辛说:"牛顿在自然科学史上占有独特的地位。没有哪个人像牛顿那样,给整整两个多世纪的自科学的内容和结构打上了自己的烙印。"就是这样一个伟人。他也是把先进的事业担当起来,继续下去,是在一定的科学基础上工作的。他本人说因为他"站在巨人的肩上,所以才能比这些巨人看得远些"。其实,巨人的肩膀所指的无非是原有的科学发展基础,科学研究的必然性前提。这个基础就是现有客观条件,是必然的。同时,研究出来的成果又受到客观条件的陶冶,只有在社会历史的陶冶中不断发展壮大的理论才是真正有价值的正确理论。马克思、牛顿、爱迪生为什么能成为划时代的巨人,他们的成果在政治、科学、技术领域中为什么有那样深远的影响。其中一个重要的原因就是他们的成果是被社会所证实了的,是正确的,揭示了事物的基本规律,具有重大实用价值。在必然性的前提下,经过思维灵感和实验事实的偶然性发现,再到必然的社会陶冶之中,这个过程可以用一个公式来表示:

$$\text{必然性前提}\xrightarrow{\text{偶然发现、偶然灵感}}\text{必然性的社会陶冶}$$

事实证明,我们能用这个观点,从一个侧面较好地解释科学发展的过程。首先,它从本体论的角度概述了研究发现科学理论方法的"发现逻辑",研究科学理论检验方法的"检验逻辑",研究科学理论的发展方法的"发展逻辑"三者的内在统一性。由把三者看成科学逻辑的三个方面,变为科学发展的不同环节,同时对过去的各种理论有了补充和完善。如得出了科学发展前提和社会实践对理论的陶冶,都是在原有理论的基础上提出的个人见解,再就是在每个环节的研究上都可以拿出较为实在的证据,说明它是客观世界本来存在的发展规律。既然它有一定的学术价值,又是客观存在的规律,那么就很有提出的必要。

为什么要提出这样一种观点?因为目前还未看到这种观点。关于三段式的概念,在哲学上对否定之否定规律给予了十分明确的三段式表述。另外,在形式逻辑上用得特别多,但没有谁用三段式表述过偶然性与必然性的关系,哲学上对必然性与偶然性的辩证关系已有较深刻的论述。导师们都讨论过这个问题,恩格斯在《自然辩证法》一书中还专门写了《必然性与偶然性》一小节,至于其后的文章就更多了,但明确提出必然性包括科学发展前提的必然性和社会历史对科学成果进行陶冶的必然性两个方面,这样的文章还见得不多,所以打算用本篇进行讨论。应该说这是科学学研究的一次新探索。

为什么要提出这样一种观点?从哲学的角度而言,偶然性与必然性是它的一对范畴。而哲学范畴除此以外,还有很多,如本质与现象、内容与形式、原因与结果、可能性与现实性、主流与支流等等。这些范畴都从不同的侧面揭示了人们的认识从具体事件到一般发展历史,从一个领域到另一个领域的深入发展的内在规律,当然也包括科学的发展规律在内,它们都可以从一定角度对科学发展的历史规律进行概括和说明。以此为基础,可以归纳和建立相应的科学发展的三段式规律。我觉得,在科学认识和科学革命的过程中,只有偶然性与必然性的转化才是最根本的。但是,首先人们注意最多的是科学新发现是必然的还是偶然的。我国《自然辩证法报》的半月小刊在1983年和1984年的两年里,先后刊登了好几篇有关科学发现机遇的文章。许多科学大师也非常注重这个问题,爱迪生说创造是一份灵感加九十九份血汗,意思是必然的;爱因斯坦为了随时捕捉自己的思想灵感,总是随时携带一个笔记本;牛顿则说自己发现力学三定律是上帝赋予他的灵感,可见是偶然的,等等。费耶阿本德提出科学研究的无政府主义、波普尔的试错法,虽然没有明确地以必然性与偶然性的关系立题作文,却在一定程度上从必然性与偶然性的关系上讨论科学发展的过程。他们的理论都从一个侧面论述了偶然的发现原理,以及偶然的科学发现与必然的社会陶冶的关系。当然,这些人的论著都有一定的片面性，他们没有看到偶然性的发现是在一定的必然性前提下得出的，有的甚至没有看到社会历史对科学的必然性陶冶作用，但这个问题却得到了人们的广泛注意。其次认为在哲学诸范畴对科学规律的揭示解释中，只有必然性与偶然性的辩证解释才能充分地解释为什么在大量的事物观察者中，只有为数不多的成果是意义深远很有价值的，这些现象反映了科学发展的基本逻辑关系。回答了这些问题，事实上就是解决了科学的发现逻辑，检验逻辑和发展逻辑里的问题，解决了这个问题就是解决了科学的本质规律是什么的问题。现在还没有权威的观点，科学学里的各个流派都力图去揭示科学发展的本质规律，事实上，各个流派的理论都有自己的研究对象和研究角度，揭示客观世界的机遇变化规律，是必然性与偶然的特殊功能，这个功能是其他范畴所不能做到的。因此，用偶然性与逻辑必然性的关系来揭示科学的内在发展规律，具有特殊的意义。范畴是各门科学中的基本概念，各门科学都有自己的范畴。哲学范畴反映了现实事物、现象的最普遍的本质和关系，它适用于所有的科学部门。如果我们以其他范畴为基础，建立科学发展的三段式也可以，如“本质——现象——本质”“内容——形式——内容”等等。这样去概括整个科学体系本身的发展规律，都可以找到自己所需的事实，得出自己的理论观点来。但是，其他范畴所能揭示的科学在不同发展环节的相互联系与转化规律都存在偶然性与必然的关系，甚至可用偶然性与必然性规律去解释其他范畴的内容。如一个原因可以得出多个结果，一个结果可由多种原因产生；许多不同的本质因素可以产生相类似的现象，一个本质因素又可在不同的条件下出现互不相同的现象等等。我们可以说一个原因可以生成那些结果具有有限的必然性，而现在到底是得出什么结果，这似乎有它的偶然性。新的结果能否持续发展，就看它在陶冶中的情况，如变异后的生物，有的获得了更大的生命力，有的却加速了自己的灭亡，被自然选择所淘汰。现象与本质的关系等各个范畴也可做类似的分析。要是反过来，用其他范畴去说明必然性与偶然性规律，去代替必然性与偶然性规律却不行。就本质与现象而言，把本质说成偶然性说不过去，现象“事出有因”。你能说在特定环境下产生特定的现象是偶然的吗？内容与形式相对而言，说内容是偶然的，是不可能的。你能说不同事物有不同的表现形式是偶然的吗？因与果的关系谁又是偶然的呢？所以说在科学领域里，人们有目共睹，又切实关注的普遍现象——科学的偶然性，只能用偶然性与必然性这对范畴来解释。由此可见，偶然性与逻辑必然性规律是科学发展的一个根本规律，当然，它只是揭示科学发展历史过程的各个转化环节的相互关系。即使这样，也有必要把它提出来专门讨论。

综上所述,对科学发展的偶然性与逻辑必然性发展模式的探讨,并不是哗众取宠的故意造作,用它来揭示科学的内在发展规律,能帮助我们更好地做出科学决策,这具有重大的学术价值和实际意义。

二、科学发展"三段式"分论

(一)科学发展的必然性基础和前提

偶然性与逻辑必然性的三段式发展过程是科学发展的基本过程,它发展到每个阶段都有自己的具体内容和表现特征。

三段式的第一个"必然"是指任何科学研究都是在一定的基础上进行的,都有一个必然性的发展前提,在这里主要是指进行科学探索的既有基点和科学研究的环境条件,而不是指科学发展的总趋势。从经验上说,奴隶社会、封建社会以前的人,是对宏观物质的认识利用时期,那时对分子都不了解,更谈不上对原子内在结构的理论假说的出现。恩格斯说:"在物理学中,物体被看作化学上无变化或无差别的东西。我们这里所研究的是分子状态的变化和运动形式的变换。"化学中的新时代是随着原子论开始的(所以,近代化学之父不是拉瓦锡,而是道尔顿)。相应地,物理学中的新时代是随着分子论开始的(是从运动形式互相转化的发现开始的)。这在形式上虽然不同,但在本质上不过是这一过程的另一个方面。科学认识有特定的基本程序规则,使人们的认识总得一步一步地从一个物质层次到另一个物质层次,从一个物质领域到另一个物质领域不断深入地发展下去。这个规则表明,既成的科学认识水平是进行科学新探过索的必然性前提。毛主席进一步明确地指出:不仅对于自然界方面,对于社会方面也都是一步又一步地由低级向高级,由浅入深,由片面到更多的方面的发展过程。

客观事实从两个方面证明了上述观点。一方面是超出历史水平的科学研究工作就一定得不到成功,古代神话中的上天堂、入龙宫、腾云驾雾等技巧,只有发展到今天才有所实现。20 世纪的科学泰斗爱因斯坦在 20 多岁时创立了举世闻名的狭义相对论,10 年之后,又创立了广义相对论,并在光学、电磁学、量子力学领域做出了卓越贡献,就是这个了不起的天才,后来他把全部精力投入到超现实的统一场论的研究,白白地耗费了后半生的 30 多年的时光。另一方面是当科学发展到一个历史阶段时,往往导致科学界的探索者不约而同地做出相同的贡献来。1842 年迈尔在海尔布钥、焦耳在曼彻昕特,都证明了从热到机械力和从机械力到热的转化。热的机械当量的确定,使这个结果成为无可置疑的。同时,格罗夫——不是职业的自然科学家,而是英国的一个律师——仅仅由于整理了物理学上已经达到的结果,就证明了这样一件事实:一切所谓物理力,即机械力、热、电、磁,甚至所谓化学力,在一定的条件下都可以互相转化,而不产生任何力的消耗。这些人都成了能量转化和守恒定律的发现者。另外还有爱因斯坦与彭加勒不约而同地创立相对论;数学上牛顿与莱布尼滋不约而同地发明微积分理论,两人为了争得这项科学桂冠而闹了矛盾;生物学上,达尔文与华莱士不约而同地提出进化论。这类似例子不能说是纯粹的偶然巧合,它表明科学发现有个必然性的前提。

这个科学发展的总趋势是呈加速度发展的,但在这个总趋势下又如库恩所指出的,科学的发现和发明是按一定规则周期出现的结构。总趋势中包含着多个相对的兴衰周期,加速度总趋势与各个兴衰周期的比较而言,前者是必然性前提,后者却不是。各个兴衰周期相对于各个项目的科学研究效率而言,前者必然的。在科学发展的历史中,每次科学革命都出现在一个旧的科学兴衰周期之末端,新的科学高潮之前点(见图 1). 它表明任何一次科学革命都带来一批科学成果的出现。在近代科学史上的革命,不管牛顿力学的诞生,还是电磁效应、分子生物学、相对论等的建立,哪一次革命不是对一个新的物质领域的开拓呢? 对任何一个物质领域的开拓都带来了一批科学新成果,而每次科学革命与开拓,不正是科学发展的必然性前提的一次大跃进,科学认识基础的大提高吗? (见图 1)

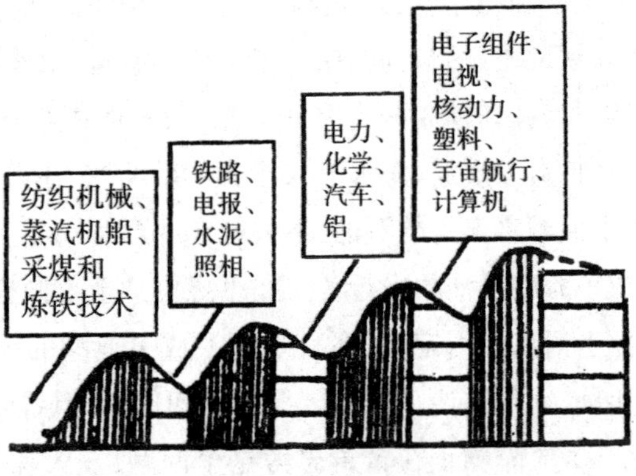

图 1　科学革命与科学发展的关系

当然,科学的发现与发明有没有一个必然的前提对之是有争论的。就自然界而言,莫诺认为偶然性主宰一切;以科学发现而言,史达木莱尔认为历史的发展没有一个必然规律,而是一串偶然事件的连贯。中国古代偶然出了鲁班,带来了手工劳动技术的大发展。谁能做出成绩获得诺贝尔奖也是纯属偶然的,到底有没有必然性前提？革命导师恩格斯对只承认必然性或只承认偶然性的两种片面观点都进行了批驳，再看前面所述的事实也就明白了。由此可见，承认科学认识的发展有一个必然性前提，有一个基础，这是历史唯物主义的基本观点，也是客观存在的发展规律。

（二）科学发现的"偶然性"表现形式

三段式的第二阶段是科学发现的偶然性表现形式。毛主席曾经说过，人类总得在实践中有所发现、有所发明、有所创造、有所前进……人们的认识从低级到高级，从简单到复杂的发展是一个势不可挡的必然趋向。只要有人类的存在，就有科学的发展，但在这个前提下进行科学探索的人不知其数，谁能发现某个真理，当中有很大的机遇性。就中国、美国、西德、法国、苏联等五国在 1979 年共有科研人员 387.5 万，其中获得了高级职称的不过 118 万，获国家一等科技成果奖的就更少了，至于获得诺贝尔奖的就更是微乎其微。我国有 30 多万科技人员，获国家科技成果一等奖的还不过几十人，说条件，有些未获奖的科技人员同获奖的人相比，也不一定差了很多，难道真的是获奖的科技人员的脑袋特别灵，只有他们才具有得天独厚的灵感？在这条件、能力、天资都近似的情况下，谁能夺得某项发明的桂冠，不能不说具有很大的偶然性。事实确是如此，1820 年哥本哈根的奥斯特偶然发现，通有电流的导线周围的磁针会受到力的作用而偏转。这一发现得出了电流会产生磁场的结论，电学和磁学从此结合起来了。为了研究的胰的消化功能，明可夫斯基给狗作了胰切除术，这只狗的尿引来了许多苍蝇，对狗尿进行分析后，发现尿中有糖，于是领悟到胰和糖尿病有密切关系。20 世纪初，美国墨西哥湾的海面上忽然出现了一种稀奇的现象，海水上漂浮着一层油花，在太阳光下闪闪发光，原业认为在这海底下储藏着丰富的石油，不久就在墨西哥湾建立起世界第一口海上油井，他本人也成了海底采油的先行者。在思想灵感上也同样具有很大的偶然性，阿基米德在浴盆中悟出浮力定律，在科学史上成了典型的思想灵感触发的例子。还有，一百多年前，人们已经认识到碳原子是四价的，但碳原子之间如何缩合还不清楚。德国化学家凯库勒正在苦苦思考这个问题，一天晚上他乘车回家，忽然思潮如涌，顿时猜出了碳链结合的秘密。其后他又在马背上领悟到众人百思莫解的有机化合物苯分子的环状结构。为什么会在此时此刻此人的头脑中产生呢？不是有很大的偶然性成分吗？恩格斯就肯定过偶然性，他说"凡是可以纳入规律，因而是我们不知道的东西，都是无足轻重的，都是可以不加理睬的，这样一来，一切科学都完结了，因为科学上是要研究我们所不知道的东西。"（《自然辩证法》）由此看来，在一定的必然性前提下，科学的桂冠会落到谁的头上，又有很大的偶然性。偶然现象在哲学范畴里应该有自己应得的地位。

科学发展的必然性与偶然性之间是不是有矛盾,这要从两方面看。一方面从前面的讨论中看到,必然性是现有的科学认识基础,科学研究的条件和前提,偶然性是在这个前提下的一个个具体的科学课题的探索,所以,它是环境与个体的关系。另一方面,在前面的讨论中,还应该从历史的角度看到,必然性建立在科学历史发展的既有成果水平上和经济发展的现有实力上,偶然性则是走向未来的转化环节,它们是科学发展的历史延续性。这样的关系有什么矛盾呢?

从前面关于科学发展的某些特性的讨论来看,我们该怎样应对科学历史规律的束缚,怎样顺应它和利用它呢?现在看来,没有别的,第一是一旦进入某个课题的研究就应该抓住不放,锲而不舍地观察着、思索着。法国著名作家布丰说"天才就是长期的坚持不懈""天才即耐心"。第二就是在第一点的基础上处处留心身边的一事一物,科学探索的一言一行,在"上穷碧落下黄泉,两处茫茫皆不见"的苦苦探索中,自有"忽如一夜春风来,千树万树梨花开"的前景。

(三)科学成果的必然性陶冶

第二个必然性是客观规律的必然性,它所表征的是客观规律对科学成果的陶冶作用。实验事实的偶然发现,科学思维的偶然灵感,带来了大量的新事实、新见解。这本身就是科学的新成果,这些成果是不是有生命力,还得由社会实践来检验和陶冶,又只有由客观必然性陶冶后,被证明了的才是正确的理论。但事实上这些科技成果出来以后,就它的准确性而言,有完全正确、半对半错、完全错误三种情况。荒谬的东西没有巧妙的伪装就一刻也不能生存,要剥开这些所谓成果的外衣,剥去它骗人的伪装,这只能靠社会实践的陶冶。苏联辛斯基卡亚和我国刘亚光的闹剧说明了这个问题。大多数科技成果初期多是以半对半错,以有糟粕、有合理内核的形式出现。古代的《唐本草》说:如果把北方的芜青移植到南方就会变成白菜。七百年后的徐光启在实践中把它移到南方,并没有变成白菜。20 世纪初有人断言向地球空间发射电磁波完全不可能,认为电磁波穿过空气云就会一去不复返,马可尼却不相信,他通过实验不用导线把信号送过大西洋,对岸居然收到信号,这是由于空气中电离层象镜子一样把电磁波反射下来。这个发现是无线电事业的开端。亚里士多德说,推一个物体的力不再去推它时,原来运动的物体便归于静止。一千多年后的伽利略通过间接的实验证实,如果毫无摩擦,小车被推动以后便会永远运动下去,牛顿把它概括成力学第一定律。爱因斯坦对之高度赞扬说:"伽利略的伟大发现以及他所应用的科学推理方法是人类思想史上最伟大的成就之一,而且标志着物理学的真正开端。"成果在探索中提出,又在实际探索中得到淘冶,被证实或否决。一提出来就是完全正确的理论是比较少见的,就是这些理论也只有在社会实践的陶冶中才能得到人们的信服,才能在社会中被运用,发挥其本身应有的功能。牛顿理论是划时代的伟大理论,但当时与牛顿相争论的观点就有胡克等许多人。其中只有牛顿的成绩最大。牛顿理论正是在社会的陶冶中得到证实,成为各项技术研究的理论基础。任何定律的诞生之前,总有一个本领域的多个学派的激烈争论阶段。库恩就是根据这些现象描述科学的发展有从前科学到常规科学,从科学危机、科学革命到常规科学过程的发展。就是说在偶然的发现中,只有其中一少部分是有生命力的,能在社会实践中得到承认和运用,能在历史的发展中得到发展,还有一少部分是经巧妙伪装了的谬论。大部分是不完善的新生事物,这几类科学新成果都得随着历史的不断发展,逐步得到自己应有的归宿。

一个成果的历史生命是与它所概括、所表达、所适应的历史范畴的大小和在社会中的实际价值成正比的。事实证明只要抓住了事物的发展规律,得到了有价值的科学成果,即使道路曲折也不会轻易被淹没。哥白尼的日心说受到教会的摧残,结果却得到更广泛的传播。奥地利博物学家孟德尔,对植物遗传关系作了实验,发现了生物遗传定律,他的成果发表在1865年《博物学》杂志上,但未引起人们的注意。直到他死后16年,即1900年春天,在几个星期内连接出现了弗里期、科伦斯和邱歇马克三人的论文,他们都依据实验重新发现了孟德尔所发现的定律。这样,孟德尔的工作又活跃在人们的心目中。19世纪初,一些数学家认为连续函数至少在某些点上可以微分,1860年德国的魏尔斯特拉斯做出了一个处处不可微分的连续函数,这在教学中是一个著名的例子。其实早在1830年捷克的波尔查诺就已做出了类似的例子,但他的原稿在1920年才找到,1930年发表。从写出到发表经历了一个世纪,但毕竟是发表了。

许多没有揭示物质规律的理论,使辛辛苦苦甚至是用毕生精力写成的厚厚的论文册也必然会随着时光的流逝而变为一堆废纸,成为昙花一现的短命文。从古至今的科学著作浩如烟海,能流传下来的只是极少的一部分。相传在亚历山大城的图书馆中,许多书都被用来烧公共浴池,这是否妥当值得考虑,但庸俗的拼凑之物,生命力确实是不强的。只有那些合乎客观实际的,揭示了客观本质规律的东西才能流传下来,发展壮大。

在自然科学领域有大的技术发明和小的技术革新之分。大的发明往往涉及技术原理的革命,开创了一个新的技术领域,小的技术革命新是在未触及基本原理的情况下,进行工具机样式的变化,带来了更大的工作效益。事实上,越是大的发明在科学领域中的机遇越小,而它对社会的作用越大,影响很大,生命力很强。越是小的发明或叫技术革新在科学领域中成功的可能性大些,但它对社会的影响小些。近代社会以来,把技术发明往粗略的方面归纳,是典型的是几次技术革命,对技术革命的分期现在有二次革命论,三次革命论,三次浪潮论,四次革命论等,这些革命都创造了新的工作原理,导致了社会和经济的发展。第一次是蒸汽机的发明,它带来了动力机械的革命,导致了大工业社会的产生;第二次是电器化和铁路,使人们的工业化发展如虎添翼,得到更快的进步;第三次是原子能的利用,在军事上和工业能源上都带来了巨大发展;第四次是信息技术,产生了以往无与伦比的影响。在技术革命上,一般只在既有科学原理上,对机器的内部结构(主要是工具机)进行更好的调整,技术革新可带来经济的发展,但哪一项技术革新能与技术革命相比呢?技术革新成果在一个工厂一年可产生几十项,技术革命全世界几百年才几次。技术革命与技术革新有内在的根本关系,技术革命要在一定的基础上才能实现,而技术革命往往出现在一个旧的技术发明高潮末,一个新的技术高潮之起点。这说明一次技术革命是形成一次技术高潮的动力和原因,也是技术发展的“山重水复疑无路,柳暗花明又一村”规律的具体体现。

经过必然性规律陶冶后的理论一般是比较正确的、有生命力的理论,而这种理论又是我们进行新的科学探索的基点,是新的探索的必然性前提。原子弹的爆炸用 TNT 炸药引爆就行了,氢弹的爆炸则要靠原子弹引爆,那么对氢弹的研制必然在掌握原子弹技术的基础上进行。自动化技术和信息技术都需要能源,对它的研究需要在掌握动力机械学的基点上进行新的探索才能实现。三段式中前一循环周期中的成果,都是后一循环周期的起点、基础和前提。是这样一个科学发展的连带关系,导致了科学发展的三段式成为一个循环往复以致无穷的过程,在每个科学问题的研究中,三段式每循环一步,科学就发展一步。“亚里士多德理论——牛顿理论——爱因斯坦理论”无疑是科学发展的几个里程碑,这些成果是由三段式的循环,经过社会陶冶的结果,又成为科学再探讨的基础。这些成果不是一步比一步更高级、更进步吗?既然人们的认识是无限的,科学的发展是无限的,那么三段式的循环必定也是无限的。

三、科学的三段式发展过程是个依次选择过程

(一)自然规律的“客观存在——人们触及——杰出成果”的依次递减现象

科学发展的偶然性与逻辑必然性的三段式发展过程是人们对客观世界发展规律的选择性认识、社会实践对人的科学认识成果的选择性认识,这样一个依次

选择的过程。

在客观世界里隐藏着难以数计的事物运动规律,这些规律以不同的现象特征展现在人们的面前。我国古代著名爱国诗人屈原在《天问》一诗中一口气提出了172个问题。歌德也说:“创造中的自然如何生活,世界是永恒的一个,却又显示为许多:小变大,大变小,万物各按其本性,近移远,远移近,坚持不渝,变动不停,这样在创造,这样在革新——我对此惊异莫名。”任何一个愿动脑筋的追求知识者,在冷静思考各种自然现象时,不能不惊叹自然界结构的雄伟壮丽、严整精密,大至银河系、总星系,小至原子核、基本粒子,复杂微妙的生物界等等,都遵循各自的发展规律不断地运动着。这些规律不但可问,而且可知,它们是认识自然的钥匙。自然科学的研究对象是自然界,是揭示自然界物质运动的客观规律。这种认识是通过观察物质运动的表面现象去揭示它的内在本质,自然界物质运动现象的发生原因与机理如一个个谜团一样展现在人们的面前,人们解谜的过程就是一个认识自然的过程。从猜谜和解谜,原有的谜团解答了,新的秘密就会冒出来,谜团的产生是无穷无尽的,以物质的内在层次结构为基础。认识是由浅入深的,揭示已感觉的某个物质层次的某些运动规律,深一层的物质运动之谜立即会展现在人们的面前。正如赵红州同志指出的,当一个学科开采殆尽,新一层的学科就会暴露在上面。我觉得这种探讨依次深入下去是没有穷尽的,宇宙之谜是永远回答不完的。

毛主席在谈到如何学习马克思主义时说:“对于马克思主义的理论,要能够精通它,应用它,精通的目的全在于应用。”我们揭示自然界的物质运动规律,就能利用这些规律为人类社会服务。由于能量守恒和转化定律的发现,人类在能源的利用和开发上取得了很大的自由,由于生物进化论的创立,人类在育种方面取得了更大的成就;由于有机物化学的发展,人类在材料利用方面开辟了新的领域。这些理论的发现都是百年以前的事了,以这些原理为基础,所得出的新的技术手段成千成万,直到今天,它们仍然在新技术的研制中发挥作用。对自然规律的利用,如同对它的认识一样是没有穷尽的,由此可见,科学认识是改造自然的武器。自然界有这么复杂的结构,而被人们认识利用的客观规律又是多少呢?运动规律之多在不同物质层次里是如此,在某个层次中不同事件的新的关联性规律更是如此。正因为事物运动本身蕴藏着无限的矛盾,所以,科学认识才是没有尽头的,科学发展才有无限的前途。

人们靠事实来揭示客观世界的物质运动规律,又是根据自身掌握的各方面的事实,靠理论来构架客观世界的图景。正确的科学理论只能是经过实践检验的客观真理,是对某种自然现象的系统说明。科学理论的基础是它的客观性,离开客观性就无所谓科学。只有正确地反映了客观事物的本质及其规律性的知识,才能算是正确的科学理论。自然科学理论是在一定的历史条件下的产物,并在一定的实践范围内经受过检验,因而都只能从一定的侧面,在一定的深度和广度上反映自然界的客观规律。所以,任何科学理论都只能是近似的,不完全的,有其严格的适用界限,只能在一定范围内得到实践证明,超出这个范围实践就无法证明了。人们依据一定的事实材料建立理论图景,又在自己的实践中逐步修改完善这个图景。更深入的实践又会发现原有理论的局限性,用更新的理论来说明更广泛的事物、更普遍的运动规律,新理论对事物有更深刻的认识,与客观实在图景的吻合性也更接近些了。可是,任何时候的手握事实,总是客观规律的一小部分,不可能把握全部客观规律。由此在实践事实的基础上建立起来的理论图景与客观实际图景总有差别的。一般说,掌握的材料越充分越深入,越本质,在此基础上所建立起来的理论图景与实践图景的差别也越小,但无论认识到什么程度,理论图景与实践图景的差别永远不会消失,同时又是逐步接近的。列宁说“事实不仅是胜于雄辩的东西”而且是证据确凿的东西,如果不是从全部总和,不是从联系中去掌握事实,而是片面地随便挑出来的,那么,事实就只能是一种儿戏,或者甚至连儿戏也不如。因此科学理论必须包含实践检验的结论,实践是检验科学理论的唯一标准。科学理论只能在实践中不断检验,根据不同情况,不断地、分别地对科学理论进行证实、修改和扬弃。随着实践的深度和广度日益扩展,使19世纪被认为已建成的物理学大厦,不久就被爱因斯坦撞烂了,原因是什么?这个现象说明了什么?它不就是证明了任何一个科学成果,都得在科学发展的历史长河中暴露其本身适用范围的局限性吗?可见科学和技术的发展前途是无限的,而人们在任何时候的认识总是有限的,其中包含着一个从多到少的选择过程。

科学是对自然界无限规律的有限探索,任何时期的科学都只是探索了自然界中本来存在的无限规律中的极其微小的一部分. 近代以来的科技发展史也说明了这一点,华莱士在总结科技成就时说“十九世纪以前历史上只有九个或十个发现发明与十九世纪的十四个发现和发明相提并论”。据载,从1401年到1960年在成果总数才1790项,那么,人类有史以来的重大科技成果数难跨3000项,谁又能说出自然界本身存在的客观规律是多少呢?当然,如果以论文数作为科技成果数计算,这数的确大得惊人。在19世纪70年代,世界上已有10万种定期科技刊物,每年刊登约200万篇科技论文,有26000种定期性科技索引,每年出版25万种科技书籍,用68种文字印刷。20世纪的工业产品是20年翻一番,而图书资料原是10年翻一番,现在是5~7年翻一番。能不能以科技文章作成果标准,看法不一,但人们已普遍认识到目前科技文献的发展特点是内容交叉。各学科文献的相互渗透,文献离散大,重复现象严重,情报信息利用率下降,有最高利用率的信息不过30%,说明不能以文献作成果标志,即使以它为标志,谁能说自然运动规律的全部或大部已被这浩繁的文献资料揭示了呢?

人们探索出来的理论成果不是都能得到社会承认的,其中只有一小部分成果能得到社会的承认和运用,大部分则随着历史的推移而消亡了。就是说,人们的发现是繁多的,而这些发现只有其中一小部分能在社会上流传和发展。

人们在社会实践中不断地观察问题,分析问题,提出自己对问题的新看法、新认识。人们的研究见解提出以后,效果怎样呢?历史的一个发展特点是写的多,发表的少。湖南《求索》编辑部,每年收稿近两千篇,但发表出来的只百多篇,其他刊物也有类似的情况。就发表出来的论文而言,一般的论文不算少,但有价值、有观点的论文就不多了。我国1980年已有1358种杂志,一种杂志一年作为发表100篇文章统计就是13万多篇文章,这些文章的观点会被引用的还不到30%,至于获奖的就更少了。就实验发现而言也是一般发明多,著名发明少,划时代的发明更少。我国每年公布几百项科技成果奖,又有谁成了划时代的科学家呢?全世界的专家学者更是数不胜数,可人人皆知的做出划时代贡献的在物理学领域有亚里士多德、牛顿、爱因斯坦,次之有伽利略、薛定谔、玻尔、普朗克等人,在生物学领域有摩尔根等人,为数又不多了。

(二)递减过程是科学探索的依次选择过程

客观存在的规律多,人们注意到的少;人们的探索多,做出卓越贡献的少。这个现象向人们提出了一个问题,从多到少的转化机制是什么?我们在对这个问题的探索和分析中得出的印象是:它们是一个自觉和不自觉的、自然的和社会的复合选择过程。自然界的无限规律中,哪些会被发现?哪些会被埋没?人们提出的见解,哪些会得到发展?哪些会被淘汰?这些都经过了复合选择过程。从客观本来存在的自然规律到人们的注意和发现,是自然界无意识的选择出来的。人们的成果是否得到发展,又要受到社会的选择。在科学领域里,一切探索,一切成果,都要受到有关方面的选择。在对客观规律的揭示中,我们可以把引起人们注意的,被人们所揭示的规律,看成是科学研究被有选择地揭示出来了。把没有被注意的看成是经过选择而扬弃研究的。把在社会实践中具有强大反响、影响深远的成果,看成是在社会陶冶中所提炼、筛选出来的有价值的成果。把出现以后,在社会上很快销声匿迹的成果看成是社会对之不承认,把它筛选出去的成果。

这样做，不仅是一个理解方法问题，而是从自然界本来存在的无限规律到发现的相对有限的问题。从人们发现相对多的问题，写出相当多的文章，建立相当多的理论，而在社会中有很大反响的只是少数。这是一个客观存在的必然现象，我们从另一个角度来理解它，把它看成一种选择过程，可以很好地说明一些目前还不易说明的客观现象，因而这样做并不是荒谬离奇、毫无意义的游戏，而是有一定的理论意义的。

从选择的角度出发，理解科学发展的这个特点，抓住观点，向人们交代选择的进与汰的标准是什么？事实上，指出标准，解答标准的同时，也就是回答一些目前不易回答的认识规律问题。现在看来，我们所提出的一个规律是否被人们所注意，一个理论是否有生命力，决定于其命运的客观内在的某规律与我们现在已认识的规律的距离，这个待揭规律是事物运动的本质规律还是非本质规律，主要规律还是非主要规律，揭示这个规律对人类社会有什么意义，这就是标准。

待揭规律与我们已认识的规律的距离，不管是表浅的，还是深刻的。任何物质层次上的规律都是客观规律，其要有某个物质层次和物体的存在，就有某物体的发展规律。这些规律会不会被人们所发觉，首先的条件是我们现有认识水平，事例在前面说过了的。人们的水平还未达到揭示某个规律时，再去拼命也是枉然，接近人们能够揭示其规律时，该规律才会被选去，给人们以发现，远离其水平的就不可能抽选出来，这是不自觉选择的第一个标准。

第二个标准是所探讨的规律是本质规律还是非本质规律，是主要规律还是非主要规律。事物的不同运动规律之间也有主次之分，社会实践证明，如果人们揭示的规律是本质的、主要的，那么就容易在历史上引起较大的反响，它的历史生命力就强。反之亦然。马克思主义之所以重要，就是因为它所揭示的是社会发展的基本规律。另一方面，如数学，现在已发展到相当高的水平了，初等数学已成为比较古老的学科了，应该说其主要规律已揭示出来了。可现在还有人在花工夫研究一些新的初等数学关系式，我看他们只能找到一些枝节规律，发现主要规律就不太可能了，揭示事物的枝节问题的成果的生命力不是强的，这种费力不讨好的工作不是在孩子式地做游戏吗？

第三个标准是所揭规律的社会使用价值的大小。社会价值在吸引着、诱导着人们的努力方向。事实上，对人们有用的规律，就容易引起人们的注意，被人们所发掘出来，使用价值小的发掘的可能性就小。人们发掘的科学规律，对社会实用性大的，就容易得到社会的承认，并容易在社会实践中得到发展，社会实用性差的规律就不容易被人们所承认并在社会中引起巨大反响。

至于一些没有多大见地的文章和一些观点错误,不合实际的文章,更是没有生命力,容易被实践所淘汰。但它不属此列,是在这些标准之下的等外品了。电子技术信息科学等能在社会中引起人们广泛注意的一个根本原因,就在于人们揭示的这个规律本身的价值和作用。

用选择的观点去解释事物,还能很好地说明事业的成功与失败的问题。事业的成功与失败,第一原因是我们的理论认识是否合乎客观实际。不合客观实际的认识,在这个思想指导下的工作是肯定要失败的。同时,在认识相对正确的前提下,对问题处理得好坏,就看我们的选择工作了。客观世界有这么多问题,我们不可能面面俱到,如果您把主要方面有选择地抓住了,并有了较好的对策,那么,事业就有可能成功,如果您所选的重点是次要的,不是主要的,或没有把主要的东西都抓住,那么您的事业就可能失败。事业的成功是选择的功劳,失败也是选择的不当。怪不得很多科学家都非常注重研究方向的选择,李政道、杨振宁等人曾多次地谈过这问题。

根据社会需要来确定我们的努力方向,也可能带来一个弊病,使一些单独看来作用不大,但在科学整体中具有巨大作用的规律被人们忽视。这样的结果势必造成理论图景与实际图景的距离拉大,由此得出的理论其生命力是不强的,但这并不可怕,还有一个办法进行弥补,这就是偶然性发现。偶然性现象出现的原因是多方面的,当中一个重要原因就是人们的工作达到了认识某个事物的水平,而又没有认识某个事物的时候,这种现象就会发生。如X一射线的发现就可作这种解释。

总的来说,科学研究中的选择过程,是一个从自然界的无限渺茫中,经过经验达到有条理的理论逻辑的过程。洛伦兹认为应该善于利用所发现的有限原理,尽可能地去解解无限的自然界。费耶阿本德说:“知识实际上……是不断增加的二者择一的汪洋大海。”世界的广度和深度都是无限的,而我们任何时代的理论都是有限的。“读得三日书,百病可医;医得三日病,无法可治。”我们在工作和生活中也有这种感觉。从理论资料的角度看,我们似乎对实践的各个问题都解答,并希望理论给予解答。现在有人说科学在向哲学提出挑战,其实这种挑战反映着自然科学研究中发现了很多还不好理解的问题需要哲学给予回答。这就是说,实践是繁复的,理论是有条理的,实践是无限的,理论是有限的。

社会历史对理论的陶冶过程,就是实践对理论的陶冶过程,是实践确证理论,实践充实理论、发展理论,又是实践否定一些理论的过程。所以说具有偶然色彩的事实发现与思想灵感,在它的前方是客观世界的必然性前提,它包含着无以数计的规律、宝藏，供人们发掘和揭示；在它的后面是必然的社会陶冶，提出的理论是否有价值，还需经社会实践的陶冶，现在有成倍增长着的理论供社会实践陶冶。“必然——偶然——必然”三段式的循环和延伸既是科学发展的逻辑必然性，又是前面提到的从理论到实践的依次选择过程。

四、科学三段式发展的横向转移与纵向延伸

(一)科学发展三段式是个螺旋式循环过程

科学发展的三段式循环不是在封闭系统中的闭口式循环，而是一个既有横向转移，又有纵向延伸的开口式螺旋形发展过程，也就是说从一个三段式的循环过程到另一个三段式的循环过程，总是有着实质性的进步。三段式的循环导致了科学技术的进步，不管是科学技术的横向转移，还是纵向转移。在一项成果的基础上到另一项成果的研究成功，一项成果从一个领域扩展到另一个领域，从一个层次转化到另一个层次，它们之间的每个转化环节中都包含着无数个偶然性与必然性的三段式循环周期。对事物认识的不同里程碑之间夹杂着三段式的转化发展，三段式的循环发展导致和促成了事物从一个高度向另一个高度转化。

什么叫不闭合螺旋式发展规律呢？要回答这个问题，首先得明了什么叫闭合式循环发展。一般说闭合式循环指的是在一个必然性的前提下，即在一不确定的科学认识基础上，通过偶然性的发现，经社会的陶冶，又转为新的必然性前提。这个过程是循环往复，以至无穷的。从必然性出发，又回到必然性的循环，貌似在一个闭合线路上的运动过程。事实上，三段式的运动没有这么简单，不是闭合式，而是不闭合式。就是说经过社会陶冶转化而来的第二个必然性前提，即新的必然性前提，要比第一个，即原来的必然性前提在基础水平、本身的复杂性等方面都更高得多。如果从这个角度出发，它的循环既可回到原来的方位，又没有回到原来的位置，对这样一个循环过程，是否有个恰当的名词来称呼。左思右想，还没有一个满意的名称，就暂叫它不闭合式循环吧！在平面上的不闭合循环往往是指水平流动上的接头错位导致的，或左了或右了，或进了或出了。可我们的不闭合式循环是把平面上的对位看成是吻合的，是立体上的错位，并且，每次错位时其进步箭头总是往更深入的方向倾斜。这样一来，三段式循环在立体高度上是永不相交，并且，每循环一步人们对客观世界的认识就更深入一步，科学发展的基点就提高了一步。从此看来，我们可以把三段式的循环看成一个立体模式，它在横断面上的三个方位(三段式)始终不变，科学认识的进步行径总是围绕它，周而复始地运动下去，但在纵轴上循环的箭头总是毫不犹豫、毫不变动地一步又一步地向深层方

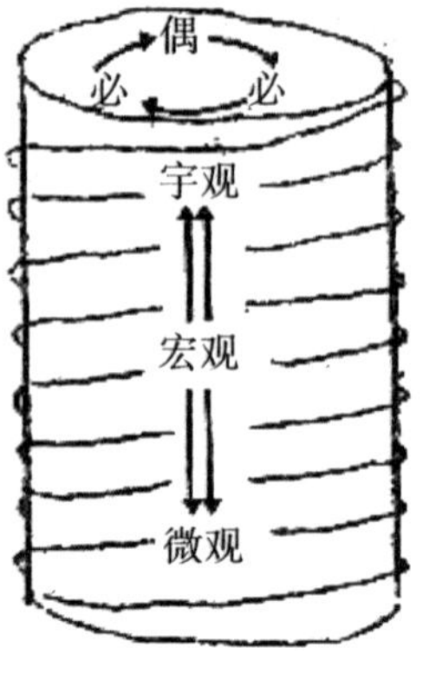

图2 科学的螺旋式发展过程

向倾斜。如对宏观物质运动性质的研究中,可以发出分子运动性质的迹象,对这样一个依次深入发展的过程进行模拟,可以形象地看成与我们机器上的螺丝钉上的螺纹路径特点相类似。所以我称这个发展过程为闭合螺旋式发展过程,在一个领域里有一个领域的螺旋式循环(如图2)。

(二)科学发展三段式的横向转移

科学认识三段式的横向转移,是因为事物的各个领域的问题是互相独立,也是互相联系的,是各项成果从一个领域扩展到另一个领域。恩格斯说:“自然界中的普遍性的形式就是规律。”科学的各个学科之间,以至科学、技术、经济、社会之间都是互相联系的。没有不同事物在运动中的相互联系,就没有事物的运动规律,作为从三段式循环带来的科学发展这一点出发,其联系与转化的规律又是什么呢?

首先,每个科学有每个学科的三段式循环过程,但事物发展的必然性前提是多方面的,事物发展的条件中包含着多种因素。因此,一个学科的认识经过必然性与偶然性的三段式循环以后,不但提高了本学科。本专业的认识水平,提高了自身领域的发展基础,同时也相应地提高了其他专业的发展条件,如电子计算机技术的发展,现在涉及到自然科学的各学科,乃至社会经济的各个领域。从历史的情况看,物理学领域的成就往往导致其他学科的发展。18世纪的牛顿力学,导致化学领域发明当量定律,天文学上产生天体物理力学,地理学领域产生地质力学,生物领域产生生物电学、生物磁学等。三段式的循环不但提高了本领域的基础,同时也提高了其他的相关领域的必然性前提的发展基准。既然提高了它的发展基础,自然也就促进了其他学科的发展,由此导致了科学三段式发展的横向转移。

三段式循环的横向转移是通过三条途径实现的。第一是在理论上,一个领域的发现对另一个领域的发现有很大的启发性和引用性。第二和第三是一个科学领域的实验工具和研究方法也可以向另一个学科领域转移。现代自然科学发展到了相当高的水平,它除了采用观察、实验、科学抽象、逻辑推理、实验验证等一系列方法外,各门科学都创造了许多具体的科学研究的方法。由于不同事物的运动是相互联系的,所以,一个学科的理论和研究方法能够用于另一个学科,并取得了成效。这就是各门学科间研究方法的渗透和转移。现在很多人用力学的理论、观点、方法,研究其他物理现象;把物理学的概念和方法用来研究化学现象;用物理学和化学的手段、方法用来研究生命现象；把数学应用于各门学科的研究等，都是生动的例证。

现在的联系并不局限于自然科学领域中各门学科的相互联系，现代科学发展的重要特点是科学与技术，科学技术与社会经济之间建立着广泛的联系，三者互相联系、互相渗透、互相促进，有越来越结成统一体的趋向。因为现代科学的进步不仅使人们对自然的认识发生了质变，而且迅速地转变为技术，形成直接的生产力，为生产开辟了广阔的途径。在历史上，电磁理论的应用转化为电工技术，使生产实现了电气化。后来原子核理论的建立，原子技术的出现，给生产提供了巨大能源，其他如激光理论与激光技术的推广使用，半导体物理和技术的发明都如此。现代化的生产对科学的依赖性越来越大，它迫切要求科学走在生产前面，而现代科学也要求现代生产作为基础。科学、技术、生产结成一体成为必然的发展趋势。世界上许多国家已经建立了“科学—技术—生产”的完整体制，他们很注意把基础科学的研究安排在领先的地位，一些生产部门也合理地规定生产和科研的比例，做到了基础科学和技术科学及专业技术、科研和生产协调一致，相互促进。其结果是基础科学稳步持续地向前发展，科学转化为技术，科研成果转化为直接生产力的速度大大加快了（见表1）。

表1　技术转化周期变化表

成果名称	从发明到应用的年份	年数	成果名称	从发明到应用的年份	年数
摄影术	1727 – 1839	112	原子弹	1939 – 1945	6
电　话	1820 – 1876	56	晶体管	1940 – 1945	5
无线电	1867 – 1902	15	集成电路	1958 – 1963	3
雷　达	1925 – 1940	15	激　光	1958 – 1960	2
电　视	1922 – 1934	12			

科学、技术、生产的横向转移速度加快，充分反映了现代自然科学的新特点。用图3表示如下。图中实线箭头表示主要流动方向，虚线箭头表示次之的流动方向。

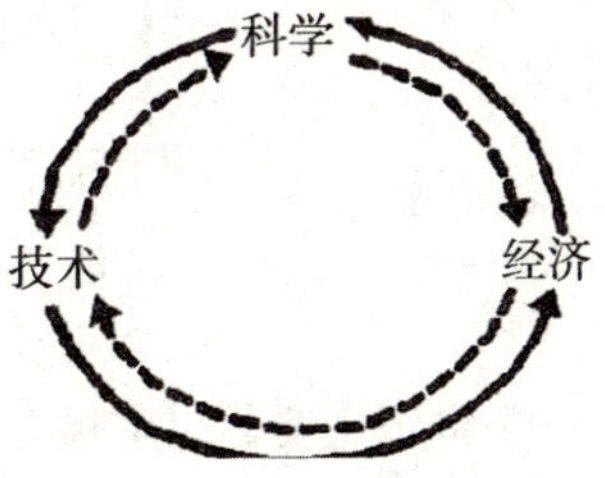

图3　科学技术经济的相互影响关系

（三）科学认识三段的纵向延伸

科学认识三段式在直轴上的发展，即人们的认识从一个物质层次到另一个物质层次的转化。这种纵向的发展是由科学的横向联系的不封口螺旋式转化而来,在本章的第一点已经说到了,这样的纵向发展是由它的横向延伸所导致的。就科学的纵向认识而言,是从凝聚态的宏观层次出发,在这个基点上,一方面是向宇观的物质层次不断发展着,如从认识地球结构到认识太阳系结构、银河系结构等等,更主要的还是向微观方向深入发展,这就是人们常说的从分子到原子,乃至基本粒子的认识过程。

科学革命的外在表现是科学理论的新陈代谢过程,而人们的认识正是从一个物质层次到另一个物质层次,以及发现不同物质层次和物质领域的新的连带关系。这就是科学革命的实质。爱因斯坦的《物理学的进化》一书反映了人们的认识从低速运动领域向高速运动领域的转化。海森堡的《严密自然科学近年来的变化》一书除此以外,还阐述了从原子结构理论到量子力学的发展。赵红州同志则把这种现象典型化,根据大量对客观世界的认识向不同物质层次深入发展的事实出发,明确地提出科学的采掘模型(见图4)。

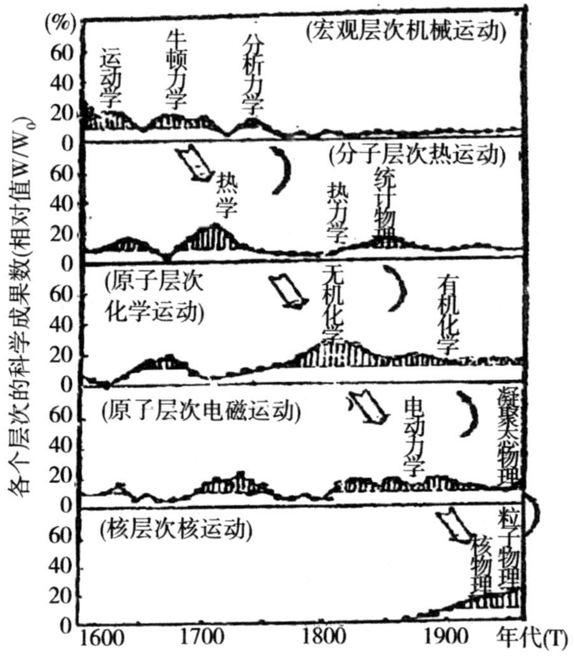

图4 科学发展的进展过程

17世纪主要是以牛顿力学为代表的,对宏观物体运动规律的研究成果;18世纪主要是对分子层次的运动的研究成果;19世纪主要是对原子层次的化学、电动力学的研究成果;20世纪主要是对原子核层次的核物理,基本粒子物理学的研究成果。谁能想象，从一个物质层次向另一个物质层次的转化之间夹杂了多少个三个段式的转化周期啊！科学的纵向发展表现为向广度和深度两个方面的发展，它的横向发展表现为对物质的某个层次内各个不同物体的新的联系方式的发现。领域与领域之间、学科与学科之间、课题与课题之间建立着广泛的内在联系。综上所述，看来科学进步可以分为向广度、深度、联系度三个方向的发展。我们都是在这个地球上生活的，而在这个地球上所使用的进行科学实验的能量手段毕竟是有限的。因此，我们对物质层次的认识的困难性正在成倍地增加，但对事物之间的内在联系的研究是无限的，这是大有前途的研究方向。

三段式的循环，经过从本领域的逐步深入发展转上了其他学科、其他领域，促进与其他领域的逐步深入的发展，事实上各个领域的深入发展都是互相促进的。科学、技术、经济各个领域的横向转移和纵向延伸构成一个螺旋式的发展（见图5）。

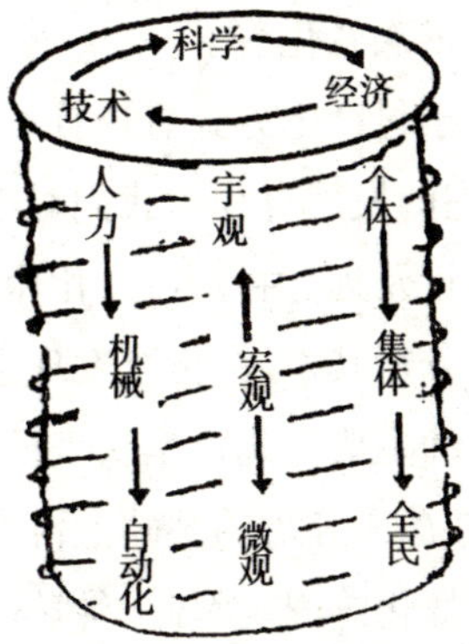

图5　科学技术经济的螺旋式发展过程

（四）科学理论有自己的发展规律

科学理论是依人们对自然界认识的横向联系和纵向联系的层次结构而相应地建立起来的，它的发展与科学认识三段式的循环过程紧密相关。同时，科学理论又有自己本身独特的发展规律，既向着揭示规律的深刻化，又向着揭示因素的复杂化两个方向发展。理论的层次划分是根据人们的直观感觉程度来定的，我对不同时代诞生的160门学科的形成方式进行分类总结，发现科学的形成方式有显著的时代特征。从古代到今天，已经历了一个从纯经验总结，从原学科中分支，从两门以上的学科综合出来这样一个变化过程（见表2）。

表2　学科形成方式的变化过程

年代	总数	纯经验总结		分支科学		边缘科学	
		实数	比例	实数	比例	实数	比例
古代－16世纪末	16	13	81%	2	13%	1	6%
17世纪初—19世纪末	22	3	13%	15	68%	4	18%
20世纪初—现在	82	3	2.5%	18	22%	61	74%

表中可见，在第一代产生的学科中，有81%的是属直接经验总结出来的，如古

代产生的土木学、农事学、中医学等。在第二代(或叫第二个认识层次)的学科有68%是分支发出来的,如从化学中分支出无机化学、有机化学等,从生物学分支了组织学、胚胎学等。在第三代产生的学科有74%是属于边缘科学和大综合性科学,如天文化学、激光化学、海洋声学等等。由此可见,科学的形成方式是一代一代地依次变化着。

学科产生方式有这样一个变化过程并不是偶然的,它是人类认识规律的反映,它的发展过程和我们对事物的一般认识过程相一致。我们对事物的认识是一个由近及远、由浅入深、由个别到一般的过程。这也是一个对事物的个别发现,到深入分析其本质,再至发现它和周围各种事物的内在联系的深入发展的过程。而科学的主要方式正是从表浅的客观描述、经验总结,到缩小研究对象、分支深入研究、在深入分析的基础上再发现不同事物的相互联系,使边缘科学大量产生这样一个变化过程。因此,科学理论发展的三代是科学认识深入发展的三个层次。今后科学的发展层次还会更新。我想,既然每次科技革命都会带来科学内容的大更新。科学方法的大提高,因而,科学形成方式也得有很大的变化。总的说来,科学形成方式的变化过程和我们对某一事物的认识过程的逻辑程序是相吻合的。今天,我们对某一具体事物的认识过程似乎是科学发展过程的一个缩影,它说明科学的产生反映了人们认识从具体到抽象的本质过程。因此,从这个角度上来划分科学理论的发展层次是有道理的。

用这种方法来划分科学发展层次一个最大优点是它不但反映了科学对客观事物的认识深度,而更重要的是这种分层分类的方法反映了科学理论本身的发展规律。科学技术越发展,新生学科的理论因子所构成的因素越复杂。如科学发展在时间上的边分支、边综合伴随着分支,这样不断演化的结果,使科学的结构体系一代又一代、一层又一层地依此延续下去(见图6)。

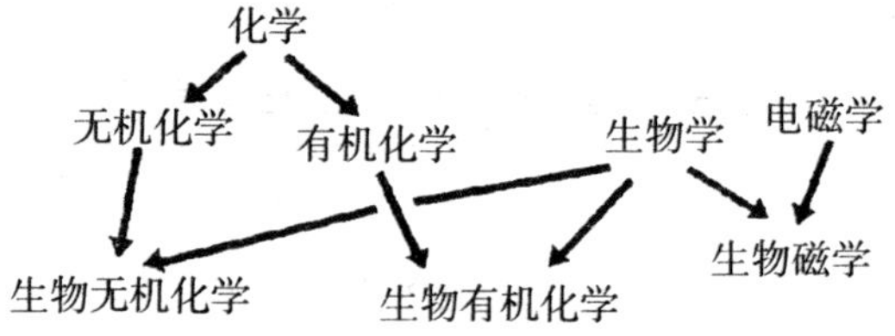

图6　学科的分支与综合关系

我们还应该看到,从一个侧面看到的边缘科学形成的本身,从另一个侧面来看正好是一种分化,是一种分支的发展。从边缘科学的构成内容上看,在第三代产生的学科中，绝大多数都是由两门老学科各拿一部分内容结合而成，而不是由两门老学科的全部内容结合起来的。边缘科学是不同老学科在边缘上的结合，同时又是老学科内容的分化，分出来的内容得到了更大的，甚至是变了方向的发展。就是从某个学科来说也是如此，空间科学关系包括20多门小学科，从空间学科的角度看，是逐步分支出来的，但从每门学科的具体内容上看，又是和别的科学综合出来的。这种既综合又分支的发展，恰好说明了边缘科学的创造是对旁者的概念、方法、设备的引用，是不同学科的渗透，是科学在今天继续深入发展的表现形式。

越到后来产生的学科，其因素的复杂性越大，研究的理论性、抽象性越强，而它的直观性、具体性越小。我们把不同时代产生的不同学科的历史关系叫科学的纵向结构，把同一时代产生的不同学科的内在联系叫它的横向结构。从这个角度出发，科学结构体系是一个纵横交错、接触多端、非常复杂的结构体系。从图上看出，科学形成方式在时间上的分支与综合不断演化的结果，导致科学在空间结构上形成一个网络状结构体系，因为一边分支，一边综合的发展过程如同渔民织网的过程一样，是一个以分支—联结（综合）—再分支—再联结（综合）的过程。这造成了各门科学之间的互相联系、互相促进、互相渗透的复杂关系。为什么这么说呢？因为各门学科的网络状联系并不局限于某一个方面，既有纵向联系，也有横向联系；科学体系的各门学科之间，科学体系与外界事物之间都是向四面八方伸展着。在考察第三代生成的学科中，发现与化学相联系而产生的科学就有10来门，与生物相联系而产生的科学也有10来门，甚至可以说一本较陈旧的基本生物学教材上任何一章的内容，生物的任何一方面的特性在今天都能与其他某些学科的内容相联系而形成新的科学。化学中的许多基本问题也都与其他学科发生了联系，形成了新的边缘科学。平面概念只论及事物的一个侧面的问题，立体概念才阐明整个事物构造体系，科学发展的以上特点很恰当地证明了学科结构是呈立体状存在的，是互相联结、接触频繁的立体网络结构，有渔网不可比拟的复杂程度。科学发展的“必然—偶然—必然”三段式的横向循环和纵向延伸就是科学发展的偶然性与逻辑必然性。而在这个基础上建立起来的科学发展模型就是科学的偶然性和逻辑必然性的发展模型。这个模型所揭示的规律是关于科学发展的逻辑规律。它存在于人们的科学探索之中，只要存在人们的科学探索活动，就必定存在这规律。但人们为什么要不断地去探索新世界，发现新问题呢？首先是生产、生活的需要，要提高经济效益，提高生活水平，就必定要发展科学技术。除此之外，科学的内部矛盾，即新事实与旧理论，预见与结果的矛盾，也促使人们不断地去解开一个又一个的旧谜，又不断地出现新谜，人们就是在这样不断地发现秘密,解答秘密的过程中生活和工作。

五、从科学发展“三段式”看科学进步的标志

(一)不能用直观感觉判别科学理论的正确与错误

从科学发展三段式的螺旋型循环出发,导致科学发展的横向转移和纵向延伸过程,这个观点能否用来解决迄今最棘手的一个问题,即用什么标志来度量科学发展的水平。关于衡量科学进步的标志,索库列尔说:“人们还在寻求解决批判的唯理论和历史学派曾经面临的主要难题,这个难题就是他们无法解释科学的进步到底表现在哪里?科学理论与现实究竟是什么关系。”波普尔、库恩、费耶阿本德等人把科学进步的标志搞乱了,搞糊涂了。研究这个问题的棘手性就是从实际情况来看问题较复杂,如技术进步的标志可用劳动效率的计算公式来表达,经济进步的标志可用人平收入参量来表达,社会进步可用人们的生产生活方式等来表达。那么,作为揭示客观内在规律的科学进步的标志是什么呢?从有些事情看来,用科学认识的三段式可以勾画出科学的进步的标志。现作如下分析。

在必然性的前提下,通过偶然性发现、偶然性灵感,在此基础上建立起来的合乎客观规律的新理论,不是都能以直观的生活常识为准则来判断它的正确与错误。在现实中很多在专业研究中揭示出来的物质运动规律是不能用我们的生活常识来理解的。如欧氏几何指出了在平面上经过直线外一点只能作一条和这直线不相交的直线,这点,我们能用生活常识所解答。但在非欧几何中,在平面双曲几何里约定过一点,可引两条直线与已知直线平行,而在平面椭圆几何里则约定没有这样的直线可引,这个现象就不容易被生活常识所理解。至于相对论的“质增、钟慢、尺缩”三效应就更不容易被生活常识所理解,怪不得有人说爱因斯坦起初介绍他的相对论理论时,全世界只有12人能对之有所理解。如果单从我们的生活经验出发,甚至可以认为,我们所居住的地球是没有转动的,似乎是太阳和月亮等星球都在周而复始地围绕地球转动着。我们能凭这些直观判断哥白尼的日心说与托勒密的地心说的正确与错误吗?怎样来解答这一系列问题是值得研究的。目前对此笔者还没有考虑好,初步的想法是认为物质的各个不同层次都有自己特定的运动规律,各个层次所具备的各种性质有相对显隐之分,而物质浅一层的隐性运动形式往往与深一层的显性运动形式之间,存在着许多相类似、相关联之处。正是由这样一种关系,导致了人们一步又一步地不断地去依次发现各个物质层次结构的内在规律。如人们对宏观物质的研究,首先是发现它的质量、体积及结构特性,然后才发现它的能量运动形式。人们对微观物质的研究,首先是发

现它的能量形式,导致了唯能论的形成。(列宁对此进行了无情的批驳。)然后才发现能量子也有体积质量。不同物质层次的运动形式之间是否有这种关系,还有待于进一步查究,但是不能用直观判定事物的真假对错,应该是有根据的。

(二)不能用正确与错误作为科学进步的标志

现在有这样一种比较流行的观点,总认为我们对事物的认识越正确,科学技术就越进步,把"正确"与"进步"作同义语看待,而实际情况又怎样呢?现在,我大胆地说:不能完全用理论的"正确"与"错误"为标准来作为衡量科学技术进步的标志。因为人们的认识是一个既有横向联系、又有纵向联系的深入发展过程。事实上,对研究不同物质对象的理论是不宜比较其正确与错误的。波普尔把发现一个科学理论所适范围的边界,就认为是该理论被证伪了,这种说法不一定正确。列宁早已指出,真理跨出半步就会变成谬误。毛主席说:"任何运动形式其内部都有着本身特殊的矛盾,这种特殊矛盾就构成一事物区别于他事物的特殊的本质,不同质的矛盾只有用不同质的方法才能解决。"科学史上宇宙热寂说的倒台就倒在这上面。说它不能比较,具体说来,有这三方面的事实原因:首先,从对自然界的纵向认识角度讲,有关于宏观物质运动规律的力学,有关于分子运动规律的化学,有关于原子运动规律的原子物理学。在这其中,我们可以说,原子理论的创建是人们对自然的认识,在分子理论的基础上进一步发展起来的,我们能据此得出原子理论比分子理论更正确的结论吗?今天的基本粒子物理学也并不否定原子结构理论。其次,从对自然界的认识,从一个物质领域到另一个物质领域的认识,依次有不同的理论。如从关于普通低速物体运动规律的牛顿力学和关于高速运动规律和低速运动规律所共同的,更精确的研究理论一相对论力学,这更应该说是一个很重要的发展,但牛顿力学并不失其正确的一面,并不失其在科学实验和生产实践中的重要价值。其三,我们对事物的研究有一个从定性到定量的发展过程,这成了人们的科普常识,在这里你能认为那些合乎实际的定性的科学理论都是错误的吗?粗略能和错误画等号吗?可见,一个理论的正确与错误,只能在针对某个同一的物质对象进行探索时,不同理论观点的争论中得出来的,对于不同物质对象进行研究的不同理论是不宜进行比较的。

事实上,对任何特定物质领域和物质层次的研究,都有一个从错误到正确的转化。可以说,错误是人们对某一具体事物的认识过程中的一个发展阶段,一个转化环节。虽然没有人直接提出过这种观点,但应该用什么态度来对待错误的问题,早已引起了人们的注意。毛主席指出,失败是成功之母。近几年《自然辩证法通讯》、《潜科学》、《自然信息》等杂志都发表过这方面的文章。从一个深度的研究成功到另一个深度的研究成功之间,往往要夹杂一个错误的研究阶段。从宏观物体的火燃现象到分子层次的氧化说的发展中,夹杂着一个燃素说的研究阶段,燃素说是错误的,但它的提出在科学史上应该算是一个进步。还有物理学上从牛顿力学,经过以太说到相对论的产生;人类学上,从天人感应,人是仙造,经过“人是机器”的研究阶段,到辩证唯物主义的人体观等等,都是如此。这样看来,有必要对科学上的进步与正确这两个概念给以严格的区分。我们觉得它们之间的关系是两个层次的概念。第一层是进步与倒退构成一对矛盾,在这里所谓倒退是指被历史证明是错误的理论,注意是已经证明了的。如果谁在今天还去拼命研究永动机,就属于倒退的研究行为。进步就是在原有的科学基点上发现了新的现象,提出了新的问题,包括正确的和错误的观点。在科学史上,燃烧氧化说的确立无疑是科学上的进步,而燃素说的提出也应该是科学上的进步;牛顿力学无疑是科学划时代进步的象征,而亚里士多德理论的提出,也应该看作科学史上的进步。因为燃素说和亚里士德理论都是在前人的基础上提出了更加深刻的问题。这里特别需要提出弄虚作假、伪造成果的错误不属于进步,而是一种倒退行为,因为它违背了理论建于事实之上的起码的科学道德。同时,这种行径是历史证明了有害人民、有害自己的恶劣行径。第二层是在进步的项下,分出正确与错误两个方面的问题。对一个问题的新探索往往有如前所述的,从错误到正确的发展过程,因此把正确与错误作为两个方面的问题,其实是对一个问题的认识的两个基本阶段。由此可见,我们对一个新的物质层次的探讨,往往要建立在对已经探索的物质层次的正确认识上,而对新层次的正确认识又建立在对新层次的错误认识上。因此,科学认识从一个物质层次发展到另一个物质层次的基本过程是:

浅层　　　　　　深层

$\longrightarrow$

(错误→正确………→错误→正确)

(三)科学进步的表现是多方面的

从前面的分析中可以看到,科学的进步不能用某个单一的指标来衡量。应该说,科学进步的表现是多方面的,认识了新的物质层次,理所当然是科学进步的表现。在已认识到的不同事物之中,发现了它们之间的新的联系规律也是科学进步的表现。把一个错误理论纠正成正确的理论,当然是科学进步的表现。同时,在原有的科学基点上,做出了新的探索,尽管被证明是错误的探索,但在当时对于引导人们去认识真理,还是发挥了作用的,这个工作在当时也同样是进步的表现。

由此看来,科学进步的标志不是别的,就是在原有的科学基础上,发现了新事实,提出了有意义的新理论。由于科学发展的基本方向只有广度、深度和联系度发展三点。那么,我们在探索中,取得任何一方面的点滴的突破都是科学的进步。由此应该说,从分子结构理论到原子结构理论,从牛顿力学到相对论都是科学的进步。那么恩格斯在《自然辩证法》上引出的在形而上学中打开的六个缺口同样是科学的进步。在一个学科里的新理论、新方法向其他学科移植、开花、结果也应该是科学进步。也只有这样来看待科学进步的问题,才能从对科学进步的标志把握不住,对科学进步标志的细微讨论争论不清的泥坑中解脱出来。

六、从科学发展"三段式"看科学研究的理论与实践

(一)科学发现的分类问题

科学发展的偶然性与逻辑必然性的三段式循环过程严重地渗透到科学的理论与实践之中了,科学如同其他一切事物一样,它的运动和发展有自己的内因和外因。科学发展的外因如恩格斯指出的,"科学的发生和发展一开始就是由生产决定的"。事实证明,生产生活的需要确实是促进科学发展的主要原因。可事实上这些作用只是一种外因,就整个外因而言,还有科学研究的客观条件也是十分重要的。科学发展的内因是科学发展的新事实与旧理论,预见与结果的矛盾运动。这个矛盾是科学运动的基本矛盾,这对矛盾所反映的就是科学的理论与实践的矛盾。这里,新事实、新结果是实验、实践的问题。而旧理论,预见是科学的理论概括、理论推导的问题。总的说来,还是理论与实践的关系问题。从理论到实践和从实践到理论的不同环节,都是由三段式转换、贯穿而来的。

对客观规律的选择性发现在哪些方面,《自学》编辑部认为是分四类,即科学发现与科学预测的研究方向根本上是一致的"同向机遇";与预测的生成领域及其研究与方向相偏离的"类向机遇";与科学预测的发展方向毫不相干,又不与科学预测相悖的"异向机遇";在预测生成的科学研究领域之内,其结果与预测相反的"背向机遇"等。其实,这种观点所反映的是根据发现与预测的吻合程度的大小来分的,它反映了新事实与旧理论,预见与结果的吻合量的大小。《自然辩证法概论》把科学发现的机遇分成两大类,一是科学研究中寻找的目标是明确的,但发现的场合与方式却是非常意外的;二是本来是去寻找的某种预期现象,但结果却意外地发现了完全不同的另一种,甚至更重要的现象。笔者觉得以上对科学发现的分类,都是从意外发现的内部去划分,它们之中的哪一种都是针对意外发现而言的,但从整个科学的发现类型来讲,就体现在必然性发现与偶然性发现两个方面。

必然性发现是在旧的理论框架中推导出来的发现,如从既有的天文事实推导

出谷神星的发现就如此。另一种是在旧的理论框架中推导之外的发现,是旧的理论不能推导出来的发现,叫偶然性发现,如青霉素的发现。从一个理论推导出来的未知世界,推导的本身就是一种预测,与理论预见相一致的,实际结果也是必然性的发现。如从李政道、杨振宁的宇称不守恒定律的建立到吴健雄的实验结果就如此。而经反复试验,都与理论预见不一致的结果,同样属于偶然性的发现,如从迈克尔一莫雷实验的结果就是如此、新事实与旧理论,预见与结果的矛盾在整个运动的过程中都存在着偶然与必然性两个方面的相辅相成、互相促进,共同在科技发展中发挥作用。

这里有两个偶然性发现,也有两个必然性的循环,把它们套到三段式上,对偶然发现很好理解,因为三段式上有个偶然性发现的环节。那么,如何解释必然性发现呢?我觉得,对同一个问题可以从不同的角度去看待,从而得到不同的解释,这就是日常所说的"什么都是相对而言"。所有的科学发现都是在必然性前提下,经过偶然性阶段历发现的。在这个阶段里的不同事物有比较而言的偶然性发现与必然性发现,如前面所说的谷神星发现和宇称不守恒定律的证实,在发现分类上可算必然性发现。但这个成果的出来,在三段式上又属于偶然性阶段,这里的矛盾现象怎样理解?我觉得谷神生为什么只有开普勒在那时提出,而进行探索的人这么多,难道其中没有偶然性成分吗?宇称不守恒定律在千万个实验室中研究,而不在其他时间和其他实验室里得到证实,为什么只有吴健雄在那时做出来。就是说虽然在一定的前提下做出偶然性的发展,其内部可分为必然性发现与偶然性发现两大类,但对三段式来讲,所有发现阶段都属于偶然性发现阶段,对它们的比较而言,如同对好人的"美中不足",对坏人的"一分为二"是同样可以理解的。

(二)科学认识与科学真理

怎样认识科学发展的真理性问题,在对科学发展规律的探索情况看来,正确的理论就是合乎客观实际的理论,这点是没有疑义的。但怎样来理解科学认识的相对真理与绝对真理的关系,这里产生了自己的理解。

列宁说:"如果有客观真理,那么,表现客观真理的人能否立且口地、完全地、无条件地、绝对地表现它,或只有近似地、相对地表现它。"这就是绝对真理与相对真理的关系,毛主席更系统地阐述说:"在绝对地、总的发展过程中各个具体过程的发展都是相对的,因而在绝对真理的长河中,人们对于在各个一定发展阶段上的具体过程的认识,只具有相对的真理性。无数相对真理之总和,就是绝对真理。"从相对真理过渡到绝对真理的内在含义是什么。对某个具体事物的认识,从错误到正确的发展过程不属于从相对真理过渡到绝对真理。前面已经否定说研究不同物质对象的理论不宜比较，那么，科学进步的历史就是对自然界认识范围逐步扩展的历史。在不同的已知范围内，可以概括出适度不同的一般规律来，随着科学的发展，就其适度大小而言，是一个理论大于一个理论的不断发展着。宇宙规律是个理论上的总目标，不同时代所揭示的总规律与宇宙总规律永远存在着距离，科学进步的历史也是这种差距日益缩小的历史，习惯上把发现规律作为发现了绝对真理。由此可见从相对真理到绝对真理的发展过程实际上是一个从揭示不同事物的具体规律到揭示客观事物的总规律，是各个时代的总规律所适范围依次扩展的历史。

（三）科学认识与客观实际

科学理论与客观实际的关系是什么？现在，人们普遍认为科学理论是对客观规律的揭示的理论体系，是对客观现实的模拟，也是人们对客观世界的认识的反映。在这一点上，笔者没有别的看法，但觉得有两点是值得补充的。

首先，科学理论对客观世界的差异存在的原因，不单纯是由于认识不清而使其模仿图景变了样，主要是由于人们把认识自然作为改造自然，作为为人类社会谋利的基础手段。因此，把实用性强的加以发展，并引入其他领域。把实用性小的予以简略忽视，这样就扩大了理论结构与客观现实结构的差别。

其次是在发展中，人们认识的物质范围（包括横向和纵向两方面）日益扩大是必然的。虽然对不同具体事物的认识，其正确性不好比较，但随着已知范围的扩大，在不同时代概括出来的，适应更大范围的科学理论和科学方法也是必然的，如人们熟悉的牛顿力学揭示了物质的低速运动规律，而相对论却揭示了高速运动规律和低速运动规律都共同存在的一些运动规律。

实践与理论的相互作用是使科学研究中错误转为正确，把偶然性发现转为必然性前提的根本。人们是在探索中不断发现问题、提出问题、修正问题，逐步接近客观真理。但是，研究接近的过程是一个实验与理论的相互切磋的过程，实践与理论的关系不是呆板的影像关系，而是能动的、创造性的互相演化关系。实验方案的制定、理论观点的提出，都是根据过去的观点及某种经验而建立起来的。初始提出时都不一定正确，它需要在实践中逐步修正。

在必然性的前提下，得到偶然性的发现，是通过实践与理论的相互作用才得到的。实践与理论既是一对互相作用的矛盾，也是工作手段和方法。爱因斯坦说："知识不能单从经验中得出，而只能从理智的发明同观察到的事实两者的比较中得出。"事情的正确与错误，在自然科学领域，特别是实验科学领域还是好办的，可一旦进入复杂领域就不容易讲清了，如在经济学、哲学领域，一些解放初提出来的理论问题,现在还没有研究清楚。

发展科学技术,进行科学研究,能否得到事半功倍的效果,关键就看选题和研究方法是否准确得当,而揭示科学发展的内在规律就可以帮助我们选好题,搞好科研。可见,这个工作对于我们的科学技术现代化是大有益处的。

(1984 年 4 月)

科学技术发展的基本矛盾

在科学技术的发展中,有着许许多多的矛盾存在,它们不断地产生、发展和消逝着。但是,总结起来科学发展的基本矛盾就是实践与理论的矛盾,科学社会化与社会科学化的矛盾。由它们的运动和转化推动科学的发展。

一、两对矛盾的内在关系

人们对任何事物的探索都有一个"实践、认识、再实践、再认识,这种形式,循环往复以至无穷,而实践和认识每一循环的内容,都比较地进到了更高级的程度"。这种认识在科学领域中,具体地表现在新事实与旧理论,预见与结果之间的两个矛盾运动方面,是实践与理论的矛盾运动过程两个表现方面。它是整个科学领域的基本认识过程,因而新事实与旧理论,预见和结果之间的互相作用在科学领域里是普遍存在的。从亚里士多德的"物体下滑的数量与重量成正比",到西苏·斯台文和伽利略的新事实的发现,依此建立了自由落体定律和惯性定律,从而开创了近代实验力学;从上帝创世说到达尔文发现大量的与之不符的新事实,从而创立了进化论;从摩尔根据孟德尔的豌豆实验结果提出"基因预见性学说到脱氧核酸的发现"等等,在各个学科领域里都是普遍存在的,例子是不胜枚举的。

任何一门科学都是观念与经验知识的统一体,科学革命在本质上就是在有关因素的影响下,使经验知识与旧的科学观念的矛盾所导致的科学观念的变革。变革的结果,使科学的体系结构越来越复杂,结构成分越来越多,如图书情报系统发展,学会研究中心的科研组织形式变化等等。越新的科学结构成分其社会性越强。实验设备和图书情报依赖于社会生产与社会调配。研究组织从居里夫妇的两人实验室,到四十万人共同研究阿波罗飞船,对于人员配置的社会性问题知识增加了多少。使科学不断社会化,同时,社会高度进化的一个重要方面是科学化。科学技术的每一次开发运用,都给社会带来繁华,带来发展,如铁器时代手工农具的出现,十八世纪的工业革命,二十世纪的自动化出现等。科学社会化和社会科学化是互相对立的矛盾,其实是互相联系、互相促进、互为因果的。这对矛盾是科学技术发展到新的高度上才出现的。

科学社会化与社会科学化这对矛盾的形成都不是也不可能是某一个或几个学科领域里的事。各种不同的学科,从本身的发展过程来说都有一个从客观事物的定性描述,研究方式的零打碎敲,到大规模气势磅礴,深揭底细的发展过程,都有着从自身体系的发展到社会普及问题的出现。从社会的依赖性来看,各门科学都需要社会提供人力、物力,都需要良好的社会制度和科学政策才能高速发展;从科学对社会的影响来说,工科、农学和医学的发展直接影响社会,它们自身的水平直接标志着社会科学化的水平,没有工程技术的发展,就没有机械、化工、电子产品等工业的现代化,没有农学的发展,就不能提高产量,实现绿色革命。没有医学的发展,人类就不能战胜病魔,增强体系、延年益寿。生物学也直接或间接地影响着社会,没有牢靠基础的应用科学是不能持久地发展下去的。社会需要科学,是因为科学能给社会增加财富,但社会所需要的财富是多方面的,任何单方面的科学所探索的问题,所发明的技术都不能满足社会需要。科学需要社会是因为社会能为科学提供人力、物力,社会实践能发现新的科学信息。双方内容的丰富性导致了许许多多的学科和技术门类的形成,双方在发展上互相摄取性是科学与社会相互利用的根本原因。所以说社会的科学化与科学的社会化同样是科技区域中最普遍的矛盾运动形式之一。

当然,矛盾有主次之分,主要矛盾所起的作用比其他矛盾大。它对矛盾的规定和影响比起其他矛盾对它的规定和影响更大,更起决定性作用。

这些矛盾在科学领域中的普遍存在它们构成基本矛盾的前提。在某一个领域的个别存在的矛盾,根本谈不上是某领域基本矛盾。因为对不存在此矛盾的部分来说,连这种矛盾都没有。您抓这个矛盾是不能把这部分领域带动起来的,若只抓住某领域中部分存在的矛盾,就不能把整个科技领域的工作搞活。如遗传变异是生物进化的矛盾,也是生物领域里普遍存在的矛盾,研究生物进化理论必须要抓住它。理论与实验的矛盾是生物等实验科学中的根本矛盾,它在其中普遍存在,实验工作者要抓住它。本文提出的两对矛盾是科技基本矛盾。首先因为它在科技领域中是普遍存在的。当然,基本矛盾是普遍存在的,普遍存在的矛盾不一定就是基本矛盾。其次,说这两对科学的基本矛盾,也不仅仅是因为它在科技领域中具有普遍性,而是因因为它是诸矛盾中的主要矛盾。

二、两对矛盾是主要矛盾

在科学技术的变化发展中有许许多多的矛盾存在,如图书与其他信息的矛盾,图书情报与实验设备的矛盾,个体研究与社会研究的矛盾,科学研究和科学教育的矛盾等等,它们都是科学领域里普遍存在的矛盾。它们对科学技术的发展也都发生作用,但这些矛盾同实践与理论、科学社会化与社会科学化的矛盾比较起来就会发现,只有实践与理论,科学社会化与社会科学化是科学的主要矛盾,它们在科学技术的发展中起重大的关键性作用。爱因斯坦认为:差不多科学上的重大进步都是由于理论遇到危机、在现实表象跟我们的理解之间发生冲突时诞生的。这种冲突迫使我们把自己的根深蒂固的偏见排除,在与旧观念的坚决斗争中则出新的观念和新的理念。要是没有光电效应、黑体辐射等否决"以太"存在的实验,就不会迫使物理学家去寻找新的理论。要不是许多在牛顿力学的框架内进行必要的修正以调和矛盾都没有成功的教训,就不会有爱因斯坦物理学革命,新事实带来相对论的诞生。证伪主义认为,科学研究开始于提出问题,以及借助于创造性的想象力所作假设,再通过试错法,在假设被记伪的不断得革命中接近真理。其实这只是看到问题的一个方面。科学理论可分为概括性理论和预测性理论两个方面。概括性理论建立在实际工作经验之后,它指导着人们的常规重复劳动,实际工作的深入发展,一旦超过原有理论范畴的边缘,就会导致科学的变革,这就是新事实与旧理论的矛盾。预见性理论是在概括性理论的基础上发展而来的,它指导人们的创造性劳动,波普的理论正是阐述了预见与结果的矛盾运动与科学发展中的定义和作用。

从存在原子核胶子的推想,引用已知几种粒子件的核力传递者的尝试的失败,到今天胶子迹象的发现,科学在认实和证伪中前进了。

不过,预见与结果的矛盾仍然是实践(结果)与理论(预见)的矛盾的又一种表现形式。它有着不可忽视的关键性的推动作用。

科学社会化发展的结果是社会科学化。进化论的提出消除了上帝创世说,哥白尼的日心说使宗教乱成一团,试管婴儿又把现在的伦理道德搅乱。并且,人们的知识越多,人们就越发现有力量……科学技术的力量使一个工作日的生产率从1910~1980年的70年间提高27倍. 近代统计资料表明,20世纪初大幅度生产率的提高,其中有5%至22%靠新科学技术取得的,到20世纪70年代这个比例上升到60%至80%。同时社会科学化高速发展的结果除了政治、经济、人民生活大幅度提高外,其中也包括科学的社会化。首先它靠社会提供科学研究的资金和人力,投资的多少是依生产力水平的高低而定的,现代世界各国用于科学研究的费用即使在国家总预算中所占比例相近,但由于各国生产力水平不同,国家总预算中投入科研方面的资金相差悬殊。其次社会生产科学化的结果还为科学研究提供新的实际手段,使科学得到更大的发展。有了透镜磨制业的发展,才有望远镜、显微镜的发展。有了望远镜、显微镜才有现代天文学、生物学和医学的发展。社会科学化已为科学研究提供了丰富的经验材料（实验知识）。磨粉工业、钟表业为力学提供的新事实；染料、粮油工业为化学提供了新资料；新的冶炼技术促进了化学和物理学的发展等等。科学技术的发展中，科学社会化和社会科学化是矛盾运动，是在实践与理论的矛盾基础上又一对最起作用的矛盾。任何科学都会在科学化和社会科学化的相互摩擦中发展前进。

它们是主要矛盾还在于实践与理论的矛盾直接规定和影响着图书情报实验设备的发展，当这对矛盾激化，进展到了比较深刻的程度时，图书情报、实验设备势必要发展，相互之间的内在结构特点势必要变化。在实践理论的不同发现程度上，有不同内容和不同复杂程度的图书情报、设备系统。奴隶制时代发明不了望远镜，封建制时代诞生不了现代信息技术，发明不了加速器。当然，图书情报实验设备的发展对科学的实践和理论的严肃性同样有影响，但这些东西较之对它的影响来说就小得多了。即使先进的好的图书情报、实践设备，如果没有人们的科学与实践是同样不能发挥作用的。况且它一定是在实践与理论的斗争中诞生的。对一个国家来说发展科学的关键不是进口设备，而是培养人才，也就是这个问题。

科学社会化、社会科学化直接规定和影响着个体研究与社会研究、科学研究和科学教育等等。它的发展规定和影响着研究方式教育内容，在不同的科学发展时代，有不同的研究方式和组织形式。科学发展越社会化，组织形式就越集体化、集团化。社会发展越科学化，科学管理的方法就越复杂化。从定性走向定量方式，从经验决定走上科学决定。所以在公元前不可能有研究所，在18世纪不能有研究中心。当然，研究组织形式、教育形式的发展有利于科学社会化和社会科学化的进一步发展。其实是一个拉不拉后腿的问题，任何一种新的组织形式都是由这对矛盾的相互运动产生的。组织形式、教育形式对科学社会化和社会科学化也有一定影响，但这种影响较之对方影响它的程度来说就要小得多。因而它是主要矛盾。

在科技领域中，它们是普遍存在于诸对矛盾中的主要矛盾，认识到这一点就更使人相信它们是科学的基本矛盾。说这对矛盾普遍存在，仅仅是具备了基本矛盾的前提，那么，在主要作用就使它成为基本矛盾的条件。

当然，能起主要作用的矛盾并不一定都是基本矛盾，但是，基本矛盾几乎都是起主要作用的。社会的基本矛盾是推动社会发展的基本动力和源泉，一门科学中的基本矛盾（如生物的遗传与变异等等）是推动一个物质领域发展的动力和源泉。

三、两对矛盾是科学技术的基本矛盾

在科技领域中，只有实践与理论、科学社会化与社会科学化的矛盾是最高层次的矛盾。其他矛盾都是由这两对矛盾派生出来或包括进去的，如图书与情报，图书如实践设备的矛盾都可以被包括到实践与理论的矛盾中，可以把它的看成是实践的条件。任何一项科学研究的进行都必须学习理论，进行实际观察的科学实践。这必须要有图书情报和实验设备。图书情报与实验设备只有通过实践与理论的矛盾运动，才能促进科学的发展，没有新事实与旧理论，预见与结果的矛盾斗争，科学就不能进步。相反，在原有图书情报和实验设备的条件下，通过实践与理论的斗争，出现了新的技术发明与理论发现，又可导致图书情报和实验设备的进步。个体研究和社会研究、科学研究和科学教育的矛盾可以被包括在科学社会化与社会科学化的矛盾中。科学社会化发展可以导致研究组织集团化，从学会到研究所，再到研究中心的形成，科研院校的大发展，科学队伍的壮大提高。社会科学化有社会生活科学化、社会生产科学化、社会管理科学化。它们在科学方面的作用可以使研究方式的科学化，如新生产的高精度仪器；教育科学化，如电化教育等等。科学社会化与社会科学化是相互斗争，相互运动，相互利用，共同提高的。

这两对矛盾包括科技领域的其他矛盾，但在科技领域中不易被其他矛盾所概括。图书情报记载了当时的科学水平，它的矛盾运动是科技信息从新生到陈旧，从不稳定（学说阶段）到稳定（定理阶段）的转化，这些都是科学实践内部的事，图书情报的矛盾不能包含着实践与理论的矛盾或其中任何一个矛盾方面。图书情报与实验设备的水平标志着人们的实践条件，但不能包括和表示着人们的科学实践活动。人们的实践活动是借助于这些条件进行科学探讨的活动。工具是活动不可缺少的一部分，活动可不能被工具所包括，工具和条件更不能包括实践与理论的矛盾斗争。同样，个体研究与社会研究、科学研究和科学教育只反映了在科学社会化的发展中，科学研究的不同组织形式，科学队伍的使用与再生的矛盾。任何矛盾都不能包括科学社会化发展的全部内容，更不能包括社会整个科学社会化与社会科学化的矛盾。这些事实证明实践与理论，科学社会化与社会科学化是比其他矛盾更具高层次性、更带概括性的。所以说它是科技领域中具备了最高层次的矛盾。

科学基本矛盾是科学问题的总纲，抓住了它，就能顺藤摸瓜，从中逐步深入。广泛地开展研究下去，就能搞清楚科学技术体系的内在结构，从不同矛盾的联系性，从它们的类别等级性入手。只要我们对科学的结构体系有了较清楚的认识，从中制定科学规划，明智地研究科学技术就有借鉴作用了。

（1980 年 5 月）

科学结构与世界科学中心转移

科学结构包括门类结构、学科结构、知识结构，它们在社会结构的影响下，依其自身的变化，影响着世界科学中心转移。现就其影响关系进行讨论。

一、科学结构不同的影响关系

整个科学领域是一个互相联系的整体。科学的社会结构、学科结构和知识结构的动态变化规律，和现有的科学技术的基础力量、现有的人才基础，乃至科学人员的积极性都作为科学体系的构件和科学发展的因子，共同构成了科学整体。这些因子之间的关系就是科学体系最高层结构。科学的高层结构与亚层结构一样，同样是不断进行着连续而有规律的变化。但是相对稳定的间断性发生变化的科学结构与连续变化科学政策，因此，间断发生是世界科学中心转移的根本原因。科学中心的转移和科学上述四大结构的自在变化规律性变化是世界整体的科学发展指数出现起伏式变化的内在根源。科学体系的最粗结构和科学发展因子的内在关系概括为如下的模式。

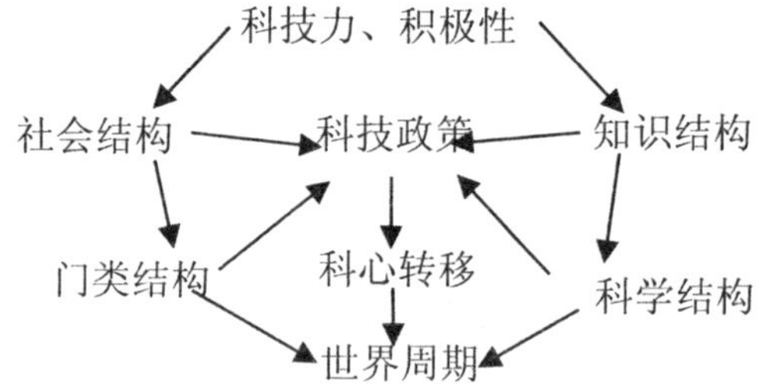

科学是社会的一个组成部分，是社会的一员，它的发展状态首先是决定于社会的经济状态。同时，在一个时期的发展重点，是基础科学还是应用科学，又决定于社会状态。一般说，先进国家的科学与技术之间应有特定的最佳比例。但发展中国家较之,要偏重于应用科学些。政策有优劣交替的过程。再说,知识结构又决定于学科结构。一般说每发生一次科学革命,就使人们认识一个新的物质层次。新研究新发现的物质层次的科学一定是某个时期的当采学科,是科学革命带来当采科学的转移,是知识结构决定于学科结构。

以下的全部内容可以说都是对图 1 解说。

科学的社会结构、门类结构、学科结构、知识结构都是变化的。而且,其变化是有规律的。这里要说的是,制定科学政策需要考虑的有天时、地利与人和。所谓天时,就是科学技术发展的状态和特点。

我们知道,这四个结构的变化时快时慢,变化程度有大有小,都是起伏式发展的,不管是社会结构还是门类结构、学科结构、知识结构,它们在一个时期有一个结构组成部分占最大比例,这个比重不是固定的,而是变化的。这四大结构有各自不同结构变化的周期,科学的实际发展速度,则决定于这四大因素综合作用的结果。

一般说结构中的优势组成部分,是综合作用中的主要矛盾。在我们制定科学政策时,首先要查明这四大结构中,谁处于结构中的优势部分,谁处于结构的交替转化阶段。这样,我们把重点放在什么方面,就是显而易见的了。

四大结构是相互作用的。两者之间只有主次之别,没有有无之分。如果放弃一个方面的工作,不但会影响其他的工作的发展速度,而且会使其他工作根据不能进行下去。因此尽管是次者,也不能放弃。

二、科学结构变化推动科技中心转移

我们曾专门阐述了世界科学是周期性发展的客观事实,但科学为什么会呈起伏式发展的呢? 从科学内容上说,主要有三个方面的内容。

一是从社会结构到门类结构的周期性发展过程,不同的国家有不同的门类结构。科学问题处理的效果是周期性变化的。处理得好就有利于科学技术的发展,处理得不好就会影响科学技术的发展。所以门类的最佳与不良的状态是导致世界科学发展的周期性变化。

二是从知识结构到学科结构的周期性,是引起世界科学周期性发展的主要原因。科学革命时期是世界科学的低潮发展阶段,科学正常时期利于科学的发展。正常时期与非常时期的交替进行是科学发展的又一原因。

三是任何一个科学中心都会衰退,将有新的中心形成。世界科学一个发展高潮,产生一个科学中心,科学中心的转移和交替是世界科学发展高潮的推移和间断的又一个原因。

世界科学中心的转移,其原因是什么呢?赵红州先生重点地讨论了科学兴旺国与科学家年龄的关系,这是可能的。同时,我们在这些学科规律的分析上,就能够更深一层地看到,中心转移是一对矛盾相互斗争的结果,即科学是发展的,它有社会门类、学科知识等结构的周期性演化规律存在,它是变化。但是,一个国家的科技方针政策和工作方法,与此相比都是相对稳定的。政策的稳定和客观实践的相对变化性,是科学兴旺国从兴旺走向衰退的根本原因。这一点在社会学中,早有论述,在科学学上还属首次提出来的。发展中国家在赶超中抓住时代特点,就会得出有利于一个时期的科学发展的最佳结构。就有希望实现由落后到一般,由一般到先进的转化。世界科技发展高峰的每个时期都有一个兴旺国家。

无论是各个科学中心的转移之间,还是各个科学结构的转化之间,都有一个过渡期。过渡期是世界科学的低潮期,也是科学的休息期、喘息期、准备期。发展科技,抓好过渡期是十分必要的。如果过渡期不抓好,在世界科学发展高潮期要赶超就十分困难了,甚至是不可能的了。

制定什么样的科技政策,以什么样的速度发展科学技术事业,决定这个问题的基础是本国的科学技术现有水平,即科学基础的高低,本国的经济力量的大小。美国的起点比我们高,经济力量比我们强大。这样,我们发展速度应比他们快,而我们的水平与目前还不可能比他们高。同时,我们的技术比例应比他们大。科学经济是基础。

各行各业,人为万事之本。发展科学事业,赵红州先生提出国家科学家队伍的年轻化,这充分反映了人才在各科学发展中的作用。

(1981 年 5 月)

技术创新的层次性及科学原理与应用技术的关系

在我们今天的人类社会里,技术项目和技术产品的数量之多、门类之杂是难以形容的。在我们看了这些使人眼花缭乱的技术产品,冷静下来以后仔细思考,科学原理和应用技术之间的内在联系是什么?技术发展的内在规律是什么?我想就这个问题分两个方面谈点自己的看法。

(一)

深入的实际观察告诉我们,任何机械,或是任何新颖的,力量巨大的技术装置,究其底细,都没有什么特别奥妙的因素在起什么作用,它们不过是物质自身的不断运动组合的过程,依其内外因素的不同,而出现了不同的表现形式。这种相互作用主要体现在三个方面。

首先是不同物质运动之间存在着相互的机械力学关系。这是物质基本运动性质的关系。如物体的力、固体的弹性、物体的比重、物体的压力和压强等等。牛顿三定律就是反映物质相互运动的力的关系。不同质的物质在这里表现出不同的情况。人们通过研究物质的力学关系,并据此设置出许多的生产生活用具。这种研究和设计主要是采取创造性的思维和仔细的数学分析运算方法进行。在一般的工科教材上,最突出的一点就是把物质的一些基本性质数字化。如弹性和塑性是物质的两大基本性质。任何物质,不管是木板、钢板,或弹簧等等,在力的作用下都会产生形变,外力撤去以后,它们便立即恢复原来的形状和长度。物质所具有的这种性质叫弹性。但是,任何物质的弹性都是具有一定限度的。用超过一定限度的力去拉弹簧,这时即使把外力撤去,弹簧也不能恢复原状了。这个限度叫弹性极限,不能恢复原状的形态变化叫塑性变化。弹性极限实际上就是塑性阈。不同物质的弹性大小是不同的,从外表看,这是物质运动的简单表象,但是,一本关于弹性和塑性的书就是用代数方程式、微积分的运算分析的角度上来分析力的大小、方向、作用点与形变程度、形状之间的关系。

人们利用力学的基本性质，设置出了许许多多的，有的甚至是某些外行人员所想象不到的、功能巨大的技术装置来。比如现在有的工厂里用水来切割金属材料、皮革、纸张、石墨环氧材料等物体。并且这样具有许多优点：用途宽，可以切割多种材料；切割的缝很狭；可以切割多种形状的物体；切割面的轮廓清楚、光滑；速度快；粉尘少；噪声小。

液态的水为什么可以向固态的物质发挥这么大的作用呢？原理很简单，就是给水施加几百个、甚至几千个大气压的压力，然后从直径只有十分之几毫米至二三毫米的喷嘴中喷出，这种高压水的速度自然很快，每秒钟高达几千米，加上水流很细，就可以在很小的区域里集中很大的能量，像枪弹一样，瞬间在坚硬的岩石或其他物体上打出孔来。归根到底还是一个压力与压强的关系问题，由于它与激光打孔颇有相似之处，所以又称它为“水力激光”。

其次，技术产品的试制成功，是由于不同物质结构层次的能量可以互相转换。客观物质有凝聚体、分子、原子、原子核与电子等一般的结构层次，并且在任何结构层次上的物体，都有力的存在，都可表现出一定的运动能力。在不同结构层次上的物质具有不同大小的能量。越深的结构层次互相结合得越紧，越不容易被破坏。一旦破坏，放射出来的能量就越大。如一个宏观物体对另一个宏观物体之间有一定的压力和推力。分子与分子之间有一定的分子力，一个物体的内在分子力大于该物体的宏观机械力。原子之间还有原子能，并且原子能大于分子能。更重要的一条是物质的不同结构层次的能量可以互相转换。分子力可以转换为机械力，分子运动能推动宏观物体的机械运动。原子能可以转化为电能、机械能等等。

人们利用物质运动的能量转换规律，制造出许许多多的机器。当今，世界上除了人力机械以外，几乎所有机器的实现都与能量转换规律有关。18 世纪发明的蒸汽机，20 世纪发明的原子弹，都是自觉或不自觉地利用了物质运动的这个规律。如汽车的运行在于电能——热能——机械能的能量形式变化；拖拉机是机械能——热能——机械能的转化。电子计算机也同样是以利用能量转换规律为基础。

其三，我们要谈一谈物质运动的形式逻辑符号的互相转化关系。在我们的日常生活和科学技术等领域里的任何语义问题都可以归结为基本的算术和逻辑规则，这是没有疑义的，也是容易理解的。几个字位的同一序列，根据位置不同，可以表示不同的符号。这些符号可以输入电子计算机，并可在机器里发生转化。问题是这些符号在机器里如同在人脑里一样，会千百次地发生合乎客观实际的正确转化。我们看到电子计算机的一个基本特点是，任何被处理的信息都被编码成同一字位的序列，其中信息主要是以脉冲频率调制形式传播的。这种调制就是在固定的频率下，用人工将符号转换一遍，好像是对电子机进行一次示范，以后每提出一个示范过的前者的符号，它就能在频率调制中把结果符号报告出来。

电子计算机试验成功和机器人诞生以后，复杂的数学运算，某些简单、危险、繁重的人工劳动，以及宇航、航海、收集情报等工作都可以交给它们去干。它们使科学发展有了更广泛的前途，使我们的福利事业有了更美好的光景。

数不清的科学书籍，点不完的技术门路，看不完的技术装置，归结起来，不外乎是认识和利用这三大自然运动规律来为人民服务。

这里顺便提一句，客观世界里存在这么一些规律。可是人们的认识是从一个规律到另一个规律，从低级到高级认识的。同时，每一个大的自然规律的发现都导致人们对宇宙的本原等问题产生不同的看法。如从牛顿的机械力学和“上帝第一次推动”，到康德的星云学说和一些唯心主义自然观；从瓦特发明蒸汽机，到卢瑟福的原子结构论，从爱因斯坦的质能关系式，到唯能论的产生；从语言的产生，对语言的研究，到维特根斯坦的《逻辑哲学论》，把宇宙看成命题演算理论和语句（就是现实的理论）两者的结合体，以至电子计算机的产生，实现了他的某些宇宙图景。这三方面的自然科学事实之间和三种相应的哲学观点之间到底是什么关系？这是很值得研究的。

（二）

科学原理的发现与新技术的发明之间还有一个特点就是“一与多，多与一”的关系。意思是说，根据一个物质运动原理可以制出多种多样的不同功能和活动特点的技术设备。同时任何一个复杂机器的研制成功都要利用不同的物质运动原理。并且，越高级、越复杂的技术设备本身所包含的运动原理越多。

我们讨论这个问题时，应该首先看到，前面所谈的物质运动的三大规律并不是互相孤立的，而是互相联系，互有促进的。从当今的整个科技领域来看，对物质基本性质的研究，是一切工程、机械以及其他技术装置的基础，它在各种物件当中如人的骨骼系统一样起着支架的作用。任何尖端、复杂的技术都不能离开它。如压风机除了要一定的动力机械外，还要有一套鼓风装置和支承装置。但是，外壳的基本构造是一种形式，是为物质的基本功能服务的。如火车的外在构造必须要适应火车的运动特点。同时，在一些复杂的机器里，机器的工作部分，如打谷机、插秧机的执行动作部分也是根据物质的基本物理性质的相互关系来设置的。

能量科学是在材料科学的基础上发展起来的,它不能离开材料科学而独立存在。能量转换和机械力学之间有十分密切的关系。任何具有动力装置的机械设计都需要考虑材料支架。

自动机器是在动力机器的基础上增添新的内容。它要以材料科学和能量科学作基础。电脑翻译机为了得到真实和正确的翻译,必须要有适当的时间和空间构架,要有相适应的外壳超支承和保护作用,也必须要在其中安上转能装置,以供给计算机的活动能量,否则就什么也不能实现。

任何一种技术设备的运动形式的存在都牵涉到多个物质运动关系。就是人力车,它的运动既没有涉及能量转换原理,也没有涉及信息转换原理。可是,其内部同样存在着复杂的矛盾,这就是车轮的大小、形状和对地面摩擦力大小的关系,轮轴和车身的位置与可支承的物质多少的关系,扶手的长短、粗细与人力的受力大小的关系等等。

同样,我们也看到,根据一个物质运动的基本原理,可以制出多种机器。比如我们利用超声波发射出去以后,遇到不同密度的物质可以返回不同形状的反射波这一原理,既可以用在医学上作体格检查,也可以用于探矿、探地雷。还有人设想把它用在林业上的探蚂蚁窝呢!再如,在复杂的电子器里,我们可以在同一电子元件上,利用这一基本原理,装上不同的工作机,发挥不同的作用。如模仿蛙眼的构造,制出洞察千里的电子眼;模仿人手,制出自动排版机、“探雷工兵”、“机器厨师”等等。

值得注意的是,在客观世界的这么几种运动基本原理上,可以依其物质的结构不同、功能有别的内在联系,繁衍出无数的具体机器。物质的千变万化,是不同物体无论在结构上或功能上都有无限的差异性。机器运动反映着物质运动的矛盾性,它同样可依其内在结构与其他矛盾性的不同,使本身具有不同的运动功能。机器是利用着物质运动的自然自在性的规律。客观事物的这种差异的无限性,必然反映出机器类型的无限可能性。机器的可能种类是无限的。

物质世界在千差万别的背后,存在着相互间的同一性。有从同一性到差别性的运动规律,才有从有数的物质运动的基本原理,到无限多样的机器。当今,在我们的社会里,从简单的座椅板凳,到复杂的汽车、飞机,直至今天的尖端科学技术的新物体,不知有多少种和有多少的机器运动形式。但它们的制作原理根据却是不多的。

任何一个机器都不可能百事可做,四海能行。机器的制造不能千篇一律,万物无差。这是由于宇宙各物质的矛盾运动在同一性的前提下,对不同质的问题需要不同质的方法才能解决这一运动特点导致的。有矛便有盾,一矛配一盾,这是物质运动的一大客观规律。又由于任何物质之间都存在着共性,只是看它们相互间的共性大小不同罢了。它们可遵循一些共同的基本原理来设置一定的技术装置,否认事物的共同性质就会把世界看成一团烟雾,那么,什么事情也将无从做起。但是,对不同的事情,对不同机器的特殊要求更应予以重视。因为每一事情都有不同的矛盾特殊性,只有用不同的方法才能得到解决,否定了事物的特殊要求,否定了具体问题具体分析、具体解决的必要性,把事情看得很简单,那么到头来只知道瞎说,什么事情也不会做,什么问题也解决不了。所以说,一个原理可以繁衍出多个不同的具体机器。

为什么一个物体的制成要运用和包含着多个不同的作用原理呢?因为任何客观事物的运动都是互相联系的,它包括一个物质同外部环境的联系,也包括一个物体内部各个组成部分的相互联系。机器的任何运动形式的产生就是一个物体内外因素相互作用的结果。任何运动形式的存在就是一个物体内外因素相互结合的统一体。

在我们的科学技术领域里,所谓大的技术发明创造就是对物质运动的基本规律有新的发现。而所谓技术革新,实际上就是把物质运动的基本原理和具体实际工作结合起来,在人们早已认识的物质运动基本原理的基础上衍生出更符合实际的,有更大功能的机器来。如果没有基本原理与其体机器构造之间的"一与多,多与一"的关系,任何技术革新的进行都将成为不可能的了。正由于客观事物间有一定的共性,又有无限的差异。机器的制造有共同的原理可遵,又有无限种类的可能性。使人们的技术革新和发明创造的发展过程是永无止境的。科学发展的前途是无限的。

(1979 年 12 月)

科学发展与世界观的转化

一、科学发展与世界观转化的历史联系

翻开哲学史和科学史，在对照中不难发现自然科学理论的革命性变化与占统治地位的世界观的转化，两者之间无论从发生时间上还是革命性质上都有很大的吻合程度（见表1）。它表明占统治地位的世界观的转化决定于人们科学认识的发展。

表1 科学发展与世界观转化的历史考察表[1][2][8]

年代	划时代的科学成就	占统治地位的世界观
公元前7世纪——后5世纪	石器时代的象形文字对事物外在状态和运动形式的定性描述	朴素唯物辩证法世界观、火成说、水成说、气成说、德谟克利特的原子论等
6世纪—17世纪	对事物形成原因进行直观推论的幼稚假说阶段，有阿那克萨哥拉“太阳是块大而热的石头”师的“驱除鬼”的神术，医生的“驱魔敬神术”等	经院哲学等唯心主义世界观
17世纪—18世纪	伽利略、克拉美利特等对宏观取的机械运动和生物运动的认识	斯宾诺沙等机械唯物主义世界观
18世纪	牛顿的经典时空理论	宇宙无限论
19世纪上中叶	以康德为起点的形而上学的自然科学成果，打开一个个缺口，认识了事物的发展性	马克思主义的辩证唯物主义世界观
19世纪末叶	发现了分子、原子的结构	马列主义的物质无限可分论
21世纪	爱因斯坦的相对论物理学，火爆炸宇宙说等	出现“宇宙有限说”

这里需要指出的是,拙作并不是否认唯物主义和唯心主义、辩证法和形而上学在任何历史时期都共同存在的事实,并不否认对每个科学成果都可作出不同哲学观点的解释的事实。而是说明在不同的世界观之中,占主导地位的世界观是转化的,各种哲学观点的统治地位的转化过程和科学的革命性发展过程是有内在联系的。

科学与哲学的关系是辩证关系。科学是哲学的基础,哲学又反过来指导科学工作,促进科学的发展。在科学史上,由于指导思想上的错误造成科学研究上的失误是不乏其例的[3]。有人在统计中发现,世界科学中心转移和哲学中心转移之间有一定的内在联系(见图1)。

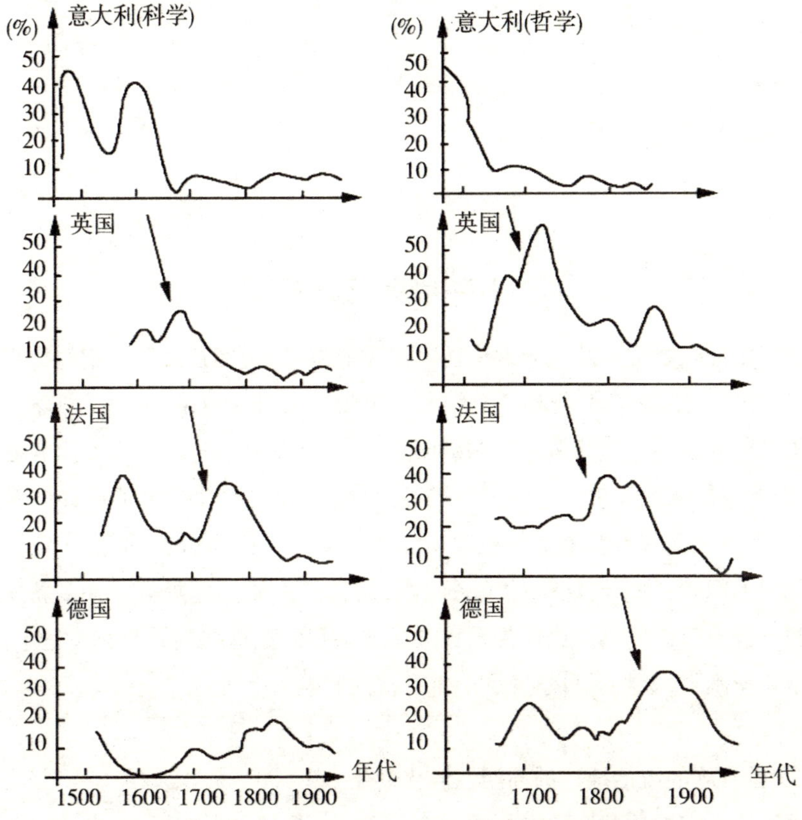

图1　世界哲学中心与科学中心转移顺序与时间的比较[3]

图1表明,不但从一个国家到另一个国家的转移顺序两者之间是一致的,而且其转化的年代是哲学早于科学,这更说明了哲学对科学的指导作用。

当然,每一项重大科学成果,每一次科学革命,都会引起哲学界的震动,都是向哲学提出的新问题。哲学理论的真正进步是由科学革命导致的。从一定的历史过程看,科学和哲学互变坐标关系(见图2)。

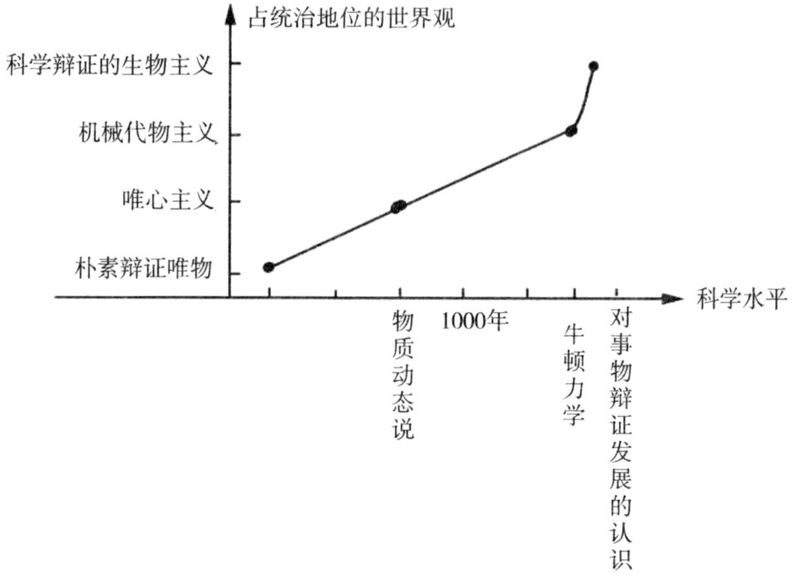

图2 科学与哲学的互变关系图

朴素辩证唯物主义从主导地位转为次要地位以后,经过几千年沧海桑田的变化,到19世纪,由马克思、恩格斯总结了当时的重大科学成果,创立了科学的辩证唯物主义世界观[5]。列宁驳斥了"物质消失了"等形形色色的形而上学和唯心主义,捍卫和发展了辩证唯物主义[6]。今天的科学又向哲学提出了许许多多新课题,马克思主义面临着新事实的检验。如物质是否无限可分的问题;宇宙是有限还是无限的问题;物质与能量的关系问题;信息的本质问题等等。许多新发现的事实都与经典哲学的具体论述相矛盾[7]。如果我们把这些问题研究清楚了,则既发展了哲学本身,又将对科学发展产生有益的影响。

二、世界观的统治地位的周期性演化规律

否定之否定的周期性发展规律是事物运动、发展的基本规律,也是占统治地位的世界观转化发展的基本规律。不管是自然观、时空观,还是物质结构观,都经历了一个周期性的发展过程。根据前面表中的内容,作图表示(见图3)。

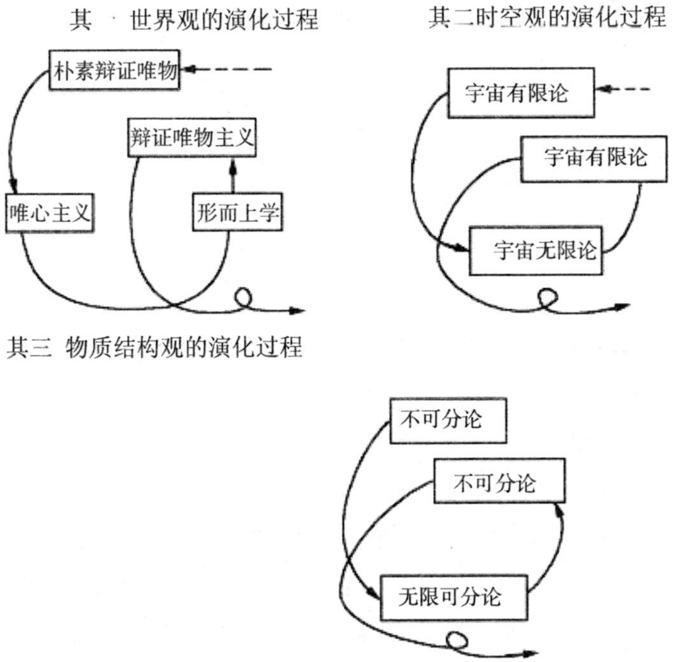

图3 世界观的周期性转化过程示意图

在古代1200年里(公元前7世纪——后5世纪),是以五行、八卦说、水成说、火成说、气成说,以及稍后一点的德谟克利特和留基伯的原子论等为具体内容的朴素辩证唯物主义占统治地位。中世纪(公元6世纪——17世纪)占统治地位的是唯心主义世界观,他们最基本的活动就是搞迷信。毫无疑问,这是对唯物主义的否定。近代(17世纪——19世纪)占统治地位的是机械唯物主义世界观,它是对唯心主义的否定。19世纪以来,占统治地位的是辩证唯物主义世界观[8],它是对形而上学的否定,似乎又回到了古代辩证唯物主义的原点,经历了一个近乎周而复始的循环发展过程。当然,这里的任何否定都是部分的否定,而不是全盘的否定。任何复原都是近似的复原,而不是不差分毫的复原。今天的辩证唯物主义比古代的辩证唯物主义更深刻、更精确、更复杂、更有生命力。

本来,只有辩证唯物主义才是合乎客观实际的,才是科学的和正确的。鉴于不同的物体有不同的运动特点和表现形式,人们的认识是从一个物质层次到另一个物质层次的深入发展过程。世界观的统治地位的否定之否定的发展过程,正是由上述两个因素的相互作用导致的。至今以前,世界观发展周期中的几个变化环节是由于古代的人们看到的只是千百万个具体事物的外在状态的存在和变化;中世纪的人们则在追查事物运动的原因和机制时,得不到科学的解释;近代的人们发现了一个个具体事物的内在结构和动因,但不了解各事物的互变关系和发展过程;只有到了现代,才既了解事物的静,也了解事物的动,了解事物的运动、发展规律。马克思、恩格斯正是在这种认识的基础上,借助于自然科学上的三大发现的依据,创立辩证唯物主义的[9]。辩证唯物主义理论帮助人们学会全面地、辩证地、本质地看问题,由于它本身的正确性和生命力,将使自己永远立于不败之地。

这并不是说哲学理论已经发展到顶了。其实,前面就提出过科学上有好多新事实得不到哲学的圆满解释,许多哲学本身的问题还没有研究清楚。在这当中,要特别注意科学研究中发现的新事实与世界根本"本质"的区别,防止以假象冲击本质,以个别事物的本质冲击世界基本的"本质"的现象。要遵循恩格斯说的"随着自然科学领域中的每一个划时代的发现,唯物主义也必然要改变自己的形式"的教导,既善于在辩证唯物主义的角度上总结科学新成果,也善于在科学成果上概括出科学的、精确的哲学理论,使这个问题在相互作用中得到发展,使辩证唯物主义真正成为合乎客观实际的、具有高度的科学预见力的、经久不衰的理论体系。科学新事实给哲学理论带来的疑难,随着科学和哲学的深入发展是会得到解决的。但辩证唯物主义世界观的存在形式在不同的时期会有不同的变化,因此,将出现一个新的问题,即辩证唯物主义世界观的存在形式的变化规律是什么。这将成为今后一个重要的研究课题。

参考文献

[1]汪子嵩等:《欧明哲学史简编》,人民出版社 1972 年 5 月第 1 版

[2]东工学院:《科学技术史简论》1979 年 10 月印发

[3]李庆臻. 李凤玲《自然科学家的科学成果和哲学思想》见《哲学研究》1980 年第 8 期第 63 页

[4]刘则谢. 王海山《世界哲学高潮与科学中心的关系的考察》见《全国第二次科学学讨论会论文集》

[5]恩格斯:《自然辩证法》人民出版社 1971 年 8 月第 1 版

[6]列宁:《唯物主义和经验批判主义》人民出版社 1960 年 4 月第 1 版第 250 - 313 页

[7]李秀果《科学地对待自然科学问哲学提出的新问题》见《百科知识》1981 年第 9 期第 4 页

[8]本书编写组《自然辩证法讲义》人民教育出版社 1979 年 8 月第 1 版

[9]本书编写组《马克思、恩格斯哲学思想简介》上海人民出版社 1976 年 7 月第 1 版第 18 页

(1995 年 6 月)

第四篇

04

科学技术发展的数学原理

在苦涩的日子里超越

1979 年 12 月，在水库工地上，我业余研究的重点由自然观转向科学观。主要是把科学观与科学学看成同一问题，大多是以计量方法进行研究。即对科学技术的体系结构、运行机制、社会功能、发展规律进行计量研究。在时间上一直延续到 2012 年，但集中研究的时间段，即研究成果最多的时间段，是 1982 ~ 1996 年。这是我科学计量学研究的高峰期。从数量上讲，大多数成果是在湖南省委党校工作期间完成的。

1986 年 6 月调入湖南省委党校以后，学习环境有很大的改善，同时也带来了一些新的困难。

首先，爱人在郴州是临时工，由于我的调动，她原有的工作停了，新的事情没安排，家里又毫无积蓄，造成经济格外紧张。刚到长沙时，由于搬家花了一点钱，身边带来的钱都没有了，带来十多只鸡因无米无饲料可喂，活生生的一只只饿死了。离发工资日还差 2 天，连米都吃光了，差不多到了要饭的境地。

其次面临着人生地不熟，举目无亲的处境。由于自己的话别人不懂，爱人的心情和处境更无人理解和同情，特别是在温饱问题都未解决的前提下遇到这些困难，内心的烦恼、焦急和苦闷是不言而喻的。为了缓和经济形势，全家人迫不及待地向本校有关部门找临时工作，可是由于一切都陌生，这无疑影响了找工作。在乡里有个传统，也是中国人的老观念，觉得别人来请自己，才脸上有光，才好意思。自己主动去找，而且找不上，就感觉受了很大的委屈。周旋近三月后，她找了个服务员的工作，也顾不上考虑自己是否合适，当即去上班了。紧接着是工作上一件件不顺心的事。烦恼、痛苦、寂寞、自悲等汇成一股不明的心火藏在胸中，发泄的对象自然是我。一段时间里，家里不是大吵就是小闹。

教研室领导只好一个季度一个季度地为我们家申请困难补助，以缓燃眉之急。

1987年6月评技术职称，在第一批名单上，有些人毕业比自己迟七八年，没上什么研究生，没出什么成果的人，一个个评了讲师，自己却未评上。一气之下，向校领导递交了告状信，有的领导将之一条条驳回，并在教研室会上批评，造成了不少的压力。但中级职称在当年12月就解决了。

在我当时生活的空间里，前后左右上下，有哪一方是我的光明出路呢？我痛苦、悲伤、徘徊。在一般人看来，在一家人的生活都难以维持的情况下，要谈做好工作，做好科研，好像是天方夜谈了。

我没有气馁，坚持学习和研究。一年后，老师交学员评的授课评分我得过名列前茅的分数，还写了十来篇论文，写了《科技规律的计量研究》和《科技管理的计量研究》两部论著，由省科技厅资助，公开出版了。

在长沙时间长了，对我个人来说，有了很多同行老师和学友都在不同的学校里，便于交流，便于请教学习，研究资料也多了。

在我的整个学习过程中，几个同行中的前辈和兄长起了很大的作用。首先是中南矿冶学院社科系主任陈念文教授，及陈文化教授，早在1979年冬收到我从青山垅水库寄来的论文，就通知我到长沙参加学术讨论会，并在会上进行表扬。以后多次通知我参加有关会议，推荐我的论文。去矿冶学院学习时，陈老师还让我与社科系研究生一起听课，并参加考试，给成绩单和证明信。陈老师向省科协省、科委等单位推荐联系我的调动事宜。接着是中国管理科学院研究副院长赵红州教授和该院科学学研究所蒋国华教授等人，他们都是全国知名的科学学理论家，尽管繁忙，但对我的信每封都回，还多次让我去北京参加有关学术会议，多次推荐我的论文发表，还花时间审阅论著30万字，写热情洋溢的序言。他们总是热情地称我为“湖南朋友”。湖南省科技厅领导，也是省科学学与科技管理研究会汤笃平、谷太、姜郁文、吴和清等同志，亦从多方给予关照。经他们推荐，让我参加了全国理事会，推荐我参选全国青年科技奖，并不断为我的书稿出版批拔经费。

凭着处室领导一直对我的重视和关心，加上自己的顽强努力以及外界的多方帮助。两年后，在科研项目、学术论文方面取得不少成果，论文被外界转载、引用、评价，报刊杂志对我的学术研究进行报道，使我很快成为全校老师中的出类拔萃之人，提高了自己在同仁中的学术影响程度。一年半之后，老婆被招为学校正式职工（工人），自己也紧凑而顺利地成为副教授、教授、国务院特殊津贴专家。在学术研究组织中，只用了两三年时间，成为全国科学学与科技管理研究会理事，湖南省科学学与科技管理研究会常务理事，湖南省自然辩证法研究会常务理事（后为副理事长），家里的生活处境得到基本改善。

由于性格问题，省党校发生了几起与自己没有多大关系的事情，我觉得是有违社会公平正义原则的事情，带头反对学校领导的这一行为，闹到省纪委去了，学校领导为此在全校职工大会上作了检查。此事使自己同校领导的关系闹僵了，自己只好调走了。

（2001 年 3 月）

科学计量学与我的研究

科学技术发展原理的定量研究，是本人花的时间最长，取得成果最多的研究。在这领域有独撰学术专著28本，学术论文100篇，还有一些省和国家科研项目的研究报告。这些文章绝大部分都已经公开发表，本章所收录的文章是自己在这领域仅有的几篇积压稿，在学术研讨会上交流过，尚未在公开刊物发表。因此，本章收录的文稿不能代表笔者在这领域的基本观点。但本节内容，对我在该领域的成果作了较为全面的介绍，较为全面地表达了我在该领域的基本观点。

笔者于1977年开始从事科学计量学与科技管理，乃至相关问题的学习与研究。至今，在这方面发表论文100来篇，主持和参加省级以上课题研究20多项，独撰出版以个人学术见解为主的论著近30本，主编本学科一般性读物8本。其中有不少成果在同行中有了一定程度的反响，有的也获得了一些奖励。在这些文稿中，新提出了一些科技发展规律，不少科技评价指标与计算方法，以及管理方法。这些观点大都概括出了计量表述公式。现将自己的新见解综述如下。

一、关于科技发展动力机制的计量研究

笔者这些年以来，对科技发展的动力机制问题进行了定量的研究，提出了三个新的理论观点，并进行了较为深入的探究。

1. 科技发展的参量与科学革命的数学模型。运用拓扑论与突变数学方法进行研究，提出了科技发展的控制变量，即科学家队伍、科研经费、图书情报、实验设备等。科技发展的状态变量，即认识的深度，所认识到的物质最小微粒的体积和质量；发明的新技术的内在复杂程度（零部件数量）；劳动者的生产效率。由控制变量的连续性与状态变量的阶段跳跃性，以及状态变量中不同物质层次在体积、质量、性能的边缘重合性，构成了科学革命的尖点型数学模型。用这个模型可以揭示科学革命时期的特性，可以提供评判科学革命的原则，可以澄清一些科学学

概念和一些科学发展理论问题。

2. 关于科学逆反律的概念的定量研究。从一些材料的分析中我感到,在科学的发展中存在一种逆反规律。这就是说科学家的奋进心理导致他千方百计地提出自己的观点和事实,挑出别人的错误,由此使批判与立论的文献以每年百分之五的指数增加,争论的问题逐步明确和集中,例证也随之集中,引证的集中导致了权威的形成,权威就是被大家引述最多的论文之作者。争论的范围随着研究的深入而扩展,导致着引述范围的逐步增大。原有的权威随着引述的散在性发展而逐步隐退,这时往往会在该领域中发现一个或几个新问题,形成一个或几个新领域。新领域也有一个权威的形成、范围的扩展,权威的隐退、新领域的产生等问题,这样循环往复,依次无穷。其深入分化发展的过程就是科学的逆反性发展过程。其过程可用计量的方法描述其状况,揭示其内在规律。

3. 通过研究科技经济快速发展的实际需要与政治文化体制进展缓慢的矛盾,进而揭示了科技发展中的两极分化规律(马太效应),由高到低的梯度转移规律,此起彼落的中心转移规律等三者之间的内在关系,并在定量研究的基础上统一了这三大规律。这就是在一次科学革命之后到一个新的科学发展高潮之前,科学的发展是以两极分化为主。从科学发展到了一个历史周期中的顶峰之后,开始衰退之时,到下一次科学革命之前,科学的发展是以梯度转移为主的。下次科学革命之后到科技发展高潮之前,又是一个科学两极分化为主的发展阶段,如此循环往复。但是,世界科技在第一个从兴到衰的发展周期中占领先地位的国家让位于另一个国家在第二个科学周期发展中占领先地位,原有的科技中心退居到相对次要的位置。这就是科技中心转移。换句话说,科技中心转移的过程包含着两极分化与梯度转移两个阶段。而这两个阶段的出现又是与科技革命相联系的。一个国家的政治文化如果能满足经济科技发展的需要而不断交革,它有可能在连续几个科技兴衰周期中占领先地位。但周期发展中,两级分化与梯度转移的主次地位的转变是不可避免的。

二、科技发展的因果关系的计量研究

运用数学方法研究和揭示了科技发展中的因果关系,把自己在这个问题上的新见解概括为科技发展的因果关系的三大规律。

1. 科技发展的因果关系第一规律。不同的科技发展因子具有程度不同的作用。用定性方法阐述这个问题比较容易,但定量地揭示其规律则比较困难。因为科技发展中既有确定性的自然因素,更有不确定性的人为因素。前者指认识状态，即是处在科学自身的继承性积累阶段，还是革命性飞跃阶段，这过程是由科学的内在矛盾决定的。后者指科学队伍和科学资金等因素。这里的研究主要指后者与科技成果之间的关系，采用回归分析方法，求出不同因子与成果之间的相关系数的大小，并通过数学检验等方法，得出不同的科学发展的人为不确性因素对科技发展的影响程度是不一样的。这能指导我们抓科技应该重点抓什么。

2. 科技发展的因果关系第二规律。科技发展中的最小因子限制规律。各种科技发展因子(发展科技的人力、财力、物力)，在科技发展中的作用并不是一成不变的，它随时间的推移而变化。科技发展速度是由几个主要发展因素中的最差因素决定的。科学发展因素的作用大小在一定范围内与其自身拥有量成反比，即自身状况越差，对科技发展速度的影响越大，反之亦然。没有活动经费和设备，只有科技人员，巧妇难为无米之炊。这时，经费和设备决定了科技发展速度；反之，把大量的经费和设备交给不懂行、没有能力的人去进行科学技术研究，也是十分荒唐的事。这样一来，科技队伍又决定了科技发展速度。这个理论观点告诉我们，科技发展中的人力、物力、财力之间的结构配置要达到一个最佳比例关系，才能取得比较理想的投入产出效果。

3. 科技发展中的因果关系第三规律，即科研效率的隐性渐退规律。人们在定量的研究科学技术发展的历史规律时，发现科技发展的控制变量(科技研究的人力、物力、财力)与状态变量(科技成果的数量与水平)之比，是一个破浪式的变化过程。纵观科学技术的整个历史，发现这种比值在波浪式的变化中隐藏着整个历史趋势的逐步增长现象。或说，从长期的历史情况来看，科技成果数的年增长指数低于科技研究的人力、物力、财力等投入量的年增长指数，使科研效率在波浪式的变化中具有总体一的渐渐降低现象，我们把这种现象叫作科技发展中的科研效率隐性渐退规律。它是科技发展中的因果关系第三规律。认识这个规律，对于我们进行科学技术的宏观预测，以及制定科技发展规划，都具有不可忽视的作用及意义。

三、科技发展的基本规律的计量研究

科学技术发展的历史规律的研究，是科学学中的一个重要内容，在这方面的研究也较多。笔者在这方面作的工作，主要有如下几个方面。

1. 提出学科形成方式的历史变化规律。通过考察不同时代形成的上千种学科的诞生方式，进而得出了一个规律，即古代产生的学科大都是从直接的实践经验中总结出来的；近代产生的大多是从原有学科中分支出来的；现代产生的学科多数是从边缘性学科综合而来。进而提出了当今不同学科相互渗透的数学模型。认识到学科形成的分支方法与交叉方法是同对存在、交替突出的过程。继而追索出从不同学科的渗透交叉到形成学科结构的网络化[7]。

2. 提出科学发展周期律，我与陈文化老师在1981年在我国首次提出了科学技术发展状况的兴衰周期律，并通过总结历史上的科技兴衰过程，归纳出一个科技兴衰规律的计量表述公式：

$$Y_1 = A_1 e^{-k1\ t1} (t_1 \leqslant t_1 n - 1 + 7)$$

$$Y_2 = A_2 O^{-k2\ t2} (t_2 \leqslant 70)$$

式中：Y_1，Y_2表示兴旺期某年和衰退期某年的科技成果数；

A_1，A_2，K_1，K_2表示兴旺期和衰退期科技发展中的两个常数；

t_1，t_2表示兴旺期和衰退期的某年代；

n：兴衰周期序数；

$t_{(1)}\ n-1$：上一个兴旺期的年限。

这个公式表明科学兴旺期每年的科技成果数是按指数函数形式增长的，衰退期是下降的，并可用这个公式预测今后科技发展的状况。

3. 提出社会现代化的线性发展规律。什么叫社会现代化，如果以一次新的科技新产品在社会上得到最广泛、最普遍的运用了这种新成果为标准，它的具体表现是其有代表性的科技新产品的生产和销售量从依次增长到出现饱和徘徊。那么，社会现代化从低级到高级的发展过程，从一个有代表性科技新产品到另一个有代表性的科技新产品的依次普及过程，即工业机械化，文娱科学化、农业机械化、交通机械化、生产自动化的依次发展过程，正好是一种与人均经济收入相依存的线性发展过程。由此提出了这一规律，并可用曲线定量地表述出来，也可用数学式子表达出内在的某些关系。

提出这一规律的主要依据有：(1)在不同的国家里，只要谁的人均经济收入达到了普及某个产品的标准，它在事实上也实现了某项现代化；(2)如果某国的人均经济收入距实现某项现代化还相差很远时，就不可能实现某项现代化；(3)新技术产品不是在哪里诞生，就在哪里实现其现代化，而是谁的经济实力达到这个标准，不管是否发明了这类技术，都能实现其现代化；(4)从一项现代化到另一项现代化的依次实现的程序在每个国家都是相同的。

提出这个规律的指导意义：(1)现代化的实现不在于单独发明某项技术，而在于总体经济水平的提高；(2)对发展中国家，在生产项目的安排上，不能沿先进国家的老路走，而是把重点放在科学前沿上才有前途；(3)现代化的道路，从历史的情况看，是动力机件、工具机件、控制机件之间的相互作用，相互依存、交替突出的发展过程，这在科技预测中很有帮助。

四、科技发挥社会功能的作用机制

科技的社会功能问题是讨论得最多的热门话题，并且还由此引出了许多分支学科。如科技社会学、科技经济学等等。但研究科技为什么能发挥这么大的作用，怎样揭示，特别是怎样计量地揭示出这个作用机制的，尚不多见。笔者在这点上也作些了思考，提出了一些不成熟的想法。

1. 科技社会功能的第一机制——循环链锁律。提出这一观点是认为科学和技术是社会体系中的两个重要部门，与社会其他部门是紧密相连的、统一的，共同构成社会整体。社会的运行发展主要是其内在各部门承前启后、首尾一贯地循环式运行。诸如科学、技术、经济、文化、教育等在相互循环运行中愈演愈烈，每循环一次又有新的发展、新的提高。这样循环运动的结果是使整个社会螺旋式地上升发展，科技参与这一循环链条之中，成为其中的两个重要环节。这是科技发挥社会功能的第一规律，我们叫它为循环链锁律。因为在社会运行中任何一个环节的缺失，都要影响其整体的运动和发展。

2. 科技发挥社会功能的第二作用机制——相互代偿律。社会的运行发展依赖于内在各部门的相互配合，互相协调。但是，各个部门在社会整体中所占的比重，所起的作用，不但是各不相同的，而且就其任何一个部门来说，它所占比重，所起的作用也不是固定不变的，而是起伏交替地变化着。照理说，部门的波动，即它在社会整体中所占的比重之变化，一定会导致社会整体的混乱(因比例失调)。事实上，社会整体往往比各部分还稳定一些。原因就在于不同社会部门之间在功能上具有一定限度的相互代偿作用。即一个部门除了本部门的功能，还对相近似的部门的功能，具有一定的补偿代劳作用。这个作用缓冲了不同部门相互变化之间的矛盾。我们称这种现象为科技与社会各部门的功能互补律，或叫相互代偿律，它是科学技术发挥社会功能的又一个作用机制。

五、科技评价指标与评价方法

我在从事科学学与科技管理工作不久，就时续时断地进行着科技评价指标的探索。这几年，主要提出了以下一些评价指标与评价方法。

1. 科技发展的周期利用率。什么叫科技发展的周期利用率，回答这个问题，首先必须看到提出周期利用率的两个思想前提，即既看到任何一个事物都有其兴衰交替的周期性发展过程，也看到科学技术体系和人类社会都具有特定的层次结构。并且，不同的个体有不同的兴衰周期。这样说来，周期利用率就是一个子系统在运动发展过程中对大系统的兴衰周期的利用程度。如棉纺织业，从世界总体说有其世界的增减兴衰周期，每个国家也有自己的增减兴衰周期，一个国家在此产品的时间上的兴衰周期可以领先于世界棉产品产量的兴衰周期，也可以落后于世界总量的兴衰周期。其领先或落后的差额（从世界总值和某国总值的两个兴衰曲线的比较中求出来）就是某国对世界棉纺织业兴衰周期的利用程度，我们称此为某国的棉纺织业的周期利用率。从两者的曲线时差上计算出来的结果可以是正值，也可以是负值。当它是正值时，表示领先于世界平均水平，利用率高；当它是负值时，表示落后于世界平均水平，利用程度低。差值越大、表示领先或落后于平均值的程度越大，反之亦然。

2. 科技发展的状态参数波动方差是衡量科技管理妥稳程度的重要指标。我在《科技发展的计量研究》一书中，把衡量科技发展状况的指标分为两部分，即科技状况的静态参数与科技发展的动态参数。这些参数不是固定不变的，而是随时间的推移而起伏变化着。波动的幅度在不同的地方和不同的历史时期是不一样的。究其原因，除了科技自身的某些因素以外，主要决定于国家、集体领导者的科技政策和管理方法的稳妥程度。从这个角度上引出一个参量，即利用科技发展参数的波动方差来描述和测定科技政策和管理工作的稳妥性。并就如何增大其稳妥程度提出了一些看法。

3. 技术密集度的评价指标与评价方法。早在60年代，有人针对某个产业和产品是以何种投入为主，提出了劳力密集型、资金密集型、技术密集型的概念。但何为劳力密集型，何为资金密集型，何为技术密集型？这里就有个量化尺度问题。我在此基础上提出技术密集度的问题，它们各自从不同的侧面定量地表述经济活动中的技术占的比重的问题。首先，提出技术密集度的指标体系，下面分科技投入密度，科技产出密度，科技的效应密集三部分。每部分又包括6－8个指标。其次，运用加权平均法，把不同的有关指标综合测算为一个总指标。这项综合指标就是一把尺子，技术密集度大的就是技术密集型产业，否则便是劳力密集型或资金密集型产业（14）。

4、科技管理部门工作效率的测定模型。对于科技管理部门工作效率的测定，无论是在理论上还是在实际工作中，我们一直都在为难以找到一个合适的测量方法而苦恼。这是科技管理工作的特点决定的。笔者从研究科技管理工作效率的特点出发，建立起一个可行的数学模型，以测量其工作效率。具体是目标系统向量组与实际做到的指标数值向量组的乘积之和,即是达到目标的程度。

$$G = \sum_{k}^{k} = 1AKj \cdot Eik. \ (i,j = 1,2,3\cdots\cdots n)$$

式中n:目标向量组分量的个数(目标的个数),及与之对应的量化指标向量组分量的个数(指标数值的个数)。这公式还要把目标系统向量组与实际指标数值向量组逐步分解,才能最后得出我们需要的数值来(15)。

5、科技成果的社会历史影响的评价指标与方法。科技成果的社会历史影响的评价是科技评价的一个重要方面。有的科学成果诞生以后,时隔一两年,甚至几个月之后就被人们淡忘了。而另有一些科技成果活跃在人们思想上的生命周期,可达几十年、几百年,甚至长兴不衰。如何定量地评价这一历史现象应该是很有意义的。但现有的科技成果评价指标往往只注重于技术成果的经济效益,以及技术成果的生命周期之评价,绝大部分不能说明科技成果特别是基础科学成果的历史影响程度。笔者从科技成果的影响范围,社会影响程度,技术影响程度,影响的周期,各作用等五个方面提出科技成果历史影响的评价指标体系和综合测算方法。

六、理论综合的计量研究

笔者对科学学与科技管理的理论进行逐个问题的研究,提出了一些新的理论见解的基础上,把自己的研究成果结合别人的研究成果,综合出科学学中一些带系统性的理论体系来。主要做出三个方面的工作。

1. 提出科学计量学的新体系

科学学与科技管理基本理论的定量表述。把它的内容概括为二个方面,即三大理论。

(1)科学技术结构及结构演变理论

(2)把科学技术结构分为五个方面,并且五个方面的结构关系都是有规律地变化着。

①科学技术的要素结构及结构演变机制。科学技术投入的人力、物力、财力等要素之间有一定的比例关系,即要素结构。科学技术产出有科技成果数与科技成果的经济社会效益。投入产出关系可建立模型,根据模型可以推出一些有意义的结论,得出科学技术要素结构的变化与科技研发效益的关系。

②科学技术的门类结构与作用机制。这里的门类结构指过去人们常说的基础科学、应用科学、应用技术等。本文采用纵向分类法,即科学与技术合在一起,

分为科学技术研究业、科学技术传播业、科学技术开发业三者,从这种分类可以引出一些新的管理方法。这些内容都是用数学语言表达的。

③科学技术的学科结构及演变规律。科学技术体系中,数学、物理学、化学等各门学科之间的构成关系叫学科结构。各学科之间的渗透交叉性规律,带头学科当采学科转移规律,值兴技术群的形成、发展与转移规律,科学学科群落的梯度结构及生产函数等都进行了讨论。

④科学技术的知识结构及其演变规律。一个学术概念、一条定义定理、一个数学模型等都是一条知识单元,由多个知识单元构成的理论体系,我们称之为科学技术的知识结构。本文提出和论证科学新知识单元的产生对知识结构的影响规律,科技成果质量结构的动态稳定规律,概括和讨论了科技知识增长的基因组衍生原理,科学知识工作特征对科学生产率的影响等。

⑤科学技术区际结构及其演变规律。科学技术的人才队伍、科研经费、科技成果在不同地区的分布叫科技的区际结构。该结构是变化的,变化规律有先进地区越来越先进,落后地区越来越落后的两极分化规律;从高水平地区向低水平地区转移,越来越平衡的梯度转移规律;科技最发达区域(科技中心)从一个地方转到另一个地方的中心转移规律。

(2)科学技术的运行机制与功能理论

本文从定量的角度讨论科学技术发展的动力机制与科学技术的社会功能,科学技术的经济效益等问题。

①科学技术发展的动力机制。提出和论证了科学技术作用于社会的循环链锁机制也科学技术经济社会的相互代偿机制。

②科学技术的社会功能分析。提出和论证了科学成果的社会历史影响的评价指标与测算方法,技术成果社会化的线性发展规律,科学技术进步促进社会平等的U型发展规律。

③科学技术的经济效能分析。提出和论证了运用效用系数评价技术成果的经济功能,企业技术教育的经济功能评价,科学技术投资的可能度与满意度的测算方法等。

④科学技术的经济社会效益变化规律。提出和论证了科学技术的经济社会总体效益的历史守恒规律,科学投资额和科技成果数之比(效益)的隐性渐退规律,科技研究效益的线性与非线性规律,理论科学研究效益的三大规律。

(3)科学技术的传播、发展与评价理论

①科学技术传播、渗透与渗透效应。详细讨论了科学技术传播扩散的相关原

理,科学技术知识的区域溢出效应,科学技术地域扩散范围的测度方法等。

②科学技术发展的质能状态。详细讨论了科学技术自身发展的几个问题,即相对效率用于科学理论成果的评价方法,提出和论述技术密集度的指标体系与计算方法,提出周期利用率的概念,用于测试科技发展的宏观状况,科技转化的质量指标与质量管理。详细讨论了科技成果的成熟度的测算方法。

③科学技术发展与代谢规律。提出了几个新的观点,即科学技术发展的指数规律与周期性规律的统一性原理。科学发展从大涨落向小起伏的转变趋势,科学技术成果的新陈代谢规律等。

④科学技术发展的三大基本法则与行为边界控制。提出和用数学方法讨论科学技术发展的三大基本法则是基础科学研究的社会影响最大化法则,技术研究的经济效益最大化法则,科学技术研究的负面影响不触动人类的根本利益,益损相抵的余额最大化法则。同时提出科技研究行为的临界值的测算与控制的数学模型。

⑤科学技术评价的四大指标与四大环节。本作提出和界定科学技术评价的数量指标、质量指标、效益指标、综合指标的概念,指标计算方法。阐明这四大指标依次被包含而不相互代替的关系。用数学方法阐述科学技术研发指标的提取,指标选择、测算模型的构建,指标测算结果的检验方法等。

2. 学术创新

笔者在科学学与科技管理计量研究领域已坚持35年,本职工作任务之外的时间,几乎都投入了该领域的研究。提出了不少新观点和相应的数学模型。这些成果绝大多数概括到65万字的专著《科学学与科技管理的数学原理》之中,现把该书创新成果列出。

(1)论点创新

现把该作论述到的所论点列出,明确其论点的最初来源,表中最后二栏未注明的,为笔者分别发表过的观点,现列清单如下。

论点来源清单

序号	章次	节次	论点	来源	作者
1	1	1	科学技术投入产出指标体系	科技研究经济学原理	谷兴荣
2	1	1	科学技术活动分析模型	自然信息,1980(1)	谷兴荣
3	1	1	模型推论	自然信息,1986(1~2)	谷兴荣

续表

序号	章次	节次	论点	来源	作者
4	1	2	区域成功概率与经济发展环境因素测算	科技创业月刊 2010(3)	谷兴荣
5	1	2	管理能力指数	科技创业月刊 2010(4)	谷兴荣
6	1	2	技术的经济功能直测法	科技创业月刊 2010(5)	谷兴荣
7	1	3	科技投入结构均衡度	应用数理经济学	黄益平 宋立刚
8	2	1	科技纵向分类法	科技与经济 2004(3)	谷兴荣
9	2	2	科学技术经济之周期对应原理	科技发展的数理结构	谷兴荣
10	2	3	科技与经济供求平衡原理	应用数理经济学	黄益平 宋立刚
11	3	1	科技横向结构渗透交叉律	科技发展的数理结构	谷兴荣
12	3	2	带头学科当采学科	科学能力学	赵红州 汤浅光朝
13	3	3	值兴技术的形成与转移	湖南师大学报 2002(2)	谷兴荣
14	3	4	科学群落的梯度结构	科学学研究	林啸宇
15	4	1	新知识产生与科技知识结构	科技发展的数学原理	谷兴荣
16	4	2	科学知识增长的基因衍生原理	科学学研究 1999(4)	沈　律
17	4	3	知识工作的结构特征	科学学研究 2010(6)	杨　丹
18	4	4	科技成果质量结构	科技发展的数学原理	谷兴荣
19	4	5	知识管理的统计分析法	科学学研究 2007(6)	李长玲 翟雪梅
20	5	1	科技分化发展规律	科学能力学引论	赵红州
21	5	2	科技梯度转移规律	科学学与科技管理 1984	何种秀
22	5	3	科技中心转移规律	自然辩证法通信 1979(4)	赵红州
23	5	4	科技三大规律统一原理	岭南学刊 2003(3)	谷兴荣
24	6	1	科技指标弹性模型		

续表

序号	章次	节次	论点	来源	作者
25	6	2	产业集聚效应区域化	科学学研究 2010(5)	徐盈之 朱依曦
26	7	1	科技中心转移的三大动力机制	湖南社会科学 2000(6)	谷兴荣
27	7	2	科学发展的逆反律原理	自然信息 1985(4)	谷兴荣
28	8	1	相对引文率	科技指标	布劳温(匈)
29	8	2	技术密集度	科技管理研究	谷兴荣
30	8	3	科技成果成熟度	科学学研究 2004(4)	马庆国 汪蕾
31	8	4	科技周期利用率	技术经济与管理现代化(报纸)1986	谷兴荣
32	8	5	科技转化的质量指标	科技与经济 2006(4)	谷兴荣
33	9	1	科技成果的历史影响的评价指标	科技管理研究 1994(2)	谷兴荣
34	9	2	科技与社会平等的 U 型规律	自然辩证研究 2005(2)	谷兴荣
35	9	3	科技与物质文明线性规律	理论学习月刊 1992(8)	谷兴荣
36	10	1	科技的经济功能的效用系数	科技发展的计量研究	谷兴荣
37	10	2	科技教育的经济效益	科技管理的定量方法	刘素英 惊良漫
38	10	3	科技投资的可能与满意测算	财经理论与实践 2000(5)	谷兴荣
39	11	1	科技的经济效益的历史守恒规律	科学学与科技管理 2004(2)	谷兴荣
40	11	1	科技研究效益的隐性渐退规律	科学学与科技管理 2004(2)	谷兴荣
41	11	1	科技研究效益的线性与非线性规律	科学学与科技管理 2004(2)	谷兴荣

续表

序号	章次	节次	论点	来源	作者
42	11	2	科研效益的最小因素限制规律	科学学与科技管理 1984(9)	谷兴荣
43	11	3	理论研究效益的前提约束规律	岭南学刊 2006(5)	谷兴荣
44	11	3	理论研究效益的宏观递减规律	岭南学刊 2006(5)	谷兴荣
45	11	3	理论研究效益的微观周期性变化规律	岭南学刊 2006(5)	谷兴荣
46	12	1	科技传播扩散原理	科研管理 1996(2)	陈欣荣 蔡希贤
47	12	2	科技知识吸收能力	科学学研究 2007(6)	朱美光
48	12	3	科技溢出效应与产品推广	科学学研究 2003(增)	柴俊武 万迪防
49	12	4	产业间研发溢出效应	科学学研究 2010(4)	韩颖等
50	13	1	科技的循环链锁机制	科技发展的数学原理	谷兴荣
51	13	2	科技的相互代偿机制	科技发展的数学原理	谷兴荣
52	14	1	科技指数增长律	大科学小科学	曾赖斯
53	14	1	科技周期性增长律	自然信息 1982(1)	谷兴荣
54	14	1	两大规律统一原理	自然辩证法研究 2003(10)	谷兴荣
55	14	2	科技发展从大涨落到小起伏	岭南学刊 2008(1)	谷兴荣
56	14	3	科技成果的新陈代谢规律	科技发展的数学原理	谷兴荣
57	14	4	科技成果对接期与新陈代谢	科技发展的数学原理	谷兴荣
58	15	2	科技评价的四大指标归类	科技发展的计量评价原理	谷兴荣

续表

序号	章次	节次	论点	来源	作者
59	15	4	科技评价的四大环节	科技发展的计量评价原理	谷兴荣
60	16	1	科学技术研发的三大法则	科技发展的数理结构	谷兴荣
61	16	2	科技研发行为边界与控制模型	科学管理研发 2006(5)	徐刚

从表中可见，本文详细讨论的基本论点是 61 个，涉及科学学与科技管理学的各个方面。其中由笔者首次提出深入讨论的基本论点有 42 个，占总数 68. 8%；吸收了其他学者提出论述的基本论点 19 个，占总数 31. 2%。由此说明本文有一定的创新性。

(2)整体内容创新

本文与传统的科学计量学著作相比，在整体内容和研究方法都有一定程度的创新，体现在两点区别。

①研究内容的创新。传统科学计量学研究，理论工作者集中于科学技术统计指标的时间序列分布、区域分布和学科分布的研究上，实际工作者集中于科技指标评价的研究上。

本文的研究在传统科学计量学的基础上，把有关学者和本人延伸出的五个方面的定量研究成果概括进来。它们是：科学技术的体系结构、科学技术的运行发展机制、科学技术的社会功能、科学技术的横向结构演变规律、科学技术纵向时间结构(历史规律)演变规律和科学技术运行发展的特有指标的评价方法与指标变化规律。通过增加这些研究内容，使科学学与科技管理向全面系统的量化研究迈出一步。

②研究方法上的特色。传统科学计量学所运用的数学方法主要是统计描述和以图表所示。即使有一些数学模型也局限在统计指标分布与变化的描述性概括上。而本文所使用的数学方法，除了上述方法以外，还把重点放在了因果性分析、原理性分析和数学推论的方面上来。

3. 学术价值

数理科技学能否把握自己的命运和前途，关键在于该学科的研究能否扎根科学、服务四化，为现代化建设解决实际问题。就是说要面向科学实际，严肃认真地探讨科学技术研发的投入产出关系和科技自身的结构、功能和规律，为社会经济发展服务。科学学的基本内容是这些，数理科技学也应该是这些，只是研究的方式不同罢了。

(1)把科学技术的运行发展机制搞清楚了，就能够为科学技术研究与管理行为提供可靠的理论依据。一般来说，新方法的提出有两个途径：一是从实践上为解决某一方面的问题而提出来的；另一个途径是从已知的基本原理中推导出来的。不管是哪个方面的来源，都需要明确原理，都需要有一个理论依据，只有这样，该方法使用起来才能得心应手，行之有效。

(2)数理科技学研究要为我国的科学事业和经济建设服务，表现之二是为科学技术研发管理提供指导原则。因为数理科技学力求比较准确、定量地揭示了科学技术的体系结构、社会功能和发展规律。这些内容向我们指明了一个大的研究方向。

(3)数理科技学研究为现代化服务还表现在为科学研发和管理提供一些行之有效的工作方法。数理科技学与具体自然科学及管理学分属于不同的层次，它们各有自己的研究对象，二者既有区别又有联系。科学技术研发实践是数理科技学发展的基础，而数理科技学是关于自然科学的体系结构、社会功能、历史规律、管理方法等问题的研究、概括和总结，为科学研究、科学管理提供方向性和方法性指导。宇宙之谜只能从科技发展的自身矛盾中揭示出来。企图要求数理科技学具有揭示数学、物理等等学科的内在具体规律的功能是不对的。总之，数理科技学的发展和推广必须以科学技术的研究成果和新管理方法为基础，以科学技术发展的需要为基础。可是，数理科技学一经建立，并广泛被人们接受之后，它又能促使科学技术的进一步发展，指示科学如何从许多可能的道路中选择一条道路。数理科技学只要能与科技研究及管理融会贯通，那么，其发展前途无疑是远大的。

(4)提出科技兴国的计量方法体系。主要是综合我国科学学与科技管理领域的优秀成果，同时结合了自己的一些成果，提出了一个带有系统性的科技兴国的计量方法问题。内容包括两个部分。第一部分是科技兴国的宏观计量方法，包括加快科技转化为生产力的进程；科技成果转化中的问题与对策；提高科学研究的经济效益；产业技术结构的优化方法；利用价值取向引导科技活动；科技社会的发展与评价方法；科技进步的测算与国际比较等。第二部分是科技兴国的微观计量方法，包括协调发展的计量评价与方案选择；技术目标与重点选择，确立好项目与制定好计划；加强科研机构的计量管理；科学考核科技人员的有关情况；做好科技人员的调配工作；科技人员的激励方法；技术商品价格的确定方法等(18)。

综合阐述科技转化为生产力的方法体系,包括近十几年来关于科技如何转化为生产力的有关文章,进行取舍改编,得出了一个较有系统性的方法体系。全书包括12个方面的内容:改善科技转化条件的方法;健全科技转化途径模式的方法;建立科技转化机制的方法;促进科技成果转化为商品的方法;促进科技商品转化为产业的方法:加强中间试验促进科技转化的方法:科研开发的宏观决策方法。加速科学技术转移的方法;技术经营的工作方法:制定科技转化的改革措施;有关部门科技转化为生产力的方法;科技转化为生产力的评价方法等(19)。

此外,自己还在自然观、科学观、科研投资的可行性方面进行了研究,就湖南的一些实际的评价与实施等等方面发表过一些见解,写作出版了一些文章书籍,一直坚持着在这一领域里思考着,工作着。

(2013年12月)

科学技术与精神文明的相关程度分析

科学技术既是物质文明建设的重要手段，也是提高人民群众思想道德水平、加强精神文明建设的一个重要条件。什么是社会主义精神文明。我们党在20世纪80年代就已经指出："精神文明的范围很广，它的主要内容必须包括两个方面：一方面是教育、科学、文化、艺术、卫生、体育事业的发展规模和发展水平。……另一个方面是社会政治思想和伦理道德的发展方向和发展水平。"可见，科学技术本身就是精神文明的一个方面。此外，它还包括教育、文化、艺术、卫生、体育、政治思想、道德等等，本文旨在讨论科学技术在教育、文化、道德等精神文明建设的几个方面的作用，并用数学关系作定量分析。

用y依x，以及x依y回收系数之积的平方根去估计相关系数是非常符合逻辑的，亦即

也就是y依x的回归系数与x依的回时系数相系后再开方，但因

而 $S=[y(x-\bar{y})]=S[(y-\bar{y})(x-\bar{x})]=x$ 依 y 的差积之和

$$\text{所以}\ r=\sqrt{\frac{\sum[(x-\bar{x})(y-\bar{y})]\sum[(x-\bar{x})(y-\bar{y})]}{\sum(x-\bar{x})^2\sum(y-\bar{y})^2}}=\frac{\sum[(x-\bar{x})(y-\bar{y})]}{\sqrt{\sum(x-\bar{x})^2\sum(y-\bar{y})^2}}$$

再把计算结果和相应的自由度联系起来，查相关系数，得出相关的显性程度。

一、科技发展促使着道德进步

中国古代的老子和18世纪法国启蒙思想家卢梭认为科技进步促使着道德的退步。他们或许代表着一个方面的观点。而中国古代的管子、法国启蒙思想家爱尔维修以及当今美国《第三次浪潮》的作家托夫勒等，认为科技进步提高了人民的生活水平，只有生活水平提高了，才有道德和道德进步可言。谁对谁错值得深究。有一点是可以肯定的，就是科技进步必然伴随着道德观念的改变。科技发展明显

地促使道德观念的变化,原始社会的某个部落视吃人是符合道德的,封建社会将堕胎和解剖尸体视为不道德的。今天试管婴儿的出现、安乐死方法的提出,都向传统道德观念提出了新问题。这些问题的出现都与科学技术进步有关。现把各时代的科技进步与道德观念的变化列表对照如下。(见附表一)

从图中发现科技高潮领先于道德强化期200年左右。因此我们把一个国家和地区的科技成年数与世界科技成年总数的百分比的变化曲线,同200年后的相应道德观念势函数的兴衰曲线进行相关分析如下(见会表2):

根据表2的数据:

$$n=10,\bar{x}=0.42,\bar{y}=0.53,N=10-2=8$$

$$r=\frac{0.016}{\sqrt{1.24\times0.6}}=0.0186$$

其结果接近零相关。这结果是反映了事物的本来面目,还是抽样误差得来的假象呢?我们再看看其他的情况如何(见附表3)。

根据附表3的数据:

$$n=25,\bar{x}=0.625,\bar{y}=0.433,N=25-2=23$$

$$r=\frac{1.179}{\sqrt{1.29\times2.805}}=0.62$$

查表P=0.01-0.001=0.0099=0.99%,相关性十分显著。

再看西欧的科技与道德的关系。根据附表4的数据,得:

$$n=8,\bar{x}=0.495,\bar{y}=0.536,N=8-2=6$$

$$r=\frac{0.642}{\sqrt{0.614\times1.17}}=0.757$$

P=0.05-0.02=0.03=3%,相关显著。

西欧的科技发展与道德变化的相关性十分显著,说明它的两者之间是密切联系的。

二、科技发展有利于社会政治进步

科学技术的发展使人们对客观事物有了不断深入细致的了解,这样也有助于人们思想觉悟的提高。古希腊许多自然哲学家都把宇宙作为一个整体来探索其生成原因和运动性质。这个特点反映到政治思想上,导致一些古希腊的思想家都注重于说明城邦为什么会形成,城邦所要达到的最高目的究竟是什么等关于国家的起源、性质、任务的理论问题。封建社会有了成熟的耕作技术和家禽家畜饲养技术、造纸术、活字印刷术、铸铁术、丝绸纺织术等,在哲学、数学、天文学、力学、医学等方面都有一定进步。由此带来人们的实践活动主要以个体农业、个体牧业、手工业、商业的经济形式存在;改进了原始的用肉眼观察的某些手段萌生了科学实验方法;形成自给自足的封闭式经济体系。由此导致了等级森严、皇权高于一切的封建政治和人权天授的思想等等。从而证明人们的政治思想变化与科技发展有一定的关系。但是,政治思想进步的标志不是反映在社会上好人好事的增多,坏人坏事的减少。人类社会几千年的科学进步之大是无法比拟的,但社会犯罪率和好人好事发生率并没有出现如此巨大的变化。社会政治进步反映在变革社会形式和管理方式的客观需要上。从原始社会、奴隶社会、封建社会、资本主义社会、社会主义社会的更替,一个很大的原因是科技进步改变了人们的生产生活方式,生产方式的改变导致着经济组织形式的改变,由经济组织形式的改变导致着社会政治体制的变革。农业耕作技术的革命导致着封建主义政治体制的产生,工业革命导致着资本主义政治体制的产生。每一次大的社会革命都应该有相应的科技革命和生产方式的重大变革作基础,才能获得实质性的飞跃。否则,只有政治名称上的变更和统治者的变更,而不可能有实际意义的重大发展。

科技发展与思想觉悟提高在社会革命与世界科技中心转移的历史联系上有很大反映,世界科技中心转移到的一个国家和地区,往往是因为这个国家和地区提出最新的政治理论,世界科技中心的长周期转移与其新政治理论提出的关系。

我们把近代以来社会革命与科技发展作相关分析,考虑到社会革命是一个从量变到质变的飞跃过程。因此社会革命势函数的确定是把一个革命运动的起始点定为0.2,把这个革命运动的成功之年定为1.0,中间是一个依次量变过程,把社会革命年代的势函数与相应年代的科技成果数作相关分析,得到如下情况(见附表五):

根据附表5的有关数据:

$$n=1, \bar{x}=0.35, \bar{y}=0.6, N=11-2=9$$

$$r=\frac{0.29}{\sqrt{0.318\times 1.04}}=0.767$$

查表 P=0.01-0.001=0.0099=0.99%,相关性很显著。

从以上定量分析的事实可以看到。它们与科学技术的相关系数非常大,可以说两者是密不可分的。科技发展对于社会革命和政治体制的进步具有显著的促进作用。某国科技成果数占全世界科技成果总数的比例越大,其国家的社会政治体制改革的可能性越大。如果改革了,其成功的可能性也越大,这就是科技促进社会政治革命的铁的实证。

三、科技与教育互相促进

科技与教育的关系是相互联系、相互促进……科技的发展导致了经济的增长,为兴办教育提供了经费,这是教育事业的发展必不可少的。并且,科技的发展还直接导致教育方式的变革,教学内容的增加。如电化教育的出现和知识更新的加剧等等。反过来说,教育的发展为科学研究输送了人才,没有教育,没有科技人才,就不可能有科技的发展。所以说,它们是相互联系、相互促进、相互推动发展的。这种相关性的存在是不可置疑的。但是,相关的程度不一致,它依时间和地点的不同而互有区别。从湖南的情况来看,我们如果以科学成果数作为科学发展的标志,以大中专毕业人数作为教育发展的标志,把这两项指标作相关性分析如下(见附表6)。

根据附表6的有关数据,得:

$n=6, \bar{x}=162, \bar{y}=10576, N=6-2=4$

计算的情况是:

$$\frac{14711}{\sqrt{2467\times118475}}=0.86$$

查表得:P =0.05 -0.02 =0.03 =3%

所以,相关性是显著的。

为了郑重其事。我们进而探讨了湖南科技人员数与大中专毕业生人数的相关程度,其情况分析如下(见附表7):

根据附表7的有关数据:

$n=6, \bar{x}=27.4, \bar{y}=1.05, N=6-2=4$

$$\frac{8.18}{\sqrt{76.7\times1.17}}=0.863$$

查自由度为4的相关系数为

P =0.05 -0.02 =0.03 =3%

相关性是显著的。

两次分析的结果相近。可见,科技成果、科技人员与教育事业之间具有十分密切的关系,它们是相互联系,不可分割的。

就全国的情况来看也同样如此,分析情况如下表(见附表8)。

根据附表8有关数据,得:

$n=5, \bar{x}=631.4, \bar{y}=27.3, N=5-2=3$

$$\frac{8.18}{\sqrt{26141\times709}}=0.57$$

查相关系数表,P在0.1以下,这样看来,其相关性不很显著。由此看来,全国的教育与科技的关系还不如湖南的教育与科技的关系密切。

四、科技发展与文化艺术

科学技术进步对文化艺术的发展也是很有影响的,影响的途径至少有三个方面。既有通过发展经济达到发展艺术的间接影响,又同时存在着直接影响。这就是科学技术的发展有助于作家写作方式的变革和写作题材的创新,读者审美观念的变化,审美能力的提高。有些科技成果还有助于文化信息传递方式的变化和艺术形式的革命性发展。钱学森同志说:"没有电影技术就没有电影艺术,没有照相机就没有照相艺术,没有现代电子技术的发展,也就没有作为文艺的一种表达工具的电视等等"。我们用文艺作品的发表量(不含杂志文章)作为发展状况的定量标志,来与科技成果数作相关分析,得到湖南的情况是:

$n=6, \bar{x}=158, \bar{y}=397, N=6-2=4$

$$\frac{-41432}{\sqrt{25602\times77885}}=0.93$$

结果小于零,说明两者之间的相关性很小。这是抽样误差所致,还是事情的本来面目如此呢?为此,我们再另外取样分——即分析我国80年代科技与文化的关系。

$n=5, \bar{x}=5040, \bar{y}=15338, N=5-2=3$

$$\frac{408513}{\sqrt{253320\times490407}}=0.979$$

查相关系数表得:P=0.01-0.001=0.009=0.9%

相关性十分显……,由此可见,以全国的范围来看,科技与文化的发展是密切相关的。

这里需要说明的是。

（1）卫生事业本身就是科技事业的一个部分，要讲科技事业与卫生事业的关系，其实是指不同学科之间的相互促进关系。物理诊断方法、诊疗化验方法、药物的研制，无不是利用物理、化学、生物学的原理方法，医学是一门基础性很强的应用科学。另外，科技与体育之间也有一定的影响，我们就不作更多的赘述了。

（2）从科技与上述四个方面的分析来看，。科技发展与精神文明进步之间有着十分复杂的关系，其定量考究是困难的。少量事例的定量分析结果是难以让人信服的，只有在大量的事例统计上才有一定的可靠性。

（3）要数据准确，就要把这个统计相关值摘清了。我们既可以依科技与不同部门的相关程度作根据，妥当地处理好这些部门之间的主次地位关系，同时，还可拿这把尺子去测定这些部门，看他们在哪些方面做得好、在哪些方面还不够，为部门协调工作提供依据。

（1991 年 8 月）

附图表

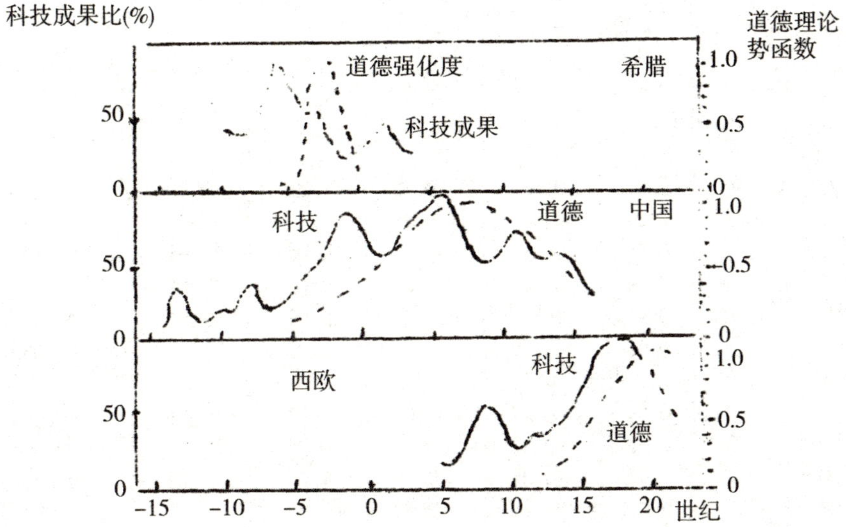

图1　科技发展与道德水平的关系

表1　科技进步与道德观念变化对照表

时代	科技		道德		
	进步内容	中心	革命内容	道德标准	中心
奴隶社会	种植业、养殖业技术的进一步提高,使用工具由青铜器到铁器,建筑业发展到可建金字塔的较高水平,精美艺术品的出现	古希腊	奴隶日渐分化	维护奴隶主的统治,维护奴隶主内部的等级制度。认为劳动耻辱,寄生生活光荣,以智慧公正、勇敢、节制为荣	古希腊
封建社会	种植养殖技术的发展,铸术、陶瓷、印刷术、造纸术、丝绸纺织术、教学、天文学、力学、医学、原子论、元素论、伦理学等,由于体力劳动为主,男性作用大	中国	春秋战国后的封建革命	以忠孝为核心的三纲(群为臣纲、父为子纲、夫为妻纲)、仁义礼智信五常、鄙视体力劳动、提倡男尊女卑	中国
资本主义社会	牛顿力学、法拉第电磁学、林耐植物学、孟德尔遗传定律、英国工业革命、蒸汽机、轮船、火车、内燃机、冶金、机械、电力。	欧洲	法国民主义革命	自由平等、博爱、人道主义、金钱至向、利己主义思想日趋严重	欧洲

表 2 古希腊科技与道德相关分析表

科技取值年代	科技成果比值（x）	道德势函数（y）	$(x_1-\bar{x})$	$(y_1-\bar{y})$	$(x_1-\bar{x})^2$	$(y_1-\bar{y})^2$	$(x_1-\bar{x})(y_1-\bar{y})$
公元前							
427	0.45	0.01	0.03	-0.52	0.001	0.27	-0.016
400	0.9	0.25	0.48	-0.28	0.23	0.07	-0.134
300	0.7	0.55	0.28	0.02	0.08	0.0004	0.056
200	0.6	0.89	0.18	0.36	0.03	0.13	0.065
100	0.55	0.95	0.13	0.42	0.02	0.18	0.055
43	0.2	0.95	-0.22	0.42	0.05	0.18	-0.092
公元							
100	0.15	0.89	-0.27	0.36	0.07	0.129	-0.097
200	0.2	0.55	-0.22	0.02	0.05	0.0004	-0.004
300	0.2	0.25	-0.22	-0.28	0.05	0.03	0.062
400	0.25	0.01	0.17	-0.52	0.03	0.27	0.088
Σ	4.2	5.3	0	0	0.6	1.24	0.016

表 3 中国科技与道德相关分析表

科技取值年代	科技成果比值（x）	道德势函数（y）	$(x_1-\bar{x})$	$(y_1-\bar{y})$	$(x_1-\bar{x})^2$	$(y_1-\bar{y})^2$	$(x_1-\bar{x})(y_1-\bar{y})$
公元前							
500	0.2	0.01	-0.425	-0.423	0.179	0.176	0.03
400	0.2	0.12	-0.425	-0.323	0.179	0.097	0.016
300	0.35	0.21	-0.275	-0.223	0.076	0.048	0.006
200	0.45	0.3	-0.175	-0.133	0.03	0.018	0.023
100	0.6	0.41	-0.025	-0.023	0.001	0.001	
公元 0	0.9	0.5	0.275	0.067	0.076	0.004	0.018
100	0.95	0.67	0.325	0.237	0.105	0.056	0.077
200	0.75	0.82	0.125	0.387	0.016	0.15	0.048
300	0.6	0.94	-0.125	0.507	0.001	0.257	-0.013
400	0.7	0.98	0.075	0.547	0.005	0.3	0.041
500	0.85	1	0.225	0.567	0.051	0.321	0.127

续表

科技取值年代	科技成果比值（x）	道德势函数（y）	$(x_1-\bar{x})$	$(y_1-\bar{y})$	$(x_1-\bar{x})^2$	$(y_1-\bar{y})^2$	$(x_1-\bar{x})(y_1-\bar{y})$
600	0.85	0.96	0.225	0.527	0.051	0.273	0.119
700	0.9	0.95	0.275	0.517	0.076	0.267	0.142
800	0.95	0.94	0.325	0.507	0.105	0.257	0.165
900	0.9	0.85	0.275	0.417	0.076	0.174	0.114
1000	0.55	0.79	-0.075	0.357	0.005	0.127	-0.027
1100	0.6	0.69	-0.025	0.257	0.001	0.066	-0.006
1200	0.65	0.57	0.025	0.137	0.001	0.003	
1300	0.8	0.45	0.175	0.017	0.03	0.0001	0.003
1400	0.75	0.34	0.125	-0.107	0.016	0.011	-0.013
1500	0.55	0.22	-0.075	-0.213	0.005	0.045	0.016
1600	0.6	0.1	-0.025	0.333	0.001	0.0001	0.001
1700	0.48	0.05	-0.325	-0.393	0.105	0.011	0.128
1800	0.3	0.04	-0.325	-0.393	0.105	0.011	0.128
1900	0.2	0.001	-0.425	-0.233	0.279	0.029	0.099
Σ	15.63	10.82	0	0	1.291	2.801	1.179

表4　西欧科技与道德相关分析表

科技取值年代	科技成果比值（x）	道德势函数（y）	$(x_1-\bar{x})$	$(y_1-\bar{y})$	$(x_1-\bar{x})^2$	$(y_1-\bar{y})^2$	$(x_1-\bar{x})(y_1-\bar{y})$
1300	0.26	0.01	-0.225	-0.526	0.051	0.277	0.118
1400	0.3	0.1	-0.195	-0.436	0.038	0.19	0.009
1500	0.4	0.22	-0.095	-0.316	0.009	0.1	0.03
1600	0.45	0.46	-0.045	-0.136	0.002	0.018	0.006
1700	0.65	0.77	0.155	0.394	0.126	0.155	0.14
1800	0.85	0.93	0.355	0.394	0.126	0.155	0.14
1900	0.9	1	-0.395	0.464	0.156	0.215	0.12
1980	0.95	0.8	0.455	0.264	0.207	0.07	0.12
Σ	3.95	4.29	0	0	0.614	1.17	0.642

表5　社会革命与科技发展的相关分析表

国家	科技取值年代	科技成果比值（x）	道德势函数（y）	$(x_1-\bar{x})$	$(y_1-\bar{y})$	$(x_1-\bar{x})^2$	$(y_1-\bar{y})^2$	$(x_1-\bar{x})(y_1-\bar{y})$
英国	1640	0.15	0.2	-0.2	-0.4	0.04	0.16	0.08
	1650	0.25	0.4	-0.1	-0.2	0.01	0.04	0.02
	1660	0.35	0.6	0	0	0	0	0
	1670	0.5	0.8	0.15	0.2	0.023	0.04	0.02
	1680	0.42	1.0	0.07	0.4	0.005	0.16	0.03
法国	1780	0.25	0.2	-0.1	-0.4	0.01	0.16	0.04
	1790	0.38	0.6	0.03	0	0.001	0	0
	1880	0.5	1.0	0.15	0.4	0.023	0.16	0.06
德国	1850	0.3	0.2	-0.5	-0.4	0.003	0.16	0.02
	1860	0.35	0.6	0	0	0	0	0
	1879	0.40	1.0	0.05	0.4	0.023	0.16	0.02
Σ		3.85	6.6	0	0	0.138	1.04	0.29

表6　湖南科技成果数与大中专毕业人数相关分析表

科技取值年代	科技成果比值（x）	道德势函数（y）	$(x_1-\bar{x})$	$(y_1-\bar{y})$	$(x_1-\bar{x})^2$	$(y_1-\bar{y})^2$	$(x_1-\bar{x})(y_1-\bar{y})$
1980	269	1306	107	-9270	11449	81000000	-991890
1981	219	9716	52	-860	2604	722500	-44720
1982	158	10329	-4	-247	16	61009	988
1983	102	13814	-50	3248	2500	10549504	-162400
1984	69	13557	-93	2981	8100	8886361	-277233
1985	163	14730	1	4154	1	17255716	4154
Σ	974	63455	0	0	24670	118475090	-1471101

表7　湖南科技人员数与大中专毕业生人数的相关分析表

科技取值年代	科技人员数（万人）x	毕业生数（万人）y	$(x_1-\bar{x})$	$(y_1-\bar{y})$	$(x_1-\bar{x})^2$	$(y_1-\bar{y})^2$	$(x_1-\bar{x})(y_1-\bar{y})$
1980	22.2	0.13	-5.2	-0.92	25.4	0.81	4.5
1981	24.22	0.97	-3.2	-0.12	10.1	0.01	0.36
1982	26.06	1.03	-1.4	-0.02	1.96	0.004	0.03
1983	28.34	1.38	1	0.33	1	0.09	0.33
1984	31.03	1.36	3.6	0.31	13	0.09	1.08
1985	32.55	1.47	5.1	0.42	25.2	0.16	2.21
Σ	164.3	6.34	0	0	76.66	1.169	8.18

表8　全国科技人员数与大中专毕业生人数相关分析表

科技取值年代	科技人员数（万人）x	毕业生数（万人）y	$(x_1-\bar{x})$	$(y_1-\bar{y})$	$(x_1-\bar{x})^2$	$(y_1-\bar{y})^2$	$(x_1-\bar{x})(y_1-\bar{y})$
1980	527.6	14.6	-90	-12.7	8100	161.6	1080
1981	571.4	14	-60	-13	8600	169	780
1982	626.4	45.7	-5	18.4	25	333.55	92
1983	685.2	33.5	54	6.2	2416	38.44	324
1984	746.6	28.7	115.2	1.4	12000	1.95	161
Σ	3157.2	136.5	0	0	26141	709.24	24378.18

科学、技术、经济周期发展的流程协调

科学、技术、经济在横断面上的结构关系，报刊上已讨论了不少。现在从纵向的角度以及从时间结构上来讨论它们三者之间的内在联系和发展规律，并在这个基础上，提出一个参量，用来衡量我们对科技、经济产品自然兴旺时节的利用程度和衰退时节的避免程度。

一、科学技术与经济的相互影响过程

1981 年初，党中央和国务院确定了一条科学技术与经济、社会协调发展的方针，胡耀邦同志在党的十二大报告中对这个问题又进行了精辟的阐述。我国的一些理论工作者和科学工作者遵照中央的指示精神，深入地探讨了我国科学、技术、经济、社会协调发展的具体模式，发表了不同的见解。诸如赵祖华、李秀果等同志根据我国各方面的优势，确定科学、技术、经济发展模式的观点；赵红州同志关于抓住当采学科，发展科学技术的观点；陈文化同志关于科学技术、经济都是周期性发展的观点。这些论著，令人信服地提示了一个又一个问题，为我国的经济科技决策提供了理论依据。笔者在学习这些内容、分析实际问题的过程中，深感我们的决策不但要考虑资源结构、市场结构和利润率三者的同一性问题，还要考虑新技术、新产品的兴衰变化的历史寿命问题，并且要把这种产品寿命看成一种不可缺少的资源。事实证明，对产品兴旺时节的利用效率不亚于对自然资源、市场资源的利用效率。

把科学、技术、经济的兴衰周期看成一种重要的资源，而它们各自又有长短不同的兴衰周期，有的波长大，有的波长小。况且它们都是互相作用着，互相影响着的。各种事物的影响有直接的、间接的之分，依其密切程度不同，而有不同的层次之分。笔者根据科学、技术、经济的这两大特点，就它们的相互影响过程来概括出科学、技术、经济协调发展的动态流程模型（如图 1）。

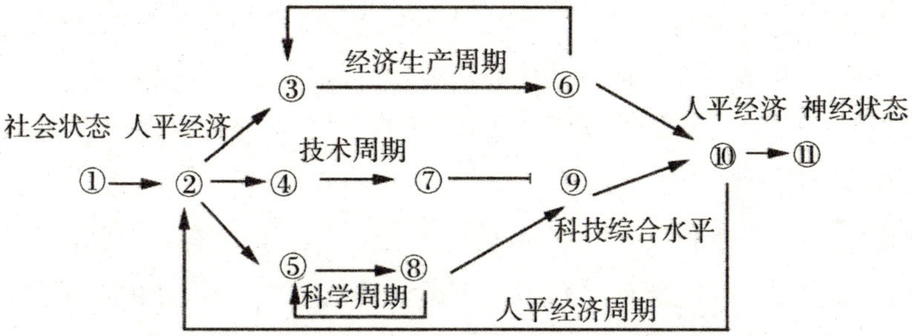

图1　科学、技术、经济协调发展的周期流程图

图中显示,任何事物都是周期性发展的。而不同事物之间又是互相影响的。因此,一个事物的发展周期,是由某些其他事物运动发展的诸种影响因素相互作用的合力的发展周期的具体表现。各个因素的发展周期不同,使相互作用的合力也有一定的发展周期,而且它不相同于其中任何一个因素的发展周期,有自己独特的规律性。社会是一个有层次结构的整体,人平经济收入的高低是社会兴衰的主要标志。社会的发展状态和兴衰周期都严重地影响着科学、技术和再生产的发展周期,同时,这些因子的发展周期,又反过来影响人平经济,乃至整个社会状态的发展周期。流程图的内容表明,科学——技术——经济体系,依其内在的依存关系,而有一定的层次性,流程图上的每一个环节都是这个大体系中的一个子系统,每个子系统又包含着不同的事物,又可做出一张流程图。如在科学周期里,不同学科的周期互有差异,在技术周期里又包含着工业、农业等不同技术的各自发展周期。这样分割下去,可以一直分到每个具体产品的发展周期,经济也同样如此。这里每个事物和它的周期的相互作用关系,都是循环往复、依次无穷地发展着,而没有生产周期的那种不可逆性。

发展周期流程模型所反映的是科学、技术、经济各自从一个波潮到另一个波潮的周期性变化过程中,它们之间的相互关系。而工作流程图所反映的是人们干一项事情,从开始到结束的时间。人们总是希望,前者越长越好,因为那样就有更多的发展生产的好时机。人们总是希望后者越短越好,因为工作周期的缩短就意味着生产效率的提高。可见,事物发展周期与工作周期是从不同的侧面阐述了社会的发展过程。

二、科技经济社会的发展条件

俗话说,凡事都求助于"天时"、"地利"与"人和"。赵祖华、李秀果等同志认为,要根据我国的人力、财力、物力、自然资源等条件,根据工农业基础、交通运输、科学潜力、教育水平及传统优势等情况，来确定本国应当着重发展的、能够形成优势的科学技术，建立与之相适应的优势产业，借以取得最佳经济和社会效益。这充分体现了“地利”的重要性，发展“地利”优势，是我们搞好经济建设的前提，是一个长期的战略原则。

实际上，有了“地利”，“天时”不佳也不行。农业上的季节关系表现得很明显。在其他事物也一样，纵向结构上的事态优势也必须重视，如国家按财政比值拨下了一笔基础科学研究经费，研究的重点应放在什么学科上呢？赵红州同志发现了一个当采学科的转移规律，即在科学总成果中，各学科的成果所占比例大小的转移规律。所谓当采学科，就是在科学总成果中所占比例。最大的学科。但当采学科不是固定不变的，而是有规律的转换的，并且有其转换的规律性（如图二）。这项研究表明，当采学科就是容易出成果的学科，在其他学科进行研究都不及在这个学科进行研究取得成果的可能性大。这项研究在科学家战略布局上有着十分巨大的实际意义。我们的科技结构顺应当采学科的转移，不断地进行适度调节，是应该这么做，是必须这么做的。（否则，当采学科的研究，把大部分精力去进行一些“费力不讨好”的非当采科学的研究吗？）也许有人会说，为了对社会有用，去干“花大钱，获小利”的事情也值得。其实，合时机的成果不见得是无实用价值的成果。赵红州同志说：“所谓当采学科，就是社会需要与科学内在逻辑的交叉点上的学科，是科研成果累累的学科。”它不失其实际作用，并且由于它的先进性，所以往往是站在科学技术的前沿，探讨着生命力十分强大、正值兴旺时节的新兴技术呢！

陈文化同志发现科学发展的上涨期为50—70年，衰退为70年，技术发展的上涨期为30　20年，衰退期为10年，经济发展的上涨期为30年，衰退期为13　15年。这里没有复杂的数学公式和计算，但是科学、技术、经济的发展周期逐步增大的过程反映了世界在趋向平衡的方向发展。从世界总趋势的定性分析上看到，越庞大、越复杂的物体，其运动越平稳，上下波动就没这么大。所以说，科学、技术、经济的兴衰周期在逐步增大的趋势，是合乎情理的。爱因斯坦讨厌在溥处钻孔的科学家，这种碰硬精神只能用于激励信心。在科学管理中丢下一个事物的合算的劳动时机，去抓另一个事物的入不敷出的事情，没有人会这么做。由此看来，事物的上涨发展时机是一个值得珍惜的资源优势。

可见，把重点放在本国现代的横向优势部门是必要的，但时机的优势也不可忽视。地质上的富矿区是优势，科学技术研究中的“富矿区”也是优势。空间上的优势与时间上的优势如果能结合起来，恰到好处地处理这个问题，就能使我们的事业得到更快的发展。

三、科学技术经济的发展高潮转移

陈文化等同志发现,科学、技术、经济不但是周期性发展的,而且可用公式算出这些周期的具体时间来。根据公式计算,得出科学、技术、经济在公元1700年至2500年的历史阶段里,各自的周期长度和所在时刻是科学的发展周期最长,技术次之,经济再次之。笔者把这些数据列出来,用图表示,以资对比和研究。

对各个事物的各个周期进行具体分析。在这种分析中势必看到,在一般情况下,应该把重复放在周期短的部门。发展周期短的工作见效快是不言而喻的。千里之行,始于足下。对一个发展中国家来说,要赶超世界先进水平,尤其需要这么做。同时,周期短的工作,时间上的回旋余地少,涨潮时节不抓紧,落潮时节来努力,也就难了。再说,经济对社会的重要性也是最关键的。它是国家和人民生产、生活的直接因素。没有经济,科学技术和其他各部门的发展只能是一句空话。从世界几百年的历史经验来看,一个国家,特别是一个发展中国家,要想赶超世界先进水平,必须从经济抓起,从生产技术抓起。

从科学、技术、经济的周期性发展规律的分析中,我们懂得,在一个周期的上升阶段要努力拼搏,要充分利用科学、技术、经济的涨潮时间。重要的工作有缓和的时期,非重要的工作也有紧急的时刻。比如:当科学处在上涨发展阶段,技术处在衰退发展阶段时,我们就应该把工作重点暂时地转移到科学上来,适当地调整科学与技术的力量布局和投资比例等。那种认为重点工作在任何时候都一定优先的观点是不合算的。农民种田平均每个劳动日的经济收入约两元,抓副业有时一天赚十来元,但在“双抢”大忙季节总不会有人丢下“双抢”农活,去抓副业吧!

在发展中要注意合理利用周期性发展中的衰退阶段。衰退阶段的主要工作是做好新的战斗准备。在这当中既要坚持日常工作,使我们的工作不会中断,使人民的生活、生产都能保持日常秩序。又要加强对如何充分利用下一发展高潮的准备工作,包括利用空隙时间调整机构。一个历史阶段,依其科技、经济水平不同,而有一个最佳体制结构。体制改革的工作是非做不行的,但在衰退阶段调整体制所带来的误时性损失比涨潮阶段调整要小些,是不言而喻的。减少日常研究工作,增加职工培训经费和教育经费,做好知识上、精神上,乃至物质上的准备,力争在下一个科学高潮阶段成为新的世界科学中心或科学技术发达国家。

掌握各社会因素的周期性发展规律,明白某个明日在周期过程中的位置,能帮助管理者摆脱被动局面,知道当前重点是什么,不同部门之间的比例怎么调整。

心中有了尺寸,就不是单纯地下面反映什么,就应付什么;不反映,就以为没事。做到有计划、有步骤、有主动权地搞好管理工作。

科学、技术、经济的每次革命大都发生在一个周期的衰退之末端,新的涨潮之前点。我觉得,这个客观事实已说明了它们的周期发展过程是由其本身的革命性变动所导致的。衰退阶段的出现是表明原有的科技成果的实用价值小了,生命力衰退了,已经无法维持原有发展水平了,才出现衰退势头。当新的科技成果一出现,又导致它们出现新的发展高潮。没有科学技术革命和产业革命的出现,就没有新的科学、技术、经济发展高潮的出现,就不能使人们的生产、生活水平得到提高。过去,马尔萨斯和李嘉图提出了一个边际报酬递减率,认为人平产量是必然要逐步下降的。近几百年的历史事实对比作了否定的回答。但人们发现,经济的发展有40%至50%归功于科学技术的发展。可见,一个国家要想在世界经济和科技高潮中占领先地位,就必须抓住技术的利用和发展。生产发展的关键是新技术的研发、引进和利用的问题。

四、影响因素分析

我们有种种利用资源优势、利用最佳时机的愿望,也不断地采取了种种措施,效果到底怎样呢?再说,我们对任何资源不予开采和过分开采都是不好的。用什么来衡量我们的行为是“不足”还是“过分”呢?在这里,提出一个新的参量来衡量我们对它们的自然发展周期的利用程度。这个参量就叫“周期利用率”,即我们对某个发展周期的兴量时节的利用程度和衰退时节的回避程度。在兴旺期,通过自动调节的生产能力和产量越大越好;在衰退期,通过调节的生产能力和产量越小越好。这种性质决定了周期利用率的大小与事物自然兴旺时期的产量成正比,与自然衰退时期的产量成反比。

在生产实际中,决定周期利用率大小的客观因素有三:一是自己的力量和资源的大小,这是前提;二是自己产量的多少;三是该产品发展周期的长短。由于不同国家与地方、单位之间,各种资源和产量不易直接比较、运算,要运算必先找到不同事物之间的统一的量。我们知道世界是一个不可分割的整体,任何国家、任何工作都是其中的一部分。这样,利用率的计算可采用两种方法。一是用本国等自然资源占世界同类总资源的百分比和相应产量在世界百分比的余差大小,来评价周期利用率的高低。二是用本国某项资源在世界上的位次与其加工产品在世界上的位次的差距来评定周期利用率的大小。

经济和科学技术发展的关键不是别的,就是如何在有限的人力、物力条件下,获得更多,更好的劳动成果,得到更大的经济效益。同时,世界永远是一个整体的"一"。世界科技与经济等各方面的发展是各国之间的竞争性发展,一个国家在其中总是只占一定的比值的。我们加速现代化建设的目的就是如何提高人民的生产生活水平,提高我们在世界各国中的地位。本文从战略方面探讨了如何利用事物的周期性发展规律为现代化建设服务的问题。这从一个侧面述说了加速国家建设的看法和方法。我们要把各种潜在的空间上和时间上的优势加以挖掘,积极创造未来的优势。努力发展、合理支配各类优势产品,就能得到最优的经济、社会效益。

(1991年10月)

科学成果的社会历史影响评价方法

科学成果评价的研究虽然已经成了当今科学学与科学管理领域的一个热门,已从不同的侧面提出了不同的指标体系与评价方法。但是,专门研究科学成果的社会历史影响,从这个侧面提出一个指标体系与评价方法的还未曾见到,然而,这又是科学评价的一个重要方面。只有通过该评价才能最终体现出某项科学成果在人类历史上的意义。科学评价的指标可以大致分为两类,即统计数据与专家评分数据。在科学成果的历史影响的评价中,统计指标过于繁琐和间接,因而本文主要应用专家评分指标的进行。

一、现有成果评价指标的分析与选择

关于科学成果评价的理论与方法研究,目前占统治地位的主要有两大系列。一是对基础科研成果的评价,主要依据新成果被别人引述的频率高低来评价。美国著名的科学计量学家普赖斯于 1962 年布鲁克海文国家实验室所做的四次“培格莱姆”讲演中就阐述了这个问题。匈牙利科学计量学家、分析化学家布劳温在 70 年代末 80 年代初全面系统地研究了这个问题。他以此展开为四个基本单元,从他们相互引述的频率高低来分析一篇文章、一个作者、一个研究单位或学校、一个地区和国家的先进程度。他根据世界 3000 多种杂志的参考文献的相互引述频率,列出了 32 国的有关数值,并依某项指标的先进程度对 32 国进行了排序。我觉得,这对成果的现实意义的评价是有用的,在科学成果的历史影响评价中也用得上。比方说,某成果影响范围的大小和影响时间的长短,都可从成果被引范围的大小和被引频率半衰期的长短中找到答案。问题是评价一项重大历史成果要翻浩如烟海的文献,一本本去寻找、查对、统计、计算,在客观上是很难做到的、甚至是不可能的。

第二个科学成果评价的方法是科学技术研究的经济效益的评价方法,研究该问题的起点较早。1943 年美国经济学院道格拉斯与数学家柯布合作,根据美国 1899 - 1922 年的历史资料研究了劳动力投入和资本投入两者与产出之间的关系,于 1944 年得出了有名的道格拉斯——柯布生产函数。至今已形成了一套相对系统、完善的计算方法。如有(1)指数公式法,即采用经验公式或概率做计算对经济效益进行分析的方法,国外在这方面的研究特别多,有代表性的是奥尔森法,伯西非可法和索别尔曼法,此外还有蒂尔法、评分法等等;(2)投资回收期分析法;(3)最小费用总额法;(4)时间因素分析法等等。但我觉得,这类方法只适用于评价科研成果在一定时期内对经济增长的直接贡献,而不能表述科研成果在人类历史长河中对社会各方面的直接和间接影响。因此,经济效益计算法在这里似不合适。

我在《科学发展的计量研究》一书中,对科学成果的评价写了三节,除了系统讨论用相对引文率评价科研成果的质量,用效用系数评价技术成果的经济功能以外,还有用水平价值参数来综合评价科研成果。主要内容包括:科研成果的学术水平或技术水平。在估价科研成果时,把科学技术成果的水平高低放在第一位,根据目前科学成果鉴定会的通行说法,科学成果的水平可以分成五个等级,即填补国内空白;新发明或新发现;国内领先或获得专利;国际先进;国际最高水平。事实上,当时达到国际最高水平也不一定能选为重大历史影响的成果,因为任一时刻都有国际最高水平的成果,而在人类历史上共选 100 项就不能把每一时刻的国际最高水平成果选上,所以该观点在此无多大实际意义。

也有人提出用成果耗费量作为评价科学成果的指标,认为获取任何一项成果都需要消耗资金、投入人力、占有时间,计算这种消耗能说明成果的经济价值和获取效率。我们认为,这对于计算一项成果在当时的水平和价值是有用的,但未明显表述成果的历史价值,故不宜采用。

还有不少人是通过测算科学成果的重要程度和难度来进行评价的。不同的科学成果不仅具有不同的科学意义、经济意义和政治意义,而且成果获取的难度和条件也不同。我觉得,科研课题的重要性和研究难度往往是针对某个具体时代而言的。这些参数在评价科学成果的历史影响时虽能说明一些问题,但不能作为主要根据。

由此看来,对科学成果的历史影响的评价还数梁玉华同志提出的科学成果的效果指标较为接近些。科学成果的效果不仅包括科学上的意义,而且涉及成果带来的社会影响,具体内容有:(1)成果的学术意义,表明该成果对科学发展的指导和促进作用的大小,根据该成果是对多学科有指导意义,对某一个学科有重大意义,还是对科学发展有一般的促进作用,分为这三等,并由专家评定赋值记分;(2)

刊登成果论著的最高级别的刊物，分为国际刊物、国家级刊物、省级公开刊物等；(3)论著被引用的次数；(4)成果受奖级别；(5)成果带来的副作用。我觉得，梁先生提出这个指标的目的是为了评价科学成果在当时的意义。事实上，除了第二点和第四点以外，其余的也能用于评价科学成果的历史影响，但是，仅靠这三点来进行评价显然是不够的。

从以上情况的考察和分析中不难看出，在当前的成果评价指标中，大部分都不能说明科学成果的历史影响程度，对此的研究尚未引起科学学与科学管理工作者的重视，而笔者觉得这是个有重要的理论和实际意义的课题。基于这样一种思想，对科学成果历史影响的评价作些新的探索。

二、评价的指标体系与计量方法

既然当前关于科学成果的评价指标对于评价其历史影响是不尽人意的。那么，什么样的指标或指标体系才能准确地评价科学成果的历史影响呢？我觉得应该从“影响”二字上多下功夫、多想办法，根据其影响向各方面展开。

一是影响范围的大小，相当于科学成果所产生效果中的学术意义，表明该成果对科学和社会历史的指导作用和促进作用。可分为如下三个等级：(1)在社会发展中或学科发展中起过一般性的作用；(2)对某个学科或社会的某个方面有过较大的影响和促进；(3)对整个社会的多个方面都有较为明显的指导意义。

二是对社会历史影响程度的高低，可分为如下四等程度：(1)影响到某个行业的技术改进、带来生产效率和产品质量的提高；(2)引起了人类生产生活方式的变化，如电视机、汽车、拖拉机、电话等都达到了这等程度；(3)影响到社会观念的更新，如古代思辩性的自然科学研究成果带来朴素的辩证法思想的形成，近代对生物学和力学等分门别类的深入研究带来形而上学世界观的形成等；(4)甚至引起了社会制度的变革，马克思主义早就指出生产力决定生产关系，经济基础决定上层建筑。陈文化先生在《科学技术与社会的计量研究》一书中给出了科学革命(主要是划时代科学成果的发现)与社会变革的直接关系。

三是对技术装置的影响程度，可分为五个等级：(1)对原有机器的某个零部件的改造；(2)对机器的零部件不作多大改动，只是对各零部件的相互关系进行调整，由此也能得到机器整体功能的提高，苏联米格型飞机性能特别好，有一飞机被日本击落后，美国工程技术人员对其进行解剖，并未发现什么奥秘，原来就是零部件相互搭配的结构关系好；(3)对整个工作机的变更按照机器由动力机、工作机、辅助机三部分的观点来看，在动力机械和辅助机部分变化不大的情况下，工作机构的变革也能得到功效的大提高，如汽车、拖拉机、推土机等的动力部分差不多，由于直接操作的工作机不同，其功能大不一样；(4)动力部分的变革，动力部分的变化是技术设备的关键性变化，如从柴火到煤炭，再到石油、电力、核能等等。每一次变化都带来了一次功效的大提高；(5)整个原理的变更，有时动力变革并没有改变整机原理，如汽车可以采用木炭火，也可以采用汽油和柴油，有时动力形式不变，但机器原理变了，如自动化装置用的虽然还是电力装置，但工作原理都是截然不同的。并且，原理的变化是最大的变化，它比动力变化（常常包含着动力的变化）发挥着更大的作用。

四是科学成果在历史上的影响周期。有的成果如昙花一现，有的风云一时，有的威震千古。一般来说，影响周期越长的生命力越大。这一点我们可以把它分为三个层次：(1)引起几年时间的改观，如载人气球；(2)带来一个新的理论观念时代或技术时代，里程碑式地影响到一个时代；如希腊理论时代、中世纪经院哲学时代等等；(3)经久不衰，影响人类历史社会几千年，如欧几里得几何学等等。

五是科学成果给人类社会带来的不良影响，产生了一些不好的副作用，可分为如下几个等级：(1)对生产者的健康的轻度影响，如铅等生产对人体的影响；(2)对产品使用者带来对健康不利的因素；(3)对环境污染造成中毒；(4)污染环境，破坏生态平衡。

我们将“Af”表示科学成果的历史影响，“Af_1”表示影响范围；“Af_2”表示对社会的影响程度；“Af_3”表示对技术、学科和行业的影响程度；“Af_4”表示影响周期；“Af_5”表示副作用（不良影响）。把上述指标赋值于后（见表1）.

上述赋值方法带有很大的主观随意性，可能因人的知识面不同、学术观点不同、个人学术水平不同，而使其有很大的不同。采取的方法一是聘请十分内行的专家参加评估，二是评估人员不能太少，并要注意它的代表性。

把上述各数据进行综合运算，采用有关指标的加权平均法来进行调查，得值为：

$$Af = 0.038(Af_1 + Af_2 + Af_3 + Af_4 - Af_5) \qquad (1)$$

上式为所得结果接近平常习惯的1，而加了一个总系数，其实还要根据各指标之间的主要程度不同，分别赋予不同的加权系数，定为：

$$Af = 0.038(0.7(Af_1) + 0.9(Af_2) + 0.8(Af_3) + 0.95(Af_4) - 0.7(Af_5)) \qquad (2)$$

至于 $Af_1 \cdots\cdots Af_5$ 值因为都是经专家评分得出的最基本数据，无需进行更详细的分解。并且，照此得出的结果，最大值都不会超出一。

表一 科学成果历史影响的指标体系

指标体系	指标	内容	赋值
指标体系(Af)	影响范围(Af_1)	某个学科	1
		某个行业与社会领域	4
		整个社会	8
	社会影响程度(Af_2)	技术改进	1
		生产生活方式变革	3
		社会观念变革	5
		社会制度变革	8
	技术影响程度(Af_3)	零部件改造	1
		结构改装	3
		工作机变更	4
		动力机变革	6
		整机原理变革	8
	影响的周期(Af_4)	风云几年	1
		影响到一个时代	4
		经久不衰的影响几千年	8
	副作用(Af_5)	对生产者的轻度影响	1
		对使用者的健康影响	2
		污染环境可有短效的食物中毒	5
		污染环境可有长期潜在慢性中毒,破坏生态平衡	8

三、评估结果的比较与排序

我们根据上述评价标准,对有史以来的重大成果逐一进行分指标记分,把一个项目的各项指标的记分结果代入式(2),得了一个成果的社会影响的综合评价值,按综合评价值的大小,由高到低依次排序。比方说,欧几里得的《几何原本》的数学发现成果,经专家评分,所得结果如下:

影响范围(Af_1):4

社会影响程度(Af_2):3

技术行业影响程度(Af_3):8

影响周期(Af_4):8

副作用(Af_5):0

把这些结果导综合评价公式(2)得:

$$Af = 0.039(0.7 \times 4 + 0.9 \times 3 + 0.8 \times 8 + 0.95 \times 8 - 0.7 \times 0) = 0.741$$

我们从人类历史上大量的科学成果中,挑选500项重大科学成果进行社会历史影响的测算,按总分把从高到低取100项科学成果列表,所得的成果名单和序位见内蒙《科学管理研究》1994年第4期。

(1994年9月)

第五篇 05

技术经济与科技管理原理

在师大的日子里

我的研究成果在经济学方面的不多,特别是自己对经济学理论的了解不多,谈不上理论造诣。对马克思主义经济学、西方经济学只略懂皮毛,对科技经济学了解略多一点。我的有些文稿涉及经济学方面的,主要是科技经济学领域。本章的内容有经济学方面的,但主要是管理学方面的,主要是科学技术管理学。关于科技经济与管理的探讨,在郴州党校工作时写过一些小文章,在湖南省委党校工作时写得更多一些。但真正以科技经济与管理作为自己的本职工作是到湖南师范大学以后。因为之前都是在自然辩证法专业的旗帜下做些科学计量学研究。因为在郴州地委党校和湖南省委党校工作时,主要是科技哲学教员,是在自然辩证法专业旗帜下做科学计量学研究,到湖南师大经济管理学院后主要是做技术经济与管理专业的教员。因此,本章主要介绍一下在湖南师大的学习工作情况。

调师大是因偶然的聊天产生调动的意向,再次聊天产生调动方向的变换,然后便一蹴而就了。

到 1999 年,我虽然评教授已有好几年了,但经济生活还是十分困难的,那时,湖南师大教职人员的收入,与党校差不多,院系创收分配的收入各院不一。经管学院的收入在师大属中上水平,略高于学校的平均工资水平,等于收入高出一倍。有些人说,你家生活困难,你可联系过去。我说:快 50 岁的人了,调不动了。人家说你没联系怎么知道。我真的问了一下师大经管院的院长蔡德容,他说,你交出成果目录单吧。我交了自己的论文专著科研项目单,他第二天召集人事处长、学校分管人事的副校长议一下,就由人事处发通知了,等于两天就办成了。

由此我想到历次调动花的时间,第一次是 1975 ~ 1976 年,联系调到医学院校,花了一年多时间,挨了单位不少批评,且未办成。

第二次是 1983 年调到郴州地委党校,虽然一个电话就来了上班,但地委党校人事科为我跑路办理相关手续,还是花去 4 ~ 5 个月时间。

第三次是1985年由郴州地委党校领导主动要我到长沙联系接收单位,联系到省委党校,省党校科技哲学教研室领导与一般老师都是同行熟人,相互了解,花去3个月时间才办妥。

第四次是1999年联系到湖南师范大学经管院,只有3天就办好了。

看来当时调动工作,在毫无熟人关系可言,毫无请客送礼条件下,人家接不接收,以什么待遇接收,在于别人对你的了解,对你的专业和水平的需求程度。

调入湖南师大商学院上班以后,经济条件大有好转,虽然没存什么大钱,日常生活开支完全不紧张了。但出现了两个新问题。一是在师大没什么同学,没什么老乡,不上课就不去学校,因此对师大的事一点也不了解。二是当时党校只有400来职工,100来位教员,20多位教授,我的科研成果是排很前面的。师大有4000多职工,1600多位老师,有300多位教授,我的学术知名度和成果档次,在全校老师排名中大大推后,导致在学校讲话的分量大大降低,心里感到很委屈。

历史唯物主义者认为,人的能力水平与环境有关。虽然49岁才调去,但这10多年来的论文专著的论证程度明显扎实多了,也规范多了。

到师大以后,发表论文的数量、质量、专著的数量质量、主持项目的级别和数量都有明显的提升。

个人在全国全省同专业老师中的学术影响程度,反而是在青山垅与郴州时最高,在省党校和师大上班以后,并没有明显提升。原因是20世纪70年代后期至80年初全国搞科学计量学的,湖南搞自然辩证法的,人不多,因此谁要提到我的名字,大多都知道这么个人,而且有种认同感。近20年来,随着新增人员的增多,而且是理论功底扎实的年轻人,加上我参加活动和发表论文的减少,后来者就不太了解我了,影响在减小。

在同行中有影响的成果数,在不同的几个阶段也没有激增。在青山垅与郴州党校时期,有科学发展兴衰周期的预测模型,科学发展的最小因子限制规律,科学研究效益的隐性渐退规律三个受到同仁广泛关注。在湖南省党校时期有科技发展边际结构变化三大规律的统一性原理等不少规律,发表后影响没有以前大。在湖南师大以后有科研效益三大变化规律,值兴技术转移规律等,影响介于郴州与省党校之间。

我是勤奋的,新观点的确不少,好一些论证出来发表了,论文、专著、科研项目在不断增多,但在同仁中的知名度和影响力,并没有随着成果的增加而增加,而在青山垅郴州党校的基础上提升。原因是什么?

一是受1989年6.4风波的刺激,1993~1998年党校几件典型的不正之风的刺激,导致自己对政治理论,主要是国外政治理论和中国政治体制弊病,以及客观实例的关注极度提高,买资料,看资料,写学习心得,花去了主要精力,又不能出成果。由此影响了对科技经济与管理的专业研究,出书不扎实,论证不扎实,就无法得到同仁的认可,也影响了专业水平的提升。

二是自己的处事态度,对外省外校的同仁关系淡漠,不热心交朋友,那些有地位的同仁,处于认识而无密切关系的状态,这没什么用。同时没有行政资源,因此没有能力推销刊物,主办研讨会等条件,没有这些提高在同仁中影响力的主要途径。

三是后来对本专业的学术活动参加得少些了,投稿也少些了,一批一批后起之秀进入该专业,自己不去参加活动,后来者就不认识了,自己没有站在原有的比他们领先的程度上,全力集中在科技经济与管理专业,奋力研究,或许影响力就不是今天的状况。

纯经济学理论文章,我写得极少,主要写的技术经济和科济经济的文章,一般性管理学文章有一些,但多数是科技管理、技术创新方面的文章。从宏观层面看科技经济、技术经济与管理的文稿,没有独撰论著,我在工作中同别人合作完成专著和教材共有 12 本,论文 20 多篇,大多是有关学术研讨会的交流文章,在公开刊物发表的只有 5 篇左右。本章收录刊发的文章基本上代表了我在该领域的一些学术观点。

(2002 年 6 月)

科学计量学是科技管理的理论基础

科技管理的计量方法研究,就是把科学计量学的基本原理运用于指导科学技术研究,以便取得更好的研究成效;运用于科学技术转化为生产过程的指导,充分发挥科学技术在经济建设中的作用;运用于科技队伍、科技经费等方面的管理,以便获得最佳工作效能等等。我觉得,科技管理的一整套系统、计量的可操作性方法,都可以建立在科学计量学基础上,或者说,科技的计量管理内容是科技计量学的应用部分。

一、怎样看待科学计量学

科学计量学是什么?在讨论科学计量学与科技管理方法时,有必要对科学计量学的含义与内容进行界定,因为这涉及该学科的作用和性质问题。科学学的几位祖师爷并没有对此给出明确的定义。用尔钠在科学学名著《科学的社会功能》中并没有提到科学计量学的问题。作为科学计量学之父的普赖斯作了大量的科学计量学工作,从 1949 年(27 岁)发现“科学发展的指数增长规律”至约 1983 年逝世,共发表 130 来篇科学学论文,涉及到科学学的各个领域,但主要是科学计量学领域,期间未见他对科学计量学下什么定义,只是认为“科学学就是科学计量学”,如果说科学学有众多分支的话,科学计量学就是其中一个核心分支学科。

1986 年 7 月在加拿大西安大略大学召开了“第二届国际文献计量学、科学计量学、信息计量学讨论会”,世界知名情报学家 B · 布鲁克斯发表了题为:“文献计量学、科学计量学、信息计量学,我们指的是什么?”的重要讲演。他认为科学计量学与另外两门学科一样,还处在成长发育的童稚阶段。因此,不宜对它进行具体界定。

同年,第一位普赖斯科学计量学奖获得加菲尔德认为:“科学计量学的基本之点,是博采各种数量技术,以应用于科学学研究。”在这种观点看来,科学计计量学尽管是科学学的一个分支学科，但它们两者的研究范畴是可以而且能够统一的，凡是科学学研究所及，或迟或早会出现其定量研究的分支部分，即成为科学计量学的研究对象。

我国科学计量学研究的发起人、领路人和学术权威赵红州、蒋国华认为："科学计量学的研究对象是科学自身"。他们在我的拙作《科技发展的计量研究》一书的序言中认为该书名的用意是："既照顾我国把科学和技术合在一起联用的传统习惯，又突出了把科学和技术看作一种发展过程，而科学计量学乃是定量描述这一发展过程的工具和手段。"并对此没有不同意见。

关于科学计量学性质的上述看法虽然各有所别，但都是从科学自身内容上去概括。我过去也是这么做的。如在《科技发展的计量研究》的绪论中、在《中国老区报》社记者采访时、在《科技管理研究》杂志介紹我的简历和主要学术成果时等几次我都谈到过科学计量学的定义问题，虽然每次略有不同，但大意都是说："科学计量学是根据有关历史数据，运用数学方法、研究科学技术自身的体系结构、发展规律、社会功能以及科学管理方法的一门新兴科学。"现在觉得这些定义都算严谨，但对它的作用和性质还体现不够。

其实，科学计量学既有它的基础原理性，又有它的实用性。从这个意义上说，科学计量学的定义应该换一个角度来下，即认为科学计量学是对科学理论、科学规律、科学研究行为和决策行为的计量化、标准化研究体系。

这个定义较为明确地概括了科学计量学的研究对象是科学技术自身，研究的内容是定义所述，它的社会实际意义是客观准确地评价科学技术的活动、优化最佳地设计科学技术研究和决策行为，或为之提供具体的指导和有效的手段。它有自己的基础部分和应用部分，但根本的落脚点是应用而不是基础。这个观点有利于科学计量学中基础理论和实际应用的结合，有利于科学计量学实际作用的发挥，有利于增强科学技术的生命力。毫无疑问，最终也有利于科学计量学的自身发展。

二、科学计量学研究要面向现代化建设

科学计量学能否把握自己的命运和前途，关键在于该学科的研究能否扎根科学、服务四化，为现代化建设解决实际问题。就是说要面向科学实际，严肃认真地探索科学技术自身的结构、功能和规律，为我国四个现代化建设服务。科学学的基本内容是这些，科学计量学也应该是这些，只是研究的方式不同罢了。

把科学技术的运行发展机制搞清楚了，就能够为科学技术研究与管理行为提

供可靠的理论依据,这是它面向现代化的表现之一。一般来说,新方法的提出有两个途径:一是从实践中为解决某一方面的问题而提出来的;另一个途径是从已知的基本原理中推导出来的。不管是哪个方面的来源,都需要明确原理,都需要有一个理论依据,只有这样,该方法使用起来才能得心应手、行之有效、百发百中。比如医学,在古代都是从实践中治疗,对治疗机制是猜测性的和思辨性的。就这样一点一滴摸索前进,根本谈不上什么基础与应用的区分问题。到今天就不同了。每种方法都有自己的理论基础,而且研究的途径也改变了,有着从基础到临床的逻辑过程。现代的工作效果也是古代医学所无法比拟的。

事实上,科学研究与管理的原理解释又是当前的一个薄弱环节。早在1985年,北京现代管理学院刘素英、金良浚就选编了一本《科技管理的定量方法》,书中讨论了技术进步的经济效益测算、科研成果的评价、科研机构的参考评价、科技人员的定量考核、智力投资的经效益等五个方面,收录41篇文章,但大多没有建立在什么原理基础上。还有《科学学研究》、《科学学与科技管理》等十来个科学学、科技管理、决策科学的杂志,近十年来发表科技管理的计量研究文章约200来篇。很大一部分是从实践中提炼一些直观的、定量的数学模型,而缺少相应的理论基础,而且还缺乏从理论依据到实际应用的逻辑。现在看来,要建立自己的理论基础,要能从一个原理推导出一个有根据的、行之有效的方法,短期内还不容易达到这个水平。但是,这个责任已经有一部分历史地落到了科学计量学身上,它也完全有能力承担此任。赵红州同志已经为我们树立了很好的楷模,他的不少成果都有着深刻的教益、坚实的基础和广泛有效的应用前景。

科学计量学研究要为我国的科学事业和经济建设服务,表现之二是为科学技术研究与管理提供指导原则。因为科学计量学比较准确、定量地揭示了科学技术的体系结构、社会功能和发展规律。这些内容向我们指明了一个大的研究方向。下面举几个例子说明。

1. 科技增长的兴衰周期律原理告诉我们:科技发展有自己的兴衰周期。我们曾对科技发展的这个兴衰周期给出了一个明确的计量公式。在兴旺时期,科技研究容易出成果、出人才,研究效率高;在衰退时期就不容易出成果、出人才,研究效率就低。赵红州同志在《科学劳动的智力常数》一文中对两者之间在研究效率上的差别给予了详尽的研究,发现正常时期(兴旺期)和非常时期(衰退期,往往是在一次科学革命之前的科研效率的最差时期)两者的研究效率之差达200倍以上。它启示我们,科研费用在整个国民经济开支中的比例,不同的时候是不同的,要抓住兴旺期,适当增加科研经费,稳住衰退期,保证必要的科研活动开支。

2. 带头学科转移规律也是用数学语言表达的科学计量学研究成果。苏联著名的教育学家和科学学理论家凯德洛夫为此给出了一个清晰的带头学科转移模型，并可据此模型推导今后在什么时候是由什么期利用率——科技发展状况的宏观评价；状态参数的波动方差——科技管理的稳妥性评价。

此外，还提出了科技因子结构的配比方法；科技门类结构的协调方法；科研选题的方法，以及科技预测方法等等。

我们还应该看到，当今的科学和经济的计量管理中，有不少是自觉或不自觉地运用科学计量学原理所采取的方法，用它去解决实际问题，并取得了很好的效果，这些事例就不一一赘述了。

三、科技计量管理必须以科学计量学为基础

我国科学管理学没有明确而严密的理论基础，现在管理学专业的本科和研究生，主要把政治经济学、社会心理学、行为科学、以及系统科学等作为基础课。这些学科当然重要，但回过头来看，对科学管理来说，作为基础理论的有效性，还没有哪个学科超过了科学计量学。因此，科技管理及其他某些管理必须把科学计量学作为自己的一个理论基础。向科学计量学要原理、要指导原则、要思想启发、要新的管理方法等等。

首先，要使科学技术在管理实际中的问题和矛盾向科学计量学术得原理性解释。如果只是就事论事，没有理论解释，就如同无源之水，无本之木，就不能有稳中求快的发展。除了基础学科要主动向社会实际问题提供理论解释外，实际工作者也要向基础理论学习。科学决策的基础解释到哪里找，现在看来，科学学特别是科学计量学是其中最理想的对象。德高望重的钱三强教授从事科研管理工作几十年，当他了解科学学以后高兴地说："可算找到老家了，"并写了科学学与科技管理的论文。其实，科技管理中的每一个实际问题都可以直接或间接地在科学学及科学计量学中找到答案。可以说，在我的拙作里试图对科学技术管理的实际问题作个较为全面的探索。而这些方法似乎都能在科学计量学中找到一定的理论解释。比方说：学科成为带头学科的。并且指明，在带头学科领域工作容易事半功倍；在非带头学科领域工作，则多为费力不讨好，这就为我们科研经费的学科分配提供了科学的指导原则。

科学技术的研究发展需要人力、物力、财力等各方面的因素。科学发展速度不但与其因素量的大小有关。而且与各因素之间的比例是否合理有关。根据什么来确定科学发展的因子结构，处理这个问题的计量方法是什么？有多少科学家就该配备多少科研经费,多少设备?现在有不少关于这些问题的讨论,国外有人把科研组织管理工作通俗地称为最有效地使用4个M,即人员(men)、机器设备(machine)、材料(material)和资金(money)。科学研究机构是一多参量输出的复杂系统,对其管理的第一原则是总体最优原则,除要求它多出成果、出人才之外,还要求它面向经济建设,发挥其最大的经济和社会效益。不难看出,研究机构的管理是一个多目标决策的问题,因而不能用局限性比较大的单一指标,而需要建立一组能体现总的功能的指标体系,各分指标的比例如何确定,目前还只看到对这些问题的经验管理方法,没有看到行之有效的科学方法。科学计量学中的最小因子限制规律正好指明了解决这一问题的指导原则。

科学计量学研究为四个现代化服务的表现之三是为科学研究和管理提供一些行之有效的工作方法。我在《科技发展的计量研究》一书的第二篇,即"科技管理的计量研究"篇中,基本上都是根据科学计量学原理,对科技管理提出了一些新的定量的管理方法。主要内容有:

1. 在科技状况的静态参数中提出了相对引文率——科技成果的质量评价;效用系数——技术成果的经济功能评价;水平价值参数——科技成果的综合评价;才能参数——科技人才的综合评价。

2. 在科技发展的动态参数中提出了科研效率——课题完成情况的计量评价;周期利用率——科技发展状况的宏观评价;周期协调发展的计量评价与方案选择问题,它的理论依据是科学、技术、经济、社会的协调模型,这是科学计量学的基本内容之一。早在80年代初,陈文化等好几位先生就已经对此进行了十分精确的研究。而从这个内容出发,不难推出协调发展的模型,使基本理论运用于具体实践。

3. 如何确定科研项目、制定科研计划?评价科研项目优次的唯一标准就是科研自身的工作效率和科研成果的经济效益问题,其实,这些问题都有明显的科学计量学成果作理论后盾,它们是关于科学评价研究的成果,这是当前研究中一个最活跃的领域之一。

商品价格的确定方法问题,这是一个纯粹实用性问题,其原理来自于两个方面:一是发明的等级,是一般零部件的技术性改造,是整机结构的新颖发明,还是发明了新的机械原理等等;二是该成果的经济效益测算。另外,适当考虑成果的成本问题,这些都是科学计量学早已研究较多的问题。

还有诸如科技成果如何转化为生产力、科研机构管理、科研人员管理等等。在此书的每一章内容都可不同程度地在科学计量学中找到自己的根基。

其次,在科技兴国的活动中有一系列的内容不能精确地用数学语言表达,也不能具体规定下来,只能给一个基本的原则,知道哪些活动明显不对,哪些活动基本上可以平等等。让研究者和管理者在原则内的宽松场地上插翅高飞,各显其能。现以科技发展战略的重点选择为例,讨论以下这些问题。

1. 科技发展的战略重点必须符合经济发展战略的原则。该原则可以由科技是经济发展的工具和手段,是为经济发展服务的观点来确定。

2. 科技发展的重点选择必须寻求合理的技术结构的原则。因为科学技术的总体水平,各学科领域的水平都有一个明显的兴衰周期,同时,由于带头学科转移的规律导致了在任何时候都有一个整体的、动态的最佳技术结构,只有符合这个结构,才有好的经济效益。

3. 科技发展的重点选择必须符合技术配套的原则。科技发展规律决定了一项科技成果由于涉及的科学门类、技术种类、操作技能等方面,并受科技力量、科研经费等条件的限制,不可能在两三年的研究期间达到完美的程度。在理论上可以启示我们找到这个原则,在实践上也是如此,如动物蛋白饲料的生产技术及其中的堵血发酵工艺、角蛋白的处理工艺、干燥设备等均不是很理想的和配套的,就需继续研究,予以完善并组织有关技术使之配套,使该技术达到应有的水平和完善程度。这是个不可忽视的原则。

此外,技术重点选择必须符合获取最大经济、社会和生态效益的原则;应有利于开发产业的原则;应力求实现规模经济的原则等等,这些都是可以从其获取的。掌握了科学计量学的基本内容,并能从中寻找出科技管理的有关原则,这样就有利于科学技术的稳妥发展,不至于造成人为的失误。

三是向科学计量学求得研究与管理的操作方法、评价方法和研究的思想方法及指导努力方向。只要我们了解科学技术和科学学的双方详情,细心览寻这些问题的解决办法,相信都是可以从中获得效益的。

向科学计量学索取研究与管理的操作方法,其成效是显而易见的。比如,如何处理先进地区与落后地区的关系,怎样把一项科研成果从一个地方推广到另一个地方,过去我们只知道对边缘地区多投放一点人力物力,对先进地区少投放一点,凭经验办事,结果并不理想。在这方面,汤浅光朝与赵红州深入地研究了世界科技中心转移的规律,何种秀、康荣平提出从高技术区向低技术区的梯度转移规律。我根据有关材料,把科技水平的地域差别的变化概括为三个,即从相对平衡到不平衡的两极分化现象;从不平衡到平衡的梯度转移现象;从以梯度转移占优势到以两极分化占优势的每一次转化都导致一次科技中心的转移。而这种转移的过程又是与科技革命、科技体制、经济体制及社会背景的变更相联系着的。这是一个科学计量学的研究成果,从这个原理出发,在科学管理上应允许一定科技水平梯度的存在。不同科技水平的地区要一视同仁,从中找出诱导梯度转移的办法来,又使原理变成了方法。如此等等,科学管理中的许多方法性问题都可以向科学计量学寻求答案。

向科学计量学谋求学术思想的启发,这方面也有不少成绩。启迪的途径有从具体到一般的归纳法,从归纳中得到新规律的认识;有从一般到具体的演绎法,从中得到解决问题的指导思想和具体办法;还有大量的是类比方法,通过联想得到新认识。早在古希腊时期亚里士多德就提出了联想三定律,后经多次发展得以完善。英国洛克提出“观念联想”一词,当人们看到这一事物就会自然地联想到自己所熟悉的与此有某种联系或比较的另一事物,从而悟出新的道理,形成了一个关于人体思维的联想学派。科学计量学对科学研究和科学管理的启发作用,无论从归纳、演绎角度,还是从类比的角度讲都有十分重要的作用。

在科学研究和管理实践中,如何通过科学计量学明确努力方向,明确在一个时期探索,什么研究是事半功倍,容易取得成绩;什么研究是费力不讨好、研究效率差的。赵红州的采掘模型等理论就有这个作用。前面已有所及,这里不过多介绍了。

科学研究与管理工作的好坏,如何运用科学计量学探索评价标准与评价方法。这方面的研究很多。事实证明,谁先进谁落后,许多问题都只能通过计量评价得以澄清。科学计量学所提供的思路和方法是当前评价的主要内容,也是科学计量学中发展较快的一个内容。

四、融会贯通前景远大

科学计量学和科学技术研究及管理是互相联系、互相依存、互相作用的。科学计量学研究的各个环节都贯穿着它与科学技术体系的辩证统一关系。

科学计量学与科学研究、科技管理的关系在我国一直未能受到足够的关注。从客观方面讲,新中国成立以来,特别是“四人帮”横行时期,受“左”的思想路线干扰,贬低科学技术,贬低知识分子。在这种情况下,尽管在国外早就有了科学学,但不可能介绍到国内来,不可能引起我国的重视。另外,或许有人认为过去不学习科学学以及整个管理科学体系,同样可以取得重大的科研成就和管理效果,这如何解释。我们觉得,不学习科学计量学和管理科学,并不是不能进行科研,只是研究项目的成功命中率低,研究和管理的效率差。如古代并没有管理科学和科学学，甚至连工程建设的图纸设计和力学计算都没有。但大工程并不是没有，出色的科研成果也不少。可是，其成功率是多少呢？战国时期修建的四川都江堰工程是古今中外赫赫有名的成功之作。但它是经过了多少次实践中的失败，花了多少财力、物力和生命，用了多少年的时间才取得的呀？事实证明只有在形成了系统的工程测量和设计后，才能顺利地进行各项工程建设。学习科学计量学的原理，并把它运用于实践中，目的就在于少走弯路，提高工作效率。我们必须使自然科学研究和科技管理从经验性向科学性过渡，从科学研究到科学的自我反思，从没有指导依据的研究向以科学计量学等一些基础学科为指导的研究，这种过渡于国于民都是很有意义的。从主观方面看，由于人们对科学学及科学计量学还不太熟悉，因此，对科学计量学与科技研究及其管理的关系就更不好理解。

其实，在人类发展史上，关于科学学与自然科学关系的认识早就有过，并且还出现了多种不同的学术观点。一种是以抽象的自然哲学代替具体科学的倾向，中世纪以宗教教义代替科学，近代由谢林和黑格尔自称为"科学的科学"的自然哲学代替具体科学是人类认识史上的两次代替论。另一种倾向是实证主义观点，这种现点强调经济而忽视理论思维的作用。科学史上的大量事实一再表明"轻视理论思维是不能不受惩罚的。"正如爱因斯坦在揭示奥斯特瓦尔德、马赫反对原子论的思想根源时指出的那样："这些学者之所以厌恶原子论，无疑可溯源于他们的实证论的哲学观点。这是一个有趣的例子，它表明勇敢精神和敏锐本领的学者，也可以因为哲学上的偏见——至今还没有灭绝——就在于相信毋须自由的概念构造，事实本身就能够而且应该为我们提供科学知识。"

科学计量学与具体自然科学及管理分属于不同的层次，它们各有自己的研究对象，二者既有区别又有联系。自然科学成果是科学计量学发展的基础，而科学计量学是关于自然科学的体系结构、社会功能、历史规律，管理方法等问题的研究、概括和总结，并为科学研究、科学管理提供方向性和方法性指导。宇宙之谜只能从科技发展的自身矛盾中揭示出来，企图要求科学计量学具有这种功能是不对的。总之，科学计量学的发展和推广必须以科学技术的研究成果和新的管理方法为基础，以科学技术发展的需要为基础。可是，科学计量学一经建立，并广泛被人们接受之后，它们又能促使科学技术的进一步发展，指示科学如何从许多可能的道路中选择一条道路。科学计量学只要能与科学研究及管理融会贯通，那么，其发展前途无疑是远大的。

（1993 年 1 月）

管理机理学

——管理学基础理论与管理方法的桥梁

管理科学的内容现在大多集中在管理方法与应用效果的关系研究。管理科学有没有基础理论?管理科学的基础理论与管理方法之间是什么关系?回答这些问题就归结到能不能运用基础理论,把管理方法的实践运用过程进行机制原理上的解释。如果能做到这一点,就等于架起了管理科学的基础理论与应用方法的桥梁,就可以形成一门新兴学科,我们暂称此为管理机理学。这是一门很有理论与实际意义的学科,管理科学的发展需要这么一门新的学科。

一、相关概念与基本观点

1. 管理机理学的基本含义

管理机理学是研究管理者把工作任务和管理方法应用于管理对象后,引起管理对象的情绪态度、内在体系结构、行为方式的变化过程,进而导致管理者和管理对象之间的相互作用机制和作用结果的科学。

从这个定义出发,进行研究。需要理清六个概念,建立一个假设,明确一种方法,形成一大结果。

2. 管理机理学的相关概念

(1)管理:管理者运用管理方法引导、干涉、控制管理对象行为的活动,使其朝着管理者设定的目标运行发展的过程。

(2)管理者:一个地方和单位的发展战略、规划、计划及发展措施的制定、实施监督和评价者。在管理系统中占有主导地位。

(3)管理对象:包括人和事两方面,作为管理对象的人是地方和单位的某项工作的具体执行者,如工厂里的工人、学校的老师与工人、农村的农民等。作为管理对象的事务,是指一项任务、一个工程等具体事务。

(4)管理学基础理论：分为三个部分，一是原理性基础理论，即研究管理对象的体系结构、运行机制、发展规律的理论。不同行业的管理学有不同的基础理论，如科技管理的基础理论是科学学与心理学等。二是工具性基础理论，即各自管理都要掌握的方法性工具性知识技巧，如数学、逻辑学、计算机知识等。三是相关性基础理论，如科技管理人员要学习科技政治学、科技教育学等。

(5)管理方法：管理实践中所使用的手段。如计划方法、沟通方法、激励方法等。

(6)桥梁学科：管理学基础理论学科与实践方法学科之间的过渡性学科。如何用基础理论解释管理实践中的客观现象，管理学基础原理如何应用到实践活动，实践方法如何概括出规律性的理论等几门学科，实践方法如何概括出规律性的理论等。

2. 管理机理学研究的前提与假设

管理机理学研究是把一个假设作为前提条件进行研究，即假设每个管理对象在没有被管理的自然状态下，经过各自系统内的各部分之间、自身系统与外界之间的互动中，能自然形成各自的体系统结构、运动机理和发展规律。社会学、经济学、心理学等是探讨其运动机制与发展规律的科学。管理是用管理方法改变管理对象的自然状态自行发展的活动。

3. 管理机理学的基本目的与任务

建立管理机理学的基本目的与管理机理学的历史使命是运用管理科学的基础理论解释管理方法作用于管理对象后，引起管理对象系统的内在变化过程，揭示管理者与管理对象的相互作用机制、作用结果的形成机制，在这个基础上进一步发现新规律，提出新方法，指导实践。

4、管理机理学研究的最终成果

管理机理学研究的最终成果是建立管理学基础理论学科与管理实践方法学科的桥梁，形成过渡性理论。

二、管理机理学的研究内容

管理机理学就是运用管理科学的相关基础科学，阐析管理方法作用于管理对象后，产生反应机制原理，阐析管理中出现的成败现象的科学。具体内容包括：

(1)管理本质的探讨。从管理机理的角度对管理的本质问题提出了自己的看法，分两层意思说明。

首先，讨论管理本质之前，必须假设每个管理对象在没有被管理的自然状态下,经过各自系统内的各部分之间、自身系统与外界之间的互动,能自然形成各自的体系结构、运动机理与发展规律。社会学、西方经济学[3]、心理学[4]是讨论其运动机制与发展规律的科学。

其次,认为管理的本质是管理者对管理对象的行为引导、干涉与控制,进而改变管理对象的体系结构、运行机制、发展规律,使其朝着管理者的目标要求发展[6]。现在的管理科学着重于讨论管理方法与效果的关系,本项目则着重研究管理方法作用于管理对象后,如何引起管理对象的运动方式和发展方向的改变,即管理机理研究。

(2)框定管理学理论的范围和管理方法的范图。

(3)发掘管理方法与基础原理的关系,即管理机理研究。管理机理是管理者运用管理方法作用于管理对象以后,导致管理对象行为变化的同时有管理对象的体系结构、运行机制、发展规律的改变。关于这种方法作用与对象改变的过程、途径、机制的理论叫管理机理学,如图 1 所示。

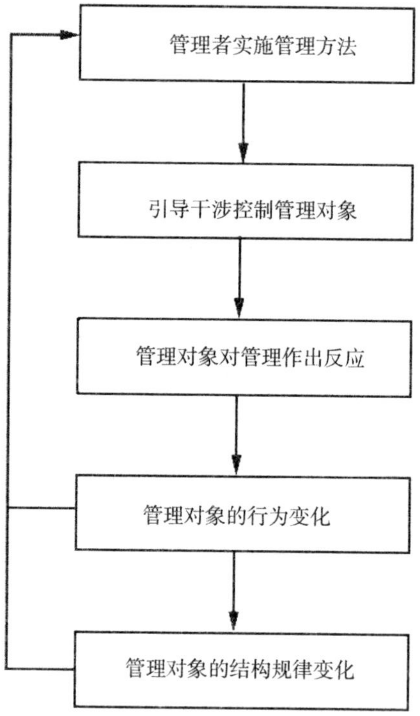

图 1　管理机理示意图

管理机理学重点研究示意图中后三步的变化机制,以及反馈过程。

(4)运用管理学原理,对管理活动的成败结果、意外现象进行管理机理视角上的解释。比如现在很多的管理案例,我们将之提升到基础原理的角度进行分析,必定能使管理学前进一步。

(5)发掘管理学相关基础理论对管理方法的新启示。包括从中推导出新的管理机制、管理方法、管理规则等。

以上内容的根本性问题是从探讨管理方法的基础原理入手,研究管理科学的基础理论与应用方法的关系。

二、研究意义与理论基础

1. 研究缘由与意义

建立此新兴学科,基于以下三种缘由:

(1)有不少人认为管理科学是一门方法性学科,没有原理性基础理论。有没有原理性基础理论,存在着争议。笔者认为不了解管理对象的体系结构、运行机制、发展规律,就很难准确完善地做好管理工作。关于管理对象这些问题的研究成果就是管理学基础论。方法上除了规划、计划、激励、控制等管理方法,也需要基础性的逻辑学、数学。要找出证据,认证管理学的基础理论,用基础理论解释管理方法的运用机理,才能使管理学科学化。

(2)郭重庆先生认为:管理科学的历史使命是发现规律、解释现象、指导实践[1]。这一论述明确了管理科学研究发展的方向。解释现象就包括对管理方法管理行为的成败现象做出原理性解释。管理方法的应用机理研究需要运用管理学基础理论进行解释。指导实践是管理者如何运用基本理论与方法改革管理体制、运行机制。这里既涉及基础理论问题,也涉及管理方法与实际效果,是双方都需要的。

(3)管理科学基础理论与管理方法之间有着千丝万缕的联系,管理方法是否得当,管理效果是否最佳,都能够从管理学的理论原理上找到依据。因此,运用管理学的相关的基础理论揭示解释管理活动的原则方法,是管理学领域从基础到应用的桥梁学科,管理科学领域需要这样一门过渡性、桥梁性的学科理论。这一理论形成后,对于发现管理学规律,解释各种管理现象,指导管理实践都是非常有意义的,因此申请研究该内容[7]。

(4)通过研究,发现管理学的相关基础理论与管理应用方法之间的内在关系。这两类学科讨论的都是管理对象发展中存在的必然规律的问题。这些规律在管理实践中如同一只看不见的手,对实践效果起着决定性的控制作用。本学科研究的目的就是提示管理方法对管理对象的运行发展规律的影响，包括影响的途径和影响的形式。同时运用基础理论解释管理活动的成功、失败、意外结果等现象，把管理机理的研究结果形成系列论文和专著，供管理学理论工作者与管理实践工作者参考。达到进一步发现规律，为管理理论研究服务，为管理专业学生的课程设置提供理论依据，为管理决策提供新的思路、方法、原则[8]。

2. 研究基础

管理学基础理论研究成果是现成的，如社会管理有社会学，经济管理有西方经济学，人的管理有行为科学。管理方法的研究在管理学中更是理论体系庞大、成果累累。至于两者关系的研究，即管理方法作用于管理对象，改变管理对象的结构、机制、规律和运行发展方式的应用机理，架起管理学的相关基础理论与管理方法应用之间的桥梁。直接研究该问题的文献不多，但间接的相关研究成果不少，值得认真学习与参考。

（1）古典的科学管理学派、行为科学管理派和现代管理学派的研究成果，明确了管理的基本方式是计划、定额、协调、控制等，涉及人的管理有 X 理论、Y 理论等，企业如何适应环境，管理如何运用数学方法等[7]。

（2）从近年来的情况来看，虽然直接研究成果不多，但间接的相关研究成果不少。本文简单介绍的研究动态来看，现有研究已涉及多个方面，如战略规划和计划方法的应用机制、团队组织方法的机制、创新方法的应用机制等，都已有不少值得我们学习体会深受教育和启迪的文章著作。研究的思想方法已经比较成熟。

（3）笔者从 20 世纪 80 年代初就开始了科技管理与工商管理的研究，而且一直坚持不断，对本学科的理论与方法较为熟悉。先后承担过 3 项国家级与 10 项省级相关项目研究，发表出版了较多的论文著作。

①在科学管理学的基础理论研究，即科学技术的体系结构、运行机制、发展规律的研究，是笔者从 1978 年至今从未放弃过的内容，至今已发表 100 余篇论文，出版 20 多本专著。主持过不少的课题。2010 年对自己的此类成果进行归纳总结，写成 80 万字的专著，叫《科学学与科技管理的数学原理》一本，全书分为三篇，即科学技术的结构演变理论、科学技术的运行机制与规律理论、科学技术的传播发展与评价理论。全书共有 61 个论点，其中 43 个论点为笔者所提出。本书正在出版社校印之中。可见笔者已具有这领域的研究基础。

②在科学技术管理的应用方法研究上，在科技转化方法、科技评价方法、科技发展战略决策方法等方面，近 10 多年来发表过 10 来篇文章，出版 4 本专著，先后主持 5 项省级项目，代表性的成果有：《科技转化方法论》（湖南科技社，1995）、

《科技转化的质量指标与质量管理》(国防科大社,2010)、《高新的技术产业与发展中地跨越式发展》(经济科学社,2005),《科技经济的计量评价原理》(湖南科技社,2006)。

③科技管理学基础理论与管理方法的关系研究,也是笔者长期重视的内容,发表过 10 来篇文章,如在《科学计量学是科技管理的基础》(科学学研究,1993(3))一文中,列出一系列理论与方法的对应关系,提出两者如何融会贯通的问题。在《科学技术研究的经济学原理》(中国财经社,2004)一书从经济管理的视觉分析科技发展的规律问题,此书曾在全国新华书店发行,受到好评。在《科技发展的基本原理》(湖南科技社,2003)一书,列出 14 种科技管理方法问题,各为一章。每章写了 3 个问题,即现有经验方法,与此相对应的科学学理论,用该理论变革经验方法、形成科学方法的设想。在《科学学与科技管理方法》(湖南人民社,2012,尚在印刷中)一书中,更是一一对应地介绍科学学基础理论与科技管理方法。该书中对理论与方法的内在联系分析不多,但为科技管理机理研究提供了基础条件。

从以上情况,证明笔者对科学学基础理论与科技管理方法的关注已久,有了一定思想、材料和成果积累。在这个基础上深化一步,提到科技管理机理的高度进行研究,是水到渠成,能够做到的。

四、研究方法与努力方向

1. 研究方法

(1)采用调查、整理、分析、推理的方法,得出管理方法应用的基本规律。该方法是归纳推理的方法。关于科技管理活动的本质探讨上需要这种方法。其一,管理对象在未受到管理约束引导的时候,由自组织机制,经过互动过程,可以形成自己的结构、机制、功能。这一论点需要调查分析大量的不同类型的管理对象的运动发展过程才能得出该结论,才能明白内在形成过程。其二,关于管理理论的证明,不通过大量案例的调查、调查资料的整理,不用逻辑的归纳推理方法就无法证明这一理论。其三,我们对管理学基础理论的定义,认为它是研究管理对象的体系结构、运行机制、发展规律的科学。这一观点只有通过管理对象的大量调查,并进行逻辑推理证明才能让同行专家认可。

(2)运用因果分析方法,得出管理方法应用的机理性规律性理论性实践得失的原因分析。这次研究要应用管理学基础理论,涉及管理学基础理论与管理方法的关系。即管理方法作为原因,作用于管理对象,使管理对象作出一系列的反应,是变化机制,最后管理对象的行为变化,这是结果。"原因一反应,机制一结果"的关系如何，这是因果分析方法，要调查大量管理对象的因果性分析，才能得出管理方法与反应机制的关系的基本规律。

(3)运用系统模拟实验的方法，对管理的方法措施进行模拟实验，以得出效果预测。对管理项目、管理方案，可以进行实验设计。首先列出方案中所涉及的有关数据。其次，把有关数据放到测算模型中测算。其三，通过变化自变量，测算出不同的预期结果。通过管理方案中因果参数的预先测算，既可以达到预测与优化方案的目的，也可以从中深入了解管理方法与管理对象行为变化的关系，还可从中发现新的管理机制与管理规则。

2. 努力方向

(1)近期的工作是对管理中几个主要活动类型的，几种主要方法作出基础原理性阐释，为管理理论研究者和实践工作者提供新的参考资料。

(2)今后的发展方向是通过研究，逐步形成一门介于管理学相关基础理论与管理方法之间的桥梁性学科理论。这种研究，要作以下几方面的努力。

①通过研究能够具体而有说服力地阐明管理学基础理论的范围，为管理学专业学生的课程设置提供理论依据。

②通过研究，建立起管理学基础理论与管理方法管理实践的桥梁，使两方面的研究视野更为开阔，研究成果更为科学合理。

③通过对管理基础理论与管理方法实践的关系研究，实现两者关系的部分逻辑化，使管理理论工作者与实践工作者对基础理论的指导上只能意会、不以言传的隐性知识，部分地转化为显性知识。

(2011 年 10 月)

参考文献

[1]郭重庆．“中国实践管理”论坛的题词[c]．广州：华南理工大学，2011.

[2]钱学森．系统科学方法论[M]．北京：人民出版社，1983

[3]高鸿业．西方经济学[M]．北京：中国经济出版社，1996

[4]王德清．管理心理学[M]．重庆：重庆出版社，2004

[5]郭重庆．中国管理学者该登场了[C]．中国实践管理论坛文集，2011.

[6]理查德．L. 达夫特．管理学原理[M]．北京：机械工业出版社，2005

[7]郭咸纲．西方管理思想史[M]．北京；经济管理出版社，2004

[8]谷兴荣．科学与科技管理的数学原理[R]．国家社科后期资助项目 80 万字的研究

报告,2011

[9]黄速建,黄群慧．管理科学化与管理方法论[M]．北京:经济管理出版社,2005

[10]邓少军等．复杂动态环境下企业战略转型的过程机制研究[J]．科研管理,2011.

[11]莫寰．中国文化背景下的创业意愿路径图——基于计划行为理论[J]．科研管理,2009(6)

[12]张鹏程．团队知识融合机制的实证研究[J]．科学学研究,2010

[13]梅开,杜晓君,杨昆明,冯国滨．网络效应与专业联盟[J]．科学学研究,2010(2)

[14]张文健,孙绍荣．基于行为控制的制度设计研究[J]．科学学研究,2005(1)

[15]朱晓妹,王重鸣．中国背景下知识开支员工的心理契约结构研究[J]．科学学研究,2005(1)

[16] RousseauD, eta1. Porceice diegitimacyan dunilateral contractchanges: Ittake sagood reasontochang eapaychoiogicaocontract[R]. SanDiago: SymposiumattheRIOPmeeting, 1996

[17]陈加州,凌文辁,方利落．企业员工心理契约的结构维度[J]．心理学报,2003,35(3):404～410

[18]李原．员工心理契约的结构及相关因素研究[J]．北京:首都师范大学,2002

[19] MarcetX. Open: aNew Raradigm [C]. Eighthinte rnational Conferenon Hybrid Intelligent Systems

中国传统人性假设与华人管理思想

中国管理人员的思想方法，主要受中国传统文化潜移默化的影响。中国传统人性观多种多样，概括起来为两个方面四种类型。第一方面是人性的本原，包括性善论与性恶论两种类型；第二方面是人性的状态，包括可塑可变论与不可塑不可变论两种类型。在社会现实中前三种类型影响很大，广泛地渗透到当代管理者对待人与事的指导思想、态度、方法之中，使华人管理者在理论上学西方的人性假设理论，在管理思想方法上具有明显的中国特色。本文讨论以上三种人性观对华人管理者的影响以及带来的社会后果。

中国传统的人性假设不像西方的管理心理学建立 X 理论、Y 理论、Z 理论等，而是关于人之初性本善、性本恶、性本无善无恶等。笔者从人的自然属性与社会属性来看，应该是从自然属性进化到自然属性与社会属性共存的内容。自然属性是先天具有的好懒散、好吃好玩等，这些内容自然是恶的成分多一些；社会属性是人在社会群体中社会责任感、顾及整体利益等，这些内容善的成分多一些。这么看来人之初性本恶，在社会上教化而为善。这些观点对企业管理者有着十分重要的实际指导意义。

一、“性善论”的人性假设与华人管理思想

“性善论”在中国传统人性观中占有首屈一指的地位。这一观点的代表人物是孟子。

1. “性本善”的人性假设

有人问为什么说人性本善呢？孟子回答说：“乃若其情，则可以为善矣。恻隐之心，人皆有之；羞恶之心，人皆有之；恭敬之心，人皆有之；是非之心，人皆有之。恻隐之心，仁也；羞恶之心，义也；恭敬之心，礼也；是非之心，智也。仁义礼智，非由外铄我也，我固有之也，弗思耳矣。”[1] 由孟子的论述可见，传统的“性善论”包

括三层意思。

第一,人的素质,可以为善。这里的“性、情、才”指的都是同一个意思,即人的天生素质。从人的天生素质看,可以向善,却不包括人之所以为人的所有属性(自然属性和社会属性),而仅仅指人之所以异于(高于)动物的道德属性。

第二,仁义礼智,人所固有。人所不同于禽兽的道德属性,孟子细分为仁、义、礼、智四种。所谓仁,来自于人的恻隐之心;义,来自于人的羞恶之心;礼,来自于人的恭敬之心;智,来自于人的是非之心,这四心正是人之所以为人的根本标志。

第三,求则得之,舍则失之。既然人性本善,那为什么有的人为善有的人作恶呢?传统观念认为,这取决于人们对其本心的探求与放弃。积极努力充分发扬心性的本质,就表现为善;放松努力,不去探求和发扬心性的本质,就表现为恶。

以上三点,就是“性善论”的基本内容。其中的思想,在孟子与告子的辩论中表达得更为清楚。告子是孟子的同时代人,曾就人性问题同孟子开展过辩论,告子的基本观点是:(1)“生之谓性”;(2)“性无善无不善”;(3)“仁义外铄”。对此,孟子一一加以驳斥。

2.“性本善”人性假设下的管理思想

中国传统的“性善论”,同历代统治者管理者倡导的“仁政”学说和近代以来的好政府主义有着直接的关系。所谓“仁政”,发端于孔子的仁学。关于“仁”,孔子做过多种解释,“仁者爱人”,所谓“爱人”,即不忍心伤害别人,也不忍心看到别人受到伤害。[4]每个人都有不忍心干的事,把它扩充到忍心干的事上,便是仁。换句话说,人能够把不忍害人之心扩而充之,仁便用之不尽了。不忍伤害别人,这是“仁者爱人”的一个方面。

另一方面,具有爱人之心的仁者,也本能地不忍看到别人受到伤害。突然看到一个小孩子将要掉到井里,任何人都会有惊骇同情的心情,这种心情的产生,既不是要和这小孩攀结交情,也不是要在乡里朋友中间博得名誉,更不是厌恶那小孩的哭声。相反,这种不忍之心却完完全全是人的内心感情的自然流露。

由此,得出结论:“人皆有不忍人之心。先王有不忍人之心,斯有不忍人之政矣。以不忍人之心,行不忍人之政,治天下可运之掌上。”[3]每个人都有爱惜别人的心情。而华人企业的管理者应把这种爱惜别人的心情用到实际工作中,那么,管理企业就可以变得十分容易了。在古代圣人看来,管理者具有爱惜别人的不忍人之心即恻隐之心,也就表明他具有管好事情这些道德属性的萌芽(“四端”),把这些萌芽加以扩充和推广,便足以安定天下。“凡有四端于我者,知皆扩而充之矣,若火之始然,泉之始达。苟能充之,足以保四海;苟不充之,不足以事父母。”[3]

在这里,孟子把管理者能否扩充自己性善之本心,当作事务管理成败的关键。

华人传统"性善论"与现代管理学中麦格雷戈等人的"Y 理论"相比,具有以下共同之处,对华人管理者有着共同的指导性。(1)承认人性假设是管理活动的必要前提;(2)肯定了人性本质上是善良美好的;(3)把管理工作寄希望于人们的精神追求。

3."性本善"人性假设与 Y 理论的区别

"性本善"人性假设与"Y 理论"的区别,除了外在的因素,如时代背景(一为封建时代,一为资本主义时代)、社会环境(一为农业社会,一为工业社会)、管理种类(一为国家管理,一为企业管理)等等的不同之外,单纯从理论本身对中国企业管理者的影响来看,也有以下三点区别,但在思想方法上受中国传统的思想影响为甚。

(1)道德评价与行为描述的区别。"Y 理论"着重于对管理过程中人们行为的描述,尽管它所描述的都是人的善良行为的一面,以对应于"X 理论"所描述的人的恶劣行为的一面,但它本身并没有对于这些行为作出或善或恶的道德评价。因此,从总体上看,"Y 理论"基本上仍属于行为科学的范围。与此相反,中国管理者的习惯思维方式的"性善论"者一开始就立足于对人性的表现作出善恶的判断,把仁义礼智这些道德范畴作为判断的标准,进而把这些道德范畴诉诸人心,诉诸天意,提出"存其心,养其性,所以事天也"。[4]这就使管理者把对于人性的研究纳入道德形而上学的思想方法中去了。

(2)管理者行为与被管理者行为的区别。"Y 理论"所着重研究的是被管理者的行为,并在这一基础上,提出管理工作的对策和措施。中国管理者的习惯方式的"性善论"者则把对人性的研究成果直接运用于管理者的行为选择上。孟子所谓的"不忍人之政",就是要求管理者扩充内心的善性,以推行仁政,安定天下。"Y 理论"注重发挥劳动者的主观能动性,性善者认为劳心者治人施恩,劳力者诚实勤奋足矣。

(3)对于人性中"恶"的一面的分析,二者也有所不同。麦格雷戈认为:"如果员工表现懒散,态度冷落,不愿承担责任,顽固不化,缺乏创造心,也不肯合作,那一定是由于管理阶层所采用的组织方法和控制方法不当的缘故。"这就等于说,人们的恶劣行为与他们的本性没有任何关系,纯粹是后天影响的结果。与此相反,孟子则提出:"口之于味也,目之于色也,耳之于声也……性也,有命焉,君子不谓性也。"[4]这就是说,追求享受,好逸恶劳,这也是人们的天性。只不过由于它们能否行得通,却属于命运,所以才不把它们叫作"性"罢了。由此可见,孟子并不排除人的天性中也有“恶”的一面。在麦格雷戈看来，人们的恶劣行为是由于管理工作不当而引起的。而按照中国管理者的传统观念，恶却也是人的天性使然，对此加以必要的限制、引导乃至克服，正是管理工作的应有之义，对劳动者中的不良现象口头上归结为西方式的领导责任，实际操作上很少注意从管理者身上找原因。

二、“性本恶”人性假设与华人管理思想

1.“性本恶”的人性假设

“性本恶”的人性假设在中国传统文化中也是十分流行的观点。此观点的代表人物是荀子，人们多把“性恶论”归结为荀子的观点。其实，这样的概括是不全面的。荀子人性论的中心命题是“人之性恶；其善者伪也。”[5]这里的“性恶”是荀子针对孟子“性善论”的有感而发。“善伪”才是荀子论述的归结点，是荀子自己的正面主张，是发前人所未发的独特创见。

古人认为，“性”是人的先天属性，“伪”则是人的后天行为。荀子从恶与化、化与善、生与学、朴与导、德与性等各个角度，集中论证了“人之性恶，其善者伪也”的命题。[5]

(1)从“恶”与“化”的关系看。认为，人生来就有好利疾恶、耳目之欲等自然属性。如果任其自由发展而不加节制，自然之性就会变成恶性(“恶”)；如果对其加以教育和引导(“化”)，人们的行为就会善良，社会秩序就会安定。

(2)从“化”与“善”的关系看。认为，弯曲的木头要靠矫正才能变直，粗钝的刀剑要靠磨砺才能变利，恶劣的人性也要靠礼义教化(“化”)，才能去恶从善(“善”)。

(3)从“生”与“学”的关系看。认为，人性是天生的，学也学不到，做也做不到(“生”)：而礼义是后天制定的，经过学习就能够得到，经过人为就能够成功(“学”)。

(4)从“朴”与“导”的关系看。认为，人的本性来自它的自然素质(“朴”)；而人的素质本来就是“好利”、“疾恶”、“有欲”的，所谓善是对自然素质的引导(“导”)，而不是对它的背离。

(5)从“德”与“性”的关系看。荀子指出，人饿了就要吃饭，冷了就要穿衣，累了就要休息，这是人之常情，即为人的本性。而像后辈让长辈先食，为长辈而劳累这类德行(“德”)，虽然符合礼义，却是违反了人性(“性”)，因此只有经过后天教育才有可能做到。

总之，从以上方方面面，均证明了一个道理，“人之性恶，其善者伪也”。

2."性本恶"人性假设的管理思想

"性恶—善伪论"的观点是直接为中国传统的"礼义之治"社会管理方法服务的。也就是说,该观点的提出者荀子的兴趣不在于打笔墨官司,而在于为现实的管理活动提供必要的理论依据。在他看来,既然人的本性生来是恶的,作为社会活动组织者就有必要运用礼义对一般老百姓进行正确的引导和教化,使之向善、从善、为善,从而把相关事务管理好。这就从礼义之化过渡到礼义之治。

(1)从礼义的起源看。古人认为,人生来就有各种欲望,这是正常的,也是正当的。但是,如果对于这些欲望不加以必要的限制,就会造成相互争夺,天下大乱。有鉴于此,华人管理者就要制定规则,划分等级,以调节人们的欲望,满足人们的要求,使人欲不至于因物资的不足而得不到满足,使物资也不至于为人欲的贪婪而用尽。如此看来,传统礼义制度的目的,就是导劳力者向善。

(2)从礼义的重要性来看。古人强调人性本恶,华人管理者认为这正说明了礼义教化劳力者之必需。他们阐明礼义以教育劳动人民,建立规则以治理企业,推行奖罚以限制职员,使企业达到有秩序。如此看来,强调礼义的目的,就是导人从善。[5]

(3)从礼义的作用看。传统文化认为,礼义是人的本性与行为相结合的产物。本性与行为相结合,就可以成就管理事务的大事业。华人管理者认为天能生育万物,但不能治理万物;地能养育人类,但不能治理人类。世界上的万事万物包括人类自身,都要依靠人间的管理者及其所制定的礼义和法度,然后才能各得其位,得到治理。如此看来,推行礼义的目的,就是导人为善。[6]推行者自然是劳心者而不是劳力者。

3."性本善"与"性本恶"两大管理思想的异同

关于性善论与性恶性两大理论观点的异同,从华人管理的角度看,二者的不同,在于各自管理理论所需要的人性假设不同。性善论的理想管理模式是"仁政"。所谓仁政,实际上是把属于道德领域的概念"仁"引申到管理领域。那么,"仁政"到底是否可行,就必须有它的道德伦理上的依据。所以孟子精心构筑了他的"性善论",把仁义礼智这些道德属性诉之于人心,说成是人的本性。这就为他的仁政学说提供了必要的前提。与此相反,荀子理想的管理模式是"礼义之治。"所谓"礼义之治",就是主张国家管理者制礼作乐,提供必要的规章制度,以维护社会的运行。而只有确定人性是恶的,礼义规范才有施行的对象。正如荀子所认为的,如果把人性说成是善的,那就等于说人本来就是遵守礼义法度的。这样,管理者及其管理规范的存在也就毫无必要的。[5]正因为荀子是从礼义之治换角度考虑问题的,所以他才坚持说“人之性恶,其善者伪也”。[5]

尽管在人性假设的起点上古人有两大观点,但在人性塑造的终点上却是一致的。孟子在回答曹交的提问时指出:舜是什么样的人,一般人也是什么样的人,凡是有所作为的人都应该而且也可以成为像尧舜那样的“圣人”。[7]荀子则认为,所谓圣人不过是普通人的累积,所以,“涂之人——百姓,积善而全尽谓之圣人”。[8]在荀子看来,圣人之所以为圣人,就在于他自觉地实行仁义法制;如果普通人接受礼义教化,那么他当然也可以成为圣人。细加分析,孟子和荀子认为人所共同的本性不同,因而培养塑造的途径不同(孟子说是“存心养性”,荀子说是“化性起伪”),但所达到的最终目标却是相同的。这是殊途同归。

从管理的角度看,性善论与性恶论的观点之异在于二者把所把握的人性层面不同——一为道德属性,一为心理属性。由此而带来管理手段的不同——一为“存心养性”,一为“化性起伪”。孟荀人性论之同则在于二者都把管理活动建立在道德判断(善与恶)的道德教化(扬善去恶)的基础上,从而把管理当作塑造人性、成仁成圣的过程。这导致历代华人管理者的潜意识中,深深地只注重教育群众、驯化群众。不够相信群众,依靠群众,对此,只是口头表白多,内心深处想得少。

韩非认为人只知道趋利避害。既然人的本性只知道趋利避害,管理的方法就只能使用赏罚二柄。甚至对荀子人性论的教化从善的观点都不屑一顾,甚至弃之如敝屣,因为在韩非看来,礼义教化乃是法治的最大障碍,必欲除之而后快。他说:“世主美仁义之名而不察其实,是以火者国亡身死,小者地削主卑。……民之所畏也;重罚者,民之所恶也。故圣人陈其所畏以禁其邪,设其所恶以防其奸,是以国安而暴乱不起。吾以是明仁义爱惠之不足用,而严刑重罚之可以治国也。”[9]由此看来,在国家管理中究竟是以礼义教化为措施,还是以严刑重罚为手段,正是荀韩管理人性论的最大区别。韩非的酷刑治世思想在华人管理者中也有一定的影响,特别在小企业主中影响较大。往往重惩罚,轻亲和;重简单指挥,轻系统治理。

三、“人性可塑”假设与华人管理思想

中国古代关于人性可塑与不可塑的两种观点都存在。但在传统观念上占主导地位的是儒家的人性可塑理论。就是认为管理不仅是对于人性的适应过程,而且是对于人性的塑造过程,这就是所谓的“人性可塑论”。

1. 何为“人性可塑”

孔子最早提出人性可塑的主张,他指出:“性相近也,习相远也。”[10]这句话的意思是说,人人所禀受的天性,本来是差不多的,没有很大的分别;一经过后天的习染,人与人之间便渐渐拉开了距离,不再相近了。关于人性究竟是善的还是恶的,孔子并没有提及。他只是肯定地认为,人性是可以改变的。人由先天所遗传下来的本性,初生时并没有什么固定的形态,就像一张白纸,可以任由后天的环境塑染。环境不同,塑染后的状态(或善或恶)也不同。对于孔子来说,当然希望经过塑染后的人性是善的,这也正是他的仁学思想立论的依据和根本的目的。自孔子以后,人性可塑,导人为善,就成了儒家各派人性论(包括孟子的“性善论”、荀子的“性恶论”、告子的“性无善无不善论”、世硕的“性有善有恶论”等)的共同特色。

“性善论”认为人所禀受的天性本来就是善良的。人生来就有恻隐之心、羞恶之心、辞让之心(恭敬之心)、是非之心。把这些本心加以扩充和发展,就成为仁、义、礼、智这些善良的本性。由此,在孟子看来,塑造人性、导人为善的途径就在于“存其心,养其性”[11],这里突出一个“养”字。

山上的树木尽管很茂盛,却也经不起没完没了的砍伐;人的本心再善良,却也经不起反反复复的消磨。所以,如果得到滋养,没有任何东西不能生长;失掉滋养,没有任何东两不会消亡。草木之性是这样,人性也是这样。任何人都会保养自己,但所发扬的对象却有所不同。在孟子等儒家学子看来,身体上的保养是小事,思想意识上的培养才是大事:发扬小的部分的就是小人,发扬大的部分的便是君子。只讲究吃喝玩乐而不注意思想意识培养的人,那是因小失大,放弃成为君子的机会而去做小人。

2. “人性可塑”假设的管理思想

存心养性,从提高素质上讲,首先要提高管理者的素质与管理水平,这是华人管理者较强的观念。孟子批评当时的君主道:管理者既然懂得存心养性的大道理,就要专心致志地去实行,否则,“一曝十寒”,或者“心不在焉”,那就无法发扬本心,得到善性,也就无法实行“仁政”。[1]

荀子持“性恶论”,认为人生来就有“饥而欲食,寒而欲暖,劳而欲息,好利而恶害”的本性,如果顺其自然,不加限制,就会为恶作乱。由此,塑造人性、导人为善的途径就在于“化性起伪”。

存心养性,也同被管理者方面利用。孟子认为:企图拿仁义礼智之善来使人服输,是不可能使人服输的;只有拿仁义礼智之善来熏陶教养人,这才能使众人真正归服。因此,存心养性乃至养人为善,是管理事务的不二法门。[2]

人的本性不足以治理自己，这就需要“化性”。所谓“化性”，其内容包括人的举止措施和风俗习惯（“注错习俗”）。在一定的环境和一定的行为习惯中，日积月累，人们的本性就能够得到逐渐的改变。

关于“积”，中国传统管理思想认为，就人类而言，积种田的经验而为农夫，积制作的经验而为工匠，积买卖的经验而为商人，积礼义的熏陶而为君子；从环境上看，生活在楚越地区就会接受楚越人的风俗，生活在中原地区就会形成中原人的习惯。由此可见，一定的环境和行为习惯，对于人性的塑造是多么的重要。“故人知谨注错，慎习俗，大积靡，则为君子矣；纵性情而不足问学，则为小人矣。”[8]

管理者明白了上述“化性”的道理，就应该自觉地担负起礼义教化的责任，移风易俗，塑造人性。作为国家的管理者同时也是人民的教育者。要通过长期的宣传、教育、积累、磨炼、诱导、反复申明，从而使闭塞的人通达起来，浅陋的人广博起来，愚钝的人聪明起来。总之，要把人性的培养引导塑造，作为治国单位管理的基础。

如此看来，传统的教化性实际上就是他的“礼义之治”。人性为恶，但通过管理者的礼义教化，就可对之加以必要的限制，导其为善。人人从善，精神境界提高了，就能各司其职，努力工作，从而使社会得到协调发展。按荀子所理解的“群居和一之道”是以“贵贱有等”为前提的，带有封建等级制度的烙印。但是，荀子把人的培养塑造当作制约社会发展的重要因素，早已成为华人管理者的一个主要思想方法。

3. “人性可塑”论与西方相关假设在管理方式上的异同

孔子所首倡的“人性可塑论”，对中国民众与管理者有着十分重大的影响。自古以来都都是如此。

华人管理思想中的“人性有善有恶论”，与现代管理学中的“超 Y 理论”颇为接近。“超 Y 理论”认为，人们有不同的需要。有的人不想承担工作责任，习惯于“你给钱，我干活”的“X 理论”的管理方式；有的人却追求更多的自治责任，以便发挥个人创造性的机会，他们更喜欢“促使人们自我实现”的“Y 理论”的管理方式，实际的管理活动就要兼顾二者。——这种情况，如果用中国传统的话来说，那就是：人性既有善也有恶，不可一概而论，管理者要分别对待。至于对待的手段，中国管理者的习惯方法却与“超 Y 理论”的主张者有所不同。后者强调要根据人们的不同需要而采取不同的管理手段，这实际上是把管理的问题当作是如何适应人性的问题。中国管理者则突出一个“养”字，认为人们为善为恶全在于坚持不懈的思想教育，管理的过程就是塑造人性的过程。

这不仅仅是中国传统观念与“超 Y 理论”的不同，与现代行为科学管理理论

(包括X理论、Y理论、超Y理论等)的不同。在行为科学理论中,人性假设只是必要的前提。在确定某种人性的假设之后,接着的问题就是如何依据这些人性假设而采取什么样的管理措施,着重点在适应人性。尽管它们也在一定程度上看到组织环境对于人性表现的影响;但其注意力却在如何改变组织环境,而不在于如何改变或塑造人性。人性在它们各自的理论中不是一个可变的因素。

而在中国传统观念中,人性的问题不仅仅是管理理论的必要前提,而且是整个管理活动的中心课题。在传统观念看来,做出某种人性判断(或善或恶)固然是必要的,但更加重要的却在于如何改造这种人性(去恶扬善)。比如,荀子人性论的着重点就不在于讲"性恶"(尽管在这方面他和孟子争论得很热闹),而在于讲"善伪"(在这方面他同孟子有许多异曲同工之处)。又比如,世硕讲"人性有善有恶",最后落脚点却还在于"养",他甚至还专门为此写下了《养书》。孟子认为,"存心养性"是推行"仁政"的基础;而荀子则认为,"化性起伪"是"礼义之治"的内容。凡此种种,都足可以证明,究竟塑造人性还是适应人性,正是中国传统观念的管理人性论与现代行为科学理论的根本区别。

总之,华人管理者的管理思想一开始就受到中国传统的潜移默化的影响。往往是上学后才了解西方的一些管理思想。所以前者的影响远远大于后者。对中国传统管理思想如何正视,正确地评价它,分析它的影响,对于华人管理应该是有益的。

(2002年10月)

参考文献:

[1]孟子《孟子·告子上》世界书局1939年版
[2]孟子《孟子·离娄下》世界书局1939年版
[3]孟子《孟子·公孙丑上》世界书局1939年版
[4]孟子《孟子·尽心下》世界书局1939年版
[5]荀子《荀子·性恶》上海书店1986年版
[6]荀子《荀子·礼论》上海书店1986年版
[7]孟子《孟子·滕文公上》世界书局1939年版
[8]荀子《荀子·儒效》上海书店1986年版
[9] 韩非《韩非子·奸劫弑臣》上海书店1986年版
[10]孔子《论语·阳货》世界书局1939年版
[11]孟子《孟子·尽心上》世界书局1939年版
[12]荀子《荀子·荣辱》上海书店1986年版
[13]王充(东汉)《论衡·本性篇》商务印书馆1984年版

硬核+浮动

——关于科学管理的计划调节方式的设想

在科学领域里，科学投资在生产总值中的比重，各个科学门类之间、各门学科之间的投资比例都是波动性变化的。在不同的时期有不同的配比结构。乍看起来，这是一个无关紧要的经济现象，实际上，探讨和分析它的变动规律和变化幅度，在科学管理的计划调节中有着重要的参考作用。

一、科学结构的硬核浮动模型

通过考察科学资金在国家建设投资中的比重和各个科学门类之间、各门学科之间的比例关系的历史变动过程。然后，把各个科学部门结构和科学在经济整体中的比重分为硬核与浮动两部分。所谓硬核就是某部门在相应整体中的历史最小值，浮动则是在最小值之上的波动变化部分。硬核与浮动的比值关系随着部门结构的变化而波动着。硬核与浮动还会在一定的历史条件下互相转化。

一个部门的硬核有多大？硬核与浮动之间的比例是多少？这些具体数值只能从历史事实中去探寻。考察下面一些例证后，发现是这么一些情况。

表 1　西德科研经费在社会产值中的比例变化表[1]

年度	62	63	64	65	66	67	68	69	70	71	72	73	74	75	76	77	78
金兀（百分）	4490	5380	6570	7910	8840	9740	10550	12250	14880	18000	19250	20460	22290	24615	25740	27889	30116
占社会总产值比	1.3	1.4	1.6	1.7	1.8	2.0	2.0	2.0	2.2	2.4	2.3	2.2	2.3	2.4	2.3	2.3	2.3

表 2　日本国家生产总值与研究经费的比率表[2]

年度	1970	1971	1972	1973	1974	1975	1976	1977	1978
自然科学经费（日元）	11953	13459	15867	19809	24214	26218	29414	32335	35700
国民生产总值	755239	831660	968837	1172579	1392193	1531263	1718151	1907133	2092482
（日元）比率	1.58	1.62	1.64	1.69	1.74	1.71	1.71	1.70	1.71

科学的门类结构也不是僵固不变的，它同样随着时间的推移而波动着，变化着。并呈现出一定的波动幅度，如表3：

表3 基础、应用、开发研究费[3]

年度	1968 - 1969	1973 - 1974	1976 - 1977
基础研究	27.7	28.2	30.5
应用研究	43.7	36.6	44.4
开发研究	28.6	35.2	25.1
合计	100.0	100.0	100.0

每个科学门类都包含着多个不同的学科，每个学科又包含着基础理论研究与应用技术研究两部分。学科结构与门类结构的划分，类似如对同一事物的纵向和横向不同侧面的化分。就学科结构而言，同样是依一定的振幅波动着，如表4

表4 西德国家预算中科研经费支出表[4]

年代	1969	1970	1971	1972	1973	1974	1975	1976	1977	1978
地球环境的研究利用	0.01.6	0.01.7	0.01.5	0.01.6	1.6	0.01.7	0.01.8	0.01.8	0.02.0	2.0
人类环境	0.00.9	0.01.0	0.01.1	0.01.1	0.01.4	2.6	0.025	0.02.4	0.02.8	0.03.3
人类健康的保护和促进	0.01.7	0.02.1	0.03.2	0.03.7	4.0	3.8	0.04.3	0.04.2	0.05.1	0.05.5
能源的生产分配和理论使用	12.0	0.11.3	0.10.8	0.11.3	0.10.3	0.10.7	0.10.5	0.10.8	0.12.3	0.13.4
农业生产力和技术	0.02.4	0.02.1	0.02.0	0.01.9	0.01	0.01.7	1.8	0.01.9	0.02.1	0.02.1
工业生产力和技术	0.06.3	0.06.6	0.08.0	7.2	0.07.6	7.5	07.3	0.070	0.07.2	0.07.7
社会中共生活的问题	0.02.4	0.02.7	0.04.4	0.03.7	0.03	0.04.0	0.04.8	0.04.4	0.14.5	0.04.5
宇宙空间的研究与利用	0.06.4	0.05.3	0.06.1	66	0.05.3	0.04.1	0.04.2	0.04.6	0.04.3	0.04.3
国防	0.19.2	0.17.7	0.14.9	0.10.6	12.8	0.17.9	0.11.0	0.11.4	0.12.5	0.12.4
一般研究	0.47.5	0.49.2	0.48.8	0.15.2	0.52.4	0.52.1	51.5	0.51.5	0.47.2	0.44.8
合计	100.0	100.0	100.0	100.0	100.0	100.0	100.0	100.0	100.0	100.0

各表中的科学结构有两种变化情况，一是波动性变化，它是增减交替、循环往复，没有全过程的递增和递减性变化，对这些情况，我们求取其部门的内核，就是

取本部门在科学体系中的历史最小比值。二是有些部门在科学体系中的比值虽然有阶段性的起伏式变化，但在其他某些因素的影响下，明显地蕴含着整个历史过程的递增和递减性现象，如表 5 的科学投资比与人平生产总值有一定的函数关系。

表 5 人平生产总值与科学投资比例对比[5]

国别	年份	人平生产总值	科学经费与生产总值中的比例
印度	1972	112	0.4
法国	1971	3161	1.8
日本	1973	3752	2.0
西德	1973	5796	2.1
美国	1973	6166	2.3

另一方面，各个门类、各个学科在总体中的比值也是随着人们认识的逐步深入，使一些旧的事物步步消亡，一些新生事物步步升起。赵红明同志提出的科学采掘模型[6]，正是以一个侧面说明了这个问题。要计算需先求出某种部门结构的历史递变率，然后取历史上某原点的比值，加(或减)递变率乘取值年度到计划年度的年数，这就是某门类和学科在总体中的计划比重，用数学式表示是：

$$Pt = Po \pm TR *$$

科学结构的自我调节过程，是一个生产成果与实际需要之间的差别不断缩小，又不断在新形势下扩大的循环发展过程。不同的国家有不同的科学结构和结构波动幅度。

科学体系是一个十分复杂的体系，上分基础、技术、应用三大类，下到每一个课题，相互之间的结构关系都存在着波动性的变化过程。这里要一一详尽地探讨出它们的内核与整体的关系是困难的，但我们可以举一反三，根据实际需要和收集到的实际材料，利用这种方法探讨出科学体系中不同层次的门类、学科、课题结构的波动过程来。

二、以硬核浮动模型为依据确定最值调节权限

我们的管理机构是层层相套的。上级领导下级，下级在执行上级发放的计划时必须要有一定程度的自由是不言而喻的。自由变动的最佳允许值是多少呢?从硬核与浮动关系的考察分析上，就可以得到较为满意的回答。

上级规定了各下层机构的科学投资比,即指派下属单位的科研经费在本单位的生产总值中应占多大比重。下属单位有必要根据自己的实际情况对计划进行调节。如果下级没有调节的余地,因种种内在原因必然会拉大实际需要与工作计划的距离,带来不良的后果。要是由下级任意调节,上面的计划就不起作用了,并可能发生违背国家基本政策,搅乱全国统一步伐的结果。应该允许有多大的调节权限呢?凭经验办事照样很难吃准,容易发生失误。我们只有把它建立在科学的基础上,通过对近几百年的历史数据进行统计、归纳、分析,从中得出科学投资在国民经济体系中的投资比的波动情况。从表 2 的数据中

表 6 科技投资与 GDP 比重

	科学投资/生产总值
最小值	1.58
最大值	1.71
波动范围	0.13

得到了如表 6 所述的波动范围。由此得出科学投资在生产总值中的比例在 1.58% -1.71%之间。把这个数字作为下属单位对计划的调节权限。这样,上级虽然没有下达生硬的计划数字,但下达了生硬的计划值的上限与下限。超越了这个限度,就要作违背政策论处的。这样,就能使我们的科技事业稳步而富有生机地发展。

在科学的门类结构的处理上,必须突出科学技术为经济建设服务的宗旨。可是,科学的各个内部结构之间是一个互相影响的完善整体。任何片面追求某一方面的发展的做法,都只能得到事与愿违的结果。各个科学门类之间在不同的国情下、地情下,都有不同的主要方面。上面根据自己的情况下达了门类结构比,下级的调节权限放到多大合适呢?同样可以从门类结构的历史波动程度中去求得恰如其分的解决。要是如表 3 所述事实相当,经过计算(如表 7)得出下属单位的自由变动幅度是基础研究 ±2.8%,应用研究 ±7.8%,开发研究 ±10.1%的比例适合性。

表 7 科学门类结构调节限度

项目	基础研究	应用研究	开发研究
历史最大值	30.5	44.4	35.2
历史最小值	27.7	36.6	25.1
自由调节限度	2.8	7.8	10.1

在科学体系中，学科结构的历史变动情况要是如表 4 所述，那么，求取下层单位对学科投资比的最佳调节权限就不是一件很困难的事了。具体数据见表 8：

表 8　学科结构下层调节权限表

项目	最大值	最小值	自由调节范围
地球环境研究利用	2.0	1.6	0.4
人类环境	3.3	0.9	2.4
人类健康保护与促进	5.5	1.7	3.8
能源生产分配，合理使用	13.4	10.3	3.1
农业生产力与技术	2.1	1.7	0.4
工业生产力与技术	8.0	6.3	1.7
社会共同生活问题	4.9	2.4	2.5
宇宙空间的研究利用	6.6	4.1	2.5
国防研究	19.1	10.6	8.5
一般研究	52.4	44.8	7.6

当然，还有课题投资结构问题，同一课题结构下的不同工种之间的资金结构问题等等。这些问题的解决，同样可以采用这种方法。先求出这些结构的历史波动幅度，然后根据求得的结果来给定下级的计划调节权限。

三、以硬核浮动模型为根据处理好重点部门与非重点部门的关系

在允许的拟定计划权限和计划调节权限中，如何根据自己的实际情况，来拟定和调节科学投资在生产总值中的比例，科学的门类结构、学科结构的投资比呢？

科学的横向结构特性告诉我们，应该重点放在自己的技术优势、人才优势、资源优势上。各国的、各单位的科学门类结构、学科结构，都依本国的人才资源、自然资源、传统基础等方面的不同而不同。这点，我们应有意识地把握住。同时也应该看到，科学技术要为经济建设服务，这个方针又无形地、自然而然地从自己领域中的纵向历史结构中体现出来了。在长期的发展过程中，有什么样的优势，就有什么样的部门结构，就会有什么样的部门结构的波动过程。在寻找计划依据时，可以外国外省的历史结构、不以世界平均值的历史结构为依据，只以本国、本地区、本单位的历史结构为依据，目的就是要体现出自己的优势。在横向结构特性的自然控制下，拟定某个具体时机的具体结构时，同样需要在历史数据中去

探寻。

我们知道,科学、技术、经济、社会等都是起伏交替,周期性地发展着。在科学体系内部、各门类之间、各学科之间也是周期性发展的。1981 年,我和陈文化同志合作,定量地论述了科学的周期性发展规律,提出了一个预测公式[7]。1982 年陈文化同志定量地论述了技术和经济的周期性发展规律[8]。此后,我提出过用各产品在市场上的自然兴旺期的"利用率",来衡量我们在现有财力、物力、资源等条件下,对时机的利用程度。在科学结构的拟定调节中,要借助于周期律公式计算结果的指点。发现谁在自然周期的高潮上,就把谁作为重点;谁在自然周期的低潮阶段,谁就是非重点。对重点部门的投资要扩大,对非重点部门的投资要缩小。究竟扩大和缩小到什么程度呢?同样可把硬核浮动模型作依据,即重点部门发放它在历史上的最大比值,非重点部门发放它在历史上的最小比值。但一般都不要超越历史最大值和最小值。这样做,既能突出重点,又能使各部门间的比例关系不致失调。具体分析以下情况表述之。

拟定一个时期的科学投资在生产总值中的具体比值时,科学的周期性发展的兴盛和衰退的不同时期分别有"$y_1 = A_1 ek_1 T$"和"$y_2 = A_{2t-k2}$"的不同发展速度。并发现近代科学纵向发展周期的持续时间是:高潮期为 $50 + 70^n$ 年,低潮期为 70 年,"n"表示周期次序,相应地取 1、2、3……由此可推出每一个年度的科学成果生产是处于兴旺期还是衰退期。如果在当时的人平产值水平下,科学投资的波动范围应如表示所述的 ±0.13% 之间,从而得出科学投资的最高限额和最低阀值,在科学兴旺期就按当时的经济水平下的最高科学投资允许额发放,在科学衰退期就按当时经济水平下的最低科学投资比发放。

科学不同门类的发展也是这样,陈文化同志从历史考察中得出的周期变化规律如表 9。

表 9 近代基础科学与应用技术发展周期表[8]

科学门类	兴盛期	衰退期
基础科学	$50 + 70^n$ 年	70 年
应用技术	$30 + 20^n$ 年	10 多年

我们知道了科学与技术在过去不同年月的发展情况后,根据这张表就能推断今后不同年月的科学与技术的发展状态。根据它们的不同状态来确定投资结构。还是谁在自然兴盛期,就由谁占主导地位,就把谁作为重点扶持对象,就按它的历史最大比例发放投资,反之亦然。

各门学科的发展,也都是起伏式进行的。而且是彼起此伏,交织混杂、互相作用、不断前进的。这就有待于我们先探讨出各门主要学科的兴衰规律,然后再推新出每门学科在不同时代的兴衰状态。根据它们的兴衰状态确定投资结构。

本文所述的具体数表,由于调查的局限性和不够准确性,还有失实的地方。这里只把它们作例子,说明这种计划管理方式而已。总之,科学管理中的力量调配问题,是一个牵连面很广的复杂问题,凭定性经验办事,往往不容易吃准,容易导致结构失衡。这在我国的经济管理和科学管理中的经验教训是不少的。现在,我提出这个计划方式,也还没有得到实践的证明。从理论上说这么做对于保证国家重大课题研究的稳妥进行,保证基层工作既有自由活动生气,又使我们的工作有条不紊地、各方面力量平衡地发展。定量地、清晰地、有根有据地搞好科学规划对科技事业顺利发展是大有颇益的。

(1992 年 5 月)

参考文献

[1]伍梅译:《西德科研经费支出及其资金来源》,见《国外科技动态》1981 年第 1 期第 56 页

[2]璞摘评:《日本工业研究概说》见《国外科技动态》1981 年第 6 期

[3]林木摘评:《澳大利亚的科学技术政策与管理》见《国外科技动态》1981 年第 9 期第 40 页

[4]在注[1]中的第 57 页表中所列数据推算出来的

[5]本书编写组《国外经济统计资料》中国财政经济出版社 1979 年 4 月第 1 版第 36 页和第 549 页

[6]赵红明:《论"当采学科"与科学家战略部署》见《自然杂志》1982 年第 9 期

[7]陈文化、谷兴荣:《科学发展的周期律》见《自然信息》杂志 1982 年第 2 期

[8]陈文化:《科学、技术、经济协调发展的规律的定量分析》见《自然信息》1983 年第 1 期

科学技术投入产出的三大基本法则

科学技术研究是一种特殊的精神生产和理论创新。它的产品不是粮食、蔬菜、汽车、彩电等一类实体，而是科学理论成果和技术成果。但是，它和物质生产活动一样，有自己的投入——人力、物力和财力，也有自己的产出——科技成果。因此，在科学技术的投入产出中同样存在着一些基本的、所有科技工作者都必须遵循的法则。事实上，各国关于科技工作的法律、政策与计划安排都体现了政府和人民对科技工作的要求，自觉或不自觉地运用了这些法则。笔者从科技工作者主观愿望和社会对他们的客观要求的结合上，经过长时间的调查、思考和研究，探索并归纳出科学技术的投入产出所追求的以下三个基本法则．由这三大基本法则引导和制约着科学技术研究。现就这三个基本法则进行讨论。

一、科学基础研究追求成果的社会影响最大化法则

对科学基础研究投入的人力、物力与财力是有价的，可换算成货币额。产出的成果起着对自然界的认识更加清楚、更加深入的作用。许多成果可导致技术革命、技术发明，当然也是有价值甚至是有重要价值的。但是，由于没有直接的经济效益，其价值无法用货币额衡量。投入产出之间由于一方是有价投入，一方是无价产出，因此没有统一的计算单位，就不能用经济学上一般的投入产出计量模型进行分析。但是，这类成果中不同成果的社会历史影响力不同，其影响力可通过科学计量学的方法测定。有鉴于此，笔者提出用社会历史影响程度作为衡量基础研究成果的指标，由此构成一个特殊的投入产出关系，即投入一定的人力、物力、财力等要素，就产出具有某种社会影响力的基础研究成果。科学研究者与科技管理者的目标就是千方百计地追求用最小的投入获得影响力最大的成果的产出，这是科学基础研究所追求的社会影响力最大化法则。

(一)科学技术研究投入额的计算

科学技术研究的投入,除已有量化的经费外,还有研究人员、辅助人员,实验场地与设备,图书情报资料等。计算投入额时,将这些要素的耗费全部换算成资金额。用Z代表要素,用W代表要素的价格。Z_1为科研人员和辅助人员的劳动时间,W_1为这些人员在单位劳动时间的工资劳保费用;Z_2为实验场地的面积与使用时间,W_2为单位面积时间的租金;Z_3为实验设备费和使用期限,W_3为单位地间的设备租赁费或折旧费,依次类推。把有关费用汇总,得出该项目研究的总投资。用数学式表述为:

$$S = Z_1 + W_1 + Z_1 W_2 + Z_3 W_3 + \cdots + Z_n W_n \tag{1}$$

式中,S为某项目研究的总投入量,故可改写成和的形式:

$$s = \sum_{ij=1}^{n} z_i w_i \tag{2}$$

(二)科学基础成果的社会历史影响程度的测定

科学基础成果的社会历史影响程度,可从不同角度测算。我们业已知道,基础科学向着三个方面发展,是从宏观到微观的逐步深入过程,赵红州先生的采掘模型重点研究了这一过程;二是从宏观到宇观逐步扩大视野的过程;还有从简单到复杂,不同因素相互联系的复杂程度不断扩大的过程。这三个方向的发展过程如下:

凝聚态→分子→原子→基本粒子→夸克;

凝聚态→行星→恒星→恒星系→宇宙岛;

机械力学关系→机械力学关系+能量转换关系→机械力学关系+能量转换关系+信息传播转换关系。

这三个方向的一个层次到另一个层次的发展,都是里程碑式的、划时代的发展。每一个划时代的大成果都建立在无数个小成果的基础之上,因此就带来一些问题。

一是研究的问题有大有小。从一个层次到另一个层次的研究中,包括许许多多的问题,这些问题的大小不同。发现问题的大小与科学成果的价值量成正比。依次顺序是:①在已知物质领域中发现了新的优化组合方式;②在已知物质领域中发现了某物质的新功能;③在已知物质层次中发现了新的组成单元,如人们认识到原子层次后,对新元素的发现;④新层次运动规律的发现。

二是科学研究的环节与难度。每一项发现都要经历不同的研究传播环节,承担不同环节不同方面的工作,按对认识世界的意义大小和工作难度,从小到大依次是:①传播新知识;②完善新理论;③揭示新规律;④验证新知识;⑤发现新情况。

三是科学成果影响范围的大小。这相当于科技成果所产生效果中的学术意义,表明该成果对科学和社会历史的指导作用和促进作用。可分为三个等级:①在社会发展中或学科发展中起过一般性的作用;②对某个学科或社会的某个方面有过较大的影响和促进作用;③对整个社会的多个方面都有比较明显的指导意义。

四是对社会历史影响程度的高低。可分为四种强度:①影响到某个行业的技术改进,带来生产效率和产品质量的提高;②引起人类生产、生活方式的变化,如电视机、汽车、拖拉机、电话等,都达到了这种程度的变革;③影响到社会观念的更新,如古代思辩性的自然科学研究成果带来朴素的辩证法思想的形成,近代对生物学和力学等分门别类的深入研究带来形而上学世界观的形成等;④引起社会制度的变革。马克思主义早就指出,生产力决定生产关系,经济基础决定上层建筑。陈文化先生在《科学技术与发展的计量研究》一书中,描述了科技革命(主要指划时代科技成果的发现)与社会变革的直接关系。

五是对技术装置的影响程度。可分为五个等级:①对原有机器的某个零部件的改造。②对机器的零部件不作多大改动,只是对各零部件的相互关系进行调整,由此使机器整体功能得到提高。③对整个工作机的变更。按照机器由动力机、工作机、辅助机三部分组成的观点来看,在动力机和辅助机部分变化不大的情况下,工作机的变革也能得到功效的大提高,如汽车、拖拉机、推土机等的动力部分差不多,由于直接操作的工作机不同,其功能大不一样。④动力部分的变革。动力部分的变化是技术设备的关键性变化,如从柴火到煤炭,再到石油能、电能、核能等。每一次变化都带来一次功效的大提高。⑤整个原理的变更。有时动力变革并没有改变整机原理,如汽车可以采用木炭火,也可以采用汽油和柴油燃烧。有时动力形式不变,但机器原理变了,如自动化装置用的虽然还是电力装置,但工作原理却截然不同。原理的变化是最大的变化,比动力变化(常常包含着动力变化)发挥着更大的作用。

六是科学成果在历史上的影响周期。有的成果只是昙花一现,有的可以风云一时,有的却能威震千古。一般说来,影响周期越长,其生命力越强。其影响可分为三个层次:①引起几年时间的某种程度的改观,如载人气球;②带来一个新的理论观念时代或技术时代,里程碑式地影响到一个时代,如古希腊理论时代,中世纪经院哲学时代等;③经久不衰,影响人类历史几千年,如欧几里得几何学等。

我们将 P 表示科技成果的历史影响，P_1 表示科技成果的重要程度，P_2 表示科技成果所来自的科学发展环节，P_3 表示影响范围，P_4 表示对社会的影响程度，P_5 表示对技术、学科和行业的影响程度，P_6 表示影响周期。把上述各指标赋值于后（见表 1）。

表 1　科技成果价值的指标体系

			赋值
指标体系 P	成果产生环节 P1	物质新的优化组合方式的发展	4
		物质新功能的发展	6
		某一物质层次新成员的发现	9
		物质运动新层次的发现	10
	成果产生环节 P2	传播推广新成果	4
		完善新理论	5
		发现新现象	8
		验证新知识	9
	影响范围 P3	提示新规律	10
		某个学科	4
		某个行业社会领域	7
		整个社会	10
	成果影响社会程度 P4	技术改进	5
		生产生活方式变革	8
		社会观念变革	8
		社会制度变革	10
	成果影响技术程度 P5		4
		零部件改造	5
		工作机变更	7
		动力机变更	8
		整机原理变更	10
	成果影响周期 P6	风云风年	3
		影响到一个时代	8
		经久不衰，影响千年	10

上述赋值方法有很大的主观随意性，可能因人的知识面、学术观点、个人学术水平相异而有很大的不同。因此，要采取相应的方法进行，要聘请十分内行的专家参加评估（人员不能太少，应具有代表性）。

把上述各数据进行综合运算，采用有关指标的加权平均法来进行测定，得值为：

$$P=0.016(P_1+P_2+P_3+P_4+P_5+P_6) \quad (3)$$

上式中，为了所得结果不超出平常习惯的 1，而加了一个总系数。其实还需要根据各指标之间的重要程度不同，分别赋予不同的加权系数。我们暂定为：

$$P=0.016(0.9P_1+0.7P_2+0.7P_3+0.9P_4+0.8P_5+0.95P_6) \quad (4)$$

式(4)中,P+331~P+336 值因为都是经专家评分得出的最基本的数据,无需进行更详细的分解,并且,照此得出结果,最大值都不会超出 1。最接近 1 的为该成果的社会历史影响最大,越小于 1 的说明其影响力越小。

(三)科学基础研究投入产出的关系及社会历史影响最大化的追求

科学研究投入产出的社会影响最大化,即投入最少的人力、物力、财力,产出影响力最大的科学成果。有史以来的科技工作者和科技管理部门都是这么追求的。如一个科技领导或项目负责人,当他安排 2 万元用于雇请一个专业技术人员工作半年,仅由于这一劳动者的增加,能使某项科研项目的影响程度提高 5 个百分点;但若把这 2 万元用于租设备和开展学术活动,这种开支能使项目成果影响程度提高 4 个百分点。这时,应把第一个 2 万元用于雇请研究人员。一年之后,单位再 2 万元用于该项目投资,如果此 2 万元再用于请人,由于新增人员的劳动,让科研项目成果的影响可增加 3 个百分点;而用于租场地设备和学术活动,仍可使项目成果的影响可增加 4 个百分点。那么,应将第二个 2 万元用来租赁场地设备和学术活动,因为这比增加科技研究人员的效益更好。若凭经验与感觉开支,便往往会觉得用在哪个方面合算就投向在哪个方面。现在将经验与感觉上升到理论,一个项目负责人当他开支到第 i 种要素△Z+33i 单位,花费 W+33i△Z+33i 元钱(第 i 种要素的价格为 W+33i),由于此△Z+33i 单位要素的增加能使产出增加影响力△y 个单位(百分点)。那么,在某个支出项目△Z+33i 中,每一元钱对产出的贡献为:

$$\frac{(\partial p_1+\cdots\partial p_n)/\partial Z_1}{W_1}=\frac{(\partial p_1+\cdots\partial p_n)/\partial Z_2}{W_2}=\frac{(\partial p_1+\cdots\partial p_n)/\partial Z_m}{W_3}=\lambda$$

$$\frac{p\Delta Y}{w\Delta z_i}\xleftrightarrow{\Delta Y\text{由 }Z_i\text{ 所贡献(其它方面不变))}}\frac{\partial(p_1+\cdots p_n)}{w_1\partial z_i} \tag{5}$$

式中:p——成果数,也即某项投资所得正副产品的成果总数。

显然,经费用在哪些方面所获得的价值是不同的。如果各种要素可以分成任意的小量,那么,项目主持人应该这样来安排:花在各个方面的钱最后(或靠边)在这一部分,这一元钱产出的贡献都应相等。用数学式表示:

$$\frac{\partial(p_1+\cdots+p_n)}{w_1\partial z_1}+\frac{\partial(p_1+\cdots+p_n)}{w_2\partial z_2}=\cdots=\frac{\partial(p_1+\cdots+p_n)}{w_n\partial z_n} \tag{6}$$

上式便是所谓的科学研究投入产出的社会影响最大化法则。

这一法则还可以通过数学模型求解获得。设某科学研究项目的成果量函数为:

$$p = f(z_1 + z_2 \cdots, z_n) \tag{7}$$

投入要素的价格分别为 $w_1, \cdots, W_m$，当投入量分别为 $Z_1, \cdots, Z_m$ 时，其要素成本为 $W_1Z + \cdots + W_nZ_m$，所得收益为 P。在经济领域，利润等于收入减成本，在这里因计量单位不同，一为成果数与成果社会影响力，一为投入要素量与价格的经济单位，我们只好先求出一个平均知识成本，从大量数据中得出成果影响力与要素价格的平均比值，把此比值当作系数，用 k 表示。这样，"P、y、k"表示了某项目所得成果量与成果的社会影响力的社会平均成本是多少，统一到经济单位上来了。由此，我们所投入产出的影响最大化数学模型为：

$$\max\pi = Pyk - \lambda(W_1Z_1 + W_2Z_2 + \cdots + W_mZ_m) \tag{8}$$

式中，π 为某项目的知识成本与社会平均知识成本之差，P 为某投资项目所得成果量，y 为成果影响力。如果各成果之间的影响力大小不同，则不能直乘，可采用累计的办法。λ 为各要素价格之积的系数。

由以上研究，可得出单位投入量的相应成果社会历史影响最大化的极值，必要条件为：

$$\begin{cases} \dfrac{\partial\pi}{\partial z_1} = \dfrac{\partial P_1}{\partial z_1} + \dfrac{\partial P_2}{\partial z_1} \cdots + \dfrac{\partial P_n}{\partial z_1} - \lambda W_1 = 0 \\ \cdots\cdots \\ \dfrac{\partial\pi}{\partial z_m} = \dfrac{\partial P_1}{\partial z_m} + \dfrac{\partial P_2}{\partial z_m} \cdots + \dfrac{\partial P_n}{\partial z_m} - \lambda W_m = 0 \end{cases} \tag{9}$$

由上式不难得出：

$$\frac{(\partial p_1 + \cdots \partial p_n)/\partial Z_1}{W_1} = \frac{(\partial p_1 + \cdots \partial p_n)/\partial Z_2}{W_2} = \frac{(\partial p_1 + \cdots \partial p_n)/\partial Z_m}{W_3} = \lambda \tag{10}$$

它与式(6)所示相同，当 $\lambda > 1$ 时意味着科研投资效果大于社会平均水平，科技管理者不断投进更多的要素，直至 $\lambda = 1$。

应当指出，式(10)所示的科学研究投入产出水平，适用于各种投入要素之间可以相互适当代替情况下的投入产出函数。在多种情况下，科研投入的人力、设备、资料等要素是不能相互代替的，这时求它们之间的最佳结构，以获得单位投入量的最大成果效益，其方法在第三章讨论。

二、技术应用研究追求成果的经济效益最大化法则

在应用技术的研究发展中，因为技术成果是可以定价的，投入要素更可以计价换算，这样就回到了普通经济学的投入产出关系。科学研究者是尽可能的用最

少的投入得到最大产出的结果，这是技术研究的经济效益最大化法则。

技术研究的经济效益最大化法则比普通经济学的利润最大化更难把握。因为投入的要素很多，显得更为复杂，产出的技术成果的价值也很难预料，技术成果的经济效益也不像其他经济项目的收入那样一目了然。

(一)技术成果的经济效益预测

一项新技术的使用预期会带来一定的边际收益或新增价值，我们称之为新增利润。技术的新增利润可表现为降低生产成本，提高质量或性能，提高销售价值、增加销售量等形式。

1. 降低成本而产生的新增利润

当一项技术可以改进原有生产线的生产效率和材料消耗率，使购买技术方的生产成本下降，但对产品质量没有明显影响，那么转让这项技术的新增利润应为：

$$R=(C_0-C_t)QN \tag{11}$$

式中：R——该项技术新增价值总量；

C_0——采用该项技术前的单位成本；C_t——采用该项技术后的单位成本；

Q——产品的年产量；

N——合同有效年限。

这个公式没有对未来收入预期价值折成现值，故是粗算。

如一家无线电厂利用引进的计算器生产新技术，使其产品计算器单位成本由10元降为6元，年产量为50万台，合同有效期为6年，这项技术带来的新增利润为：

$R=(C_0-C_t)QN$

$=(10-6)\times 500000\times 6$

$=1200$ 万元

2. 提高产品质量和性能而增加的利润

在一般情况下，引进技术并不以降低成本为目标，而是为了改进产品的质量和性能，提高产品档次，使产品价格提高。假定生产成本保持不变，那么，转让这项技术的新增利润应为：

$$R=(P_t-P_0)QN \tag{12}$$

式中：R、Q、N——同(11)式；

P_0——改进前产品销售价格；

P_t——改进后产品销售价格。

如一家灯具厂引进一种灯泡制造新技术，使灯泡的使用寿命从平均1000小时提高到3000小时，其售价由每只0.8元提到2元。假定其成本不变，产量为

500 万支,合同期为 10 年,这项技术的新增利润为:

$R=(2.0-0.8)\times 5000000\times 10=6000$ 万元

如果在改进产品质量和性能的同时,生产成本也相应提高,那么,与这项技术相关的新增利润为:

$$R=[(P_t-P_0)-(C_t-C_0)]QN \tag{13}$$

在上面的例子中,假定的价格提高的同时,成本亦由 0.2 元提到高到 0.4 元,那么这项技术的新增利润则为:

$R=[(2.0-0.8)-(0.4-0.2)]QN$

$=(1.2-0.2)\times 5000000\times 10$

$=5000$(万元)

3. 销售额增加带来的新增利润

上面只讨论了成本价格两个方面所表现出来的新增利润。引进技术可能带来的收益当然不局限于这两个方面。比如,购买名牌商标,虽然对产品成本和销售价格未必有显著影响,但会提高产品的知名度和竞争能力,会增加产品的销售额。由销售额的增加所带来的新增利润的计算则为:

$$R=(P_0-C_0)(Q_t-Q_0)N \tag{14}$$

式中:P_0 和 C_0——该产品改进前价格和成本;

Q_t——采用新技术后的年销售量;

Q_0——采用新技术前的销售量。

新增利润代表着利用引进新技术所创造的比原有技术多出的价值,这是卖方所能得到的技术使用费的上限。很难想象,任何一个买主愿意把新增利润的全部作为技术使用费支付给对方。因此,买方支付给卖方的使用费(价格)通常只占新增利润的一部分。

4. 三个因素综合新增利润的计算

如果同时考虑价格、成本和销售量等因素,而且这些因素逐年变化,新增利润的计算公式为:

$$y_1 = \min\left[\frac{x_{11}}{a_{11}},\frac{x_{21}}{a_{21}},\cdots,\frac{I_1}{I_m}\right] = \min\left[\frac{x_{11}}{0.4},\frac{x_{21}}{0.2},\cdots,\frac{I_1}{I}\right]$$

$$R = \sum_{i=1}^{n}\{[(P_i-P_0)-(C_1-C_0)]Q+(p_1-C_1)(Q_1-Q_n)\}$$

$$=\sum_{i=1}^{n}\{[(P_i-C_1)Q_1-(P_0-C_0)]\}NQ_0 \tag{15}$$

式中:P_0、C_0、Q_0——技术引进前的产品价格、成本和销售量;

P_t、C_t、Q_t——合同期间（N 年）的逐年的价格、成本和销售量。

以上计算公式都没有考虑货币收入或支出的时间价格。年后的 1 元收入和今天的 1 元收入并不等值而是要少一些。换句话说，把 1 元钱存入银行，若银行利息是 5%，一年后这一元钱就变成了 1.05 元。因此，在进行比较精确的计算时，应当对未来的收入按利率（r）贴现。其计算公式为：

$$R = \sum_{t=1}^{n} \frac{1}{(1+r)^t}[(P_t - C_t)Q_t - (P_0 - C_0)NQ_0] \tag{16}$$

贴现的利率又称为贴现率，通常以风险最小的投资回收率作为贴现率。比如，把钱存入国家银行或借贷给政府（购买政府长期债券），可视为风险最小，其利率可用作贴现率。

（二）技术研究的投入产出关系与追寻经济效益最大化的数学方法

技术研究中追寻经济效益最大化的方法，与经济活动中追寻利润最大化的方法基本相同，然而对投入的各种要素之间能够相互代替的和不能相互代替的计算方法是不同的。对各要素能相互代替的情况下的计算，前面已经讨论过，这里只讨论各要素不能相互代替情况下最大值的求取。

在投入的各要素成固定比例的情况下，确定需求函数与供给函数最佳结构的方法。

设某种产品投入量与产出量之间可用如下生产函数来描述：

$$y = \min\left[\frac{z_1}{a_1}, \frac{z_2}{a_2}, \cdots \frac{z_m}{a_m}\right] \tag{17}$$

若不考虑研究时间，也不考虑固定资产，且投入的各种要素在一周期使用后变为零，那么，它属于静态投入产出模型。

当各种要素投入量为：$z_1 = a_1, z_2 = a_2, \cdots, z_m = a_m$

时，产出 y = 1。如果成果价为 P，各要素价格分别为：$W_1, W_2, \cdots, W_m$，那么，价格 P 应等于相应成本，即

$$P = W_1a_1 + W_2a_2 + \cdots + W_ma_m \tag{18}$$

因此，供给函数为：

$$\begin{cases} \text{当 } P > (W_1a_1 + W_2a_2 + \cdots + W_ma_m) \text{ 时，产出 } y \text{ 取最大值；} \\ \text{当 } P < (W_1a_1 + W_2a_2 + \cdots + W_ma_m) \text{ 时，产出 } y \text{ 取最小值零；} \\ \text{当 } P = (W_1a_1 + W_2a_2 + \cdots + W_ma_m) \text{ 时，产出 } y \text{ 多大都可以；} \end{cases} \tag{19}$$

从式(4.17)可知，当投入要素在适当比例时是最经济的，这也符合笔者 1984 年提出的科学发展中的最小要素限制规律。因此，若产出为了 3 个单位，那么要

素需求量分别为：

$$z_i = a_i y_i , i = 1 , 2 , \cdots , m \tag{20}$$

例如研究一项技术成果需消耗 0.4 单位工业品、0.2 单位农业品、1 人年劳动工时，那么该项目的研究函数为：

$$y_1 = \min\left[\frac{x_{11}}{a_{11}}, \frac{x_{21}}{a_{21}}, \cdots, \frac{I_1}{I_m}\right] = \min\left[\frac{x_{11}}{0.4}, \frac{x_{21}}{0.2}, \cdots, \frac{L_1}{1}\right] \tag{21}$$

研究另一技术项目需消耗 0.3 单位工业品、0.5 单位农业品、3 人年劳动工时，那么这一项目的研究函数为：

$$y_2 = \min\left[\frac{x_{12}}{a_{12}}, \frac{x_{22}}{a_{22}}, \cdots, \frac{I_2}{I_2}\right] = \min\left[\frac{x_{12}}{0.3}, \frac{x_{22}}{0.5}, \cdots, \frac{L_2}{3}\right] \tag{22}$$

在式(20)与式(21)中，各参数的含义：

X_{ij}——第 j 个课题实际水耗的第 i 种要素的量；

Li——第 i 个课题消耗的劳动工时；

yi——第 i 项研究所获成果量。

如果第一项研究每人年工资为 1 万元，第二项研究每人年只需 0.6 万元，工业品价格为每单位 0.6 万元，农业品价格为每单位 0.5 万元。

这属于静态投入产出平衡问题，利用式(18)可得下式：

$$\begin{cases} P_1 = W_1 a_{11} + W_2 a_{22} + W_3 I_1 \\ P_2 = W_1 a_{12} + W_2 a_{22} + W_3 I_2 \end{cases}$$

$$\begin{cases} \dfrac{\partial R}{\partial Z_1} = P \dfrac{\partial y}{\partial Z_1} - \lambda W_1 C_1 = P \dfrac{a_1}{Z_1} A Z_1^{a1} Z_2^{a2} \cdots Z_m^{am} - \lambda W_1 C = 0 \\ \dfrac{\partial R}{\partial Z_m} = P \dfrac{\partial y}{\partial Z_m} - \lambda W_m C = P \dfrac{a_m}{Z_m} A Z_1^{a1} Z_2^{a2} \cdots Z_m^{am} - \lambda W_m C = 0 \end{cases} \tag{23}$$

将参数代人上式得：

$$\begin{cases} P_1 = 0.4 \times 0.6 \times 0.2 \times 0.5 + 1 \\ P_2 = 0.3 \times 0.6 \times 0.5 \times 0.5 \times 0.6 \times 3 \end{cases}$$

从上式不难求出：

$P_1 = 1.34$(万元)　　　$P_2 = 2.23$(万元)

由此可见，方案一的课题设计成本低于方案二。P + 331 与 P + 332 值分别与其技术产品增加利润 R 值相比较，就可十分容易地算出成果的经济效益，取其效益最大的方案即可。

应当指出,本例是采取静态投入产出模型来计算产品物价的,它有许多不足之处,如没有考虑固定资产,这里的单位工业品与农业品究竟指的是什么。这些问题需要通过各种办法才能得到不同程度的解决,比如,可采用更加切合实际的其他模型,或将产品部门加多,使之更加具体化。关于需求函数、供给函数的应用将继续讨论。

三、科技研究追求成果的负损不动根本、益损余额最大化法则

前面所讨论的科技成果研制的利益最大化法则,都是指对人体健康、对环境保护等方面没有什么危害的科技活动。事实上,多数工业技术和农业技术成果的实施,都对人体或环境或多或少地有不良影响。这类成果的研制,应该把握的基本法则是新成果对人类社会的危害应不损伤其根本利益,并且新成果的经济效益大于其治理危害的费用。人类追求经济效益与经济危害的余额最大化的法则,这也是科学研究的一个基本法则。具体而言,科技工作者和科技管理人员在人民和政府的约束下,必须把握如下几条。

(一)科技新成果的研制以不损害人类社会根本利益、其有限的负面影响可以治理为原则

研制的科技新成果,最好不要对人类社会有损害,即使有损害也必须以把它控制在不触动人类社会的根本利益的范围内,对其有限的不良影响能有效治理,并以克服其弊端为原则。反之,不管它的经济效益有多大,只要科技新成果带来的危害是不可治理的,对它的推广应用实施会给人类社会带来不可克服的根本性危害,那么,科学家就应凭着自己的良心、道德和社会责任感,毫不犹豫地、坚决彻底地放弃,即当今中国社会流行的"一票否决制"。如胎儿性别鉴定,在农村开展这项业务的收益很好,经济效益可观,但它给社会带来男女比例失调,因而已被明令禁止。又如克隆人有很大的负面影响,再如某些药物导致先天性疾病的产生等,对它们都必须废止。

(二)科技新成果来的经济效益必须大于治理危害性的费用

有益有损的科学技术成果,应将其新成果带来的经济效益减去用于治理不良影响所花费的成本。显然,这增加了研究科技成果的经济效益的复杂性。按一般的投入产出的利润计算,只需计算投入的人力、物力和产出效益的成果的价值之间的关系即可得到。现在讨论的成果由于被运用的广度和深度的不同而有不同的利润。它所产生的价值越大,但它的负价值也可能越大。至于负价值在成果总价值中所占的比例,则依不同的成果而不同。

如何定量表述和计算科学技术成果的正负价值关系,可以分三步走。第一步,计算科研成果项目的投入产出关系,得出正效益,其计算方法与前面所讨论的没有什么不同。第二步,计算科研成果的负效益。第三步,计算科研成果正负效益相抵后的余额。

科研成果负效益的计算,主要将科技新产品生产过程中排出的废气、废水、废渣和地盘开采带来的负面影响,加上治理所花的经费。它的经费是依产量的增加而增加,因为比如采用某项新技术,每生产一份产品就会带来相应份额的废弃物需要治理。

从前面的阐述可知,一项新技术使用后,预期会给对方带来一定的边际收益或新增价值,我们称之为新增利润。它可表现为降低生产成本、提高产品质量或性能、提高销售价值和增加销售量等四种方式。如果同时考虑价格、成本和销售量等因素,而且这些因素逐年变化,新增利润的计算公式如式(15)和式(16)。但这个计算公式没有考虑新产品开发利润中必须开支的新产品开发带来的污染治理费用,并且这种费用是随着各年度产量的变化、价格的变化、以此带来经济效益的变化而变化的,设为废物治理费占利润总额的比例,得:

$$R = \sum_{i=1}^{n} \frac{1}{(1-r)}(P_t - C_t)Q(P_0 - C_t)NQ_0 \tag{24}$$

此公式所表达的是技术项目投产后,业已开支了治污染后所获的纯利润。当然它可以是正数,也可以是负数。当γ小于1时,该项目投产后有利可图;γ等于1时,该项目投产后无利可图;γ大于1时,即该项目投产所获治污前的利润还不够其治污的费用。

(三)项目研制追求盈利减去治污费后的余额最大化方法

科技工作和科技管理能给人类社会带来好处,如可观经济效益,同时又具有一定程度的危害性(但不是根本性的危害,而是可治理的危害)。需付出一定的治理费用的项目,应采用新增利润减去治污费用、所得余额最大化的法则。

比如有两个方案,甲方案年创利润可达100万元,但用于治理生产污染费用为15万元;乙方案年创利润50万元,用于治理生产污染的费用10万元。计算表明:

甲为85万元,治污费占利润额的15%;

乙为40万元,治污费占利润额的20%。

在这种情况下,科技人员追求的方案就不言而喻了。

如何运用数学方法选择技术项目中益损余额最大的项目,可以采用对数线性型或柯布道格拉斯类型生产函数所对应的供给函数及要素需求函数的方法求得。

例如设某个项目的投产函数为：

$$Y = AZ_1^{a1}Z_2^{a2}\cdots Z_m^{am} \quad 0 < a_: < 1, \sum_{i=1}^{n} a_: \leqslant 1 \tag{25}$$

求Z求偏导数得：

$$\frac{\partial R}{\partial Z_1} = P\frac{\partial y}{\partial Z_1} - \lambda W_1 - C\left(\frac{\partial R}{\partial Z_1} = 0!\right)$$

求该项目投产后的供给函数、需求函数及利润最大化方案。

设新技术产品的价格为P，要素价格分别为W+331…，W+33m。治理费用为C+330那么，利润为：

$$R = Py - \lambda(W_1Z_1 + \cdots W_mZ_m) - C \tag{26}$$

式中：P——产量；

y——产品价格；

W——要素价格；

λ——消耗系数；

C——与产量相关的治理费。

其利润最大化法则为：

$$\begin{cases} \dfrac{\partial R}{\partial Z_1} = P\dfrac{\partial y}{\partial Z_1} - \lambda W_1C_1 = P\dfrac{a_1}{Z_1}AZ_1^{a1}Z_2^{a2}\cdots Z_m^{am} - \lambda W_1C = 0 \\ \dfrac{\partial R}{\partial Z_m} = P\dfrac{\partial y}{\partial Z_m} - \lambda W_mC = P\dfrac{a_m}{Z_m}AZ_1^{a1}Z_2^{a2}\cdots Z_m^{am} - \lambda W_mC = 0 \end{cases} \tag{27}$$

人们在对待科技投入产出关系，都不自觉地按这三大法则追求着。本文的作用在于把这种追求法则清楚地归纳出来，使人们从不自觉行为变成自觉行为，特别是进而从计量管理的角度提出了这三大追求的一些基本方法。这对科技研究者和科技管理人员无疑都有着直接的启迪和借鉴作用。

参考文献

[1]谷兴荣．科学发展中的最小因子限制规律[J]．科学学与科学技术管理，1984(9)：15

[2]谷兴荣．科学技术研究业经济学原理[M]．北京：中国财政经济出版社，2004：86

[3]谷兴荣．科学成果的社会历史影响的评价指标与方法[J]．科技管理研究，1983(4)

[4]许晓峰．技术经济学[M]．北京：中国发展出版社，1996

[5]尹尊声，海闻．技术管理，开发与贸易[M]．上海：上海人民出版社，1995

(2000年5月)

科技长入经济的障碍与对策探析

科学技术能否作为生产力的一个基本要素而发挥作用,关键是科学技术如何通过有效的途径和方式长入经济,将科学技术因素传导、渗透、扩散、融合到经济的诸领域和诸产业,实现科技开发向经济开发的转化,使潜在生产力转化为现实生产力,从而使经济得到量的扩展和质的飞跃。但是,在当前科技长入经济的过程中还存在一些障碍因素。我们有必要进行分析并采取对策,以促进科技快速顺利地长入经济。

一、认清当前科技长入经济的主要障碍因素

当前,我国科技长入经济的障碍因素不少。我觉得,概括起来主要有如下三大障碍因素。

一是可供选择的技术和人才相对贫乏,对生产缺乏足够的吸引力。在技术上,一方面是在职务发明者和非职务发明者手中存有大量的科技成果和专利,没有被及时地转化为生产力导致着我国技术成果和专利被生产推广运用的只有成果总数的40%左右。即多数成果还是大家闺秀,等待着别人的赏识和企求。另一方面,经济生产中的许多技术难题都没有得到解决。这些生产单位和部门的领导经常叹息:在技术市场和专利管理部门中真难找到自己满意的技术项目。当前,各工厂之间、各行业之间的竞争相当激烈,谁胜谁负。当中重要因素就是看谁拥有实用性强、经济效益高、第一流水平的技术。技术研制与技术运用两者在内容上的阴差阳错是我国科技顺利长入经济的一个主要障碍。在人才问题上也一样,一方面是许多"英雄感到无用武之地",怨声载道,不少县每年七月份接受新分的大中专毕业生,由于安排不下,要反复向各下属部门和单位说服,直到十月底才能基本上都派上岗位。另一方面,各生产单位和经济、科技部门感到缺乏满意而有用的人才。人才问题也同样影响了生产单位对科技成果的推广使用,影响了科技

长入经济。

二是劳动者的素质不高决定了他们对技术需求缺乏应有的热情,从而影响着科技向经济的转化。有人认为新技术新工艺的引进利用,从某种程度上说是对工人的一种威胁。因为新技术的使用对劳动者的知识和技巧都有新的要求。原有工人是否能适应?新技术的采用带来生产效率的提高,原有的工人队伍是否需要裁减?有些新技术项目的采用,使工人的劳动节奏更快,对时间的支配更被动。正如某些工人所埋怨的:让我们做机器的奴隶,做会说话的机器。这些片面的理解,导致某些职工对新技术缺乏兴趣,甚至抵制。长沙市北区(现叫开福区)电容器厂在80年代末就发生过工人砸新设备的事件。我觉得,在资本主义国家,新技术到底给工人带来多大的好处,要作全面的辩证的分析,但对资本家的好处是毋庸置疑的,是绝对的。在社会主义国家,工人是工厂的主人翁,新技术带来产品质量的提高,这对主人翁又有什么不好呢?要充分认识这一点才能提高职工接受新技术的积极性。另外,当前职工队伍的科技知识和生产技巧的水平不高,对新技术的原理和方法接受不了,这也是科技长入经济的不利因素。

三是邮电、通讯、交通等条件落后,科技长入经济的传导系统严重受阻。越是先进的技术,其工作的节奏越快,与外界相互联系的频率越高,越需要更好的活动条件。而这些只能通过邮电、通讯和交通来进行联系。在我国,特别是我国的大部分山区的通讯是十分落后的、很多乡村至今还不通邮、不通电话、不通公路。一封信从外地寄到乡邮所后,有时要花十来天才到村部,再通过十天半月才能到农户手上,快信和电报也没有什么特殊。这些客观条件的制约造成了技术与经济的脱节,形成非良性循环。

加速科技与经济的结合,就是如何采取有效的手段,实现科技长入经济的快速发展。

二、促进科技长入经济的重点是围绕经济搞好科技研究与开发

促进科技长入经济的首要对策是做好科技自身的研究与开发工作,要研以致用。科学研究与经济开发相结合、科学研究与攻经济技术难关相结合,应做好如下具体工作。

一是围绕产业确立科技在经济中的生长点。发展区域性的支柱产业是经济发展实践中总结出来的成功经验,也为科技长入经济提供了机遇。特别是在贫困地区受到劳动力素质的限制,科技不可能一下子进入各行业、遍地开花。比如有些农村在开发初期就八方引良种,四处学技术,技术的触角一下子伸到很多项目,

结果贪多嚼不烂,有的项目或因技术不过关,或因环境不适宜,或因生产者没有掌握技术,最终导致失误而被迫放弃,这种教训是很深刻的。而必须突出重点,循序渐进,由点到面地进行渗透、繁衍。这种最初与经济相结合的科技生长点,只有与支柱产业相吻合才能发挥最佳效益。因为支柱产业是一种区域性的商品生产,它覆盖面大,容易集中优势重点攻关,提高效益。产品商品化的特点又刺激了人们对技术的需求,人与人之间也能够互相学习,共同提高技术水平。

二开发系列产品,提高产品的技术含量、脱贫致富,必须发展商品经济。商品是由产品转化而来的,没有一批拳头产品是不行的。这种产品必须通达技术与资源的结合才能开发出来,才能增加产品的技术含量,提高产品的商品率与市场占有率。产品开发的最佳途径是寻找技术靠山,把靠山的优势、本地的技术人员和资源捆在一起,从技术基础较好的基础产业入手,针对市场需求联合攻关、开发系列产品。同时,还可以实现"拿来主义",引进一些高科技产品,实现高点起步。无论是哪种方法都必须尽可能缩短开发周期,迅速占领市场,实现与市场同步开发或超前开发。凡经过检验的适销对路的产品就要尽快扩大批量,扩大市场覆盖面,以形成规模效益,还要不断提高产品质量,使产品在竞争中立于不败之地。

三是推广适用技术,扩大技术在经济中的涵养面。推广适用技术就要针对生产的要求,选择若干成熟的技术项目,大面积推广到生产单位和千家万户,让他们掌握这些技术以后,再进行更高层次的技术推广,使技术在生产中的应用范围不断扩大。推广工作能否取得好的成效,我们认为应该把握四点:第一,技术本身要符合生产的需要,而且比较适用;第二,要有一个健全的推广网络;第三,要选择一批示范企业和示范户先进行试点,让人们有几个看得见摸得着的典型可学;第四,在大面积推广时要制定可操作的技术规程,让生产者有一个技术"蓝本",关键环节,技术人员还要手把手、面对面地传授。这几年我们有些地方之所以能取得好的效果,与大力推广适用技术是分不开的。如在农村近三年有些县每年推广20项左右的技术,使全县杂交水稻种植面积达80%以上,旱地"三套四熟"吨粮地技术推广到3-4万亩。立体桑园和桑苗扦插技术在湖北省英山县推广后,面积达到5000万亩,每年扦插3000万株,实现了当年栽桑当年成园,当年亩产茧100公斤的效益,尝到了发展适用技术的甜头。

三、科技长入经济的关键是如何发挥人的作用

科技如何长入经济,这是一个十分具体的科技与经济的实践活动,这项活动能否成功,关键是各级领导能否引导科技人员在这方面狠下功夫,把他们的积极

性充分发挥出来。其中包含发挥科技人员的作用与提高劳动者素质两个方面。

搞活科技主体,把潜在的生产力变为现实的生产力。科技人员居于主体地位,是技术的载体。但他们占有的技术只是一种潜在的、隐性的财富,只有把它与生产相结合,才能变成现实的财富。在我国人才贫乏,必须充分发挥现有人才的作用,使有限的储备得到有效的开发和利用。从社会实际中看到,搞活科技人员这个主体,主要是放活本地现有的科技人员,通过技术人员承包开发项目,把技术直接运用到生产中去,这是最现实最有效的途径。同时要舍得花一定的本钱,有针对性地引进一批外地人才,解决自身力量不能解决的问题。在我国一些基层的经济实力差,不可能依靠高薪和其他优厚的条件吸引大批人才进山安家落户,但可以采取单项承包和短期服务的方式吸进"候鸟型"人才,一人解决一道难关。湖北省某县这几年通过这种办法曾引进技术人才300多人次,解决了一大批技术难题,该县缫丝厂将企改项目承包给无锡纺织研究所的六名技术人员。一年时间产量增长了48%,质量提高了一个等级。此外,还要充分发挥农村乡土能人科技"二传手"的作用,利用这些能人率先使用技术,或承包山水开发项目或村组企——使他们成为农村的科技带头人。

提高生产者素质,激发生产者对技术的追求。生产者的素质决定了生产对技术的需要,只有当生产者本身的商品意识和技术素质提高到一定程度后,他们对技术表现出强烈的欲望。但这种素质的培养不是一朝一夕能奏效的,必须从基础教育抓起。同时结合抓好现有生产者的学习和培训才能逐步实现。因此,一方面要狠抓职工岗位培训和农民技术培训,通过开办企业中专、职上夜校、送出去培训等方式提高职工技术素质,通过印发技术资料,以会代培用近水解渴。另一方面要加强基础教育中的职业技术教育。开设职业高中,培养新一代工人和农民,加强成人教育,解决"远虑"的问题。

四、促进科技长入经济应配备好相应的基本辅助条件

谁都知道,农作物的生长需要土壤、阳光、水分、无机盐和其他营养成分。科技的种子长入经济以后,也必须依赖资金、物资、基础设施等物质的综合配套投入,才能生根、发芽、成长和壮大。科技长入经济是一系统工程,需要全社会参与,需要各行各业支援。如何保障投入的配套,从我国这几年的探索和实践来看,要从如下三个方面着手。

一是资金配套,每确定一个科技开发项目,各种资金——如国家开发资金、财政农业发展基金、金融部的贷款和其他渠道的资金都应捆在一起,投入到开发项

目,用于引进良种、培训技术和设备改造,把资金用在科技的关键点,不能“仙女散花”,撒胡椒面似地使用资金,避免因分散使用而带来开发项目的半途而废。

二是部门的服务配套。所有业务配套、所有业务部门都要围绕科技开发项目开展大合唱,提供信息、物资加工、购销等方面的全程服务。例如,可以围绕支柱产业开展联营,建立专业公司,实行农、工、商、贸一体化,产供销一条龙服务,也可以实行合同购销、有偿服务。

三是小型集体企业经济配套,小型集体企业和村组一级企业利用集体资金积累和劳动积累增加投入,可以弥补国家投入的不足,又可以把技术性较强,而一家一户一人解决不了的事情承担下来,如农村杂交水稻统一制种、茶叶集体加工、小蚕共育等等。这种统一服务提高了生产效率,又减少了农户的投资,间接增加了投入,是解决目前科技与教育兴湘的矛盾的对策。

(1995 年 9 月)

科技教育兴湘的矛盾与对策

科技与教育兴湘就是要使湖南的经济和社会发展建立在科技进步和提高劳动者素质的基础上，即把科学技术进步和发展教育作为湖南经济社会发展的立足点。必须明确，科教兴湘不是一个科技和教育的概念，而是一个经济概念，即以经济为核心，包括技术、管理、教育、科学和社会等许多方面的一个综合性的经济工作过程，是增强湖南发展后劲的经济战略问题。

一、科教兴湘的主要矛盾

湖南科技、教育比较发达，具有科教兴省的许多有利条件。可以预料，科教兴湘将是一条投入少，效益高的经济发展道路。但是，这又是一项极其复杂的、带全局性的工作。在实施过程中必将遇到一系列问题，产生一系列矛盾。

（一）大力推动科技进步与有效需求不足的矛盾

人类社会发展的历史表明，市场经济是科技进步的沃土，科技进步的速度与市场经济的发展程度正相关。可是，我国商品货币关系素不发达，新中国成立后，又被计划经济束缚了几十年。虽然，十多年改革开放使我国科技进步出现了转机的好苗头，但从总体看，我国尚处在以粗放经营向集约经营过渡的起步阶段，经济对科技的需求还是浅层次的、局部的，湖南也不例外。

一是我省与全国各地一样，处在新旧两种体制的转换过程中，市场经济刚刚起步，新体制的基本框架没有形成，旧体制的惯性很大，以科技进步推动经济和社会发展的新模式、新体制，与旧模式、旧体制形成尖锐的矛盾。谁都知道，在70年代以前，科技成果是无偿地向生产单位提供。80年代以来，虽然实行了专利法，有偿服务，也有不少地方和单位到处打听，企图引进新产品、新工艺。可是，当有科技人员把成果送上门时，有不少企业家又瞻前顾后，摇摇摆摆，积极性不高。有鉴于此，出现了文物拍卖市场看好，而科技成果拍卖往往只有1/3的成果有人问津的情况。1992 年初在深圳搞的那次技术成果拍卖就是如此。有人提出能否通过炒卖使科技成果香起来,当然可以试一试,能否如愿以偿还很难预料。

二是我省在 80 年代中期具有短缺经济的许多特点。有人对长沙市当时上千个产品抽样调查,发现只有 7.6% 的产品滞销。在市场短缺的条件下,大多数企业追求的主要是产量,这是计划经济的特点,只要实行计划经济,问题就不能得到很大的改观。在 1988 年以后,我省一跃而成为买方市场,只要有人买就有人做。在这种情况下,由于技术中试的影响,很多企业怕担风险,科技成果还是滞销。

三是价格扭曲,优质不优价。特别是在改革开放的浪潮中,许多企业以次充好,通过种种手段把次等产品用高价卖出去;而另一方面,即使是优质产品,如果不采用相应的措施,也同样卖不出去。优质不能优价,这些问题是非常糟糕的。

四是政策不配套,管理水平低,经济秩序混乱,许多企业可以通过种种非技术进步的手段求得生存和发展。

由于受到这些因素的制约,"科学技术是第一生产力"停留在口头上的多,落实在行动上的少。企业有效需求不足,是科教兴湘的严重障碍。

(2)全省打"总体战"与协调困难的矛盾

依靠科技进步与人才开发来振兴湖南经济是一个极其复杂的社会系统工程。实施科教兴省战略,必须从全社会的规模上统筹,协调教育、科学、技术、经济和社会发展。使教育、科学技术的发展规模、结构、速度和水平,与湖南省经济和社会发展的规模、结构、速度和水平相匹配。为此,既要做好系统与环境,即湖南与国内外的"协调",又要做好全省各部门、各战线上下左右的"协调",使湖南对物质、能量、信息、时间和空间的利用率提高,利用一切可以利用的资源,为湖南的现代化建设服务,打好科技兴湘总体战。

但我国条块分割的旧体制、各自为阵的不良作风割裂了教育、科学、技术、经济与社会发展之间的内在联系,双轨运行,使它们之间的协调十分困难。湖南的现实是分工有余,协作不足,内耗丛生。外协调难,内协调更难,是科教兴湘必须解决而又很难解决的一个突出矛盾。制定一个科教兴湘方案固然不易,有效实施这个方案更难。

(三)打持久战与短期化行为的矛盾

科教兴湘绝不是一时的权宜之计,而是湖南必须长期坚持的一项根本战略,要求上下左右历任干部有实施科教兴湘战略的连续性和系统性。

但是,我国的干部任期制导致行为短期化是一个通病。本来,干部任期制是世界上最流行的做法,在国外并没有发现因此带来显著的经济与技术的短期行为。可是，在我国由于政治与经济密切联系，形成一体化的旧习惯，使政府人事变动严重影响经济活动。同时，我们有些干部的自我任期目标不是如何实实在在地为老百姓办几件好事，而是如何搞几个短、平、快的项目，快见成效，经济上能早点得好处，政绩上也能早日表现出来，引人注目。由于这些心理因素和客观因素的作用，使实施科教兴湘战略的起步阶段困难重重，步履艰难，效果不理想，甚至在一段时间内（进入良性循环之前）比传统战略效果还差。反映强烈，威胁到个人的升迁和荣辱时，能否持之以恒地实施这一战略？现任领导高瞻远瞩，制定了科教兴湘的战略，并努力探索，付诸实施，但要有措施保证各级的下一任领导会按既定方针办。特别是不少人都担心政策会变，在一两年能见成效的，领导和群众就热心地干，三年以上的就不那么热心了。长沙的个体户有不少办工厂的，都是小打小敲，而且大都在一两月就能见到成效。如轻质砖厂、瓷砖厂等，都是买几台机器，搭个工棚就干起来，一两年以后，他把机器往国家一交，貌似对国家做出了贡献，其实，他在这方面只能赚这么多了，机器成了废铁。像这样的生产还谈得上什么科技进步吗？

（四）需要大量资金的投入与资金严重短缺的矛盾

科学、技术、人才的发展，尤其是生产技术的发展，都需要大量的资金投入，如果没有一定的投资强度，科教兴湘就是一句空话。但湖南的财政一直十分紧张，从 70 年代末到去年，每年的自然科学研究推广经费一直徘徊在 2500 万元左右，今年才有较多的增加。这使大多数科技人员没事做。湖南地质研究所从 1998 年起政府不拨款，靠自谋生路，地质勘探人员无人聘请，使这支队伍坐着无事可做。软科学研究课题前几年每年约 50 万元，而申请人数却在 500 人以上，以三五千元的小课题拨款，每年也只有 1/5 至 1/6 的能获准通过。而且也不能以贷款研究制，因国家紧缩银根。通行利率的贷款根本无法摘到，只发放高利贷。比如湖南财院的实验银行，前两年的年息曾达 110%，即增长一倍多。科技贷款也不例外，长沙高新技术产业开发区银行贷款，最优惠的贷款年息也在 80% 左右。不用说这样贷款对搞科研风险太大，其实，除了做投机生意，搞常规生产的效益再好也难以达到借贷利息率的水平。科技与人才领域的资金需要与实际缺口的矛盾实在太大了。

（五）科技成果多与新优产品少的矛盾

湖南有各类县级以上政府部门所属科学研究机构和技术开发机构 200 来个，科技咨询、开发、服务机构 110 多个，自然科学和技术学会 379 个，在各省市自治区中属于中等偏上水平，在许多方面具有明显的优势。但湖南在全国各省市区中的经济地位并没有达到相应的水平，造成这种情况的原因是多方面的，其中很重要的原因是湖南产品在国内外市场上的竞争能力差。

根据这几年的统计，湖南省自1987年以来每年的科研成果数都相当可观，获国家、部、省级奖的每年200项左右，而一般性科研成果每年都有几千项。但在产品中，数万个产品（含品种），只有为数不多的几个产品的产量在全国领先，市场占有率较高。在市场上，50年代和60年代出现的产品仍占市场的50%左右，一些明显淘汰的产品占10%左右，质量一般和质量差的产品也占60%左右，科技成果多与新优产品少的矛盾尖锐地摆在我们面前。

为什么会出现这种状况？我们认为一是科学研究系统比较发达，而生产技术系统，尤其是生产技术开发系统非常薄弱，没有形成以技术创新为内在机制，经济和技术共轨运行的发展模式。美国、日本等都有70%以上的科研机构和科研人员独立于企业之外。1987年，我省各类科技研究与技术开发人员共有40万人，其中，工程人员和农业技术人员所占比例逐年有所下降。而且，其中大多数是近五六年才从事技术开发工作的。二是湖南技术开发投入少。三是生产技术管理薄弱。

几年的实际调查，甚至实际参加的工作使我体会到，当前技术成果推广的效果不尽人意，最关键的因素是中间试验问题，可以说这是科技与生产力关系的瓶颈。因为目前的专利产品都是拿样机去申请的，而样机又是用手做出来的。既没有定型，又没有一套模型，可要进行规模化生产，必须定型，样机与定型机在性能上难免有差别，这个问题解决不好，势必影响科技转化效率。

二、科技与教育兴湘的主要措施

科技与教育振兴经济是个十分复杂的问题，开展这项工作需要从事多方面的工作，采取多方面的措施，制订好的实施步骤，才有发展的希望。

（一）建立健全五个体系，逐步建立科技长入经济的运行机制

促进科技长入经济，首先需要一个强有力的组织管理机构，有相应的人才队伍，得力的推广措施，要有足够的资金、物资保证。为此，在组织科技长入经济的过程中，注意加强五个体系的建设，逐步建立新的科技运行机制。

一是建立健全省地县乡四级科技管理体系。

我省各县对这一问题都比较重视，从1987年起，都相继聘请了科技副县长。长沙市在1988年春夏之间还从市直各公司厂矿中抽调一些同志到各乡（几乎每乡一至二位）领导帮助乡镇企业的技术开发。产品的引进和开发，科技副乡长起了不少的作用。科技副县长都是各大专院校、科研单位的业务技术骨干。这些人

到任后,发挥他们的理论知识、专业技术等优势,在促进全省对内开放和对外联合中起到了重要的桥梁作用,为我省的经济发展做出了重要贡献。全省已经初步形成了省地县乡四级科技指挥体系,有效地加强了对科技工作的领导。

二是建立健全工业科技管理体系和开发体系。

针对目前工业企业重生产、轻科技,重外延、轻内涵的倾向,近几年来,全省开始把工业企业中科技管理体系的建立放到了议事日程上来,在大中型企业中建立“三师制”(设总经济师、总工程师、总会计师),不设三师的中小型企业配备技术副厂长,有条件的从技术员推举选聘科技副厂长,真正使企业的科技工作有人抓、有人管。同时,大力推进厂办科研的发展,明确提出以全民研究所为成头,厂办科研所为主体,民办科研所为辅助的发展方向。省委、省政府早已明文规定,企业每年要从销售额中拿出1% -2%作为职工技术培训费、技术发展经费和技术开发经费。重要企业则把这些资金中的一部分集中起来,重点扶持一些带有方向性的开发项目。工业科技管理与开发体系的建立,对推进企业积极开发新产品、采用新工艺、形成拳头产品,成功地开拓与占领市场,建立起依靠科技进步,提高经济效益起到了重要作用。

三是建立农村科技示范、推广服务体系

要使农业登上新台阶,必须把传统的技术优势与现代先进技术结合起来,对农业进行深层次改造,而实行这一过程又必须依靠典型引路、搞好示范推广,同时又要利用农村服务站、农村技术研究会、协会等对农民进行系列服务。为了强化示范工作,使农民从实践中看到科技的力量。这方面河南省的南阳地区已有范例,他们从1988年起,在全区农村实施了“三百工程”,即每县建立一百个科技示范村,每乡发展一百个示范户,每县组织一百名科技人员到生产第一线开展技术承包。1988年全区确定粮、油、瓜莱、畜牧、林果桑茶、食用菌等八个专业一千二百个示范村,二千来个科技示范户。1989年这些示范村户按照地区科委制订的科技示范村、示范户标准,进行这标准活动,至今已达到相当令人满意的发展形势。这些示范户以自己依靠科技率先致富的生产实践,向广大农民展示依靠科技发展农业的美好前景,辐射吸收了大批群众加入科技开发农业的行列,加速了科技的普及推广。同时,一个以县、乡、村农技服务组织为中心,以民办科技服务和农民技术协会、研究会为两翼,以科技示范村、示范户为基础的多元化、多效能农村服务体系正在形成。他们以为农民提供产前、产中、产后服务为宗旨,实行有偿服务,大力促进了科学技术的普及推广,促进了区域农业、创汇农业的形成,加快了农村经济的发展。

四是建立人才资源开发体系。一个地区经济发展快慢和实力强弱最终取决于拥有人才的数量和质量,取决于劳动者素质的高低。在建立人才资源开发体系上,我们可以试搞"五结合为主"的方针,即引进人才与本地培养人才相结合,以本地培养为主;长期培训与短期培训相结合,以短期培训为主;地县培训与乡村培训相结合,以乡村培训为主;教育部门培训与职能部门培训相结合,以职能部门培训为主;培养科研人才与培养科普人员相结合,以培养科普人员为主。集中培养经济建设急需的中初级各类人才,自80年代以来已培训一千多万人次,已有近十万名农民经过各类培训获得专业技术职称。人才的开发为全面实施科技兴湘战略提供了有力保证。

五是建立健全多元化的科技投入体系。科技投资是形成科技实力,推进社会进步的重要因素。随着科研生产周期的日益缩短,新兴技术的突破和科技成果的广泛运用,科学技术越来越成为经济发展高效益、高增值的决定因素。近几年来,我省千方百计保证科技投入,全省用于工业企业的技术改造达四亿多元。从1986年以来,又率先大胆地按财政每年收入总额的2%安排科技经费。全省14个地州市,纳入财政预算,并列为各地市主要领导的目标管理指标。科技经费管理按省里制定的有关政策由科委统一管理使用。同时,金融部门也拿出4000万元作为科技贷款为主,初步形成了以贷款为主,贷拨给合,政府引导补助,单位自筹等多渠道、多元化的科技投资体系。

(二)促进科教兴湘的重点是围绕经济搞好科技研究与开发。

促进科教兴湘的首要对策,是做好科技自身的研究与开发工作,要研以致用。科学研究与经济开发相结合,科学研究与攻经济技术难关相结合,做好如下具体工作。

一是围绕产业确立科技在经济中的生长点。发展区域性的支柱产业是经济发展实践中总结出来成功经验,也为科技长入经济提供了机遇。特别是在贫困地区受到劳动力素质的限制,科技不可能一下子进入各行业,遍地开花。而必须突出重点,循序渐进,由点到面地进行渗透、繁衍。这种最初与经济相结合的科技生长点,只有与支柱产业相吻合才能发挥最佳效益。因为支柱产业是一种区域性的商品生产,它覆盖面大,容易集中优势重点攻关、提高效益。产品商品化的特点又刺激了人们对技术的需求,人们之间也能够互相学习,共同提高技术水平。比如有些农村在开发初期就八方引良种,四处学技术,技术的触角一下子伸到很多项目。结果贪多嚼不烂,有的项目或因技术不过关,或因环境不适宜,或因生产者没有掌握技术,最终导致失误而被迫放弃,这种教训是很深刻的。

二是开发系列产品,提高产品的技术含量、脱贫致富,必须发展市场经济。商品是由产品转化而来的,没有一批拳头产品是不行的。这种产品必须通过技术与资源的结合才能开发出来,才能增加产品的技术含量,提高产品的商品率与市场占有率。产品开发的最佳途径是早找技术靠山,把靠山的优势、本地的技术人员和资源捆在一起,从技术基础较好的基础产业入手,针对市场需求联合攻关、开发系列产品。同时,还可以实现"拿来主义",引进一些高科技产品,实现高点起步。无论是哪种方法都必须尽可能缩短开发周期,迅速占领市场,实现与市场同步开发或超前开发。凡经过检验的适销对路的产品就要尽快扩大批量,扩大市场覆盖面,以形成规模效益,还要不断提高产品质量,使产品在竞争中立于不败之地。

三是推广适用技术,扩大技术在经济中的涵养面。推广适用技术就要针对生产的要求,选择若干成熟的技术项目,大面积推广到生产单位和千家万户,让他们掌握这些技术以后,再进行更高层次的技术推广,使技术在生产中的应用范围不断扩大。推广工作能否取得好的成效,我们认为应该把握四点:第一,技术本身符合生产的需要,而且比较适用;第二,要有一健全的推广网络;第三,要选择一批示范企业和示范户先进行试点,让人们有几个看得见摸得着的典型可学;第四,在大面积推广时要制定可操作的技术规程,让生产者有一个技术"蓝本",对关键环节,技术人员还要手把手、面对面地传授。这几年,我们有些地方之所以能取得较好的效果,与大力推广适用技术是分不开的。如在农村近三年有些县每年推广20项左右的技术,使全县杂交水稻种植面积这80%以上,旱地"三套四熟"吨粮地技术推广到3-4万亩。

(三)科技教育兴湘的关键是发挥人的作用

科技教育如何兴湘,这是个十分具体的科技与经济的实践活动。这项活动能否成功,关键是各级领导能否引导科技人员在这方面狠下功夫,把他们的积极性充分发挥出来。其中包含发挥科技人员的作用与提高劳动者素质两个方面。

搞活科技主体。把潜在的生产力变为现实的生产力,科技人员居于主体地位,是技术的载体。但他们占有的技术只是一种潜在的、隐性的财富,只有把他们与生产相结合,才能成为现实的财富。我国人才贫乏,必须充分发挥现有人才的作用,使有限的储备得到有效的开发利用。从社会实际中看到,搞活科技人员这个主体,主要是放活本地的现有科技人员,通过技术人员承包开发项目,把技术直接运用到生产中去,这是最现实最有效的途径。同时,要舍得花一定的本钱,有针对性地引进一批外地人才,解决自身力量不能解决的问题。在我国一些基层经济实力差的地方,不可能依靠高薪和其他优厚的条件吸引大批人才进山安家落户,但可以采取单项承包和短期服务的方式引进"候鸟型"人才,一人解决一道难关。湖北省某县这几年通过这种办法曾引进技术人才1800多人次,解决了一大批技术难题,该县缫丝厂将企改项目承包给无锡纺织研究所的六名技术人员,一年时间产量增长了48%,质量提高了一个等级。此外,还要充分发挥农村乡土能人科挂“二传手”的作用。利用这些能人率先采用实用新技术,或承包山水开发项目或村组、企业,使他们成为农村的科技带头人。

提高生产者素质,激发生产者对技术的追求。生产者的素质决定了生产对技术的需要,只有当生产者本身的商品意识和技术素质提高到一定程度后,他们才会对技术表现出强烈的欲望。但这种素质的培养不是一朝一夕能奏效的,必须从基础教育抓起,同时结合抓好现有生产者的学习和培训才能逐步实现。因此,一方面要狠抓职工岗位培训和农民技术培训,通过开办企业中专、职工夜校或送出去培训等方式提高职工技术素质,通过印发技术资料,以会代培用近水解渴。另一方面要加强基础教育中的职业技术教育,通过职业高中,培养新一代工人和农民。加强成人教育,解决“远虑”问题。

(四)科技教育兴湘应配备好相应的基本辅助条件

谁都知道,农作物的生长需要土壤、阳光、水分、无机盐和其他营养成分。科技的种子长入经济以后,也必须依赖资金、物质、基础设施等物质的综合配套投入,才能生根、发芽、成长和壮大。科技长入经济是一系统工程,需要全社会的参与,需要各行各业支援。如何保障投入的配套,从我国这几年的探索和实践来看,要从如下三个方面着手。

一是资金配套,每确定一个科技开发项目,各种资金,如国家开发奖金、财政部门农业发展基金、金融部门的贷款和其他渠道的资金都应捆在一起,投入到开发项目,用于引进良种、培训技术和设备改造,把资金用在科技的关键点,不能“仙女散花”,撒胡椒面似地使用资金,避免因分散使用而带来开发项目的半途而废。

二是部门的服务配套,各业务部门配套。所有业务部门都要围绕科技开发项目开展大合唱,提供信息,物资加工、购销等方面的全程服务。例如,可以围绕支柱产业开展联管,建立专业公司,实行农、工、商、贸一体化,产供销一条龙服务,也可以实行合同购销、有偿服务。

三是小型集体企业经济配套。小型集体企业和村组一级企业利用集体资金积累和劳动积累增加投入,可以弥补国家投入的不足,又可以把技术性较强,而一家一户一人解决不了的事情承担下来。如农村杂交水稻统一制种,茶叶集体加工,小蚕共育等等。这种统一服务提高了生产效率,又减少了农户的投资,间接增强了投入,对于目前贫困地区来讲,仍不失为一种好形式。

(1998 年 7 月)

价值规律在计划经济与市场调节中的作用

如果说社会主义生产的调节者是社会主义经济规律的体系,而价值规律是这个体系的组成部分,那么,应该承认价值规律及其所固有的市场机制在社会主义生产中也起调节作用。但是,价值规律和市场机制的这种调节作用在经济学文献中直到现在为止还是被否定的。在我们看来,类似这种观点的方法论基础是把商品货币关系同计划性对立起来,把市场和计划对立起来,把价值规律的本质作用同社会主义其他经济规律的作用孤立起来加以考察。显然,孤立地考察价值规律,同其他任何社会主义经济规律本身一样,不可能是社会主义生产的调节者。现在来深入分析这个问题很有必要。

我们觉得,不承认价值规律在社会主义生产中的调节作用的基本论据是价值规律的这种作用不可避免地导致更赢利的“乙”类(消费品)生产部门优先增长,这将使有计划的社会主义扩大再生产成为不可能。

我们认为这种论据经不起任何的批评。第一,价值规律在社会主义经济规律的体系中不是自动地、自发地起作用的,而是要在国民经济的国家计划的基础上实现的。有计划地利用这个规律,不可能导致自发地形成国民经济的比例。第二,在中央计划决定主要投资的情况下,价值规律的市场机制不能决定主要的国民经济比例。虽然这种机制被用作确定最优比例的工具。第三,即使允许价值规律在甲类(非消费性工业品)和乙类部门赢利差别的基础上自动地调节社会主义生产,也无论如何不妨碍社会主义国家利用计划定价的机制(在经济改革中也预先考虑到这一点)来提高甲类部门的赢利水平,从而为它们的优先发展创造顺利的条件。

关于价值规律在社会主义制度下的作用机制同在资本主义制度下的作用机制的根本区别,毛主席、邓小平同志等都论述到这个问题。我们对之的理解是它并不在于,前者不调节生产,后者调节生产;而在于资本主义制度下价值规律和市场是自动地自发地调节生产的,社会主义制度下生产是在自觉地、有计划地利用价值规律和市场机制的基础上被调节的。在资本主义制度下,价值规律对生产的调节是同剩余价值生产的规律、资本主义积累的一般规律以及资本主义的其他经济规律密切地相联系的。在社会主义制度下,价值规律对生产的调节是同社会主义基本经济规律,有计划、按比例的发展规律以及社会主义的其他经济规律相一致的。

在党的十一届三中全会以后,在生产经营中一直强调把经济效益放在首位。这是工农业生产所必须遵循的原则,是正确的。但这并不是某些人所歪曲的:不讲计划,不讲比例,不讲社会效益,片面追求利润,大捞金钱的行径。而是要在坚持社会效益第一,在宏观计划调控的前提下的管理原则。应该看到,远景计划中的国民经济比例的计划,同个别企业的日常计划相比,在小得多的程度上同市场机制有联系。但是,制定国民经济的远景计划的前提是,预测市场情况的各个因素的变化,如购销需求的规模和结构、商品的供给、价格动态、商品储备,等等。否则,这必然会导致国民经济的比例失调和市场机制自发倾向的扩展. 比如说,在远景计划中急剧地改变国民经济的现有比例,使甲类生产和乙类生产发展速度发生巨大的脱节,这样就不可避免地会破坏市场机制的有计划的作用,使市场机制的各种因素脱离国家有计划的调节,使整个再生产过程发生不利的影响。建国四十年以来不是没有教训的,由此形成了不利的市场情况。居民货币收入的迅速增加限制了居民购买需求结构的较大变化,造成一些商品短缺,一些商品过剩,商品周转速度减慢,流通中货币量增加,影响了生产积极性。这些事实清楚地表明,即便远景计划要保证国民经济发展的必要的比例关系,也必须使这种比例关系建立在市场情况的各种基本要素平衡的基础上,这是市场机制的有计划的作用所必需的。

这不仅适用于甲类生产与乙类生产之间的关系,而且也适用于甲类生产之中的关系,即为甲类生产的生产资料和乙类生产的生产资料之间的关系。显然,如果为乙类生产的生产资料在甲类的总的生产中的比例下降,这就会破坏生产和消费之间的比例,削弱了生产和市场之间的关系。这不仅对市场情况,而且对长远的整个再生产过程都会带来不良的后果。

必须指出,计划和市场的统一,是保证国民经济按比例发展而同时又使这种比例成为最优比例的最重要条件。大家知道,在我国,目前的消费品生产结构(乙类)并不是最优的。这种结构的某些特点是食品生产同工业品相比占有较大的比重,工业品在生产中消耗高、效果差、生产效率低,积累能力有限。在现代发达的资本主义国家,特别是在美国,工业品消费比重在整个消费结构中一般占一半以上。特别是所谓耐用消费品所占的比重较高,无论在生产中或者在消费中都以最大的效率为特点。1962 年,美国耐用商品或零售商品总额中所占比重达 32%,远远超过了发展中国家的比重。而在德意志民主共和国,现在用于纺织、缝纫、皮革等工业的每 1000 马克的投资每年可获得 344 马克的纯收入,也就是说,投资的偿还期大约是三年。70 年代,德意志民主共和国国民收入的 22.5% 将是靠金属加工工作获得的。而这个部门的投资仅占全部工业投资的 9.9%。

我国"七五"计划的产值结构。农业比重由原来的 23.9% 下降到 21%,消费品工业(轻工业)由 38% 上升到 39.4%,工业品(重工业)由 38.1% 上升到 39.6%,在工业系统中,工业品与消费品的结构同"六五"期间相近。显然,只有相应地改变市场情况,即有计划地改变居民的货币收入和改变他们的货币需求结构,以及改变国家零售价格体系,提高他们对非食品的购买需求。才能改变生产结构和零售商品流转结构。就这样,消费品生产结构的演进,完全取决于在有计划地改变社会产品生产和分配的比例(积累和消费之间的比例,个人消费基金和社会消费基金之间的比例,等等)的条件下发展国内市场。

在各个企业的日常经济活动中,市场将在更大的程度上起调节作用。如果在远景计划中国民经济比例的改变对市场的发展有长远的影响(既影响市场的容量又影响市场的结构),那么,在企业的日常经济活动中,市场将对生产的规模和结构发生全面的影响。这种影响的直接表现是生产消费品的企业同市场的直接联系,它们的生产计划是根据商业组织的订货而制定的。如果远景计划中国民经济的比例的改变不能反映供求的日常变动(因为它反映国民经济的巨大变动),那么在日常计划中,特别是在执行日常计划的企业经营活动中,不可避免地应该反映市场情况的不断变化的条件。这是非此不可的,因为中央集中的计划不可能包括一切,不可能预期到计划执行过程中的一切变化。这不仅适用于消费品生产,也适用于生产资料的生产。虽然在生产资料的生产方面,市场的稳定性大一点,在经济改革中预期的某些生产资料逐步向自由的批发商业过渡,实质上是有计划地利用市场关系,保证重工业企业的经济活动,提高它们的生产效率,实现它们之间的生产联系。

总之,远景计划和日常计划的统一,中央集中的国家计划和广泛地利用经济杠杆的经济刺激的统一,无论在各个企业方面,或者在整个国民经济方面,都是以计划和市场的统一为基础的。只有这种统一,才能保证国民经济的真正的计划、按比例发展,提高整个社会生产和各个企业的效率。在自觉地利用社会主义经济规律的整个体系的真正科学基础上执行经济政策。这就是社会主义经济中计划和市场统一的若干方面。任何忽视计划经济,片面强调市场调节,不看到价值规律在计划经济与市场调节中的作用,都是错误的。在当前,扎扎实实地搞好经济领域的整顿、治理工作,加强经济的计划性,按党的十三届四中全会精神和江泽民的国庆讲话精神办事,显得尤为重要,也只有这样,才能使我国经济持续稳定地向前发展。

(1989 年 10 月)

生产技术水平是决定经济体制的客观依据

根据什么确定一个部门、一个地区、一个单位的经济体制？探讨这个问题，不但具有很大的理论意义，而且具有很大的实用价值。

笔者以历史唯物主义的基本思维作指导，在对技术史和社会史进行考察、对照分析的基础上，探讨了这个问题。发现确定经济体制的科学依据既不是领导者的意志，也不是劳动人民的思想觉悟，而是社会实施的生产技术水平。这里所说的经济体制是对劳动者的分配计酬办法和社会生产的组织形式。在资本主义社会是个体所有制，但什么复杂的劳动都能够从事，这是因为资本家拥有大量的钱财，什么企业也办得起。他们的工业劳动的组织形式同样经历了和生产技术的发展过程相并行的进化过程，这就是“单个手工劳动——工厂集体劳动——公司联络交流”的体制变迁。资本的垄断过程也正体现了这个规律，它们是“小工业者——小业主——大资本家”的发展过程，如果把资本主义的个体所有制和个体手工劳动等同看待，那就什么问题也说明不了。

一、生产技术水平决定经济体制的客观依据

说经济体制决定于实施的生产技术水平，并不是没有根据的。

邓小平指出：科学技术是生产力[1]。生产技术水平决定经济体制的观点，恰到好处地体现了生产力决定生产关系这一马克思主义的基本原理。生产技术的革命对生产关系的变革有着重大影响的观点，也是革命导师指出过的。马克思说：“随着一旦已经发生的，表现为工艺革命的生产力革命，还实现着生产关系的革命[2]。”恩格斯说：“大工业的技术基础是革命的，现代工业通过机器，化学过程和其他方法，使工人的职能和劳动过程的社会结合不断地随着生产的技术基础发生变革。这样，它也同样不断地使社会内部的分工发生革命[3]。”列宁说：“从手工工场向工厂过度，标志着技术的根本变革，这一变革推翻了几百年积累起来的工匠手艺，随着这个技术变革而来的必然是：社会生产关系的最猛烈的破坏……以及资本主义的使劳动大量

社会化[4]。”这些科学论断阐明了技术革命对生产关系的影响。

生产技术水平决定经济体制的观点,在社会实践中有着十分明显的反映。远在奴隶社会和封建社会时期,生产能力低下,都是简单的手工劳动,一个产品可由一个人全部制成。在这个情况下的生产体制只能是个体劳动。在17世纪末至18世纪初,发生的第一次技术革命,主要是工具机革命,这次革命使人的部分体力劳动变成了机械劳动,技术革命直接导致了工业革命,带来了人类今天的现代物质文明,人类社会也由农业社会让位于工业社会,昔日的手工业生产方式让位于工业化的大生产。从此,一个人再无法从事一整项的工业生产,个体经济不能不让位于集体经济,如果有谁要继续推行劳动者个体生产的组织形式,是根本行不通的了。

第二次技术革命主要是传输机革命,它使各个生产部门之间有了更广泛、更紧密的联系,使以工厂为基本单元直接与社会交往的生产体制也感到困难了。这时出现了生产公司,公司是一类工厂进行产品交换的场所,它是生产技术发展到一定阶段的产物。

第三次技术革命是控制机革命,控制机的出现是科学技术的发展导致的,它发生在20世纪30年代。这次革命至今还没有引起工业革命。它必将使社会生产更复杂化,对经济体制的改革产生更深远的影响。

综合生产技术与经济体制的互变关系,得出经济体制的演变规律示意图。

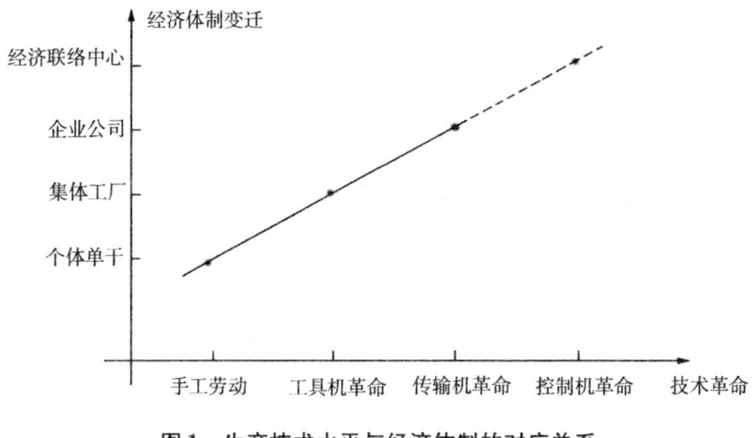

图1　生产技术水平与经济体制的对应关系

二、生产水平与经济体制的变革过程

从手工劳动到控制机劳动,从个体经济到经济联络中心的发展过程,是任何一个生产部门都必须经历的发展过程。但在各个部门之间,在同一个部门的各个单位之间是有先后之分的。就大机器生产这一新技术的推广过程而言,海因曼指出:第一阶段是重工业部门;第二阶段是多数工业部门,波及农业;第三阶段使国民经济的所有部门都具有机器和工艺流程体系[5]。

显然,当前的中国只有第二发展阶段的工业水平,上下一致地搞集中干活,未免为时过早。实际上,建国三十多年来,经济体制在多数时间都大大超过了相应的生产技术水平。1956 年办农业合作社的步子就快了点,1958 年的大跃进、人民公社制度就更是左得出奇了。主观上盼望经济大发展,得到的是欲速而不达。1961 年中央对国民经济体制进行了调整,经济体制与相应的生产技术水平比较接近了。情况果真有了明显的好转。接着又是林彪、四人帮的左倾路线的干扰和破坏,搞打、砸、抢,记大寨工,吃大锅饭。生产水平又明显下降了。党中央打倒四人帮以后,特别是在三中全会以后,提出了"调整、整顿、改革、提高"的发展国民经济方针。几年来,我国的政治和经济都出现了可喜的景象。事实证明,中央的这一决策是中国的实际工业水平的。

在国外,这方面的经验教训也是明显的。南斯拉夫的工农业发展速度是相当快的,这与他们根据国内生产的不同情况,采用社会所有制和个体所有制并重的政策,不能说是没有关系的。苏联的农业生产大部分实行了机械化,因而办集体农场是行得通的。现在,他们发现,对偏僻分散的、以手工劳动为主的农民,采用个体经济政策更适合。

由此可见,经济体制必须符合相应的生产技术水平,或说生产技术水平是经济体制的先决条件。经济体制的变化过程是和生产技术的进化过程相并行的,任何超越或落后于相应的生产技术水平的经济体制都势必影响国民经济的发展,给国民经济带来损失,甚至是惊人的损失。

三、几点辨析

经济体制不是领导者随心所欲的事,这一点是比较清楚的。但有人认为经济体制可以根据人们的思想觉悟来定,这也是不对的。

在生产过程中一定的政治思想工作是必要的,但思想是客观世界的反映,思想政治工作是为经济工作服务的,而不能作为经济体制发展的客观依据。

根据思想觉悟确定经济体制的观点是唯心主义的。因为它与唯物主义的客观实践决定主观思想、生产力决定生产关系的观点是截然相反的。

根据思想觉悟确定经济体制的观点是十分玄妙的。因为思想这个东西是极为复杂、非常抽象、变化多端、不容易拿出客观指标的。并且可以有种种假象。不看实际谈思想是不行的。林彪、四人帮正是用空洞的政治思想理论,给许许多多的骗子以可乘之机,给人民的事业带来了损失。

根据思想觉悟确定经济体制的观点,也是实践所否定了的。过去,办互助组、农业合作社、人民公社的生产经济体制,就把人民的思想觉悟“作为一个理由,结果是吃了大亏”。

生产发展的因素是多方面的。各个因素之间是互相作用的。经济体制稍超越或落后于相应的生产技术水平,只要管理得当,其他方面都做得好,经济同样可以得到一定程度的发展。或说生产技术与经济体制的并行发展关系是有弹性的。但这种弹性是有限的,超越了一定限度就不能不引起很大的不幸,这些例子前面已说了不少。

人们会说,手工劳动也有一个互相联系的问题,农民还自发地互通有无、互相斢工、互相协作吧!如果把他们组织起来不更好吗?其实,事物本身就是互相联系的,人更是没有脱离于社会的、孤立的人。即使最简单的劳动也要和社会发生联系,个体农户也需要进行商品交换。如果把这种联系也算是达到了实行集体经济体制的标准的话,那么,中国在二千多年前就应该实行集体化了。过去搞农业合作社、办公社以前,就曾出现过许多搞集体化的带头分子。后来就把这些先进典型和农民的自发协作活动作为全民办社的客观理由,结果是搞错了。现在看来,这应该是在日常生产中,由工艺的复杂性所导致的分工程度达到了一个劳动者只能完成某项生产过程中的一个环节或一个环节的一个侧面的工作时才算。前面举出的经验和教训的例子,都是用这个标准来进行讨论的。

技术革命和经济体制革命并行发展的规律告诉我们,在社会主义国家拟定一个部门、一个地区、一个单位的经济体制时,必须以实施的生产技术水平为依据。只有这样,在经济建设中才能减少失误、稳定政策,加速国民经济的发展。我们促使社会进步的主要办法,就是有计划、有步骤地为新技术的扩展提供相应的生产条件,推广新的生产技术,提高生产技术水平。

参考文献

[1]李昌.当前我国科学学研究的任务[J],自然辩证法通讯,1982年第3期第32页

[2][3][4]马克思、恩格斯、列宁、斯大林论科学技术.人民出版社1979年第1版第38、39、36

[5]斯·阿·海因曼:(苏).科学技术革命的今天和明天[M],王金存、王文修译.北京出版社1979年:65

(1992年4月)

当前经济发展的最大障碍是分配不公

我国当前的经济发展步履维艰，特别是市场疲软不振。举国上下看法多多，原因不少。笔者认为，其根本原因是社会分配不公。改革要顺利进行，经济要健康发展，当务之急是解决分配不公问题。

一、当前的利益分配不公

改革开放以来，经济改革的指导思想，我觉得有三点，也就是邓小平的三句话：发展是硬道理；让一部分人先富起来；社会主义的本质是共同富裕。可在实际工作中，许多领导往往是对前两点想得多、干得多，甚至为了牟取某种利益而不择手段，对后一点想得少、干得少。怎样发展？让谁先富？在制定政策上有个向谁倾斜的问题；在执行政策上又有个向谁倾斜的问题；在上有政策、下有对策，腐败蔓延的影响下，经济活动过程中，依各人所处的行业不同，地位不同，又有个谁容易获益，谁不容易获益的问题，或叫结合单位实际的具体工作中向谁倾斜的问题。实践证明在这三个层面上活动的结果是出现了严重的分配不公。

先看银行存款，我国现有居民存款 5 万亿元，与全国一年含有水分的国民生产总值统计数据持平，是全国 1998 年财政总收入的 10 倍左右，数据可谓大矣。但银行家统计得出结论：其中 80% 的存款是仅占储户的不到 20% 的官商和某些官员个人的。中国还有大批百姓没有在银行存钱而成为储户，那是现在的储户当中，官商官员的存款额是百姓储户存款额的 17 倍。银行还发现，不管中国的经济形势怎么差，银行存款量总是有增无减。这表面看来不正常的现象，其实很好理解：只要中国人还在吃饭，就有经济活动，腐败分子就有油水可捞。只要腐败未被控制，分配不公平，获益者的钱不用于消费与投资，这种现象就不会消除。

再看财政收入与农民收入增长指数的关系。各县财政收入增长指数不一，在 80 年代普遍是 10% 左右，这与当时人民生活水平提高的速度相当。进入 90 年代以后,财政收入普遍达20—30%的年增长速度。财政收入主要是干部使用的,这使得干部的收入快速提高。1992年—1995年,湖南某县委书记采用强迫滥收的办法,使财政收入三年翻两番。他隐蔽错误,只报数字,骗取了中央和省市领导的表扬,并提升为地级市副市长,后因贿赂案发,被免职,但不办退休,国家把他按副厅地待遇养起来。可这些年农民收入如何呢?恰恰相反,从90年代以来的提高速度开始放慢,农民实际收入的增长指数从"六·五"计划期间的14.6%下降到"七·五"期间的4.82%,到"八·五"期间进一步降到4.28%,由于当时的物价上涨因素,期间有些年份出现负增长。在"七·五"的五年间农民收入增加额是东部387元,中部154元,西部135元。财政收入的增长指数是农民收入增长指数的5-6倍,何况还有各种上交费用在大步增长呢!

宏观上如此,微观上必然相似。江苏省1993—1995年的3年中有58所亏损企业,资不抵债,工人下岗,工人月生活费不到200元,可是干部坐豪华车,进出高档酒楼,家中存款几十万元。纪检发现违纪案154件,违纪金额2550多万元。1998年安徽在全省40座亏损企业中发现,不顾工人贫穷死活,大把捞钱的穷庙富方丈就有46人,其中副厅3人。沈阳市物质开发股份有限公司工业原材料经营公司是一个仅有500人的经营性全民企业,因领导谋私不谋公,使经营状态不佳,于1993年向职工有偿集资480多万元,职工东挪西凑、勒紧裤带,慷慨解囊,渴望公司由此走出困境。然而,结果使群众大失所望,按规定一年还本付息,公司不兑现承诺,领导班子主要成员都动用100多万元集资款为自己买房,之后带房一走了之。1995年初,新班子主要成员又动用集资款50多万元为自己和小车司机买房。群众告了状,这些领导都平调异地为官去了。煤矿基层干部的工资比普通工人的工资高出1—2倍,可近几年不少煤矿基层干部克扣工人工资。经查,1997年淮北矿务局和皖白矿务局有36位科以下干部克扣工人工资100多万元,克扣的方式有直接索要、截留单项奖,强行扣发、向职工乱罚款、虚报冒领等。克扣资金的流向,用于干部吃喝送礼的达1/3以上,如张庄矿复采复掘区两年克扣10.44万元,用于吃喝送礼的达4.27万元。基层干部贪污私分工人血汗钱已成为一种普遍现象,某矿采煤一区1995年至1997年少数区干部、管理人员和生产骨干先后私分材料节约奖3万多元,劳动竞赛奖2万多元,质量达标奖1万多元,人平分得近万元。也有的用工人血汗钱搞高消费,某矿采煤一区1995~1997年领回材料节约奖7万多元,用于高消费达4万多元。这样做的结果是导致分配上的越来越不公平,并造成了人与人之间的两极分化。

二、分配不当是当前经济发展的最大障碍

严重的分配不公大大地影响了社会经济的发展。

首先,有人说中国的5万亿存款是笼子里的老虎一旦跳出来可不得了,在某种意义上它制约着中国的经济命脉。中央这几年以来采取了一系列措施想把笼子里的老虎放出来,但都收效甚微。最初国家想通过降低银行利息,使自有资金拿出去投资于工商企业,但由于这些资金来源没有正当理由去公开,怕背上财产来源不明罪,工商企业这几年的发展形势不好,投出去的风险太大,而且这些人大多数没有工商企业管理经验,无工作能力,所以他们不投资,这些钱也不会投入证券市场。别看这些人上蹿下跳,跑官要官,算计别人很厉害,实际经营能力却非常差,有真才实学者很少,如湖南的知识分子队伍十分庞大,握有实权的单位领导,多数都只受过初高中教育,后面的大专、本科、硕士生,甚至博士文凭都有了,且都是走捷径搞的。这批人虽然灵活机动精于事故,但知识功底不扎实,本事不过硬,为捍卫真理而豁出去碰硬的精神很差。还有,这些钱也不会拿去购商品,社会上有权的官员编了顺口溜:工资基本不用,老婆基本不用,吃饭有人请,烟酒有人送,购置家具电器有人出钱,房改购房有人付账。既然工资都用不着,还需要动用银行的存款吗?所以,国家的房改政策、医疗制度改革、教育改革等都是进一步使老百姓勒紧裤带,东拼西凑,疲于应付,未能起到放出“老虎”的目的。

其次,由于分配不当,使有钱者购置物品的开支如同九牛一毛,无伤大雅;无钱者又没法购物。其后果是,一方面银行存款大增,一方面市场商品销不出去,导致市场滞销。报载1997年全国工业库存积压商品房6000多万平方米,但我国同时有5000万城镇人口平均居住面积不足4平方米。全国彩电、冰箱、洗衣机等家电生产设备利用率都在50%以下,可这些大件产品仍然堆满了市场,另一方面,全国还有1.6亿农户没有彩电,1.62亿农户没有洗衣机,1.4亿农户没有冰箱,城镇居民彩电、洗衣机到期需要换者也在30%以上。可见这些表面的过剩底下隐藏着巨大的消费不足。换句话说,这5万亿存款如果有一半是相对均匀地分布在全国人民手中,全国人平就是2000多元,或许上述的商品早就销售一空。经济就不会有如此困难的境地。

其三,由于中国的存款80%掌握在既不用消费,也不会投资的少数人手中,使市场萎缩,产品滞销,企业效益严重滑坡,由此带来的结果是工人下岗,企业转卖,厂长经理们趁机发厂难财,企难财。从而进一步加剧分配不公与两极分化。武汉于志安是全国闻名的企业家,可他把企业的大量资金投入外国办跨国企业,在国

内以企业的名义提款,在国外以个人名义投资。这个蛀虫国内把这家大厂蛀得资不抵债以后,国内的几千职工生活没了依靠,他却跑出去,成了大资本家。1997年,武汉船舶厂作为一个拥有3000多名职工,资产达6000多万元的大厂,厂长通过腐败行径,把自己搞得腰缠万贯,使国内资产流失,成为1700多万元的厂子。后来,厂长串通纪委,国有资产评估部分,自己从以权谋私得来的款项中拿出150多万元就把厂子买下来了,一人当了资本家,几千人饭碗落地。湖南西南有家纺织染料厂是一个拥有500多人的中型企业,在20世纪80年代初还是效益特好的厂子,每人每年的资金福利都在万元以上,后来由于地方领导不断向该企业揩油,企业领导也搞腐败,以权谋私,管理不善,到90年代初已是资不抵债。在这种情况下,请求个人购下,让企业评估部门把一个几千万的工厂评估为300多万元。再通过接受原有职工减购厂费3万元,从厂里原有职工中,抛下400职工,接受100多职工,减购厂费300多万元,收付两抵,不拿一分钱把国有厂子变成了私营企业。工作一年后又把这厂子的100多原职工大量解雇,全部用自己的亲友,重新打开销路,近几年每年效益都在500万元以上,真是无本万利。该厂子的原有职工与原有厂长之间的分配公平吗?这种不合理程度又是几何!湖南商厦被搞得很不景气以后,让友谊商场兼并,友谊商场的老板将湖南商厦的老职工(国营正式工)按每年工龄400元的价格一次性买断,工作30年快到退休之日的老职工拿到1.2万元,就能安度晚年了此一生吗?这一批又一批的工人下岗,企业倒闭,究其原因没有一个是与分配不公无关的。

其四,分配达到如此不公的程度,使群众没有积极性,为了生活而被动地劳作。同时也不断地向上反映,乃至集体上访。报载全国上访总量已连续5年呈较大幅度上升,其中群众集体上访增势迅猛。全国县级以上党政机关受理群众的上访总量逐年上升,占上访总量的2/3以上。据统计全国县级以上受理的群众集体上访批次和人次,1996年比1995年分别上升43.2%和27.54%,1997年比1996年上升13.46%(人次),1998年1至10月同比又分别上升42.8%和52.4%,有的地区集体上访数量成倍地增长。究其绝大多数是企业经营和改制过程中引发的矛盾和问题。其中尤以职工下岗,下岗再就业难,拖欠职工工资、离退休金、医疗费,以及企业的拍卖,出售中心国有企业,造成国有资产流失等问题;反映乡村干部依法挥霍集体财产,违法出卖或占用耕地,加重农民负担,欺压百姓等问题,以及司法机关人员以权谋私,作风霸道,执法犯法等等问题。由于分配不当,矛盾激化,使各地接待群众上访的任务都很重,过百人逾千人的群众集体上访屡有发生。看来,解决分配不公,彻底反腐确实到了十分严峻的时刻了。

三、公平分配是改革的基本内容

公平分配是天经地义的，也应该是改革的基本内容之一，但什么叫公平分配，如何进行公平分配，却争论颇多，不一而足。

首先必须要重视这个问题。我们的经济学家也讨论分配问题，但他们往往偏爱站在政府的立场上观察分析问题，建议采取的对策，除了吴敬琏等少数几位有良心的经济学家之外，很少看到从民众的角度，从消费者的角度来研究问题。这些官员和学者冷着面孔，把社会当成可操作的机器。避开社会财富被少数人掠夺而形成的贫富悬殊，避开销售不畅的根本结症在于不需要花钱的少数人拥有银行多数货币等实质问题，却用老百姓不愿花钱去粉饰现实。所以，为政府出谋划策，建议政府在财政上如何甩包袱，如何卖企业创收的议论颇多，文章铺天盖地飞来。使老百姓在囊中羞涩的情况下，日益承受着被戏称为新三座大山的压力和危机，即住房、医疗和孩子上学。而对如何从政策上、经济措施上去限制当权者的经济不轨行为，如何把他们控制到只能拿到自己该拿的这一份，只能消费到自己该消费的水平的措施想得不多，被采纳的更少。于是有些人感叹说，改革对于民众来讲，一个重要的内容就是政府不断甩包袱，群众不断接包袱。领导活动的空间和自由度越来越大，与历史的发展趋势背道而驰，又是谁造成了这么一个局面呢？

不管什么叫公平分配，有一点是不容争辩的，一切要按法律、政策、制度办事，要拿在明处。现在我们的干部明处已经拿不少了，还要拿灰色的、黑色的。明处的，在企业领导的工资有些已相当于工人的10倍、20倍。地方政府的官员工资表上不多，但如果把自己完成任务，上级政府返还的资金和本级政府发的福利加上工资，累计起来一年一个县长一年正大光明的收入也有2万多元，不算太少。在个人消费水平上，一个有实权的科长，县长以上的官员足可以与拥有几千万、上亿资产的私营企业老板相比。我认识好些家有几百上千万的个体户，他们的消费水平与政府机关无职无权的办事员的消费水平没什么两样，像实权人物有专用车，专门司机，专门的秘书，大哥大，电话机，吃喝玩乐，大大方方，毫不吝啬的气魄。不愁亏账，不愁囊中羞涩，不愁拿不出钱的情况，私营企业中不是上亿资产的人是不可能如此气魄的。临武县一小本经营的个体户开玩笑说如有人送他百万资产，不如送他个县长合算。

灰色的收入，中基层干部喜欢向上级机关请客、送礼，而这些礼物都是单位的，但经领导之手送出去，如果把部分礼品留给自己，或多报请客发票，鱼目混珠，也不易察觉。本来，请客送礼等是错误的，但又是现在有普遍性，小钱粑，或大钱枢的级发票,也都默认了这些开支,这既不算白色的,也不算黑色的,算灰色的。

至于黑色收入,其中漏洞很大,一是这几年的下级年终发资金,有些给上级送一份,其数额多数都大于本级职工资金额,下面管的单位多的时候,每个均几千,全年加起来就是好几万元。二是下级领导个人要给上级靠山送礼,尽管这几年经济发展不景气,但送礼的数额越来越大。三是干部调用人问题上,某些当权者所得好处,也是一笔不可小视的数目。四是批发工程所得好处,这点基建包头最清楚。五是执行政策法律制度过程中所得好处。六是批发财经从中谋利。七是纪律检查、监察与反贪等活动所得好处。这是都是政策上不允许从中牟利的活动,但现在又到处查得到,所以说这是黑色收入,这些黑色收入的项目都是针对地方干部而言的,企业领导没这个份。其实,企业领导的自主性更大,他们之中的贪官牟利的胆子更大,也就更加赤裸裸的。

拿在明处,不管法律是否合理而另当别论,拿灰色的、黑色的理不应当,可又事实存在,国家采用了许许多多的办法反腐都效果甚微。

一个时期以来,在国企改革问题上,有人曾善意地认为高薪可以养廉,可以生勤。持这种观点的人认为目前党政官员搞腐败,国企经营者之所以积极性不高,发生侵吞国有资产,损害所有者权益的行为,主要原因在于这些领导的报酬过低,在与私营企业和“三资企业”经营者比较中心理失衡,对自己的社会地位和报酬低下而产生不满情绪。

对此,我们觉得,试图仅靠以厚养廉,以高薪调动执政者经营者的积极性,使国企经营者像私人企业主关心企业发展和所有者权益那样,关心本地本单位的发展和国家所有者的权益,这是从善意出发而产生的一种理论的或意识的幻觉。这里有两个问题:一是虽然领导干部的工资标准不高,但包括本级和上级的合法资金和个人消费水平,这是百姓不敢问津的水平,也不算少了。二是人的欲望是无止境的,和坤的浮财相当于当时全国 15 年的财政收入,他还要继续敛财。所以说这主要不是生活资金不够的问题,而是价值观念问题,是放弃了为人民服务的思想,一味追求吃喝玩乐高消费,追求家财所至。

如果没有健全而强有力的约束,那些缺乏事业心和社会责任感,品质不变的经营者极有可能把人民赋予的权力,作为比可能给予高报酬的更大的个人利益来源,对其加以侵吞和挥霍。所以说,也有发挥群众的主人翁责任感,树立民主权威,加强权力制约,公平地分配社会财产,才是国家健康发展的基本要求。

(1993 年 9 月)

第六篇 06

社会活动组织化运行发展原理

政治理论的几点认识

在中国,从小学开始就有政治教育,就开始学习马列主义毛泽东思想。由于自己是偏僻山区,到集镇(乡镇)上有40多里山路。要走五六小时,一年去不了一二次,初中毕业前未去过县城。所以,对政治理论是老师说什么就是什么,自己也不懂。1972年3月,被当地公社(乡镇)党委推荐到衡阳医学院学习(1972年级工农兵学员),因为医学的专业性很强,对政治课理论没有很好的学习,对政治老师也没有交流,而对医学基础课老师则密切交往。1975年冬,因为毕业分配进了山区水库(灌区管理局)医疗点做了保健医生。三个月之后,从事一般性行政工作,对政治书籍的接触才多了一些。1985年完成自然辩证法专业硕士学习,之后成为湖南省委党校的老师,对政治理论接触多了。我从一个完全迴避政治理论的医学生到天天接触政治理论的老师。2000年调湖南师范大学做经济管理学老师,经济与政治是密切联系的,仍然学习着政治理论。

我在党校与同事的交往中,总感觉一些老师把政治看成谋略与方法,而没有把这门课当成一门真正的科学来研究。因为作为一门科学,重点是研究对象(国家政体)的结构、功能、运行机制与发展规律。马克思、恩格斯、列宁的代表作《资本论》《共产党宣言》《国家与革命》等等都有深入的原理性分析,毛主席的《矛盾论》《实践论》《论持久战》等也有对局势的结构、运作机制的深入的原理性分析,在这基础上讨论方法问题。

我在学习中体会到,一般的科学做到实事求是就够了,政治学则需要在实事求是的基础上加上立场问题。

我当时对实事求是的理解是,实事有三个层次的涵义,最基本的是真的不是假的;再上一层是全面的,不是片面的;更高的层次为表述是恰如其分的,不是拔高贬低的。求是有方法的科学性、手段的可信性、结论的可验证性。

政治在实事求是基础上的立场问题,即方针政策惠及什么人的问题。是惠及全体人员，平衡关系；还是惠及某部分人，这部分人是底层民众，还是上层人员的问题。

我从这种态度出发，读了一些基础性的政治学名著，包括马克思、恩格斯、列宁、毛主席的著作，也包括少量的西方政治学名著。写了一些读书笔记。

在这部分内容，主要是一些学习体会，或叫学习心得。不如科学计量学那样，系统学习研究30多年。在政治学领域没有个人的系统研究，本书是之前未发表的成果汇编，所以就把这几篇学习心得，也是对政治理论的几点认识刊载出来，以求教于读者。

（2018年12月）

中国传统科学的核心理念与历史价值

中国古代有没有科学？中国古代经济发达，实用技术发达，在如此优势的背景下，为什么没有产生现代意义上的科学技术。我在《湖南科学技术史》的写作中发现了一个问题，即中国古代科学的基本理念是五行、阴阳、天人感应、格物致知等。从这四大理念思辨上去研究，结果越来越复杂，越来越玄。这四大理念贯彻中国古代自然科学，是各学科共同的核心概念。中国古代技术是在没有科学理论指导下，凭着生产生活的观察、体验、试制出来，解决实际问题的工具与方法，科学与技术没有结合在一起。西方古代科学的基本理念是物质、本原、运动，发展。追求物体的本原与构成要素，结果按物质层次越究越深入，持续的研究导向数学化、实证化、科学技术经济一体化方向发展。由此可见，中国科学按传统方法路线延伸下去，无论经济与技术如何发达，也不会产生西方意义上的科学。中国19世纪下半叶以来科学技术主要是不断抛旧迎新改进的变革性发展过程。

一、五行阴阳是世界万物存在与发展的本原理论

在中国传统科学中，阴阳五行理念贯穿于各门学科之中，包括数学、物理学、天文学、地学、生物学、农学、医学、工程建筑学等等，这两个基本概念成为各门学科的理论基石。

1. 五行是构成世界万物的基本要素

自从五行理论产生以后，人们不断完善这个理论，并不断地运用这个理论去解释各种自然现象。古代很少有人怀疑它，也没有深究五行的各要素分别由什么构成。

首先，五行指金、木、水、火、土五种物质，认为它们是构成世间万事万物的基本要素。《国语·郑语》记载周幽王对职官史伯说："夫和实生物，同则不继，以他平他谓之和……故先王以土与金、木、水、火、杂，以成百物……"即史伯指出自然

万物的成长要依靠几种主要不同的物质相互作用才能形成，如果世上只有一种物质存在，万物就不可能存在。因此，古代“五行”也称“五材”。《左传》襄公二十七年，宋国大夫子罕说：“天生五材，民并用之，废一不可。”

其次，五行之中各有自身的特征，即水润下，火炎上，木曲直，金从革，土稼穑[21](P321)。

其三，五行相互之间有自己的构成关系，不能搅乱。《尚书·洪范》记载，周武王访问箕子，箕子说，鲧用堵塞的方法治理洪水，搅乱了五行，人民不得安宁。后来大禹治水，依五行关系(自然规律)办事，清民以德行，才使人民得到安居乐业。

其四，五行构建万物的理论可运用到各门自然科学的研究之中。在工程技术上和水的治理上已经提及，在医学生物学上用五行学说明疾病的复杂变化道理也不少见。《左传》昭公元年记载，晋候有病求医于秦，秦伯要医和去诊视，医和说：“疾不可为也……天有六气，降生五味，发为五色，徵为五惠，淫生六病”。这里的五字就是五行理论应用到医学上的解释。五行作为一种哲学理念，在人文社科领域广泛运用。《左传》昭公二十五年，政治家子产论述说：“大礼，天之经也，地之义也……生之六气，用其五行……淫则昏乱，民失其性，是故为礼以奉之。”可见，古人常用五行来阐明社会政治变化。

2. 阴阳是世间万物的基本类别与运动发展机制

阴阳理论最早产生与形成于原始部落到奴隶社会时期，劳动人民由于农业发展的需要，对自然界事物变化，经过认真观察总结出来的认识。后来，扩展到用这一理论去解释各种自然现象。

首先，阴阳的初义本指阴天和晴天，或白天和夜晚，在农业上有阴坡、阳坡。如《诗经·公刘》中说：“相其阴阳，观其流泉。”指的就是观察向阳和背阴的土地。在《易经》中就成为哲学概念：“一阴一阳谓之道。”这是事物的对立两极、矛盾的双方，是对立的统一。阴阳二气的交合便化生出有形有象的万物，扩展到万事万物便成为上为阳，下为阴；天为阳，地为阴；日为阳、月为阴；昼为阳、夜为阴；男为阳、女为阴；动为阳、静为阴；刚为阳、柔为阴……

其次，阴阳学说成为解释自然界万物之间的作用机制，《老子·二十四章》说：“道生一，一生二，二生三，三生万物，万物负阴而抱阳，冲气以为和。”“一”是指宇宙混沌的元气，“二”是指由气化出的阴阳二气，“三”是指由阴阳二气生出天地人，进而化生出万物。自然界万物都包含有阴阳的二气，阴阳二气的交感运动使万物和谐地生长。天地人物都是阴阳二气相互作用，衍化而来。气是天地人物的本原，气分化为阴阳后在阴阳二气的交感运动的推动下，才化出天地人物。阴阳二气的和谐运动是天地人物正常化生的前提。

其三,阴阳理论作为一种基础理论,运用到了各门自然科学之中。

在地质学上,《国语·周语》记载,西周幽王二年(公元前780年)三川皆震。伯阳父说:阳伏而不能出,阴迫而不能蒸,于是地震。今三川实震,是阳失其所而镇阴也。这是伯阳父运用阴阳失去平衡的理论去解释地震发生的原因。

在气象观测上,西汉《氾胜之书·耕田》中使用了天气、地气、和气、春气、土气等概念。其中,春气、天气属阳气,地气、土气属阴气。用阴阳观点来解释天文气象的变化。

在农学上,阴阳理论用得特别多。周代的《易经》,春秋时期的《诗经·公刘》、《礼记·月令》、《吕氏春秋》等文献中都有不少的内容是用阴阳二气解释农业现象。而且对后世的农学思想影响也很大。后魏《齐民要术》、唐代《四时纂要》、宋代《陈甫农书》、元代王桢《农书》、明代马一龙《农说》、清代杨双山《知本提纲》等都在不同程度上运用了阴阳理论。特别是马一龙的《农说》是全面系统地应用阴阳学说来解释农学原理的代表。

中医学的基础理论是阴阳五行、五脏六腑、四诊八纲等,阴阳五行是根本,用阴阳五行解释其他。《黄帝内经》、《医宗金鉴》等中医名著都大量地运用阻阳理论解释人的生理、病理、药理、医理现象。

历朝历代对五行阴阳学说不断从概念上发掘扩展,少有质疑,少有另辟蹊径地对事物运动发展机制的其他观点的研究。他们只能沿着这样的研究思路研究下去,很难跳出这个框架而自然转到从天体万物状况出发的西方近代科学的研究轨道上来。

二、天人合一的物质体系学说

天地人物之间是什么关系,如何构成物质体系。以五行阴阳为基本自然观的人们,顺理成章地得出天人合一的物质体系理论。从前面看到的历代帝王、学者的论述,大都把人与自然合在一起论述。但这是抽象的人文理论,没有走上从事物本身深究事物的存在与运动机理的轨道。

1. 把人归于物,世界是物与物相互联系的物质体系

中国传统科学技术活动的另一基础理论是天人感应思想,其实原始部落的图腾膜拜活动就蕴含了人与天(神)相通的观念。到汉初董仲舒正式提出这观念,他认为人与人、人与物、物与物等三种联系,是我们做出的区分,先人未作这样的区分,先人认为人也是物。因此,人与人、人与物的联系本质上是物与物的联系。他

们遵守同样的规律,进行同类的相互运动,并且由气作为他们相互感应的中介。

2. 自然现象是天神依照人们的善恶是非做出的反应

天人合一理论认为,如果把人作为一方,物作为一方,则人与物都属于天的范围。那么,人与物的联系,也就是人与天的联系;人与物的感应,就是天人之间的感应。人的行为,通过气作用于天,天就做出相应的反应。这样,天象以及各种自然现象,就不是天神随意表达的意志,而是依照人的行为善恶是非做出的反应,也不是自然而然,与人事无关,而是人事感应的结果。

《吕氏春秋·应同篇》所载"帝王将兴、天必见祥"的情况,是从"天垂象、示吉凶",向天人感应转变的过渡形态,因为这里的"天必见祥",只是如四季的交替,是一种必然而自然的现象,不是对人的行为的反应。它是"见祥"在先,而帝王将兴在后,不是人的行为在先,而"天垂象"在后。而人的行为在先,"天垂象"在后,乃是天人感应说的基本特征,因为天象是对人事的反应,所以只能"垂"于人的行为发生之后[3](P83)。

从形式上看,汉代的天人感应似乎仅是原始的巫术与占星术在新条件下的复活,实际上是原始巫术与占星术等被纳入了新的理论之中,具有了新的内容。用这种理论可以解释风调雨顺,解释自然灾害。

对天人感应,解释万事万物的运动现象,最初是贾谊有较深入的研究。他被贬长沙,某日,一只服鸟(燕子)飞进了他的居室。他打开谶书占卜,说是"野鸟入室,主人将去"。他问服鸟,主人何时将去?并借服鸟的意思表达了自己的变化观。在进而写出的《服鸟赋》中,贾谊说道:"万物变化,固亡休息,斡流而迁,或推而还。形气转续,变化而嬗。物穆亡间,胡可胜言"。万物的变化是没有间断的,有的随波逐流而变迁,有的折转又回返。形和气互相转化、接续、替代。形变成气,气又变成形,就这样代代相传。其间的深微奥妙,没法说得清楚。

这是贾谊对万物变化的一般看法。然后贾谊以人类社会为例,认为社会现象是"祸兮福所倚,福兮祸所伏。忧喜聚门,吉凶同域"。比如原来强大的吴国,后来失败了;而那濒临绝境的越国后来却成了霸主。李斯在事业上获得巨大成功,不料遭受肢解的酷刑;傅说不过是个奴隶,却作了武丁的宰相。所以,祸福纠缠在一起,没法分得清楚。人的命运难以测度,谁知道结局如何?

自然界的事物,变化也难以测度,"水激则旱,失激则远。万物回薄,震荡相转",还有云升雨降,事物交错纷纭。它们就像从一个巨大的陶钩之上撒播出来,无穷无尽。变化是天的事物,变化之道也非人所能干预。"天不可与虑,道不可与谋"。人的生死由命,谁知道什么时候变化!

这是服鸟对贾谊问题的回答,也是贾谊的变化观。

贾谊的"万物"都包括什么？他并没有认真地分析和讨论。他虽然提到了水、云、雨,实际上,他认为那被铸被熔的,往往是随阴阳消长而花荣枯落,而生存死亡的物,因而往往是指生物。而且关于是不是有不变的物,贾谊也未认真讨论。这是一种朦胧的万物都在变化,而且变化没有规则,没有极限的变化观。

贾谊以后,董仲舒也认真研究了"名号"问题。其研究集中体现于《春秋繁露》篇。董仲舒说"治天下之端,在审辨大。辨大之端,在深察名号。名者,大理之首章也。录其首章之意,以窥其中之事,则是非可知,逆顺自著,其几通于天地矣。"

辨明主要的概念,是治理天下的前提。"端","首章",这是孔子正名思想的继续和发展。辨明了名号,就"是非可知,逆顺自著",具有重要意义。

名号之正,取之天地。天地为名号之大义也。

古之圣人,谪而效天地谓之号,鸣而施命谓之名。名之为言,鸣与命也;号之为言,谪而效也。……名号异声而同本,皆鸣号而达无意者也。

天地是名号的根据、名号的确定,必以天地为准则。

三、格物致知的研究方法导向

格物致知的思维方式一直影响着中国历代的知识分子,特别是理工科知识分子的科学研究与技术实践,现在来探讨其历史渊源与思维特征很有必要。

1. 格物致知说的形成与原本含义

"格物致知"学说初见于《礼记·大学》,书中曰:"致知在格物,物格而后知至。""格物致知"学说同《大学》本身一样,在汉唐时期沉寂了几百年后,到北宋时期,由于理学的产生和理学家的提倡,人们纷纷对"格物致知"进行诠释。司马光专门写了《致知在格物论》,将其赋予政治内容。

湖湘学派的工程认为,人心中本来有知,由于被外物所蔽,使心不能直接认识自己,所以要通过"格物"或"即物究理"而获得知识,认识自己。程颐说:"知者吾之所固有,然不致之不能得之,而致知必有道,故曰致知在格物。""致知在格物,非由外铄我也,我固有之也,因物而迁则天理灭矣,故圣人欲格之。"(《程氏遗书第二十五》)据此,程颐对"格物致知"作了自己的解释,"格犹究也,物犹理也,犹曰:究其理而已矣""诚意在致知,致知在格物。格,至也。如'祖考来格'之格。凡一物上有一理.须是穷致甚理。"

程颐尤其强调:"大凡学问,闻之知皆不为得。得者,须默识心通。""闻见之

知，非德性之知，物交物则知，非内也；今之所谓博物能者是也。德性之知，不俗见闻。”（《程氏遗书·伊川先生语》）

程颐之“格物致知”是内省的功夫，是“德胜之知”。朱熹在岳麓书院教书时期继承和发展了二程的“格物”与“致知”的学说，对《大学》信之甚笃，用力至深。他认为中有阙文，因而根据他自己的观点，补上阙文，作为该书的第五章，即《补大学致知格物论》。文中说：“右传之五章，盖释格物致知之义，而今亡矣，间尝窃取程子之意以补之。所谓致知在格物者，言欲致吾之知，在即物而穷其理也。盖人心之灵，莫不有知，而天下之物，莫不有理，惟于理有未穷，故其知有不尽也。是以大学始教，必使学者即凡天下之物，莫不固其已知之理，而益穷之，以求至乎其极。至于用力之久，而一旦豁然贯通焉，则众物之表里精粗无不到，而吾心之全体大用无不明矣。此谓物格，此谓知之至也。”

关于“格物致知”的认识过程，朱熹同意通过一物一物地“格”，积习多了后，便能“豁然贯通”。《朱子语类》卷十八中说：“一物格而万理通，虽颜子亦未至此。但当今日格一件，明日又格一件，积习既多，然后脱落有个贯通外，此一次尤为意味。”朱熹认为，万物都有理，为了体察已经存在的先难之理，未尝不可去格一下。同卷又曰：“虽草木，亦有理存焉。一草一木，岂不可以格？如麻、麦、稻、粱，甚时种，甚时收，地为肥、地之硗厚薄不同，此宜植某物，亦皆有理。”“格物”与“致知”不在于求知外物之理，而在于体认心之理。因此，朱熹说：“格物之论，伊川意虽眼前无非是物，然其格之也，亦须有缓急先后之序，岂遽以为存心于一草一木，器用之间而忽然悬悟也哉！且如今为此学而不穷天理，明人伦，讲圣言、通世故，乃存心于一草木、器用之间，此是何学问！如此而望有所得，是炊沙而欲其成饭也。”（《朱子文集》卷三九“答陈齐仲”）

2. 格物致知把科学研究引向玄学

格物致知在科学研究方法的导向上，带来两个不良后果。

（1）研究内容越来越抽象

宋初学者对《易经》象数的推衍特别发达，在演绎法的运用上开了一道广阔的观念认识之门。周敦颐、邵雍是像数学的建立者。其象数推衍，概而言之，就是用一些等比级数上的抽象概念，对自然物象或人事变化作些主观配分的比附说明。一方面从“象”以“顺观”物理。另一方面，更从数以“逆推”变化。邵雍《皇极经世·观物外篇》曰：推类者必本乎生，观体者必由乎象。生则未乖而逆推，象则既成而顺观。……推此以往，物奚逃哉。又说：“太极不动，性也；发则神，神则数，数则像，象测器，器之变复归于神也……神生数、数生象、像生器。”

这里的“象”不是物质的,而“数”也不关物质的事。所谓象数之变,完全是主观符号推断的形式。邵雍就是依据《先天图说》,按象数的“顺”、“逆”推论宇宙物事的生成变化,表现为脱离物质、脱离实践、越来越抽象、越来越玄乎的研究。

张载极为重视对逻辑方法的应用,他在《正蒙·参两篇》中说:“学既得于诸心,乃修其释命;命辞无失,然后断事,断事无失,吾乃沛然。”这里的“辞命”就是指逻辑论断的表达。“命辞”正确,“断事”也就无误。张载的逻辑方法运用的特色就是从观察实验的假设出发,把演绎推理的原则结合到归纳论证上,大胆地提出推测式的结论。《正蒙·参两篇》中所论旋转运动和推论风雨雷霆寒暑现象的变化规则就是逻辑方法用典型的例子。

《正蒙·参两篇》说:“地纯阴,凝聚于中;天浮阳,运旋于外;此天地之常体也。恒星不动,纯系乎天,与浮阳运旋而不穷者也。日朋五星,逆无而行,并包乎地者也。凡圈转之物,动必有机。既谓之机,则动非自外也。”

所以说格物致知,是一种从自我理念出发,去认识事物的方法。

(2)淡出分析演绎法,强化判断与结论,不作论证的方法

贾谊的“德有六理”,分析演绎是他运用的基本思维方式。然而贾谊以后,以分析、演绎为特色的著作就基本看不到了。汉代人习惯的思维方式是:这是什么,那是什么。其最典型的表现,就是《尔雅》、《自虎通》,还有扬雄的《法言》、《京房易传》、刘向《五行传》及《汉书·五行志》之类,也是这样一种思维方式。《尔雅》,《白虎通》前面已稍有说明,这里简单介绍一下《法言》。

《法言》写法模仿孔子《论语》,下判断,作结论,很少或基本不作论证。《法言》开首,“学,行之,上也:言之,次也教人,又其次也,成无焉,为众人。”没有论证,也不讲什么道理,一些问答,甚至比《论语》还要简略。《法言·修身》说:“或问众人,曰:富贵生。贤者,曰:义。圣人。曰:神。”

由此可见,中国古代的科学研究方法距离西方近代科学研究方法不是越来越近,而是越来越远。

四、历史价值与发展趋向

中国传统科学是在以五行、阴阳、天人合一、格物致知四大理念为核心的框架下发展的。俗语说:欲动天下者,当动天下之心。中国古代的科学思想家和科学探索者都从这四大脱离自然界的主观理念去探讨世界的本原与发展机制,与西方的科技思维方式格格不人,何来西方近代科学视角上的探索?但也不能据此推断中国传统科学毫无价值。

1. 从评价科学的三大标准看中国古代有没有科学

中国古代有没有科学,一直是学者们所关心的。讨论这个问题,首先要明确什么是科学,评价科学的标准是什么?《辞海》指出“科学是关于自然、社会与思维的知识体系。”[15](P157)那么,它的对立面就是迷信与邪说。判别科学真伪、评价科学水平,我认为有三大标准。

(1)解释现象。对自然界的各种现象进行理论解释,解释得好的往往是科学的,解释不通的往往是不科学的。解释正确与否,一是逻辑上说得通,没有矛盾;二是实验验证,得出真伪结果。从这点讲,中国古代传统科学没有近代西方科学对自然现象的解释那么正确可靠,由此可见,中国古代没有这种意义上的科学。

(2)预测未来。根据自然界的发展状况,运用自己的科学理论进行推理判断,得出未来一定时间的发展状况(预测),通过时间验证,得出结论。预测正确的是科学,否则是值得怀疑的。中国传统科学中有不少的未来预测,但大多模糊,难以判断预测正确与否,在这方面不能断定中国古代有没有科学。

(3)指导实践。成功的科学理论大多可直接或间接地指导实践,如牛顿力学指导工程设计一样。指导成功的多为科学的,否则是值得怀疑的。中国古代的科学理念在房屋建筑、水利建设、农业生产等都有直接指导性论述。特别是中医,从医到药,从理论到临床,处处贯穿着阴阳五行的思想理念,在指导实践中是有不少正面效果的,由此可说中国古代是有科学的。

综合以上三个方面,得出的结论是中国古代没有近代西方科学意义上的科学,但有自己特定分析视角的,有一定实践作用的科学。

由此带来的后果是在西方科学技术传入中国之后,中国科学技术进入一种变革性发展时期,基本上是在用西方的科学理论不断取代中国传统的科学理论。到今天,除了中医基础理论以外,其他方面早已全面运用西方现代科学技术,通过引进开发去发展经济、发展社会,取得了重大成绩。

2. 中国传统科学的历史作用

中国传统科学有自己特定的观察分析研究视角,按自己的逻辑与方法进行研究,自圆其说,形成了完善而庞大的理论体系。这种理论误导了科学的发展道路,但在古代起过一些历史作用。

(1)从经验分析的角度概括万物的基本特征。当然,其方法是描述现象,给出判断,提出结论,很少或基本不作论证。孔子是采用这种写作研究方法的,随着孔子声望的提高,影响的扩大,这种方法被广大学者所效仿,在独尊儒术的背景下,基本挤掉了其他研究方法。

(2)强调阴阳协调与五行之间协调,在客观上起到了协调自然界,协调人与自然关系的作用。把天灾人祸归于阴阳失调,五行失调的结果,使人们重视协调,畏惧失调的现象,这是有利于自然界和人类社会发展的。

(3)中国传统科学理念对农学特别是医学的指导是起过积极作用的。把疾病进行阴阳五行的分析,把药物也进行阴阳五行的归类与分析,两者结合达到治疗疾病的目的。解决了不少西医无法解决的疾病治疗问题。

(4)格物致知坚持从自然现象本身进行分析究理,而不是从神灵所知,因此本质上是无神论者,达到了不信鬼神,剖析神话、破除迷神、禁巫辟疫的效果。而且,格物致知理论的著名研究者们都身体力行做了。宋代的程大昌在《演繁露》卷九中对菩萨石的"佛光"进行了唯物主义的解释,认为峨嵋菩萨石的"佛光"是"日之光品著名于水"而成,而非因佛而成。宋代晁公武《郡斋读书志 · 神仙类 · 度人经》,明代杨慎都对古代的神话故事进行了批判性的剖析。

(5)批判八字算命与风水术。最早用数学论证八字算命之虚妄的是宋人费衮,他在《梁溪漫志》卷九"谭命"说:"尝略计之,若生时无同者,则一时一人,一日当生十二人,以岁记之,则有四千三百二十人,以一甲子计之,止有二十五万九千二百人而已。今只以一大郡计,其户口之数尚不減数十万,况举天下之大,自王公大人以至小民何啻亿兆,虽明于数者有不能历算,则生时同者必不为少矣,其间王公大人始生之时则必有庶民同时而生者,又何贵贱贫富之不同也。此说似有理,予不晓命术,姑记之以俟深于五行折衷焉。"

朱熹认为"五音姓利"之说,"乃不经之甚者",并举洛、越诸陵的实例进行反驳。[6](P87)反对风水的还有宋罗大经等。罗大经《鹤林玉露》"风水"条曰:"郭璞谓本骸乘气,遗体受荫,此说殊不通……今枯骨朽腐,不知痛痒,积日累月,化为朽壤,荡荡游尘矣,岂能与生者相感,以致祸福乎?此决无之理也。"罗大经认为朽壤与生者不相感兴,因而也就不能"致祸福"。

3. 近代自然科学为何没有诞生在中国

中国的历史学家和对历史略知一二的其他专业的学者们,经常议论说,中国古代的经济水平高,技术水平也高,从汉代到宋代一直领先于欧洲的水平,为什么不顺其自然地产生现代科学,让科学技术经济三位一体地在中国形成中心呢?袁广建先生十分关注此事,但他有些论述不是很准确,这里我不一一作答了。[7]笔者在前面的分析已经让人明白了这一点,现再作归纳性地讨论。

(1)在科学思维方法与观察视角上,中西方有着本质的差别。首先,中国古代的科学探讨,把四大理念如同文学创作一样谈论,观点多多,表现形式多多,内容不断翻新。就科学发展,里程碑式的阶段划分,也可以分为三大阶段,即周朝至春秋对阴阳五行作为世界本原的论述;汉朝对天人合一的世界发展图景的论述;宋代对格物致知的究理方法的探讨。但论来论去,就是没有看得见,摸得着,令人信服的结论。西方的科学探索如同警察探案,从猜想、争论,找证据、求证的方向发展。这样,时间长了,证据多了,自然会产生一个明确可靠的结论。

其次,在讨论方法上,中国古代的科学探索者自贾谊之后,只写现象,作判断与结论,没有论证,也缺少辩论。这不利于科学研究所需要的百花齐放,百家争鸣。不能跳出既有框架开拓创新视角、新领域、新方法,西方则不是这样。

其三,中国古代的科学探索者对占统治地位的正统理论,只作正面理解,给予发挥阐述,对其基本理念、观察视角、研究方法,都缺少怀疑与批判精神,如有不同观点,视为异端邪说,社会不给生存与发扬的空间。

(2)在科学发展道路上,中西双方的差别,由于科学思维方式的不同,导致古代中西科学发展道路也不一样。

第一阶段,对构成世界万物的最基本要素是什么的猜想阶段。中国周代至春秋,提出五行学说,由五种要素构成。西方相应的前苏格拉底时代对这个问题的猜想,有泰勒斯的水成论,阿那克西美尼的气成论,毕达哥拉斯的数成论,赫拉克利特的火成论等等。这阶段有两大差别,一是中国只有一种观点没有争论。西方有多种观点,但都寻求某一种物质作为世界的本质、相互争论、力图求证。二是文稿中,中国的五行理论只有论点和结论,没有争辩性语言,西方有不少辩证性语言,找理由指责别人的不对,强调自己的正确。

第二阶段,中国汉朝有不少关于天、地、人、物的抽象性论述,虽然有了数学研究,但没有把数学用到物理学、农学等领域。西方的亚里士多德时期,对天地人物作了分门别类的、系统的研究,并且在研究中初步引进了数学工具和逻辑工具,如亚氏的自然哲学著作《物理学》的第六章中,用了不少坐标图进行表述,而且还写了《逻辑学》专著。中国是洋务运动才开始引进运用数学表述的物理学,这方面西方比中国早2000年。

第三阶段,在17世纪初,西方的科学研究,伽利略开创了科学实验方法,建立以实验验证为依据的科学,实验科学大力发展,开始有了以实验为基础的现代意义上的科学。中国还在讨论格物致知的抽象哲理问题,直到洋务运动才有了初步简单的科学实验。这点西方比中国早300多年。

第四阶段,早在18世纪下半叶英国蒸汽机革命,科学发展开始与技术发展相结合,与经济发展相结合。中国直到20世纪初,才开始科学与技术相结合的发展。真正解决科学技术与经济两张皮的问题,那是20世纪90年代的事情了。这方面西方比我们至少早150年。

(3)中西古代科学研究者的人员构成的差别。中国古代的科学研究者全部是国家各级官吏中的业余科学爱好者,在封建时期留下科学著作的作者,还没有发现非官吏人员,他们从小读的是儒家的四书五经,考的是秀才、举人、进士等。纯文史哲书籍是他们的敲门砖与工作指导书,他们只是把天地人物的研究纳入人文社科研究的一部分。他们的科学造诣并不深厚,也不能专心致志地探索科学。

西方古代的科学探索者,从泰勒斯到柏拉图、亚里士多德,从伽利略到牛顿,大都是科学理论的老师和宣传者,他们一辈子从事科学研究与科学宣传,研究深入具体。

本来技术研究也可走上科学之路。但中国古代的技术进步是能工巧匠在官僚地主剥削压迫下,为了糊口而做出的一些技术成果。能工巧匠受到论述科学的官僚文人的歧视,工匠们的成果得不到文人的帮助和理论升华,并且不少能工巧匠的大的技术成果是记到官僚地主名下的。如长沙战国墓中就发现了毛笔,史书上却说汉代将军蒙恬发明毛笔[1]。这些都是影响科学技术独立深化发展的主要原因。

从技术史上可见,古代的技术都是从生产生活的某些现象中,受到启发,得出技术构思,然后试制出来,不是用科学理论推导出新技术的。今天的新技术,也是在生产生活现象的启发下,得出研制思路的,只是在技术研制方案的制定中,要接受科学理论的指导与把关,才能提高成功率。

(2005年10月)

《中国古代四大治世精典》绪论

在中国几千年文明史上，有许多光辉灿烂的思想瑰宝，包括经济、文化、政治各个领域，这些遗产在中国社会生活各个层面流传甚广，深入人心。挖掘、分析、归纳古人的优秀著作，吸其精华、涤除糟粕，对我们的思想文化建设应该是大有裨益的。鉴于此，我们在游览中国古代诸子百家治世学说的基础上，根据自己的某个观点和认识，选出四部代表作进行研究。治世，即治理国家、治理社会，在此，将中国古代孔子、管子、墨子、老子四家治世的基本内容著作编撰成篇，在中国古代真可以称得上治世精典了。

一、"四段式"的国家政体演化规律

今天，我们通过分析中国几千年的文明史可以看到，我国的政体演化过程是一个具有世界普遍意义的符合世界一般规律的具体模式。纵观这几千年中国政治的体系结构、官吏管理方法、办事程序，同时考察先进国家政体的发展历史，看出我们国家的政治体制经过了一个由"君主（集权）人治一君主（集权）法治一民主法治一民主人治"构成的"四段式"的演化过程，在不同的阶段又有自己的发展特征和发展规律。

第一阶段，奴隶社会之前的原始部落时期。这时期的特征是部落首领个人说了算，用纯人治的方法进行统治。这阶段叫君主人治，或叫集权人治阶段。在这时期，没有法律制度，一切权力归君主与君主授权的官吏。如果要百姓干什么，全凭君主与官吏一声令下，不要什么法律依据。官民的升迁贬降，嘉奖责罚都是听应长官的一句话，没有什么法律依据。一个社会事件发生后，谁是谁非，如何处置，也没有什么法律条文可依，而是长官一锤定音。分辨是非的标准是王者之音，处理事件的依据是王者之音，谁是真理，谁是谬论就在王者之音。今天有人从"理"字有个"王"字偏旁说"无王不成理"，其中当然不失幽默成分，但这种说法也是对中国古代那个时期社会状态的真实写照。

第二阶段，从奴隶社会的诞生到清王朝的垮台，即整个奴隶社会和封建社会阶段。这是一个君主法治阶段，或叫集权法治阶段。其特点是：①百姓不能了解官场的任何内幕，即“官有十条路，民有九不知”，政治生活毫无透明度可言。同时，百姓也没有任何政治权力，古人称地方长官为父母官，官吏像父母一样可任意摆布百姓；②王朝除了对奏章进行批示和处理以外，还制定一系列的法律和制度来约束各级官吏和大众百姓；③法律的制定，全由君主说了算，没有百姓说话的余地；④法律的实施，由君主本人及他授权的各级官吏进行，百姓没有询问更没有监督的权力。

第三阶段，在西方是文艺复兴之后，在中国是辛亥革命之后，直至现在还没有完全实现的理想的健全的民主法治阶段。我觉得理想的民主法治阶段应该是法制的三公开三参与阶段：①社会状况和政府内幕向百姓完全公开，百姓参与法律制定的全过程；②按已制定的法律条文执法，审理案件的内幕向当地百姓公开，百姓参与执法的全过程；③法官工作的情况，地方长官的工作情况随时向当地百姓公开，让百姓参与执政执法监督的全过程。

第四阶段，是近几百年还难以实现，但将来必定会出现的政治体制阶段，这就是民主群治或叫民主人治阶段。当物质文明和精神文明发展到一定的高度时，法治的地位越来越下降，最后达到无足轻重的地位，因为人们都知道哪样干是正确的，哪样干是错误的，并且能自觉地约束自己的行为，使之有利于社会。于是法治成分减弱，群治人治成分上升，相应的民主不会随之削弱，而会愈益强化，因为民主成了制约人们本能的恶性膨胀的重要手段。这个阶段是人类社会发展到相当高度的产物。

以上阐述的是历史发展的必然规律和必然趋向，任何一个伟人，任何一个政府对这一历史发展过程可以具有促使加快发展或延缓、阻碍其前进的能力，甚至也可能具有暂时让其逆转的能力，但谁也无法改变这个历史发展的总趋势。任何一个真正的有社会责任感的公民都应该认清这一规律，顺应历史潮流，使其顺利而健康地发展。

二、大变革大争鸣孕育着思想发展高潮

自从人类社会产生以来，就开始了关于人类社会的理论研究。社会思想发展状况是时高时低、波浪式地进行着的。从历史的考察中我们发现，社会思想的发展状况与当时的社会状况有着密切的关系，换句话说，思想发展状况由两个社会

因素决定:一是社会所处的时代;二是言论自由的程度。凡是社会处于大动荡,大变革,出现新旧两种体制转换的时代,往往提供了一个百花齐放、百家争鸣的宽松环境,就肯定会出现一个社会思想发展的高潮。因为,社会状况的发展越复杂,其社会理论研究就越丰富。因此在中国,每到两个不同时期的转型阶段,都是社会思想发展的高峰期。几千年来,巨大的转化阶段主要有两个:一是从奴隶社会向封建社会转化的春秋战国时期,在那个时候,涌现了一大批杰出的思想家和取得了大量的很有见地、很有价值的认识成果。可以说在创建中国古代思想文化体系的杰出的思想家中,战国时期的就占一大半,如庄子、墨子、韩非子等人。也可以说,关于人类社会各个方面的问题在战国时期就都提到了。第二个时期是从封建社会向社会主义社会转化的时期,也就是从鸦片战争到1949年,这同样是社会科学成果最丰富、最有质量的时期。

从历史资料看,我国在春秋战国时期就已经初步形成了比较系统的政治理论,并且是自成流派,众说纷纭,莫衷一是。如儒家、法家、墨家、道家、杂家、兵家等基本上都是在战国时期形成的。理论研究既有滞后的,也有超前的,既有总结过去的,也有预见未来的,既有具体事件的微观分析,也有抽象的宏观分析,可以从不同的侧面谈出不同的理论见解来。这样,战国时期一大批思想家进行多层面的理论研究,与其后的中国历史上所形成的各种政治思想观点都有某种渊源关系,虽然有些思想家在提出某个论点时,本人并不一定知道历史上祖师爷的教导,但事实上都可以从春秋时期的思想著作中找到萌芽,只是在春秋之前还没有多少系统而有深度的政治思想著作。

以现在的观点来看春秋时期的几位思想家,他们不外乎讨论了宇宙的发展规律及对其认识利用问题;人类行为的活动规律和行为规范问题;社会政治体制和法制建设问题;人民生活和经济建设问题;人生与战争的谋略问题,如此等等。前面讨论的人类社会政治体制发展的四个阶段或叫四种政治体制,从春秋时期的社会科学成果中,可以分别找到着重研究的某种政治体制及其他问题的理论,归纳如下:①孔子的理论,它全面系统地分清是非,明确各种人员的岗位职责、行为规范。这是对人治阶段的科学总结。用它教育人有着较好的社会效果,它特别适用于君主人治阶段,也可以用作君主法制阶段的辅助(教育)工具。②管子理论,系统而深刻地讲述了君主法制的有关问题。③墨子理论,对民主、法制,人们思想的自由与统一有着很多精辟的论述,对后人影响不小。④老子理论,提出了民主、博爱、自由等见解,同时讨论了宇宙的规律及其认识利用问题,如何处理人际关系的问题。这四种理论合为一体的结果是全面系统地讨论了人类社会发展长河中各个阶段的一些基本问题，对这些理论进行归纳、整理、发掘，将对研究各个历史时期有一定的参考、借鉴、启发作用。

三、孔子理论的基本内容和基本特征

孔子一生的著述不少，比较著名的有《春秋》、《诗经》、《论语》、《中庸》等著作。当中只有《论语》和《中庸》是讨论人生哲理的著作。这两部著作得到了广大人民的青睐，在社会上产生了巨大的影响，由此奠定了孔子的历史地位。这里仅仅讨论这两部书的内容和特征。

1. 孔子理论的基本内容

《论语》、《中庸》的基本内容就是全面地规范了社会各界人士的行为。孔子对人们进行思想教育的内容有：①如何对待无时无刻无处不在的人生斗争。社会上的不少人往往为利、为名而争得你死我活，孔子认为这是十分可恶的。他号召大家对这些东西要坦然处之，不要过分地追求；要坚持以仁德为本，坚持人性的基本原则，要公开公正地工作，不要阴险狡诈、不择手段。②如何求上进。孔子认为人要有上进心，人活着是为了争一口气。但这口气究竟是为了对社会做贡献，还是为了个人的名誉、地位、金钱，这就是不同类型求上进者的区别。孔子号召大家要保持人格，为了对社会多作奉献而努力。③如何看待人生规律。是大家都往几个优势行业钻，还是看到各有千秋，各得其所。孔子号召大家人尽其才，物尽其用，各展优势。这是三条基本原则。

孔子从上述三项基本原则出发，进而提出了人类活动的一些基本规范。这就是：①指出具体区分君子与小人的十二条标准；②号召大家严格要求自己，一日三省；③接人待物要注意礼节，循规蹈矩；④人与人之间要互相理解，莫强人所难；⑤要爱憎分明，富有正义感。以上各条是每个人，包括君主、官员和平民百姓都应遵循的。

接着他讲了做官的、当百姓的、当老师的、当学生的、当父亲的、当儿子的、做亲戚的等等各种人员的岗位职责和日常行为的注意事项。

2. 孔子理论的基本特征

（1）孔子理论具有鲜明的阶级立场和服务方向，这就是站在贵族的立场上，为国家、为统治阶级服务。指出人民群众不要过问领导的事，老老实实听师长的话，对上司和长辈不能怠慢、怀疑，更不能反对。

（2）一事一议，见事论事，深入浅出。孔子带领学生周游列国，每看到一个不同的社会现象，他都要发表自己的见解。日积月累，这些见解多了，牵涉的面广

了，也就越来越全面了。最后什么问题都讲到了，但仍然浅显易懂。

(3)观察研究的主要内容不是抽象的政治经济理论，而是人们日常生活中的具体活动，通过评价某人的某一行为来发表自己的感慨，如说管仲家里用了八佾舞，这违背了等级观念，管子生活太奢侈等等。他对社会发展规律、社会内在矛盾等问题缺乏深入研究，这点是不能与管子等人相比的。

3. 孔子思想的社会功能

(1)分清了人类社会活动的是非界限。是非观念是一个国家、一个地方、一个单位、一个家庭和个人的最基本的东西。没有是非界限，一切就无从谈起了。如果一个国家的官员乃至百姓有一少部分人"灵活"到指鹿为马，颠倒黑白，混淆是非，却得不到及时有效地制止的话，那么，这个国家的政治经济生活便会一片黑暗。在历史上所说的太平盛世，主要是当时的领导头脑清醒，是非明白。只有这样才能诱导好的社会风气。

(2)明确职责。孔子的思想，明确了各种人士的基本职责。君主的工作目标就是要使国泰民安，民富国强；官吏的职责就是保一方平安和富强；学生的职责就是学习知识，如此等等，一一标出了各种人士的工作职责。这在当时是难能可贵而又具有非常实际的意义的。

(3)规范了人们的行为。指出君主的思想行为规范就是爱民，要以德治天下。官吏的行为则要求尊敬上级，关心爱护部下和平民，要以德服人，不做坏事。学生则要求尊敬师长，关心同学。老百姓则要服从官吏的领导，积极缴纳官税。这在中国几千年的社会管理实践中深入人心，起到了十分巨大的统治人民的作用。

(4)孔子在一些著作中，探讨了自然界和人类社会的发展规律，指出了人与人之间的协调方法。这在社会实践中也有着十分重要的实际意义。

四、管子理论的特征与社会实际意义

管仲的著作与思想基本上都在《管子》一书中反映出来，此书现存的有 76 篇。其中除了管仲的著作之外，还保存了齐国的历史档案和后人对管仲思想言行的记载、解释和发挥，是我们研究管仲思想的一部极为重要的史料。

1. 管仲理论的主要内容

(1)阐述政治法律与天时、地利、人和的综合关系。它包括国家的政令要遵从时节的变化，天子按时施政。同时要与当地情况相符。法制建设要与国家的政治、经济、教育相适应。

(2)提出了依法治国的基本前提。这就是必须用法律条文来规范百姓的行为,同时要关心百姓的生活,要顺民意。特别强调了顺民意是强国之本。其次,立法执法的态度必须公正严肃。国家官吏必须生活俭朴、廉政自律。

(3)指出掌握社会动向是实行法治的基础,在我国历史上第一个给出了详尽而系统的调查提纲,即询问了解社会的百问法,察看社会状况的八纲法。

(4)提出了对君主、官臣、师学的具体法律,即君道、臣道、学道。

(5)强调了一旦有了法律,就必须一切按法律办事,在法律面前必须一视同仁,法制本身要完善到动无非法的程度。

(6)讨论了立法与执法的辩证关系。认为立法是执法矛盾的解决,即在原执法过程中遇到了不可调解的矛盾,才通过立新法来解决。同时指出执法是立法的实践。

(7)讨论了法制建设必须与社会综合治理相结合的问题。指出了综合治理的具体内容与方法。

2. 管子思想的基本特点

(1)管子的理论十分全面系统,这是战国时期各种思想流派中所罕见的。他不但把法制建设中涉及到的各个方面的问题都讲到了,而且讲得非常系统。从立法到执法以及具体实施过程,直到注意事项、内在各个方面的关系、内在与外在诸因素的关系等等。

(2)研究很有深度,分析深刻而透彻。这一点在管子的著作中也是十分明显的。指出君主是国家的掌舵人,君主的治国方案必须周密详尽,有些事的办理为什么要隐秘从事而有些事情又必须公开进行,办事如何掌握动态,因势利导。

(3)管子的理论研究能从当时的社会实际出发,理论与实际结合得比较好。这在古代也是很难得的,这与他长期从事社会管理的实际工作密切相关。

(4)管子法制理论的实用性很强。许多篇章都是为实际工作而写的,它是为社会管理工作服务的,这是道家理论所不可比拟的。

3. 管子思想深远的历史意义

(1)奠定了我国的法制基础。我国也如世界各国一样,从进入奴隶社会起就开始了法制建设,但在管子以前的理论都是不全面的,没有系统的理论阐述和法律体系。

(2)指出了国家政治发展的方向。管仲的一系列法制管理措施,特别是形成中原各国事实上的独立国家联合体一致抗敌安民、发展生产的"尊王攘夷"政策,在历史上起到了一定的进步作用。大国争霸,兼并周围小国,是经济发展的必然趋势。争霸战争和朝会联盟虽加重了人民的负担,破坏了人民的安定生活,但对我国当时社会的发展起了不小的进步作用。具体表现在诸侯国的数目在逐渐减少,各大地区趋向统一,广大边远地区得到相应的开发,各民族的融合加速等。春秋战国的争霸之战为战国时期的统一战争开了端倪,最后由秦国实现了天下的统一。

(3)在健全君主法治的过程中,强调了尊重民意,以“顺民心为本”。他说:“政之所兴,在顺民心;政之所废,在逆民心。”他又说:“人主出言顺于理,合于民情,则民受其辞。”意思是说,顺民心,国家就兴盛;逆民心,国家就衰败。君主说话合乎道理,顺乎民情,人民就愿意听他的号令。孙中山将其发挥为“民主”;并由之提出了三民主义。共产党将之发展为人民当家作主的社会主义民主。

五、墨子的观点立场及其理论的社会价值

墨子是我国古代有重大影响的思想家之一。韩非子认为他在当时是仅次于儒家的第二号思想家。他把自己的毕生都奉献给了天下的正义事业,主要是民生事业。一方面,他冒着战乱的硝烟,置生死于度外,奔走于各国君主之间,劝其停止战乱,和平相处。他对自己所处的大变革时期的观察和分析,为他的理论研究提供了不可多得的实际材料。另一方面他致力于社会问题的研究,提出了不少社会矛盾,总结出了不少社会发展规律性的东西。

1. 墨子理论的基本内容

墨子的理论集中反映在《墨子》一书中。这书其实是一本论文集,其中好大一部分是后人整理的他的谈话记录。正因为如此,如《尚同》、《尚天》等同一题目分上中下三篇,这并不是一篇文章的三个部分,而是将内容大同小异,繁简不一的三篇文章集中在一起。尽管如此,《墨子》一书中还是有许多闪光的思想,其中不少内容对我们今天的社会仍不失其借鉴作用和指导意义。概括起来,主要有以下几方面。

(1)在我国首次涉及了民众思想的多元化与君主思想的一元化的辩证关系。墨子认为:社会上的民众一人有一种思想,十人有十种思想,百人有百种思想。但是官员要综合、归纳,尊重乃至执行民众中的优秀思想,官员应成为民众的优秀思想的集中代表。民众应以官员的思想为标准来学习和运用之。君主和官员的思想则是在另一个层次上,类似于官员与民众的思想的关系,同时君主也可用此方法直接处理君主与民众的思想关系。其实这就是民主治国的一种形式。毛主席的“从群众中来,到群众中去”就近似于这种思想方法。但墨子的研究还没有西方关于国家的三权分立、政治多元结构的研究那么深入。

(2)提出了法制在国家治理中的重要意义。墨子对法制的研究没有管子对法制的研究那么深入,那么结合实际。但是,管子的法制是建立在君主集权的基础上,而墨子是讨论民主(天意)的时候谈法制,是民主法制。从这个角度上讲,这是当时最先进的政治思想。

(3)认识到了实行民主法制,不能忽视思想道德教育。这些思想教育的内容有兼爱、尚贤、贵义等等。这些教育能提高全民族的思想道德素质,为民主法制建设提供了一个好的社会环境。

(4)墨子用了大量的篇幅论述了战争的危害性,主张国与国之间要团结友爱、和平共处。同时,他又就如何防止侵略战争问题提出了很多见解。其中包含了大量的物理学与工程技术知识。

2. 墨子思想的基本特点

墨子由其自己的特定出身和社会实践而形成的思想理论有其明显的特点。

(1)墨子完全站在平民的立场上说话,特别是在用人的问题上,表现尤为突出。虽然孔子在春秋末期也提出了仁者爱人和举贤的思想,但在当时这观点未被重视。孔子赞成贵族保护既得利益,那么平民要被举贤,则需要一个贵族化过程。墨子在理论上彻底打破了贵族阶级以血亲为原则的血缘贵贱论。提出要一视同仁地从全体国民中选举贤能,只有贤能才是唯一有资格入仕为官和受人尊敬的人。

(2)墨子十分重视社会实践,认为看人、看事、看政策,其评价的标准就是他的社会行为的效果。墨子认为:国君不应该喜欢无功之臣,慈父不应该喜欢无用之子。在人才问题上,孔子注重道德标准,墨子注重实践标准。墨子将人才的认识又向前推进了一大步。墨子提出的非攻、节用、节葬、非乐等观点,革除烦琐的形式主义的东西,做到适可而止,是有利于社会的实用性观点的。

(3)在文章特点上,只注重思想,不注重文采,以质朴无华著称。他主张尚质,文章采用当时的口语,而不是雅语。这既有一种平易近人,娓娓道来的风格特点,但也给后人的阅读、理解、翻译带来了困难。

(4)墨家学说是对儒家学说的反思和批判,具有明显的批判特色。墨家对儒家从周代贵族社会继承下来的礼乐等文化形式进行了大量的攻击,如《节葬》、《非乐》、《非儒》等,可以说这都是直接针对儒家轻生养、重死葬、重礼乐制度、重等级观念的错误思想而写的。

3. 墨子学说的贡献

墨子的理论在我国几千年的文明史上具有重大的贡献,概括起来有这么几个方面。

(1)墨家明确提出了博爱、平等的平民政治理论,从政治的角度来看墨子的“兼”、“别”含义。“别”是指的周代社会以血缘和种姓为依据而确立的各种等级关系,也即周公制定的那种礼乐制度;“兼”是指废除这种礼乐等级制度,消除这种嫡庶亲疏观念。应该说这是兼爱的历史本质。

(2)墨家学派明确提出了尚同,天子如何嗣上天的问题,把孔子“为东周”的梦想提到了改朝换代的高度,为建立一个取代周朝的新的统一的中央集权王朝提供了舆论基础。

(3)墨家提出了“天—法—术”三个概念,法是指治理国家必须坚持的基本原则,法必须建立在天(民众)的基础上,术则是贯彻这种原则行之有效的方法,并对这三者的内在关系给予了详尽的阐述。这种尚天、重法、明术的政治观点,无疑直接开启了战国时代法家思想的先河,也为后来历代的民主法治思想鸣锣开道。

六、老子理论的基本内容与社会价值

老子的代表作《道德经》一书中似乎没有一句迷信话,不像庄子、墨子等都有关于鬼神的论述。由于老子的思想体系与当时的统治阶级的思想体系格格不入,被统治阶级所厌恶,所以,这种理论在中国的几千年文明史中一直没有走进学校,没有走进官场,没有登上大雅之堂。但他赢得了下层庶民百姓的赞同和支持,也被下层的在野知识分子所青睐。这些人把老子当成神,他后来竟成了一个迷信流派——道教的创始人,由此,道教的师徒师孙们一代传一代地把道德经保存流传下来了。

1. 老子思想著作的主要内容

(1)如何学习、认识、掌握宇宙的各种客观规律问题。老子认为宇宙万物在运动中无不存在着规律。客观规律在空间上存在于一切事物的运动之中,而它在时间上是无始无终,永恒存在的。同时,各种各样的规律内部同样有大规律与小规律之分,有自己的内在层次结构。同时他指出,宇宙的自然规律与它在人类社会中所表现出来的特征是不一样的,它在人们根据自己的利益实行的变革中繁衍、异化,通过人类改造以后所表现出来的自然运动规律与不经人类改造所表现的规律是不一样的。指出人们办事必须按规律办事,每人都有自己学习掌握规律的方法。老子根据自己的经验提出了办事的六项准则。

(2)提出了对社会成员活动行为的基本要求,这就是克己奉公、陶冶情操、提高素质。它包括辨善恶、减私欲、节俭度日、诚以待人,要大智若愚、大勇若懦,不求外表华丽,使内心纯正,在这个基础上提出了理想的社会模式。

(3)老子在《道德经》一书中用多数篇幅从六个方面表达了社会应该提倡什么,应该反对什么。这六个方面就是:①提倡平等,抨击社会等级制。认为庶民不必崇尚尊贵,君臣民应该平等,等级制是君主官吏奴役百姓的桎梏。这与孔子的观点是背道而驰的。②提倡自由,抨击严格管理控制下级的制度。认为君主要以身为教,不用刑法管制;君主不要用权术管理,要让群众自由施展本领;要以德治理,不能压迫、奴役、剥削劳苦大众。③提倡人与人之间相互热爱(博爱),特别抨击为了君臣利益而劳民伤财的丑恶现象。④提倡民主,抨击独裁现象。提出百姓是高楼之基,国家之本,并指出了实现民主治国的十大好处。⑤提倡以德服人,用德治抨击玩弄权术的心治。⑥提倡文明治国,反对暴政。

(4)阐述了人在社会上怎样与人相处。怎样相处,从事的工作才容易事半功倍,容易成功等等,并提出了十大学习工作和处事的经验。

2. 老子思想的最大特点

老子完全站在普通劳动人民的立场上,对国家的政治、经济,对社会上的人际关系,对自然界的运动发展规律等等都做了在当时最为深入的观察分析,提出了自己的见解。由于这是与统治阶级的舆论相对抗的,所以这种理论一直没能进入政界,也没能进入御用文人手中。老百姓是欢迎的,但老百姓既没有地位,也没有文化,百姓没有办法把它推崇到如同君主推崇儒家那样的高度。

3. 老子思想的社会影响与对社会的贡献

(1)老子的倡平等、倡善良,"官逼民反、民不得不反"的思想用道德经书的形式得以流传,这个理论成了历代不堪忍辱做牛做马的农民起义军的理论依据。它激励人们具备不畏强暴,敢于为正义牺牲的英雄气概。由此可见,老子思想在中国推动了历史的向前发展,这是当时任何理论都不能与此相比拟的。这也是中国历代造反者往往首先从道教宣传入手的根本原因,尽管道教后来发展到带有某些迷信色彩。

(2)老子的理论对人们认识掌握运用自然规律,指导人们如何做好工作,如何与人相处等等都有非常重大的实际意义。

七、四大思想家的理论分析比较

我们把孔子、管子、墨子、老子这四位思想家的代表作按顺序进行介绍,这是有其根源的,从以下对这四大理论的比较分析中就可以表现出来。

(1)这四位思想家各自都从不同的侧面讨论了社会治理问题。相互之间在内容上既没有多少重复交叉的东西,又没有大量的相互对立的内容,并且具有很强的互补性,把这四者融合在一起,正好包括了这么几方面的内容:

①个人在社会活动中应该怎样。首先,分清是非,明确哪样做是正确的,哪样做是错误的。其次,明确职责,君主官吏有什么职责,庶民百姓有什么职责;老师有什么职责,学生有什么职责等等。其三,提出最佳行为规范,明确应该怎样做。

②指出敦促普天官民只做好事,不做坏事的重要措施是法治,提出一套法治理论。

③提到君主法治问题,阐明君臣不受群众监督的法治社会是非常容易滋生腐败的,因此,在法制的基础上,添加民主、自由、博爱的内容。

④不管是什么形式的社会,人与人相处都有个方法问题。对此形成了一个相对完善的理论体系。

(2)这四者的理论的代表都是各个流派中的创始人,在这些流派之间或许能找到有关这些方面的散在见解,但没有较深入的研究成果。他们是各自流派中最早系统性地研究这些问题,并且达到了相当高的水平的人。直到今天,他们的理论都是很有参考价值的。

(3)这四者都具有巨大的社会实用价值,这也是除此之外其他流派所不可比拟的。他们的理论,在中国三千年文明史上,在政治、经济、文化、科技等方面都具有很大的指导意义和参考价值。在政治上,讨论四大理论的协调统一性其实就是从一个侧面讨论了这些理论的政治意义。在经济方面他们也有不少的精辟论述。管子有不少的专门篇章,孔子、老子也有论述。在科技方面,老子的理论对科技研究具有直接的指导意义,比如关于自然界的存在和运动等,同时,与老子理论并行的道家经典著作《周易》对宇宙规律的揭示十分深刻。这里又引出一个问题,远古时关于宇宙、自然界的研究,引发出了两大学派,一是当今流行的科学技术;二是至今未完全认识的神秘文化,包括迷信。即看相、算命、看风水等,两者同宗。如果我们比较分析两者的分歧及演化过程,或许有助于揭示神秘文化的内在奥秘,为人类的发展做出新的贡献。当然。其中纯属唯心主义的迷信要剔除。在中国古代,文化流派有儒家、法家、墨家、道家、兵家、农家、杂家、小说家。而在这四个理论以外的流派只有兵家、农家、小说家,他们的活动当然也有特定的社会实际意义,都对中国各方面的发展有着很大的影响,如兵家,军事是一个国家和平安定的根本保证,没有和平安全,任何经济建设、文化建设、科技的发展、民主建设等等都是一句空话。作为研究打仗理论的兵家,其社会价值是显而易见的。农家,农业是国民经济的基础,是国家发展的基础。小说家,通过生动故事教育、启发人是国家上层建筑的重要组成部分。但是,兵家、农家、小说家都是从自己的局部去思考和阐述问题。从治世理论这个主题来看,他们又只能算旁门侧科了,其社会实用价值,甚至学派的理论都不能与孔子、管子、墨子、老子的理论相比。

(4)这四大学说之间也有各自不同的地方,如各自论述的立场、出发点不一样。研究问题的角度不同等等。这些问题都基本反映在本文孔子、管子、墨子、老子篇的"理论特点"和"社会贡献"两部分中。

总之,先秦诸子的时代在我国历史上是社会复杂动荡,学者人格相对独立,思想最活跃,最少束缚的时代,也是一个异彩纷呈、硕果累累、最为辉煌璀璨的时代。可以说,那个时代已奠定了中国的文化基础。可惜自汉武帝采纳董仲舒"罢黜百家、独尊儒术"的建议后,就很少重现过同样令人激动向往的自由壮观的局面。今天把这几个有代表性的理论通俗地论述出来,对今天的人们仍具有一定的启迪、借鉴和指导意义。

(1997 年元月)

《西方五大治国名著导读》总论

——也谈欧美近代形成世界科技经济中心的政治文化因素

一、西方人本主义论

文艺复兴提出以人为中心的人本主义理论，由此统一了欧美大多数人的思想，从此任何政党都不敢公开反对人权、自由、平等、博爱的问题。并由此引发了两大精神，即民主精神和科学精神。这很符合历史潮流，很富有进步意义，对科技、经济、社会的发展有很大促进作用。

人本主义是意大利文艺复兴时期提出的，以人权、自由、平等、博爱为核心内容的新文化运动。西欧早期的资产阶级文化是一种以人本主义为核心的新文化。由于它建立在对神的批判和人对自身认识的基础上，因此具有浓厚的“人性”色彩。人本主义文化是近代民族文化的真正起点。这个时代的文学、艺术、思想意识、宗教信仰、伦理道德，以及风俗民情等等，都具有强烈的地域性和民族性，因此，人们又称这种文化为“民族文化”。

人本文化的产生，是以“人的重新发现”为前提条件的。800 年的封建神权统治，把人变成了“神”。当时每个人的头上，都被扣上一顶神圣的光环，严格约束他们过着苦行僧的生活，没有情欲、没有价值、没有人格和尊严，简直像木偶。资产阶级诞生后，要求砸碎头上的光圈，恢复人的本来面目。文艺复兴的重大成果之一，就是人重新发现了自己。他们高呼：“我是人，人的一切特性，我都具备。”因而产生了人本主义文化。但是，在东方各国的封建社会中，没有出现过这种文化。因为人本主义从本质上说是资本主义萌芽时期生产关系要求的反映。资本主义生产关系最根本的特点是个人的自由竞争，因此，只有资本主义兴起后，才会产生以个人为中心的人本主义思想。同时，也只有随着资本主义的萌芽成长，才能形成资产阶级知识分子队伍，创立人文科学。

我国在16世纪中叶以前,明朝虽然出现了资本主义生产关系,但一直没有地位,加上中国当时封建意识之强,儒家学派势力之大。因此这块土地在当时是不可能产生人本主义文化。中国的士大夫完全依附于地主阶级,是封建统治集团的后备军,一旦科场高中,便上升为官僚贵族。他们始终无法摆脱儒学的束缚,一生只知道读孔孟之书,传圣贤之道,毫无民主与科学意识,怎能产生人本主义科学!明末虽有黄宗羲、顾炎武、王夫之等少数先进知识分子,但也没有创立中国的人本文化。后来西方工业文明传入后,许多知识分子主张维新变法,但即使像严复、康有为、梁启超、胡适等著名人物,在倡导一阵子西学后,最后还是回到了孔家店。五四运动后,马克思主义在我国已广泛传播,完全没有必要提倡资本主义的人本文化了。中国也就省略了人本主义的发展阶段。

西欧国家则不同,资产阶级知识分子具有强烈的民主与科学意识,坚决反对封建神学的枷锁。他们当中虽有少数名人被政府委以要职,但始终没有离开民主与科学的轨道。他们专心从事文学与科学研究,提倡人本主义文化。但丁、彼特拉克和薄伽丘等人,就是在研究希腊、罗马古典文化中,发现了以人为中心的世俗文化,从而创立了人本主义和人文科学。彼特拉克第一个把自己研究的学问称为"人学",以与"神学"相对立,故被尊为"人本主义之父"。

人本主义是资产阶级的世界观和历史观。它主张以"人"为中心,反对以"神"为中心。它提倡"人权",反对"神权",肯定人是现实世界的创造者、主宰者和享受者;提倡"人性",反对"神性",批判禁欲主义,蔑视天堂地狱,强调个性解放,追求财富、荣誉、智慧、幸福;提倡自由平等,反对等级特权,不以出身门第为贵,主张以德才取人;提倡人文教育,反对经院哲学,崇尚理智,鼓励冒险和个人奋斗,追求真理,探索自然,奖励发明创造,欣赏文学艺术,全面发展人的才智;拥护民族独立和国家统一,反对侵略和封建割据,促进资本主义发展。

人本主义在历史上起了巨大的进步作用:

(一)人本主义既是西方学术思想和研究方向上一次巨大的转变,也是人类世界观的一次伟大革命。从14世纪以后,人本主义世界观逐渐代替了宗教神学世界观,给西方世界带来了一系列新发现,为资本主义和资产阶级大发展开辟了一个新时代。

(二)动摇了神权统治的理论基础,教皇权力从此由盛而衰。宗教改革运动爆发后,由于宗教人本主义的兴起,西方基督教世界就更加分崩离析了。

(三)加速了民族国家和民族文化的形成。16世纪以后,西欧很多国家都相继建立了分权民主的政治体制,为资本主义和民族文化的发展,提供了可靠的政治保证。

(四)促进了西欧近代文明的诞生。人本主义思潮是西欧第一次思想大解放运动,它蕴藏着一种空前的个人潜在能量,使西方知识分子能在意识形态各个领域内创造奇迹。正是由于在它的推动下,西欧才出现了文学、艺术和科学的繁荣。人本主义思想还对18世纪法国的启蒙运动乃至美国独立战争,都产生过深远的影响。

二、民主与科学的结合,产生分权制约政体

人本主义的民主精神与君主神权理论相矛盾,产生了世界史上第一次人权运动,不断斗争的结果是形成政治民主化、信仰自由化、以权制权的政治文化体制,为欧美的发展提供了制度保证。

意大利是文艺复兴的发祥地,也是西欧启蒙文学的故乡。启蒙文学家通过自己的创作新道路和新形式,倡导人本主义,鼓吹资产阶级的人权、人性和自由,探索从中世纪走向近代社会的途径,启发人们从宗教神学奴役下解放出来,投身于现实生活的斗争中。在他们的影响下,很快就出现了历史上第一次"人权运动",因此,他们的文学创作被称为启蒙文学。同时,由于这种文学具有强烈的民族特点和风格,用本国语言写作,所以他们又被誉为民族文学的创始人。意大利早期文艺复兴的启蒙文学家有但丁、彼特拉克和薄伽丘,合称为佛罗伦萨"文学三杰",他们是文艺复兴运动的先驱。

《神曲》是一部集中世纪哲学、神学和艺术之大成的巨著,又是近代黎明的序曲。但丁谨慎地采用梦幻的文学形式和象征晦涩的手法,把中世纪的传统观念和新的世界观巧妙地搓揉在一起。它一方面批驳了宗教神学思想的封建落后观点,另一方面又大力倡导人文主义新思潮。但丁用毕生精力创作《神曲》,其真正的目的有三个方面。(一)意大利要复兴,首先要净化人们的灵魂。他写灵魂由迷途经过地狱的痛苦、炼狱的磨炼、再上升到天堂光明的历程,充分体现了人的思想革新的道路。(二)意大利要统一,必须实行政教分离。因此,但丁在梦游三界时,分别由维吉尔(代表人智)和比亚特丽斯(代表信仰)引导,前者不能进入天堂干预宗教事务,后者也不允许插手于地狱和炼狱中的世俗生活。只要把神权和君权分开,国家必能统一复兴。(三)为此必须放弃经院哲学,提倡人本主义,追求真理,崇尚理智,探索自然,复兴古典文化,努力奋斗,积极投身于改造现实世界。因此,《神曲》的诞生,标志着文艺复兴运动的开始。

此外,彼特拉克在复兴古典文化中起了特别重要的作用。他到过西欧许多文

化名城如巴黎、科隆、根特等,四处搜集拉丁文和希腊文的古典作品。只要他知道某地发现了古代手稿或残稿,便出重金购买,如无法买到,则亲自抄录,精心收藏。此外,他还收集了许多古代钱币、碑刻和雕像。在彼特拉克的发掘和细心研究下。他终于发现了古典文化的精华——人本主义。因此,他第一个提出"一个古代学术——它的语言、文学风格和道德思想的复兴。"由于彼特拉克的倡导和鼓励,到了15世纪,意大利掀起了复兴古典文化的高潮。反对把爱情象征化和哲理化,主张爱情就是肉体感官的享受。彼特拉克在《秘密》中坦率地说:"我不想变成上帝,或者居住在永恒之中,或者把天地抱在怀里。属于人的那种光荣对我就够了。我自己是凡人,我只要求凡人的幸福。"他的思想充分表达了当时一般民众的幸福观和恋爱观。彼特拉克不但强烈追求爱情,而且特别重视个人的荣誉。他写了好几部歌颂古代豪杰的著作,向民族英雄学习,立志做一个千古不朽的巨人。他的史诗《阿非利加》,着重描述了第二次布匿战争期间罗马统帅西庇阿·阿非利加打败迦太基名将汉尼拨的事迹,塑造了一位典型的爱国英雄形象。诗人通过这部长诗,歌颂了意大利民族的伟大,鼓励爱国志士应像阿非利加那样去做一个统一祖国的英雄。在《意大利颂》中,他进一步阐明了反对封建割据,渴望和平统一祖国的思想。他的《名人列传》,写出了从罗慕洛到恺撒等21位名人的传记。这部著作除为后人提供一部罗马史外,还把罗马帝国与四分五裂的意大利现状加以对比,以激发人民复兴祖国的斗争意志。

彼特拉克的人本主义思想比但丁时代前进了一大步。

在揭露罗马教会的同时,薄伽丘在《十日谈》中,高举着"人性"和"人权"的大旗,为资产阶级登上历史舞台鸣锣开道。禁欲主义是思想自由和个性解放的大敌,如果不从它的束缚下解放出来,资产阶级便不可能成为自由人走进近代文明社会。因此,薄伽丘首先大力宣传"人性"思想,使人们取得自由恋爱的权利。他认为"性爱"是人的天性,无论男女在"人性"面前,都是无法抗拒的。

意大利早期启蒙思想家所提倡的"人权"、"人性"与"自由"虽然有很大的局限性,但在当时却是进步的。它否认了封建神权和等级特权的合法性,为资产阶级争得了自由与幸福的权利,人类社会从"中世纪"向"近代"跨进了一大步。

通过文艺复兴的文化运动,人权观念在欧洲取得了共识以后,紧接着的是资产阶级革命风暴的产生,最后赢得了胜利。

在舆论上对古希腊罗马的文艺复兴,导致了在政治理论上对古希腊罗马分权制理论国家的研究,并赋予资产阶级革命的实际行动。在资产阶级革命的早期,人们曾对分权的理想和分权的制度寄予厚望,期望着它们给人类永远带走令人心惊胆战的专制,带来令人神往的和平的社会政治生活。翻开《政府论》、《论法的精神》、《社会契约论》,读一读华盛顿、杰斐逊那一篇篇充满感情的演说,一段段激扬的文字这给18世纪欧美两个大陆的人民以多么巨大的精神鼓舞啊!

孟德斯鸠宣称:“这三种权力可能形成一种静止或无为的状态。但是事物必然运动,其势不能裹足不前,因此它们也被迫协调地向前迈进。”

华盛顿宣称:“在我们共和国的公民中间,允许任何种类的贵族、爵士或类似性质的等级存在,都是和我们的宪法的原则矛盾的。”

后来,林肯也宣称:“无论在今天或永远的未来,他(杰斐逊)的思想对于死灰复燃的暴政和压迫的先兆都必定是一种谴责和阻碍。”

这笔精神遗产永远是宝贵的。因为,这些政治思想的精神呼喊着的是社会前进的正义之声。

分权论的历史进步性,首先表现在它是资产阶级以“阶级分权”的方式对封建专制制度的否定。马克思指出,“按照系统和等级的分权原则建立”的国家制度,“起源于君主专制的时代”。分权原则是“新兴资产阶级社会反对封建制度的有力武器”。

实行分权制,就有利于利用国家社会职能不断扩大的趋势,尽可能以广大群众不那么反感的执行国家职能的方式,尽可能以国家权力的普遍约束力的一面来掩盖国家权力的特殊强制性的一面。在分权制下,制定法律的立法机关和执行法律的行政机关是分开着的。这一划分,使得资产阶级可以把本阶级的意志作为社会的意志来推行,“名正言顺”地实施对整个社会的管理。一旦行政机关或行政首长的政策和行为受到公众的谴责,统治阶级反过来又可以以“分权”为借口,把责任推向“制定”法律“审议”政纲的“民选”立法机关。分权原则还体现了国家权力所特有的普遍约束力这个特征。国家权力施及于全体居民,国家的宪法、法律均要求国家所辖区域内的全体居民遵守。违反了宪法和法律的社会成员都要依法受到惩罚。在法制比较健全的情况下。统治阶级的成员违法,也要被治罪。弹劾制的出现,就是这种“法律面前人人平等”精神在国家权力系统中的实现。虽然,西方国家享有弹劾权的机关绝少使用这一严厉的手段来惩处犯法的高级行政官员或高级司法人员,因而有人把这种骇人的权力称为“生了锈的大口径手枪”,但是,弹劾权还是有一定威慑力的。某些高级官员在受到议会和舆论界的强烈谴责时,出于对可能遭到弹劾(这是政界最为难堪的事情)的担心、惧怕,因而被迫辞官以平息风波的例子还是有的。美国70年代发生的“水门事件”,就曾导致理查德·尼克松总统出于对“弹劾的魔鬼”的畏惧而提出辞职。

在处理统治与被统治的关系时，分权的政府体制也做到了以灵活多样的方式较为公平、公正、公开地管理国际社会事务。马克思说："议会制共和国在它反对革命的斗争中，除采取高压手段之外，还是加强政府权力的工具和集中化。一切变革都是使这个机器更加完备，而不是把它毁坏。"随着社会的进步和劳动人民的日益觉醒、知识文化水平的普遍提高，要像上一个世纪那样，仅靠"铁"与"血"进行统治是不行的了，像封建时期那样，仅靠简单的发号施令也是不行的了。由于实行了分权制度，资本主义国家在处理与被统治阶级的关系时，就根据不同的情况动用不同的部门，避免了各个国家机关一齐出动这种极为容易导致被动局面的现象。立法机关、行政机关往往以"和善"的面孔出现；而司法机关、军队、行政机关所属的治安机关则往往作为"高压手段"。立法机关往往通过议员、议员候选人以"联系公众"的方式对群众施加影响；而行政机关则运用自己传统的威望继续以发号施令、制造舆论的方式全面干预社会生活。中央国家机关以其总的政策、总的领导，加之雄厚的财力控制全局；而地方政府则利用从中央国家机关"分"来的一部分权力，经其对本地方的熟悉和对地方事物的具体组织，控制国家的各个局部。总之，实行"三权分立"和中央与地方、联邦与各国邦的分权，可以把国家和公民的矛盾，统治阶级和被统治阶级的矛盾化为公民国家权力和各个部门的矛盾，被统治阶级与统治阶级的个别掌权人物的矛盾，起到转移视线，保全整体的作用。

分权制还比较好地解决了如何处理统治阶级内部关系的问题。在阶级分权的情况下，资产阶级内部的矛盾并不占显著地位。但是在资产阶级成为唯一的统治者的情况下，它内部的种种矛盾自然就突出了。分权制使这种矛盾的运动有了一个规范。在分权制下，不同的政党和不同的社会集团，可以通过法定程序，经过争斗，达成协议。形成各个政党、集团都能认可的，符合整个资产阶级利益的政策、政纲和措施。同时，通过普选、任命、推荐、考试及相应的手续，资产阶级能够稳妥地选择本阶级人员中较有才干的人物担任高级职务，保证这部"机器"按照整个资产阶级的意志运转。这样不论执政者如何走马灯式地更换，也不会使统治发生危机。相反，由于这种相互分立、相互制约的存在而使资产阶级的各个政党、集团之间的矛盾得到一定程度的调和，从而有利于巩固统治地位。正如马克思所说，只有在议会共和国的形式之下，资产阶级的各个集团才能"互相结合起来"，"以代替这个阶级中的一个特权集团统治"。

分权的政治制度同奴隶主专制、封建地主阶级专制的政治制度比较起来，是一种巨大的历史进步。即使在现时代的眼光看来，这种进步对无产阶级仍是有用的。"因为它们使无产阶级有可能达到现在这样的统一和团结，有可能组成步伐整齐纪律严明的队伍去同资本进行有系统的斗争。”“没有议会制度，没有选举制度，工人阶级就不会有这样的发展。因此，这一切东西在广大群众的眼中具有很大的意义。”

三、文艺复兴的科学精神胜利导致科技经济发展

以人为核心的人本主义的科学精神与以神为核心的教皇势力展开了你死我活的斗争，科学的胜利为欧美发展带来了新契机。

文艺复兴时期也是科学与神学决斗的年代。中世纪前期，由于自然经济和基督教神学占统治地位，西欧没有自己的自然科学。资本主义兴起后，资产阶级为了提高生产力，迫切要求在科学领域内结束神学统治，建立以实验为基础的自然科学新体系。因此，从 16 世纪起，科学与神学便进行了一场殊死的搏斗。站在这一斗争前列的是波兰天文学家哥白尼，他最先创立了“太阳中心论”。接着西欧各国学者与教会展开血战，用生命捍卫和发展了他们的学说。

尼古拉·哥白尼(1473—1543 年)是第一个揭开宇宙秘密的科学家。他生于波兰中部的托伦城，其父为富商，曾任该市市长和议员。哥白尼 10 岁丧父，由舅父乌卡斯·瓦兹洛德大主教抚养成人。1491 年，他就读于克拉科夫大学，学习天文与数学。1496—1506 年，哥白尼前往意大利波隆那和帕多瓦等大学学习教会法和医学，但重点攻读天文学。回国后他住在赫尔斯堡舅父家中，开始整理总结自己在留学期间记录搜集的天文资料，第一次写出了“太阳中心论”的纲目——《试论天体运行的假设》。1512 年，舅父乌卡斯逝世后，他离开赫尔斯堡，搬迁到波罗的海附近的弗隆堡居住。为了观察天体，哥白尼买下了这个城堡西北角的一座小箭楼作为天文台，利用自制的简单仪器，窥探宇宙的秘密，并记录了大量的资料。1516 年后，他开始撰写《天体运行论》，直到 1530 年左右才完成这部划时代的著作。1543 年 5 月 24 日，当人们把这部刚出版的大作送到他失明的眼前时，他只摸了一下书的封面，一小时后便去世了。

《天体运行论》共 6 卷，是一部全面系统阐述“太阳中心论”的巨著。它的主要内容是：(一)地球不在宇宙的中心，而在太阳轨道的中心；(二)包括地球在内的一切行星轨道都以太阳为中心，太阳是宇宙的中心；(三)天上的星球是不动的，而是地球在转动；(四)太阳每天从东到西不是它自身在移动，而是地球在自转。太阳中心论的创立，科学地概括了天体运行的规律，推翻了几千年来亚里士多德和托勒密的“地球中心论”的统治地位，为近代天文学奠定了基础。《天体运行论》的出版，不仅是天文学和人类宇宙观的伟大革命，而且也标志着神权政治的崩溃。

从此以后,西方自然科学开始从神学中解放出来,成为独立的科学。哥白尼开创了天文学发展的新时代。

意大利天文学家和哲学家乔尔丹诺·布鲁诺(1548—1600年)进一步发展了哥白尼的学说。他出生在那不勒斯附近的诺拉镇,因家境贫寒,15岁便进入多明教会修道院为僧。在修道院里他刻苦学习古典著作,并认真研究了哥白尼的《天体运行论》,因而遭到教会的迫害。从1577年起,他离开祖国先后流亡到瑞士、法国、德国和英国。1583—1585年,布鲁诺在留居英国期间,写出了《论原因、本原和统一》、《论无限性、宇宙和诸世界》和《驱逐趾高气扬的野兽》等重要著作。在这些著作中,他纠正了哥白尼学说中的某些错误,提出了宇宙新理论。布鲁诺认为宇宙在空间上是无限的,在时间上是永恒的;宇宙没有中心,太阳只是宇宙间无数星系中的一个小点;地球围绕太阳转动,而太阳和其他恒星的位置也在不断地发生微小变化。他宣布宇宙是一个统一的物质世界,不生不灭,永远守恒,宇宙之外无他物。这些新的天文学观点对教会又是一个沉重的打击。1600年2月8日,宗教裁判所宣布剥夺他的教职,开除其教籍。2月17日,布鲁诺被教会活活烧死在罗马鲜花广场,年仅52岁。他在生命的最后时刻高呼:“火并不能把我征服,未来的世纪会了解我,知道我的价值。”1889年,罗马人民在鲜花广场的中央,建立了一座布鲁诺纪念碑,以表彰他为追求真理而献身的革命精神。

杰出的物理学家和天文学家伽里列奥·伽利略(1564—1642年),面对火刑继续前进,为天文学的发展又做出了新贡献。他生于比萨城,后来全家又迁居于佛罗伦萨。幼年时期,伽利略在佛罗伦萨附近瓦洛姆布洛萨修道院读书,17岁进入比萨大学学医。入学的第一年,他从比萨大教堂悬挂的一盏油灯来回摆动中,发现了摆的等时性定律。1585年,伽利略大学毕业后回到佛罗伦萨,继续研究数学。1586年,他被比萨大学聘为教授。1590年,他在《论重力》一文中,第一次提出自由落体定律,否定了亚里士多德的物重落地快、物轻落地慢的原理。为了证实这一发现,伽利略在比萨斜塔上用10磅和1磅的两个重量不同的铁球从塔顶上抛下,结果它们同时落地,证明他的理论是正确的。全校大多数师生都十分信服,但亚里士多德派的教授们仍然围攻伽利略。1592年,他非常气愤地离开了比萨,前往帕多瓦大学任教。此后,他对天文学发生了浓厚的兴趣。1609年,伽利略利用自己发明的天文望远镜,首次观察到了月球表面有“大山”、“海洋”和“火山”的裂痕;木星有四个卫星;银河由无数星系组成。他甚至窥察到了土星的光环,只因他的望远镜倍数太低,未能看得清楚。1610年,他根据上述发现,出版了《星空使者》一书,振动了西方世界。人们惊讶地说:“哥伦布发现了新大陆,伽利略发现了新宇宙。"1613 年,他又发表了《论太阳黑子的信札》,证明太阳和地球都在缓慢转动,不过太阳是在原地旋转,而地球则围绕太阳转动。1516 年,教会强迫伽利略放弃自己的学说,但他暗中仍继续进行研究。1632 年,伽利略出版了《关于两个世界体系的对话》,进一步阐明了哥白尼的学说是正确的,并指出托勒密的地球中心论是十分荒谬的。1633 年,宗教裁判所要他跪在地下签字悔过,他站起来说:"签字有什么用,地球仍然在转动!"从此,教会将他软禁在罗马,后又允许他回到佛罗伦萨附近的别墅中,但不能自由活动。1642 年,伽利略写成最后一部巨著《关于两门新科学的讨论和数学证明》01643 年 1 月 8 日,这位伟大的科学家病逝于他的阿尔切特里别墅中。

与伽利略同时,德国天文学家约翰尼斯·开普勒(1571—1630 年)以其优异的研究成果,进一步丰富了哥白尼的学说。他诞生在德国符登堡公国境内一个小贵族家族,4 岁时因患天花双手致残。开普勒天资敏捷,但因父亲放荡而家道没落,无钱入学。他全靠符登堡公爵提供的奖学金,一直读到大学毕业。此后,开普勒到中学担任了一个时期的数学教师。1600 年,他离开中学前往布拉格郊外天文台充当丹麦天文学家第谷·布拉赫的助手。第谷(1546—1601 年)是欧洲第一个研究行星运动的专家,积累了大量有价值的天文资料,1599 年定居于捷克。1601 年,第谷去世后,开普勒继承他的遗志研究行星运动。1609—1619 年,他先后出版了《新天文学》和《宇宙谐和论》等重要著作,创立了行星运行的三大定律,被称为"开普勒定律"。(一)行星运行的轨道是椭圆形的,太阳位于椭圆形的一个焦点上;(二)行星运行的速度是不一致的,近太阳者运行快,远太阳者运行慢,但从任何一点开始,向径(太阳中心到行星中心的连线)在相等的时间所扫过的面积相等;(三)行星绕太阳公转运动的周期的平方与它们椭圆轨道的半长轴的立方成正比。这三大定律奠定了经典天文学的基础,并为牛顿发现"万有引力定律"铺平了道路。

在窥测宇宙秘密的同时,医学家们不顾教会的禁令,开始探索人体内部构造的奥妙。1543 年,尼德兰外科医生维萨留斯发表了《人体结构论》一书,初步弄清了人的骨、脉、脑、内脏等方面的构造情况,指出了盖伦医学中 200 多处错误,特别是否定了他关于血液从右心室通过室壁流入左心室的错误结论。但血液到底是怎样从静脉流入动脉的,维萨留斯自己也弄不明白。1553 年,西班牙医生塞尔维特出版了《基督教的复兴》,提出了血液从右心室通过肺流入左心室的肺心小循环学说,为研究全身血液循环指明了方向。他因此遭到教会的迫害,便逃往日内瓦避难,却又被新教领袖加尔文逮捕,被慢火烧死。1628 年,英国著名医学家威廉·

哈维(1578—1657 年)经过多年苦心研究,出版了《心血运动论》,提出了血液循环的伟大理论。他指出心脏的收缩和扩张是血液循环的根本原因,而不是盖伦说的所谓"灵气"推动的结果。由于心脏的压力,右心室排出的血液,经过肺动脉、肺和肺静脉进入左心室,再由左心室流入主动脉,再送到肢体各部,然后由体静脉回到右心室,全身循环完成。这一伟大发现使生理学成为科学,哈维被尊为"生理学之父"和近代医学的创始人。此外,物理和数学的研究,也摆脱了神学的影响,取得了许多新成就。在力学方面,伽利略发现了振摆、落体、抛物三大定律。他的学生托里赛利,测定一个大气压相当于 76 厘米高的水银柱所产生的压强,并于 1643 年发明了水银气压计。英国学者波义耳和法国的马略特,几乎同时发现了气体容量和外部压力成反比的定律,称为"波义耳定律"或"马略特定律"。1545 年,意大利数学家卡尔达诺发表了解三次方程的公式,名为"卡尔达诺公式"。后来,他的学生又解了四次方程。他们解决了当时数学上最大的难题。1614 年,英国数学家涅倍尔制成了世界上第一个对数表。1673 年,法国数学家和哲学家笛卡儿出版《几何学》,创立了解析几何。这些发现和发明,为近代物理学和数学奠定了基础。

自然科学的最新成果和反对经院哲学斗争的需要,促使了近代唯物主义哲学的产生。

法兰西斯·培根(1561—1626 年)是英国近代唯物主义的鼻祖。他出生在伦敦一个新贵族家庭,自幼受过良好的教育。剑桥大学毕业后,他开始进入政界,先后担任过议员、大法官、掌玺大臣和上议院院长等要职。1621 年,他退出政界,从事文学和哲学研究。培根在他的《学术之进展》、《新工具》等著作中,系统阐明了其哲学思想。他认为世界是物质的,并且有自己运动的规律。物质的最小单位是"分子",它具有密度、温度、体积、重量和运动等性质,而运动则是其第一特性。万事万物的差别是由于物质内部分子结构不同而形成的,这种内在结构就叫"形式",如光的形式、热的形式等构成不同的物质。因此世界是可知的,并能发现和利用其规律为人类谋福利。他有句名言:"知识就是力量。"而人们要获得知识就必须从感性认识出发,取得经验,再通过例证和实验加以检定,最后进行归纳,逐步上升为普遍真理。这种从世界本身去解释和说明世界的思想方法,是近代唯物主义哲学的基本特点。培根开创了西方哲学研究的新纪元。但他又提出知识既来源于感觉经验,又得之于神灵的所谓"两重真理说",是一个不彻底的唯物主义者。

勒奈·笛卡儿(1596—1650 年)是法国著名的哲学家和数学家,解析几何的创始人。他出身贵族家庭,青年时期以雇佣军的身份周游了西欧许多国家和文化名城,最后定居于荷兰。1649 年,笛卡儿又迁居斯德哥尔摩,第二年即离开人世。

他在其主要哲学著作《方法论》、《哲学原理》和《形而上学的沉思》中，提出了他的二元论哲学思想。他一方面承认自然界的物质是第一性的，不是从精神和意识中派生的；另一方面又认为精神和意识也是第一性的，不是从精神和意识中派生的。物质与精神是两个完全独立的实体，互不依赖，但它们都是由上帝这个最高实体派生的，结果笛卡儿仍然滑进了唯心主义的泥坑。在方法论上，他是一个唯心的唯理论者。他反对培根的归纳法，主张演绎法。笛卡儿认为在认识过程中起决定作用的是理性，而不是感觉和经验。他也有一句名言："我思故我在。"这就是他认识论的根本原则。但以理性原则为依据进行推论的演绎法，无法说明真理的来源，最后他只好归结为"天赋观念"。

别涅狄克特·斯宾诺沙(1632—1677年)是荷兰资产阶级民主派的哲学家，著有《神学政治论》和《伦理学》等名著。他既反对培根的"两重真理说"，也不赞成笛卡儿的二元论，主张宇宙只有一个"实体"，即自然界。它是统一的和无限的，并有其自身内在发展的原因，没有任何超自然的力量推动它运动。《自因论》是斯宾诺沙对近代唯物主义哲学思想的重大发展，它从根本上否定了亚里士多德的"第一推动论"的谬论。自然界自身运动的结果，产生了各种各样的具体事物，他把这些具体物质看作"样式"。实体和样式之间是一种整体与局部、原因与结果、本质与现象、无限与有限的关系。人也是一种"样式"，必须服从实体的必然性，即资产阶级的统治，才能获得自由。斯宾诺沙的思想，包含着丰富的唯物主义和辩证法因素，为近代唯物主义的发展作出了巨大贡献。但他的自由观是消极被动的，而且在认识论上也主张理性起决定作用，并和其他哲学家一样，把运动看成是机械运动，因此斯宾诺沙的哲学思想，仍然具有很大的局限性。

文艺复兴时期的西欧，是一个怀疑、探索、挑战、创新的时代。文学家、艺术家、思想家和科学家在社会意识形态的各个领域内，大胆向教会权威挑战，提出了一系列崭新的理论观点，使西方文化呈现出百花齐放、百家争鸣的繁荣局面。西欧人文主义者在历史上最杰出的贡献，就是找到了一条从"中世纪"向"近代"过渡的最好途径，加速了封建社会的解体和资本主义时代的到来。西方近代文明的产生和形成，与他们的赫赫功绩是分不开的。

正当西方世界发生翻天覆地的变化时，东方的巨龙还酣睡未醒，正在做夜郎自大的美梦，甚至于用一道厚厚的围墙把自己封闭起来，以维护古老文化的传统。然而当西方近代文化叩开国门之后，东方的巨龙不但不能腾飞了，反而经常处于挨打的地位。商品经济战胜自然经济，工业文明打败农耕文化，这是历史发展的必然结果。

技术革命、产业变革导致了西方经济在近代发展史上捷足先登，同时巩固发展了资本主义生产关系和社会政治体制。

西方近代的发展是在原有水平层次上的产业革命开始的变化。产业革命就是生产体系结构以及经济结构的飞跃。近代第一次产业革命是以机器生产为主体的工厂制度代替以手工操作为基础的手工工场的革命，它的发生是资本主义经济发展客观要求所决定的，是近代资本主义生产发展的必然产物。英国的产业革命开始于18世纪下半叶，到19世纪中叶基本完成。法国在19世纪20年代，德国在19世纪30—40年代，美国于19世纪60年代先后进入产业革命时期。他们利用了30—40年时间，基本上完成了产业革命。日本在19世纪60年代末才进入产业革命时期，到90年代末20世纪初才基本上完成产业革命。

英国的产业革命开始于棉纺织业。棉纺织业是18世纪发展起来的新兴工业部门，在国内它是毛纺织业的竞争者，受到各种限制和打击，同时还受到质量优良的印度棉布的激烈竞争，因而迫切要求革新生产技术。加之它又是没有旧传统束缚的新兴工业部门，比较易于进行技术革新。1733年兰开夏的约翰·凯伊发明了飞梭，提高织布效率1——使纺纱满足不了织布的需要。1764年织工哈格利活斯发明了“珍妮”纺纱机，其纺纱效率提高了8倍，是由手工工具变为机器的典型。1770年他登记了技术专利，1790年“珍妮”纺纱机在英国各地普遍推广，成为英国产业革命的开端。

“珍妮”纺纱机带动的纱锭日益增多，人力作动力越来越难以胜任，迫切需要解决纺纱机的动力问题。1769年阿克莱特制成了水力纺纱机并登记了专利。水力纺纱机的应用，使纺纱成本大大降低，大量地排挤个体纺纱工。另外水力纺纱机体积大，必须安装在河流旁边，不能安置在一般国家中，需要建厂，规模达到400多人。水力纺纱厂的出现，进一步推动了纺织技术的革新。1779年英国发明家克隆普敦综合了“珍妮”机和水力机的优点，发明了自动骡机，可以同时转动三四百个纱锭，而且能生产细而结实的纱线。经过这一系列的发明，纺纱机的革新初步完成，纺纱不再分散在农村和家庭进行，集中生产的纺纱厂开始迅速增加。

纺纱机的革新，使棉纱产生过剩，织布业相对地落后了，出现了新的不平衡，因而对织布机的革新提出了要求。1785年卡特莱特发明了用水力推动的织布机，效率提高40倍。随之而来的是一系列与之配套的机器发明，如净棉机、梳棉机、自动卷纱机、漂白机、整染机等。整个纺织工业实现了机械化，开始了在生产中用机器代替手工的革命进程。

纺织业的一系列发明在其他行业引起连锁反应，以机器代替手工操作的工厂相继出现。由于当时的各种机器的动力主要是水力，厂址只能建在河边，工厂受到地理限制和水源枯旺的季节限制，因此，为了解决不受时间、空间限制的动力源，迫切需要解决抽水的动力和机械问题。工作机的技术革新，要求它们提供强大方便而又稳定的动力，从而产生了动力机的革命。机械技术、机车技术、冶炼技术和化工技术的发展，产生了新的动力机、传动机和工具机，形成了近代第一次技术革命，使人类社会进入到蒸汽动力时代。

在瓦特完成了一个划时代的技术发明后，蒸汽机的应用范围日益广泛，它已从矿山、纺织推广应用到机械、交通运输、冶金、化工等一系列工业部门。推动和加速产业革命的发展，对社会生产和人类生活产生了重大而深远影响。

蒸汽机的出现，促进了机械技术的发展，使机器制造由手工业变为大机器工业。而钢铁和煤炭工业的发展，为机器制造业的发展提供了物质条件。在蒸汽机之前，机器是用手工加工木材制造的。蒸汽机出现后，木制的机器无法承受蒸汽动力的振动而改为铁……随着机器结构的复杂化和对精度要求的提高，手工操作已不能满足要求。铁制机器不能再用手工制造，而必须由机器制造。用机器制造机器正是工业革命的起点。当然这一过程的开始并不是件容易的事，其关键不在于工作机，而在于发动机。也就是说，只有蒸汽机的出现，才使得用机器制造机器既成为必须，又成为可能。蒸汽技术推动了机械技术的迅速发展，也正是蒸汽机的出现，标志着资本主义工业化新时代的开始。

蒸汽机和种工具机的普遍采用，推动了机械技术和机器制造业的蓬勃发展。1774 年英国机械师莫兹利发明了滑动刀架车床，后来又发明了转动刀架车床。刀架的出现是机床技术的一大突破，是金属切削加工技术的质的飞跃。1775 年威尔金森发明了圆筒镗床，对蒸汽机的生产技术具有决定性意义。1817 年英国的罗伯特发明了刨床。后来他还发明了各种精密车床、牛头刨床、钻床、磨床以及标准螺旋规等精密量具，使他在 1851 年世界博览会上获举世闻名的声誉。在他们之后，机械技术中心则由英国转移到德国和美国。美国人发明了铣床、磨床等机床，进一步发展了机械工业。

产业革命使社会生产迅速发展，国内外市场得到很大的扩大，资本主义国家为了向外扩张和掠夺殖民地而发动的战争，所有这些对交通运输提出了新的要求。蒸汽机已成为一项成熟技术进入实用阶段，除了在矿山、纺织、机械得到广泛应用外，人们把它运用到交通运输事业中，相继发明了轮船和蒸汽机车，修建了铁路，使交通技术得到迅速发展，交通运输工具发生了革命性的变化。

早在 17 世纪末 18 世纪初，巴本、萨维利等人就有过用蒸汽动力推动船舶的设想。1787 年美国发明家菲奇曾造过一艘能勉强短途使用的汽船。18 世纪末，以蒸汽机为辅助动力的帆船问世，接着被以风帆为辅助动力的汽船所代替。而第一艘实用的蒸汽船的发明人是美国发明家富尔顿。1786 年他在伦敦结识了瓦特，激发他作蒸汽机推动船舶的热忱。1803 年他在巴黎发明了第一艘汽船在塞纳河下水，试验失败。1807 年他回到美国建造了 100 吨的平底轮船“克勒蒙特号”，在纽约的哈德逊下水，首次试航成功。船舶的航速比普通帆船快三分之一。在轮船的发明上，富尔顿的最大功绩是把瓦特发明的蒸汽机应用到轮船上，并在大量试验的基础上确定了合理的船型。1838 年英国轮船“天狼星”号和“大西方”号完全用蒸汽作动力，横渡大西洋成功。这时候，英国和瑞典分别用螺旋桨代替外轮式桨轮，使造船技术进入成熟期。到 1895 年，工业发达国家的轮船已普遍取代木船。20 世纪初，欧洲商船的 80% 是轮船。

用蒸汽动力推动车辆的想法早已有之，牛顿曾提出过反作用式的四轮蒸汽机车的设想。1800 年瓦特同事的学生列维西克机械师发明了轨道式蒸汽机车，在煤矿山使用。由于速度比马车快不了多少，而且经常出轨，没有引起人们的重视。但它是铁轨上最早的火车。

1814 年英国发明家斯蒂芬逊总结和吸取了前人的经验教训，造成了第一台实用蒸汽机车，解决了出轨问题。以后经过改进，速度提高 1 倍。1822 年建立了机车车辆厂。1825 年由他负责修建了斯托克顿到达林顿之间全长 30 英里的世界上第一条铁路，从而开辟了陆上铁路运输的新纪元。之后，英国出现了铁路建造热，19 世纪 40 年代主要铁路干线大部建成。19 世纪末，全世界铁路里程发展到 65 万公里，到 20 世纪 20 年代又将近增加 1 倍，达 127 万公里。工业发达国家基本上都形成了铁路网。

由于蒸汽机的广泛应用，火车、轮船与各种蒸汽动力机械的速度和负载日益提高，以木结构为主体和以木柴为燃料的时代便为钢铁和煤所取代。19 世纪 50 年代后，铺设铁路，制造火车、轮船和各种机械以及武器生产等，使钢铁的需要量与日俱增，推动了新炼钢法的产生。1856 年英国工程师贝塞麦创造了转炉炼钢法，用不到 10 分钟就能炼出了 15 吨钢。但该法只能炼低磷铁矿石。1864 年德国的西门子和法国的马丁发明了平炉炼钢法，使钢铁生产能够大规模地进行。1879 年英国人托马斯创造用碱性衬里平炉，可炼含磷较多的矿石。由于上述新的炼钢技术的推广应用，1865—1870 年间世界钢产量增加了 70%。

纺织工业、农业和冶金工业的发展同时促进了化工技术的发展。蒸汽纺织机的应用要求加快纺织品的漂白过程，这就需要新的漂白技术和新的酸、碱制造技术,1746年英国的罗巴克发明铅室法制造硫酸,经不断改进后投入连续生产。1831年法国的勒布兰提出以氯化钠为原料的制碱法。1862年比利时的索尔维发明了氨碱法制碱技术。实现了制碱工业化。1798年英国的恰尔斯·泰昂特发明漂白粉。1799年英国建成世界第一座漂白粉工厂。1824年英国人阿斯普丹发明了波特兰水泥,建成世界上第一座水泥厂。在无机化学工业发展之后,有机化学工业也得到了发展。1856年英国青年化学家柏琴用从煤焦中提炼出来的化合物合成"苯胺紫"染料。1874年发现香豆素的合成法,开创了香料合成工业。德国化学家霍夫曼和柏林大学的学者先后合成了多种染料、香料、杀菌剂、解毒剂等,促进了德国的煤化学工业的迅速发展。与此同时,化肥工业也有了较大的发展。1837年著名的德国化学家李比希分析了土壤的化学组成,提出了合成化学肥料的理论。19世纪50年代,氮肥、磷肥、钾肥的生产技术有了很大的发展。

以蒸汽机的发明和广泛应用为标志的蒸汽技术革命给人类社会带来广泛而深刻的影响。它引起了工程技术的全面发展,极大地加速产业革命的进程,推动了社会生产力的飞跃发展,导致了经济、社会的巨大变化。

在整个工程技术系统中,各种技术的发展是互相制约、互相影响的,存在着各种横向联系。这些横向联系是:技术之间互相的依存关系——一种技术得以出现并在生产中得到应用,必须以另一种技术的存在为前提,否则该技术就不能成为现实的技术;技术之间的相互渗透关系——一种技术可以应用于多种技术领域和多种生产过程之中,而促使各种技术之间相互渗透;技术之间的链锁关系——一种技术出现后会链锁地引起一系列技术的产生。正是因为技术之间的这些横向联系,使得任何技术都不会也不可能单独孤立地向前发展。某一新技术产生以后,它会影响其他技术的发展。而先导技术的突破和发展,更对其他技术的发展起着极大的带动和促进作用。一般来说,每一次大的技术革命,新技术的出现通常都不是一个,而是多个,由此形成一个技术群,与已有的技术构成一个相应的技术体系。同时在这个技术群中,总有某一(些)技术居于主导地位,它的发展决定和影响其他技术的发展,导致整个社会生产力发生重大变革。在每次技术革命中居于主导地位的技术叫作主导技术。

如前所述,蒸汽技术作为近代第一次技术革命的先导技术,促进和带动了机械技术、造船技术、机车技术、冶炼技术和化工技术的发展,并与已有的农业技术、纺织技术、采矿技术构成蒸汽时代的技术体系。在近代第一次技术革命中,蒸汽技术作为先导技术是这次技术革命的主导技术。此外,机械技术亦是主导技术。这是因为:其一,蒸汽机本身也是机器,是作为构成近代机器的一个必要组成部分即动力机来起作用的;其二,蒸汽机在所有技术领域的应用,也同蒸汽机在纺织技术中的应用一样,仍然是以工作机的发展为出发,以各种工具机、传动机的发明和改进为前提的。

由于这次技术革命,产生了许多新的动力机、传动机和各种工具机,出现了大规模的机器生产和复杂多样的技术手段,使得人类社会出现了一个新的技术领域,在人类历史上产生了一次大飞跃,开始由农业社会进入工业社会,人类文明从第一次浪潮进入到第二次浪潮。

蒸汽技术革命加速了产业革命的进程,促进了社会生产力飞跃发展,使能源、材料、产业结构及生产组织都发生了很大的变化,从木材时代进入煤炭的时代。1770 年英国产煤 260 万吨;1835 年煤产量达 3000 万吨,增长了 10 多倍。1740 年英国铁产量只有 1.7 万——1835 年就达到 102 万吨,增长近 60 倍。1770—1840 年的 70 年间,英国工人的平均劳动生产率提高了 20 倍。与此同时,出现了新兴的机器制造业、交通运输业和化学工业。煤炭工业与钢铁工业更为发展。虽然农业与纺织业仍然是当时的主导产业,但其产业结构在这次技术革命之前已发生了根本的变化。这使生产也发生了全面的变革,其突出的标志是“机械化”。其生产组织也由过去的工场手工业生产让位于以机器为主体的工厂制度的大工业生产。

这次技术革命为自然科学的发展和运用开辟了广阔的道路。只有资本主义生产方式才第一次为自己从理论上征服自然提供了手段。随着资本主义的扩展,科学因素第一次被有意识地和广泛地加以发展、应用,并体现在生活中,其规模是以往时代根本想象不到的。同时,这次技术革命又直接推动了科学技术的发展。以机器为基础的大工业生产只有不断地革新技术,才能使资本家保持竞争能力。而技术的进步有赖于科学的发展。如要提高蒸汽机的热效率,迫切需要热力学理论的指导。而蒸汽机的发明和应用为后来的能量守恒与转化定律的发现创造了物质基础。如在纺织业和农业中曾经提出的合成染料、合成肥料等问题,促进了无机化学、有机化学和分析化学的发展。

发端于英国的蒸汽技术革命在欧洲大陆和北美引起了巨大的反响。这些国家先后在 19 世纪 20—60 年代引进英国的先进技术和经验,掀起了产业革命,并导致 1848 年法国、德国和意大利的资产阶级革命。而 1868 年美国南北战争的胜利,为美国资本主义经济的大发展扫清了道路。它使欧美资产阶级最终摧毁封建贵族的统治,确立了资本主义的生产方式和社会制度。

(1998 年 3 月)

经济分配正义的四四三模式探讨

经济分配包括权力分配、机会分配、自然资源分配、财富分配等四大内容要结合进行,才有可能实现经济分配公平合理的目标。这四大分配是有内在逻辑联系的。同时,经济分配的四大权力包括决策权、监督权、控制权、评价选择权力,这些权力贯穿四大分配领域的全过程。这四大权力民主与否,直接影响分配结果,四域四权需经济分配的体制机制制度(三制)来保证。这四大分配、四大权力与三制构成特定的四四三分配模式。

一、经济分配的三制分析

经济分配模式是指经济分配活动中相为稳定的最基本的活动方式,具体有经济分配的体制(分配机构设置与分配职权划分)、机制(分配的程序与各环节影响关系)、分配制度。经济分配的民主与集权也在分配体制机制制度上体现出来。

经济分配模式就是指一个地区或一个企事业单位的经济分配活动较为习惯性稳定性的行为方式。在不同的国家不同的政治经济体制下,不同的文化传统和价值观念影响下,其分配模式是很不一样的。比如,在中国大陆与台湾的分配模式很不一样,大陆的分配模式体现党的价值导向,随着党中央主要负责人的变更,不同负责人不同思想意识价值观念的变化,其分配模式也随之变更。而台湾的分配模式相对固定。不同政治三制与经济分配的关系见表1。

表1 政治体制机制制度与经济分配的关系表

		经济权力分配	经济机会分配	经济资源分配	经济财富分配
民主条件	民主体制	否	否	否	否
	民主机制	否	否	否	否
	民主制度	否	是	是	半

续表

		经济权力分配	经济机会分配	经济资源分配	经济财富分配
民主过程	民主决策	否	否	否	否
	民主监督	否	是	是	半
	民主控制	否	否	否	否
	民主评价裁决	否	否	否	否

注：本表指在民主条件下和民主介于全过程中，如何进行经济权力分配、经济机会分配、经济资源分配和经济财富分配。

表1反映我国近30年来四大分配领域的三制民主与否。但是，毛泽东时代强调集体劳动与公平分配，因此，工作能力与业绩没有体现到个人收入上，“大锅饭”成份多，但人与人之间在经济上的差别小，在一定程度上影响了劳动效率，进而影响了国家经济的发展。邓小平的改革开放以后，推行精英政治，鼓动让一部分人先富起来，并且鼓动尽一切办法致富（原话“白猫黑猫，抓到老鼠就是好猫”[1]），使社会的经济总量迅速增长，社会成员之间的经济收入的差距迅速拉大。[2]在台湾，自从20世纪90年代实现民主体制以来，经济分配模式主要受民意的控制和引导。很多精英分子削尖脑袋去操纵民意，因为有了民意就有了希望。在政府财政出现困难的情况下，对一些明显过高的，同社会不协调的由政府支付的特殊群体的退休金也不敢改。甚至有一些不讲道义公正的在野党如国民党在中国利用新闻自由社会活动自由的条件，从中挑起矛盾，鼓动当事者用扭曲事实其相，扩大阴暗面，抹掉正面材料，并且用歪理展开向当局的斗争，包围舆论围攻与游行示威。这种差别也体现到分配模式的差别。[3]

经济分配是社会活动中的一个环节。政治是经济的集中表现，经济分配模式是社会政治文化制度所决定的。即社会主义制度与资本主义制度（现在他们自己不承认资本主义这名称，自称为民主制度，理由是公民的各种选票的数量不是由公民的财产量决定的）的不同，带来经济分配模式的不同，这种差别包括四个方面的内容。

1.经济分配制度。这里有几个层次。(1)国家有经济分配的原则性制度，这是不可违犯的。如毛泽东时代的集体劳动，缩小能力与身份级别的收入差别，主要按劳动时间分配。改革开放以后，主要根据劳动业绩和身份级别的差别分配。(2)地区与行业的分配政策，如各省、市、县等各级都会有一些关于权力集中与民主相关规定，招工招干经营权（机会）的若干制度规定，土地矿产水等自然资源的利用权力原则，以及经济分配的若干原则性规定。(3)机关企事业单位的具体分配方案与计酬方法。

国家、地区行业、单位的三层分配关系是从抽象到具体操作方式的依存关系。国家规定是原则性的，但又是地区行业分配与单位分配不可跨越的边界，地区行业的分配规定不能违背国家的分配原则，又有自己更具体的要求。单位分配方案同样不能违背国家地区和行业的相关原则，又是具体的实际操作方法。

经济利益分配制度是分配活动的规则和办法。经济利益分配能否公平合理，分配制度起着决定性的作用。因此，要评价社会利益分配首先要关注的是分配制度。

2. 经济利益分配体制。指经济利益分配相关联的机构设置，分配活动相关权力在不同相关机构中的划分。不同的分配体制必定带来不同的方式。现以经济分配为例，在三种社会政治体制所形成的分配体制下的不同分配方式。

毛泽东时代由于物质匮乏，社会生活物质有多少就列为物质指标总额，交各级政府的计划委员会分配。计委根据党委提供的分配原则与具体办法，把指标下放到各基层单位，最后到人。所分得的人员凭票到相关场所购买。如1958~1961年物质极度缺乏时期，农民种地但中国饿死的2000多万人全部是农民。[4]国家干部和工人不种地，但每月有固定的粮食供应，所以，这批人虽然有吃不饱的时候，但没有饿死人现象，特别是当时的高级知识分子，还每星期到省委招待所大吃一顿，确显高人一等。

邓小平上台后，物质购销市场化，有钱就有物质可购，如何获取金钱，这涉及社会分配体制。采用各级地方党委政府直接经营银行，经营土地、经营房产、经营企业的，使政府既是经济分配政策的制定者，又是经营者。民营企业在地方党委政府的主导下进行经营活动，由此导致国家经济总量大增，政府经济大增，企业收入小增，民众收入增长不快的局面。

欧美国家的经济分配体制是由国家政府构建，但政府不参与经营活动，完全是市场运作，政府只当裁判员，不当运动员，做起来相对公平一些。

分配体制涉及到一个根本问题，即分配权是集中还是分散，多元参与分配的民众是参考建议权，还是共同具有决定权。中国民众都希望毛泽东时代的分配体制要改革，极少有人要求永远保持那一套。关键是依靠谁来改，怎样改的问题。现在百姓的意见也是觉得改革依靠群众不够，改革的结果是精英们获益多，百姓获益相对少，导致两极分化严重。

3. 社会利益分配机制，这是指在分配活动中从一个环节到另一个环节的流转过程,以及前后影响关系。

任何一种分配活动都有一个活动过程。而且,每个环节都有不同的操作方法。

在分配方案拟定阶段,是领导拿出意见交办事员起草方案,领导审定后执行;还是民众先收集社会不同意见,在民众意见的基础上起草方案,反复征求各方意见,并逐条投票通过。

在分配实施阶段,是由分配者完全自主地分配给对方,还是在相关代表监督下进行分配。在不同的体制机制下,有不同的表现形式。在集仅制度下,是父母官与子民的关系,物质分配是父母官对子民的恩赐,当然不需监督;在民主制度下,社会财富是广大民众的劳动成果,民众的劳动成果的分发,为了公平,必须在一定的民主监督条件下进行。

事后对分配活动的评价,也存在官方说了算,还是以民众评价为依据的问题。

分配机制最需要解决的是分配程序问题。有了一批物质财富,如何分配,是官方任意东给一点,西给一点,就把财富分了;是官员单方面甚至长官个人拿出分配意见就交工作人员把财富分了;还是要利益相关者共同研讨出分配方案,即分配原则,分配程序,分配方式,分配数量,把这些确定后,再开始分配。这关系到分配的公平性与合理性,事关重要。

4. 分配价值导向。即分配活动应该达到的目的和状态。不管哪种分配,权力分配,机会分配,资源分配和财富分配,都希望公平地分配,合理地分配。通过分配,促进社会的和谐文明,政治经济文化的健康发展,说到底还是公平与效率的问题。

分配价值目标或叫分配原则是否公平合理,但怎样才是公平,怎样才是合理,结合到具体的分配实际中,就仁者见仁,智者见智了。认识有差别,还是可以从中得到共识,我觉得,公平合理在分配活动中的基本共识就是三句话:分配要有差别;差别不要太大;分配要有利于社会和谐和长远发展。

(1)分配要有差别。人与人之间在知识水平上,工作能力上,劳动态度上都互不相同。每个人的工作业绩有差别,分配如果没有差别,必然影响人的上进心和工作干劲。在毛泽东时代,陈永贵是村支部书记出身属于农民,不是国家干部,由大寨村记工分,参与年终分配。后来担任县委书记、地委书记、省委书记、国务院副总理、党中央政治局委员,担任国家干部的工作职能,可从来没拿过政府工资,都是每年在队上记工分。王洪文、吴桂贤、孙健等人都作了党中央国务院领导,还按在工厂车间工作时的标准发工资。党中央副主席王洪文与人民大会堂服务员套近乎,低价购买国宴各席剩下的白酒。当时中央领导开会,喝开水不要钱,放茶叶是自放茶叶,自交一角钱,这些基层来的领导不放茶叶,负担不起。在这种状态下,完全靠信仰意志带动工作积极性,没有经济分配上的区别,这肯定影响热情,所以,分配上的适度差别是需要的。

(2)差别不要太大。权力分配、机会分配、资源分配和财富分配的差别都不能太大。近些年以来,在管理中不断引入数学方法。因而关于分配均衡度的指标不断提出,并引入分配活动实际进行量化分析。权力分配上有权力集中度、民众参与度的指标分析,机会分配上有各主体概率比较与机会成本指标分析,资源分配有人均享用资源与资源效用系数分析,财富分配的差别程度有基层系数指标。通过各种分配活动的指标测量与均衡度的量化分析,能够找到各种分配的最佳差别程度,用以指导分配工作。如财富分配差别程度的衡量指标基尼系数,国外有经验表明,基尼系数在0.2-0.3是理想状态,0.4是底层弱者闹事,引起社会动荡的警界线。中国2010年以来的基尼系数在0.5-0.62之间(算法不同,结果不同)。当然,中国的民众老实听话一些,基尼系数的最佳范畴还可适当调高一点,但不能太高[5]。近15年以来的中东地区的颜色革命,在一定程度上也与当地的经济发展严重的贫富不均有关。

(3)分配要有利于社会和谐和长远发展。分配没有差别,看似绝对公平,实际上导致劳动者没有劳动积极性,而且也不合理,对劳动能力强,劳动态度好,劳动业绩大的这批人来说,也是不公平的。如果分别差别很大,对弱势群体,既不给决策权、监督权、控制权,也不给经营机会工作机会,更不给社会福利与生活保障。在这种情况下,弱势者怎么活啊。狗急跳墙,免急三咬。他们走投无路时,相对多数人选择沉默。但有一定比例的人员选择挺而走险,做出人们意想不到的恶性事件。中国这些年恶性事件不断,经常在报刊杂志看到杀全家事件,难道这些与中国的两极分化严重无关吗?

当人们把差别控制在一定范围内,即既能激发人们的工作热忱,得到强者的赞同,又能得弱者的理解与支持。在这最佳差别度上,社会既能发展,又能和谐,是人们所盼望的。

公平合理这两个概念可以作出较多的理论分析,事实上,只要做到了分配有差别,差别不太大,有利于社会发展与和谐文明,其本身做到了公平合理,这就是分配活动应该达到的目标。

二、经济分配四大内容分析

经济的权力分配、机会分配、资源分配和财富分配是四个不同的分配领域，但这四种分配不是相互孤立的，而是相互联系的，相互作用的，有自己内在的作用方式，有自己内在逻辑关系，只有四种分配理顺关系，有共同的基本政治经济文化环境，共同遵守某些基本规则，才能实现经济利益分配公平合理，促进社会经济长远健康发展的目的。

经济利益四种分配的相互关系。经济利益的权力分配、机会分配、资源分配、财富分配之间是互为困果的关系，有特定的内在逻辑联系，现把该逻辑关系用框图表述如下(见图1)

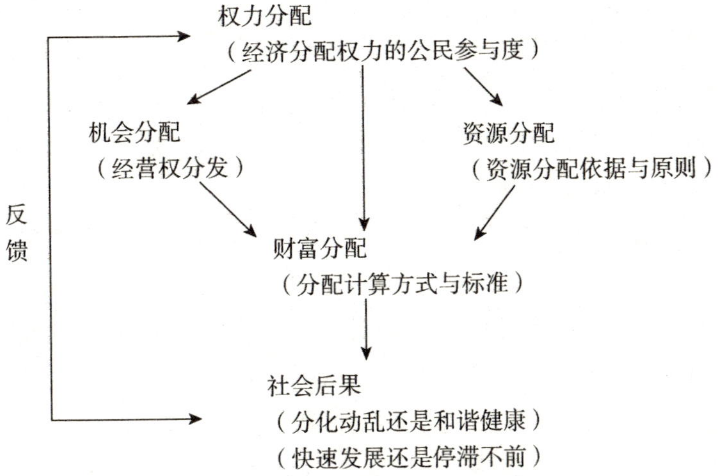

图1　社会利益四大分配的内在逻辑结构

图1反映出经济利益四大分配之间的关系，有这么几点值得说明的内容。

1. 权力分配是四大分配中的核心，直接影响其它三种分配。权力分配的问题涉及经济问题，更主要的是政治问题。社会主义国家强调政治是经济的集中表现，从这个角度看是有根据的。

随着社会进步，国家政治经济文化的发展，每个国家和地区都会形成很多地方都已经形成或早已形成主流民意。主流民意越来越成为社会的一种力量，在民主社会甚至成为主要力量。政治经济文化越发展的地区主流民意，越完整越壮大。

权力分配指国家和地区在各领域的各项权力，官方与民意如何分配。在不同的社会制度下，其分配是不一样的，在民主国家，权利分配的主导权在民众手中，民主划分多少权力交官方就划分多少，剩下的由民主决定。在民主国家，划给民主的权力，官员是不可能拿回去的，要拿也得民主投票决定。在集权国家官员也会讲民主的口号，但权力分配的主导权完全在官方手上。某件与领导无利害关系的事，为秀姿态，拿出来民主一番，交民众投票。如果是与领导有利害关系的事，就由领导直接决定。不管有无制度规定，官方都有选择的权力。如某规模不大的高校规定，副教授以上的教员调动要经校领导会议集体决定，有位享受国家特殊津贴的教授提出调走，因他得罪过校长，校长防止会议上有不同意见，采用开会时不议此事。直接通知人事处办手续。

权力分配不同，对经营机会分配，经济资源分配，社会财富分配，直接产生不同后果。政府高度集权条件下，与政府官员有密切关系的人可以获取比别人更多更大的经营机会(如大型工程承揽，特许经营机会等)，可以获取价廉物美的经济资源(如政府廉价批地给有关联的地产商)，经济行为规则政府也可以有目的倾斜性制定，使自己人更有利于获取财富。在民主条件下，官方无法轻易地向亲友提供发财援助，这是权力分配所致。

2. 机会分配是一个中间环节，它上受制于权力分配的影响，下影响着财富分配。

社会上与经济相关有就业机会，升职机会，经营机会等，这些机会的分配都是由相应的社经济管理制度、体制、机制决定的。在中国，大陆和台湾在社会经济制度，体制，机制是完全不同，一个是自由度很高的民主社会，一个是政府占绝对主导地位的社会主义社会。在这不同环境下，获得就业、升职、经营机会的竞争程度不一样，标准不一样，履行的手续程序不一样。比如，政府经济部门安排一位官员，大陆是党委物色人选，提出人员名字，以人大或政府部门的名义作出决定，发出通知就行了，在台湾是政府首长提出人选交议会通过，没有党委推荐这一环节。

社会经济管理制度、体制、机制的不同，在本质上是权力分配结构的不同，是权力分配问题。任何国家的权力分配在大的原则上都用政治模式固定下来了，政治模式就是相关制度、体制、机制的组合体，我们称之为社会主义模式与资本主义模式。

权力分配模式通过不同的人事与经营的制度标准进行选择与审批，不同的权力分配模式让不同的人获得更好的就业升职经营机会。中国现在的企业家与毛泽东时代的企业领导是完全不同类型的两路人，前者是纯朴勤奋水平不高，后者是有文化特精明，看重自身利益，是非观念不强，这是社会权力变更下导致机会分配变更的结果。

机会分配直接影响财富分配。机会分配使获得好的就业机会，好的升迁机会，好的经营机会，能得到更多的社会财富。而未得到好的就业机会，为了生存走上了比较费力而收入低的工作岗位的机会，未获得升迁机会和经营机会，这一群体很难获取社会财富，只能维持生计。不同的机会分配模式，必然导致不同的财富分配结构。毛泽东时代是在一党制下的基层民主体制，经济上是计划经济大锅饭（共同劳动，干好干坏收入相似），相互之间的财富分布较均，基尼系数只0.25左右。邓小平上台以来的重精英重人才，开放搞活，大批有文凭有能力的人做了大富翁，普通民众收入增长不大，导致基尼系数为0.45～0.62，即最富的1%的人口占有全社会90%的财产，最穷的25%的人口只占全社会1%的财产[6]。

3. 资源分配主要指经济自然资源、金融资源等的控制权和使用权在不同社会群体的分布安排。资源分配也是社会利益分配的重要一环。资源分配是受权力分配的影响下的财富分配。

资源分配受权力的影响关系，其内在机理与机会分配同权力分配的关系相似。不管是资本主义制度下的权力分配，还是社会主义制度下的权力分配都会直接影响资源分配格局。从影响程度看，社会主义制度下权力分配对资源分配的影响程度大于资本主义制度权力格局的影响，原因是社会主义制度下的党政权力体系受社会力量的制约小一些，党政权力无实质性被社会控制，自主权特别大。而且政府往往既决定资源管控政策，又直接经营直接管控和分配资源。资源分配完全受权力分配的影响。在民主国家，地方政府对资源分配的控制权小一些，资源分配的市场因素大一些。两者都体现资源分配要受制于社会权力体制结构（权力分配）的影响。

资源分配直接影响财富分配。经济活动包括生产、营销、财富分配等三个环节。生产离不开资源，营销也需要一定的资源。资源分配公平合理与否，直接关系到生产营销分布状态的公平合理与否。同时，生产营锁状态直接影响实体经济的财富分配。资源分配同权力分配机会分配共同决定社会财富分配。因此，资源分配是影响财富分配的重要力量。

4. 财富分配受权力分配、机会分配、资源分配等三大因素的直接影响。权力分配既可以通过控制和影响机会分配、资源分配达到影响财富分配的目的，也可以直接影响社会的财富分配，如企业通过获得资源获取机会，经过生产营销获得了财富（利润）。但是，权力机关通过不同的税收政策，强制募捐，罚款，部分上缴等方式，程度不同的收缴企业财富，权力机关还可把收缴而来的财富通过财政拨款,部分资助等方式补养供给另一部分人,实现社会财富分配的变异。如权力机关的普通员工与企业的普通员工,在政治层次上应该相等,只是权力机关的员工不直接创造财富,企业员工直接创造财富。而个人收入状态是不直接创造财富的权力机关员工比直接创造财富的企业员工普遍要高,有的甚至高出几倍,这就是权力分配对财富分配的作用结果。

三、经济利益分配四大权力作用的条件

经济利益四大分配活动如果要做到公平合理,则需要发挥分配的决策权、监督权、控制权、评价选择权等四大权力共同的作用条件。主要有以下几点:

1. 目标正义。社会利益分配,包括权力分配、机会分配、资源分配和财富分配等活动,要达到的基本目标正义,只有目标正义了,对党政官员,单位老板,劳动员工都认可的价值目标具有正义性,社会发展才能在正确的轨道上。

什么样的目标具有正义性呢?

(1)经济利益的分配合符社会整体发展的原则,如果有利个人利益,有利本单位利益,而有害于社会整体利益,这样的事绝不能做,如在资源分配上,某些企业为了自身发展,大量侵吞耕地,污染环境,是典型的有害于社会整体的,必须克服。

(2)经济利益分配有利于社会长远发展的原则。因为眼前利益与长远利益有时是有冲突的。从自然资源与社会资源中,通过生产经营获得利益和利益分配,不能损害长远利益的原则,这是一大底线。比如,重金属加工与环境污染,转基因食品的商收入与人体健康的关系,都是短期利益与长期利益的权衡取舍问题。都要遵守这一原则。

(3)经济利益分配符合按劳动分配原则,按劳分配包括按劳动时间,劳动产品量,劳动收益等数量质量进行分配,如果在分配上干多干少一样,干好干坏一样,干得有收益无收益一样,势必挫伤人民的劳动积极性,给生产经营带来不利影响,在道德政治上也是不公平不合理的。因此,坚持公平合理的目标导向就必须坚持按劳分配的原则。

(4)经济利益分配的人道原则。人类是有理性有同情心有人道关怀的社会群体。因此,对于力量弱小,缺少劳动能力,天灾人祸导致生活困境的,应给予生活保障,这是社会和谐的基本保证,也是人类区别于动物的基本特征之一,是经济利益分配必须守住的基本原则。

目标正义是经济利益分配达到公平合理目标的基本条件,没有这一条件,不坚持目标正义,以势力较量的结果决定分配模式与分配方案,就很容易出现偏差、

错误。只有坚持这一原则，才有保证社会利益分配的公平合理。

2. 经济四大分配都需要民主参与，包括分配的决策权、分配过程的监督权、分配的控制权，分配的评价裁决权等。民众介于四大分配的四种权力，是实现分配公平合理的首要条件。

(1)为什么说经济利益分配的首要条件是民主参与，因为多数人都有自私谋私的一面，从这个人性特征出发，可以推定；

如果经济利益分配掌握在极少数人手中，绝大多数任其赐与。社会财富成为这少数人任意使用任意分配的资源，这少量掌权者不生产劳动，成为劳动成果的分配者，社会民众的财富都是他们恩赐的，广大生产劳动者获得少量劳动成果(财富)成为掌权者所恩赐的。在社会赐富分布上，必定是绝大多数集中在掌权者群体中，只有少量在民众家庭中，贫富差别必定很大。

如果社会财富的分配权掌握在多数人手中，但有少数人被剥夺分配权。必定出现多数人群体内部有了利益协调，贫富差别不是很大。但被剥夺分配权的少数人的劳动被剥削，利益得不到保障，有分配权的多数人与无分配权的少数人之间的贫富差别悬殊。如古希腊的奴隶只占总人口 30%，多由打仗的俘虏构成。奴隶主与自由民点总人口 70%[7]，带来的社会权力结构与社财富分布如上所述。

如果所有公民，即民主的力量参与社会利益分配，都有一定的社会利益分配的决策权、监督权、控制权。则社会公民都参与利益协调，由此导致全社会的财富分布不能差别太大，分布较为公平合理。如瑞典、瑞士等国虽然富裕，但财富分布较均衡，几亿几十亿美元的超级富豪不多。

由此得出结论，掌握社会利益分配权的人越少分配越不公平，财富越集中；掌握参与社会利益分配的人越多，分配越公平，财富分布越分散。这也是民主参与分配的根据。

(2)怎样才是民主分配，怎么体现出来，关键在分配体制上，即分配机构的设置与分配活动相关职权的划分。

如果采用科层制一元化权力模式进行分配，分配权每一级(国、省、市、县、单位)的极少数领导手中，广大民众及无领导职务干部不参与分配活动，导致极少数人高端富裕，多数人贫穷的草帽型财富分布结构。如奴隶社会、封建社会、私营企业等。

如科层制一元化权力加民众发言分配模式，即民众在分配中可以表达意见，供领导参考，但决定权在领导手中，在这种情况下，社会利益分配则朝着公平合理的方向迈进一步，距离公平合理的基本标准很远，普通民众的意见同样很大。

如果采用决策权、监督权、控制权分开设置,相互制约。而且,民意在决策权、监督权、控制权中具有决定性的作用。这样的分配体制可称为民主分配体制。

民主分配体现为分配体制上即分配机构的设置不是一元化科层制,而是多元互控,民意主导的体制,就是民主分配体制。

(3)社会利益的公平合理、最基本的保证条件是民主分配,即民意要在分配中起主导作用。达到什么程度才够得上民主分配,即民主分配的基本标准是什么?我觉得主要有两条:

一是社会利益分配权力的集中程度。集中度越小,分配的民主程度越高;集中度越大,分配的民主程度越低。权力集中度已有专门的测评方法,对测评结果进行衡量分析,得出结论。一般说,权力集中度0.5是界限,大于0.5为集权分配,小于0.5为民主分配。

二是社会利益分配活动的民意影响程度。民意在分配中是毫无作用,还是参考性作用,还是决定性作用。可依据一定的方法,测定民意影响度。我们没该指标从0.0~1.0之间,可通过调查,用一定的管理数学方法测定出来。在这个指标系列中,基本上可确定为大于0.5为民主型分配模式,小于0.5为集权型分配模式。

3. 民间形成价值共识。社会利益分配需要正确的道路上,以正确的价值导向,从为数不多的人的观念逐步形成多数人的价值共识。

毛主席说:我们应当相信群众。从分散的多种不同观念到形成多数人共同认可的共识,这种共识大多是正确的。要相信群众的认识能力与公正心态。

在多种社会利益分配模式的辩证中,随着时间的推移,支持者从分散的多种社会群体中,逐步向某一种分配模式集中,形成多数人的价值共识,如台湾的权力分配,在蒋介石蒋经国时期,把政治经济等所有权力都集中在国民党手中,集中在两蒋手中。台湾的民主派,民主诉求不被接受,办报被查封,游行示威被镇压,李登辉上台后主动推动民主改革,台湾有了多党派,多政治举张。初期民主无法判断哪种主张好,导致谁的广告好,谁的声势大,谁的票就多,每次选举声势浩大,热闹非凡。经过20年的锻炼,民主成熟了有分析了有共识了。2016年台湾总统选举,国民党怎么炒作,气势都上不来,因民众不太响应,选举场面冷冷清清[8]。民众有了自己的价值共识。

4. 社会价值共识是在公平合理分配十分重要。要在正确立场上取得共识,就能形成邪不压正的民意态势,就能实现公平合理分配的目的。

正确立场上的社会利益分配的社会价值共识是公平合理分配的必要条件。

参考文献:

[1]广州军区政治部．毛主席关于阶级、阶级矛盾和阶级斗争的部分论述,1973。

[2]苏娅,贾鲁生．白猫黑猫——中国改革现状透视．湖南文艺出版社,1992。

[3]彭付芝．台湾政治与经济.中国航空航天大学出版社,2004。

[4]丛林．曲折发展的岁月．河南人民出版社,1989.

[5]王小鲁．中国隐性收入9万亿．潇湘晨报,2010年8月26日。

[6]北京大学项目组．中国经济发展宏观状态．凤凰资讯,2016年5月8日。

[7]徐大同．西方政治思想史．天津教育出版社,2005。

[8]台湾选举报道,东南卫视:海峡新干线,2016年元旦。

社会膨胀规律论思考

社会总是要向前发展的,这是不以人们的意志为转移的。但社会为什么会发展,它发展的动力是什么。

一、社会膨胀的动力

历史的时间之矢并不是平滑地向前飞行,虽然历史记录总是错综复杂,并且常常是混乱不清的。但是,我们有充分的理由相信,社会跟生物种一样,并不是总在变化,也不是一点一点地增长的。更确切地说变化的方式表现为飞跃的和间歇的,这种变化不仅是外部的征服和内部的不满引起,而且是由改变了人与人、人与自然之间关系的构型的技术革命引起。

社会并非一个封闭不变的结构,它们是能够变化和发生相变的多元系统。社会容易失衡和出现分叉,在一定限度内,社会自变化和多元交叉变化循环圈能抗拒干扰和保持现状。但是,战争和技术革命引起的大紊乱可使这些循环圈失稳,并使有序功能的整体确定性让位于很大程度的非确定性。那些自创生的组分——包括像家庭这样的单位以及按社会常规设立和维持的各种各样的建制——可能会经历变迁。核心家庭是生物性再生产单位,因而他们会保持住,但家庭成员的数目却有很大的伸缩尺度,从集体养育孩子的部落到单身家长家庭,在按常规创造出来的社会结构中可能会发生根本性的变化。社会秩序、经济制度、全部文化都可能被废弃,改变称取代。政府可能垮台,新运动、新思想和新意识形态可能大放异彩,在社会的自主性过程中可能发生一种突然性的根本的变迁。根据动态系统理论,一直确保社会系统有序地发挥功能的社会的稳定吸引子和周期吸引子可能转变成理论吸引子或消失了。其他的吸引子可能“转眼之间”就冒出来了。然后,社会就会进入突变分叉相。

由人组成的社会是一个动态实体,即使处在稳定状态时,它也围绕一定的规范波动。这些规范是由法律规章、社会成员的行为以及他们同其他社会和环境的关系所组成的。与其他复杂动态系统一样,社会充其量不过是能控制住它自己的这种波动,并把自己保持在动态稳固状态上。社会的稳定就意味着自创生机制在有效地发挥作用:社会系统能够确保它的下层系统以及自然资源流、食品流、能量流、货币流、信息流——最终是人流的再生产和再补充。当稳固状态再也维持不住了,自创生机制让位于一种危机性的不稳定状态,这时就出现了分叉。在这种条件下,部分或全部流体有枯竭的或断流的危险,全部或部分下层系统不可避免地要缩萎。一个不稳定的社会不能保证它的自然资源的再补充,不能保证它的食物、能量供应和财富的再补充。

党和国家已把社会主义精神文明建设视为与物质文明建设同等重要的地位,江泽民同志曾经提出两手抓,两手都要硬。如何理清人们的行为健康发展的道路,探讨社会导向的逻辑结构,即一个正确的思想如何变为大多数人的行为,探讨其中的内在演化过程是很有必要的。

二、社会导向的五个演化阶段

在实践观察中使我认识到,从思想观念到社会现实之间存在着五个演化阶段,同时,思想观念又来源于社会现实,受社会现实的影响,由此形成一种逻辑循环过程,现用图表示如下:

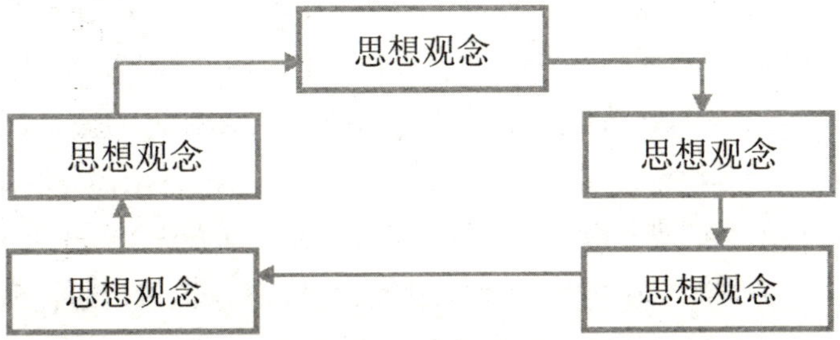

图1　社会导向演化五阶段

第一阶段,人们形成思想观念阶段。

人们思想观念的形成,直接来源于社会现实的影响。这个问题在马克思以前是没有解决的。离开人的社会性,离开人的社会历史发展,去观察和认识问题,不了解认识对社会实践的依赖关系往往是错误的。马克思主义的辩证唯物论基本解决了这个问题,而毛泽东的《实践论》已对这个问题阐述得十分透彻。人们在社会实践中形成的思想观念,就是指人们对社会事物的看法,这种看法包括对客观事物的性质、功能以及该事物的自身发展规律。伟人有自己的观念体系,即他们对宇宙、人类、社会等问题都有了自己的见解和看法,一般群众在实践中同样受到了各方面的影响,也有自己的看法,有自己的思想观念。

这种思想观念形成以后,必须会影响自身的思想方法。思想方法是对自己所认为的事物运动规律的利用,是对自己认为的该事物对人类社会和个人利弊的反应。可以说,人们的思想观念大体上可以分门别类,来进行研究,具体的情况是千差万别的,各有自己的思想观念。人们实践的千差万别势必带来观念的千差万别。

第二阶段,人们形成思想方法的阶段。

人们的思想方法来源思想观念,可以说有什么样的思想观念就有什么样的思想方法。在中国自从五四运动以来,就中国的革命发展问题,少说也有 30 多种主张,这些主张都来自于“中国封建社会太不像话,非改不可了”这么一种思想观念,在这个观念支配下中国究竟走上何方,这又是依各自的所见所闻不同、思考方式不同而得出的结论。

人们的思想方法就是指人们思考的逻辑结构,这种结构就是指概念、言词在头脑中的运作过程的特征。这是学习与思考的方法,它包括归纳法、演绎法、类比法、分析与综合方法等等。平常用得最多的是分析综合方法,这是一个方法的两个方面。分析就是把研究对象分解为它的各个组成部分,然后分别加以研究,从而认识事物的基础或本质的一种思维方法。一个人的分析方法是以客观事物的整体与部分的关系的自我认识为基础的,即少数人与多数人的关系、个人与群体的关系以及个人与国家的关系。综合就是把研究对象的各个部分联系起来加以研究,从而在整体上把握事物的本质和规律的一种思维方法。这是在实际中用得最多、最广的一种方法。在自然科学中的“元过程分析法”,可以通过理论代方法,搬开其他事物,单独研究某两个因素之间的关系。这在社会科学中则做不到,只能通过综合得出事物的本质。

有什么样的思维观点,就有什么样的思想方法。唯物主义者注重客观事物的实际考察,想问题时往往首先从实际状况出发,从实际表现推断事物的本质。唯心主义者往往从自己的主观臆想出发,先在自己头脑中构筑一个框框,然后再从实际工作和生活中找些材料填到其中。归纳法、演绎法、类比法等看起来都是不同的思想方法,其实不同的人总是有不同的侧重面,由此形成了哲学史上的不同学派。但这些学派和方法都是以一定的思想观念为基础的。

人们的思想方法十分直接地影响着人们的行为方法。马克思主义认为,认识世界的目的不仅在于说明世界,重要的还在于改造世界。理论、知识、思想方法之所以重要,是因为它够能影响人们的行动,只有以符合客观实际的思想作为行为的指导,人们的主观能动性才能得到有效的发挥。

第三阶段,人们形成行为方式的阶段。

不同的思想方法,严重地影响着人们的行为方式。思想方法的稳定性使一个人对现实的态度和习惯了的行为方式也具有相对的稳定性,由此形成性格。

行为方式就是指人们对在一定客观环境条件下,个人叫采取的态度和所作出的行动上的反应。在我国的历次运动中,如何对待挨整的对象,历来就有三种态度。第一种趁机积极,大整出手,争取踩着别人的肩膀爬上去,使自己多出风头,这种人在历次运动中不在少数;第二种是随众呼应,随领导呼应,既不特别积极也不特别反对,不求有功,但求无过,得过且过;第三种是不管平常与挨整对象的关系如何,运动一来就尽量保护挨整者。在每次运动中,每个人所采取的态度都不会有很大的改变,这也许就是一种稳定的性格和行为方式吧!

人们的行为方式直接带来社会后果,有什么样的行为方式就有什么样的社会后果。有的人受到个人利己主义的影响,唯利是图,甚至干出伤天害理的事情来,这样的社会后果是使人们遭殃受罪;有的人从小受到仁义道德的教育,做到宁可人负我,不可我负人,他们的所作所为带来的社会后果是与他们直接往来的当事人都能受到好处。

第四阶段,人们形成社会后果的阶段。

社会后果是指人们的社会行为在社会中所产生的后果及其影响,任何一个社会后果都来自于人们的行为,没有行为就没有社会后果。有了行为就一定会有社会后果,只是程度不同而已。

行为是时代的产物,社会后果也是时代的产物。

第五阶段,形成社会现实阶段。

一、社会某些方面的演变后果与社会原有的传统特征相结合,共同构成社会现实。

二、各转化阶段中包含四个环节。

三、转化过程的双向(抑恶从善与弱肉强食)互动作用。

(1993年8月)

附:学术研究成果题录

1972 年 3 月进入衡阳医学院学习之后,就开始了对不同学科的理论探讨,写了一些文字。现把已公开发表的论文、专著、教材、成果评述、项目报告等把题目辑录于此。在全国和省里的学术研讨的论文,大多数发表了,也有未发的,这次未列目录。学术奖励有一次国务院特殊津贴,两次湖南省哲学社会科学优秀成果奖,有 10 次湖南省优秀自然科学学术论文奖,一些学术研究会上的论文获奖,50 岁以前经常评先进个人等。50 岁以后评过两次,这些都不作题录。

一、论文

信息的辩证性质初探. 湖南党校:学习与实践,1986(3)

产业技术的几个问题. 贵州党校:求是,1987(3~4):112

科学发展的最小因子限制力之律. 天津:科学学与科技管理,1984(9)

论个体在守恒关系中的熵减小原理. 湖南党校:教学参考资料,1987(7)

科技投资的可能度与满意度测试方法初探. 湖南科学学与科技管理研究通讯,2000(1)

我国我省科技发展情况的几列数据. 湖南党校:教学参考资料,1987(2)

科学计量学是科技管理的理论基础. 科学学研究,1993(3)

科学技术与精神文明相关程度的定量分析. 长沙学校学报,1997(2)

科技兴湘的矛盾探析. 湖湘论坛,1995(增)

科学计量学是科技管理的理论基础. 关明:科学·经济·社会,1993(2)

中部崛起要走科技创新跨越式发展之路. 中国科协 2006 学术年会,中国科技出版社,2006

以核心技术带动一般技术是实现跨越式发展的根本措施,湖南技术跨越式发展学术论坛,湖南科技出版社,2001

论科技发展区际关系变化三规律的统一性原理．广州:岭南学刊,2004(4)

值兴技术的形式与转移规律初探．株洲工学院学报,2002(4)

长株潭与农业保护．湖南科学学与科技管理研究通讯,2008(3~4)

论科学技术研究效益的三大变化规律,株洲工学院学报,2005(3)

经济发展五大因素作用程度的测算方法探讨,广东商学院学报,2005(4)

核心技术带动一般技术实现跨越式发展．科学学研究,2002(3)

核心技术带去一般技术跨越发展的根本措施．广州:岭南学刊,2001(6)

投资受益平衡法与科技投资额的确定．长沙:湖南信息职院学报,2008(6)

科学技术活动的指标、模型与推论．武汉:评价与管理,2006(1)

湖南科技进步拉动消费的途径．长沙:消费经济,2003(2)

企业技术教育的评价方法．长沙:湖南成人教育,1993(7)

理论研究领域投资效益的变化规律．武汉:评价与管理,2005(1)

科技投资的可能度与满意度测试方法．长沙:财经理论与实践,2000(5)

理论科学研究效益的三大规律．广州:岭南学刊,2006(5)

科学发展规律研究的五个误区分析．北京:自然辩证法研究,2003(10)

科技进步与社会平等的U型发展规律探讨．北京:自然辩证法研究,2005(2)

世界科技中心转移的三大规律．长沙:湖南社会科学,2000(6)

二八一现象、工资福利与廉政建设．湖南师大社科学报,2004(3)

论值兴技术群的形成发展与转移规律．湖南师大社科学报,2002(2)

中国传统人性假设与华人管理思想．广东商学院学报,2004(1)

工业化城市化发展的耕地锐减风险探讨．中国自然辩证法研究会《发展风险与和谐未来学术研讨会》论文集,2008

相对引频分析法．湖湘论坛,1996(1):90

协调我国计划经济与市场调节关系的计量方法新探．湖湘论坛,1990(4):38

21世纪是中国世纪吗——世界科技中心转移的三大规律初探．湖南科学学与科技管理研究通讯,2000(18)

湖南科技转化的政策诊断．湖南科学学与科技管理研究通讯,2006(4)

论科学革命的参量模型．长沙:自然信息,1986(1~2):25

科学计量学与科技管理．内蒙:科学管理研究,1987(5):34

科学逆反律初探．长沙:自然信息,1989(1):8

社会现代化的线性发展规律．北京:中国管理科学研究院学坛1990(53)

湖南科技投资结构及效益分析．自然信息,1990(1):14

互变论——也谈宇寂说与耗散结构理论,湖湘论坛,1991(2)

我怎样学习文化课与基础课．衡医:教育革命通讯,1973(1)

论区域科技发展三大基本规律的统一原理．长沙党校学报,1997(1)

科学的社会经济功能的定量分析．长沙:自然信息,1983(1)

科学发展的周期律．长沙:自然信息,1982(2):20

科学发展的"引力常数"．长沙:自然信息,1984(4):40

社会现代化的线性发展规律．福建:理论学习月刊,1992(8):23

经济发展五大因素作用程度的测算方法探讨．清华大学永续发展研究室《海峡两岸 STS 暨可持续发展研讨会论文集》2005

科技发展规律研究的五大误区分析．中国软科学,2003(6)

论科技投入产出的三大基本法则．湖南科学学与科技管理研究通讯,2001(5)

"三个代表"的本质在于执政为民．湖南师大经管学院《经管学人》,2002 年 6 月 10 日第 2 版

科技经济社会计量评价的几个原理问题探讨．武汉:评价与管理,2007(1)

湖南古代科学技术发展特征与历史地位探讨．长沙理工大学社会学报,2012(3)

中国传统科学的核心理念与历史价值．湖南师大社科学报,2009(6)

科学发展从大涨落到小起伏的转变趋势．广州:岭南学刊,2008(1)

经济发展因素指标测算的研究现状与问题．武汉:科技创业月刊,2010(2)

区域成功概率与经济发展因素测算方法．武汉:科技创业月刊,2010(3)

经济管理能力指数的测算方法探讨．武汉:科技创业月刊,2010(4)

技术进步及经济贡献指标的直接测算法．武汉:科技创业月刊,2010(5)

经济发展因素指标的回归分解方程探讨．武汉:科技创业月刊,2010(6)

农村科技服务的项目承包模式探讨．武汉:科技创业月刊,2009(10)

中国粮食产业集约化转型的技术问题与发展趋势．武汉:科技创业月刊,2011(2)

中国粮食产业集约化的技术条件与技术推动机制．武汉:科技创业月刊,2011(1)

中国粮食产业集约化发展的问题与措施．武汉:科技创业月刊,2010(12)

粮食充足假象与农地流失．广州:岭南学刊,2009(3)

科学研究效益的递交规律探讨．天津:科学学与科技管理,2004(2)

论科学劳动生产率的历史变化规律．广州:岭南学刊,2005(4)

农村新技术推广的风险共担模式．南京:科学与经济,2009(2)

科技经济社会的计量评价理论．南京:科学与经济,2007(4)

科学技术纵向分类法与管理创新．南京:科学与经济,2004(3)

科技进步拉动消费的途径．南京:科学与经济,2003(4)

科技转化的质量指标与质量瓶颈诊断．南京:科学与经济,2006(4)

中国泛珠三角科技创新合作现状分析．南京:科学与经济,2005(6)

企业创新发展的基本模式与发展规律．南京:科学与经济,2006(2)

中国传统科学的格物致知方法述评．湖南师大商学院《商学风》2009 年 11 月 2012 第 3 版

内涵表达全面,用词凋可推敲,湖南审计厅《审计观察》2010(2)

经济管理能力指数的测算方法探讨．武汉:评价与管理,2010(2)

中部崛起要走科技创新跨越式发展之路．湖南科协科技论坛,湖南科技出版社,2008

长株潭开发与农地保护问题．湖南科协科技论坛,湖南科技出版社,2009

技术密集度的评价指标与计量方法初探．科技管理研究 1992(5):11

互变论——也谈宇寂说与耗散结构理论．湖湘论坛,1991(2):60

亿万富翁白手起家术．北京:中国商业出版社,1994

用毛泽东思想认识观指导科学学研究．科学学与科技管理,1993(12):19

职称晋升的综合计分方法探讨．长沙市委党校学报,1993(3):59

科技管理部门工作效率的测定模型．求真(湖南省直机关党校校刊),1996(1):53

科技长入经济的障碍探析．渭南经济研究,1993(1):40

百项科技成果的社会历史影响排序位．科学管理研究,1994(4):65

科学研究在定性定量互相依存,交替突出中发展,长沙市委党校学报,1994(4):39

相对引频分析法——科研学术论文的质量评价．湖湘论坛,1996(1):90

论科技进步在推动社会平等中的作用．转见周光召．全面建设小康社会,中国科学技术出版社,1992

科技长入经济的障碍与对策探析．湖湘论坛,1992(增):115

人尽其才,何愁事业不兴——记长沙卷烟厂人事劳动制度改革金叶时报,1994. 4. 26:1,在湖南广播电台 1994 年 5 月全文播放

医药消费中的腐败现象与治理机制探讨．长沙:消费经济,2007(5)

湖南科技政策评价及其效益分析．湖南信息职院学报,2007(10)

科学革命的参量与模型．见《科技·战略·体制》论文集．北京:学术期刊出版社,1987

科学计量学是科技管理的理论基础.《科学学与现代科技管理》(周刚主编)济南:山东友谊出版社,1995:44

条件极值原理在科技资源分配中的应用.《科研评价与大学评价》(蒋国华王战军主编)北京:红旗出版社,2001:260

医疗卫生行业的腐败现象与治理机制. 湖南廉政研究报告(2006 年度). 北京:中国方正出版社,2007:209

“二八一”现象,工资福利与廉政建设,湖南廉政研究报告(2003 ~ 2005 年度). 北京:中国方正出版社,2007:75

科学学的计量研究分类与数理科学技术学. 新疆财政大学学报,2011(6)

科技经济兴衰周期利用率. 技术经济与管理现代化(报纸)1984 年第 6 期

中国古代科学技术发展特征与历史地位探讨. 长沙理工大学学报(社科版),2012(3)

管理机理学——管理学基础理论与应用方法的桥梁. 科技创业月刊,2014(8)

科学技术管理方法的应用机理探讨. 科学与管理,2014(5)

管理实施结果的行为机制探讨. 科技创业月刊,2015(14)

管理创新科学化与管理方法作用机制探讨. 科技创业月刊,2015(16)

管理者与管理对象的互动耦合机制探讨. 科技创业月刊,2015(18)

二、论著

科技转化的质量指标与质量管理. 国防科大出版社,2010

促进生产性服务业发展的理论与政策研究. 第九章农村科技服务业的三大发展模式,湖南师大出版社,2009

科学技术发展的计量研究. 湖南科技出版社,1990

科技规律与科技管理研究. 中南工大出版社,2005

现代科技简明读本. 中国商业出版社,1994

西方五大治国名著导读. 北京:海潮出版社,2000

投资项目可行性研究与评估第 13 ~ 14 章. 昆明:云南科技出版社,1995

孙子评传. 海南出版社,1992

科技兴国的计量方法研究. 光明时报出版社,1993

科技转化方法论. 长沙:湖南科技出版社,1995

科学学与科技管理方法. 长沙:湖南人民出版社,2012

中国古代四大治世精典. 中南工业大学出版社,1997

湖南科技发展战略. 湖南科学技术出版社,2004

湖南高新技术产业化研究第一章现状诊断,湖南人民出版社,2002

新时期基层党组织工作概要. 湖南师大出版社,1991

科技传播与科技发展(代写),远方出版社,2004

农村可持续发展的哲学透视(代写),湖南人民出版社,2005

解放思想,发展企业(代写),气象出版社,1998

区域经济发展概论第二章,中南工业大学出版社,1996

关贸总协定与湖南对策研究(第七章). 湖南出版社,1992

湖南市场经济若干问题研究:. 中国商业出版社,1995

科学技术发展概论.(第21章),科学技术发展的动力模型;第23章,中西方科技发展的比较研究,湖南科技出版社,1989

亿万富翁白手起家术. 中国商业出版社,1994

捞钱精英纪实. 自然信息,1990(专辑)

现代科技知识讲座:第4讲:人与自然的协调发展,长沙:学习导报,1995(1)

度量科学学导论:科学学与科技管理研讨会印发,1982年

科教兴国的理论与方法. 湖南科技出版社,1996

科学技术发展的数理结构. 国防科大出版社,2010

科学技术管理的基本原理. 湖南科技出版社,2003

高新技术产业与发展中地区跨越式发展. 北京:经济科学出版社,2005

科学技术发展的数学原理. 中南大学出版社,2005

科学技术的投入产出原理. 中南大学出版社,2005

科技经济社会的计量评价原理. 湖南科技出版社,2006

科学技术研究业的经济学原理. 中国财政经济出版社,2004

农村科技致富要诀. 湖南省科委印行,1997

区域经济管理,(第二章),湖南省党校教材编审委员会,1998

科技法导读,(第5章第8章),湖南科技出版社,2007

人力资源管理学,(第二章),北京:经济科学出版社,2004

科学技术研发的结构与规律. 北京:经济科学出版社,2010

管理机理学——管理学基础理论与管理方法的桥梁. 经济日报出版社,2015

工农兵上大学史稿. 中国文化出版社,2016

三、评论影响

毛炳汉. 当代湘籍著作家大辞典. 湖南文艺出版社,1995:215

中国科学学与科技政策研究成立20周年(1982~2002)纪念册的成果述评,科学学研究,2002(增):43

《科技发展的计量研究》列入《湖南省志·著述志》省社科院《著述志》编写组,1991

中国软科学研究会专家库,首批专家,该会通知1998.6.15

中国科学计量学的重要拓荒者谷兴荣,科学管理研究,1992(2)

中国古代四大治世精典简介,高等学校文科学报文摘,1998(6)

世界文化名人辞海(华人卷),世界学术文库出版社,1999.6

科技成果的社会历史影响的评价指标与方法. 见《中国八五科学技术成果选》科学出版社,1996

赵红州《大科学的惯性问题》,科学学与科技管理,1987(6)是对谷兴荣的科技发展引力常数的发挥

谷兴荣简介,湖湘论坛,1995(4)封底

关于《科技转化方法论》几个问题的思考,长沙市委党校学报,1996(2):35

老区之星——访中国科学计量学专家谷兴荣,长沙:中国老区报,1992年3月26日

国内第一部科学计量学论著——《科学技术发展的计量研究简介》评介,科学管理研究,1992(4)

科技成果的历史影响的评价指标与方法,人民大学报刊复印资料,科技管理与成就,1994(5)

陆魁宏.《中国古代四大治世精典》评介,湖南社会科学,1998(5)

赵红州1996年春节用诗评价. 著书何须效孔丘,格物当必破顿牛,常兴身无范叔锦,自成一家更风流。

黄发玉等3人. 从统计学观点看科学发展的偶然性与必然性,华中工学院学报,1982(1):16. 分析提出"谷氏周期增长律"。

科学计量学的拓荒者谷兴荣. 湖南日报,1993.5.6:5

《中国党校年鉴》(1993)列入"名人小传"篇,中央党校出版社,1994

朱亚宗. 评谷兴荣《科学技术研究业经济学原理》. 武汉:评价与管理,2006(2)

技术密集度的指标体体系与计算方法,人大复印资料《科技管理研究》,1992(5)

科技成果的历史影响的评价指标与方法,人大复印资料《科技管理与成就》1994(5)

评谷兴荣《科学技术发展的数学原理》(朱亚宗),科学学研究,2007(1)

科技经济学基础理论的数理研究30年.北京:技术经济,纪念中国技术经济研究会成立30周年专刊,2009(增)

评《科学技术发展的计量研究》(王兴成).中国科学学研究会成立20周年专辑.北京:科学学研究,2002(增)

从事自然辩证法工作30年荣誉证书,中国自然辩证法研究会,2008

著书何须效孔丘,格物当必破顿牛,常兴身无范叔锦,自成一家更风流。赵红州1996年春节书写诗评